Histoire esthétique
de la Nature

PAR

MAURICE GRIVEAU

Conservateur honoraire à la Bibliothèque Sainte-Geneviève

TOME PREMIER

LES CIELS - LES TERRAINS - LES EAUX
L'ORAGE - L'ARC EN CIEL - LA COULEUR
LA FLORE

AVEC ILLUSTRATIONS, SIMILIS

ET COMPOSITIONS FLORALES DE Mlles DUBUISSON

ET STÉPH. MOREAU-WOLF

EDITIONS R. GUILLON
5, PLACE DE LA SORBONNE, 5
PARIS (Ve)

1927

HISTOIRE ESTHÉTIQUE

DE LA NATURE

DU MÊME AUTEUR

Les Éléments du Beau, illustré (Alcan 1892). *Epuisé.*

La Sphère de Beauté, illustré (Alcan 1901).

Pour la défense du Paysage français, illustré (Jouve 1910).

Histoires d'Art (Lemerre 1908).

Les Feux et les Eaux, illustré (Schleicher 1899). *Epuisé.*

Le Vandalisme du Jupon, illustré, sous le pseudonyme de Sainte-Mousseline. Chez l'auteur, à Fontenay-aux-Roses (Seine), 1912.

Programme d'une Science idéaliste, 1896. *Epuisé.*

La Science en faillite et la Science infaillible (Roger et Chernoviz, 1895). Quelques exemplaires restent chez l'auteur.

Le Sens et l'expression de la Musique pure, (communication au Congrès de Londres), (Novello, 1911). Chez l'auteur.

Les Adieux de la Comète à l'Astronome (Larchon et Ernouf, 1910). Chez l'auteur.

A la recherche de l'Etoile de Béthléem. Chez l'auteur.

EN PRÉPARATION :

Questions d'Esthétique.

Le Chemin vers le Beau tracé par le Langage.

L'Air et la Terre (suite à *Les Feux et les Eaux*).

Les Modes et l'Esthétique du Costume.

Nouvelles Histoires.

Petit Album d'Animaux, pittoresque et littéraire.

Poèmes d'idées.

Le Corps de la Musique, et son Ame.

Histoire naturelle des Arts.

Histoire esthétique du Surnaturel.

L'Esprit de Chantecler.

« *Euphorion* », drame idéaliste.

Histoire esthétique de la Nature

PAR

Maurice GRIVEAU

Conservateur honoraire à la Bibliothèque Sainte-Geneviève

TOME PREMIER

LES CIELS · LES TERRAINS · LES EAUX

L'ORAGE   L'ARC EN CIEL · LA COULEUR

LA FLORE

AVEC ILLUSTRATIONS, SIMILIS

ET COMPOSITIONS ORIGINALES DE Mlles DUBUISSON

ET STÉPH.-MOREAU-WOLF

EDITIONS R. GUILLON
5, PLACE DE LA SORBONNE, 5
PARIS (V^e)

1927

Il a été tiré de cet ouvrage dix exemplaires numérotés
de I à X sur papier de luxe, hors commerce.

Le Ciel

E *ciel.....* Et qui songe, d'abord, à s'étonner de la double acception de ce mot ? A-t-on réfléchi sur le fait qu'il exprime, ce mot, tout à la fois, — et l'espace visible étendu sur nos têtes — et le séjour, impénétrable aux yeux, de la divinité, des âmes élues... ? Identification, pourtant, bien remarquable, et qui n'est pas exclusive à la langue française, il s'en faut. Tous les idiomes connus, à peu près, s'accordent pour désigner sous un même vocable le firmament et le Paradis, — comme ils s'entendent pour assimiler l'Enfer aux lieux souterrains, *inférieurs*.

Or, le langage n'est ici que l'expression tout ingénue de la croyance. Les plus anciens astronomes se figuraient en effet le ciel comme la superposition de douze coupoles diaphanes et concentriques ; et, dans la douzième, enveloppe de toutes les autres, ils plaçaient le séjour des dieux, *l'empyrée*. Sans doute, les esprits supérieurs de tous les temps ont su distinguer le ciel surnaturel, objet de foi, du naturel, objet de connaissance positive (ou d'expérience pratique). Mais c'était une inclinaison, déjà, vers le scepticisme. Aujourd'hui, la séparation du sens positif et de l'idéal, (les athées diraient « du sens propre et du figuré ») s'offre très prononcée ; même, elle se manifeste chez nous, verbalement, par une double forme du pluriel : les *ciels*, à l'usage des savants — ou des artistes — et pour les théologiens, les *Cieux*. Car nous, modernes, avons pris le pli d'admirer — ou d'étudier — la voûte bleu d'azur, ou sombre et scintillante de constellations, sans trop penser à ce qu'il y a derrière, — et les plus mystiques d'entre nous, réciproquement, se configurent un Ciel de plus en plus abstrait, détaché du monde visible. D'ailleurs, la longue accoutumance où nous sommes de désigner l'abstrait par le concret, et de parler couramment par *figures*, a fini par cacher le lien, la connexion profonde qui rattache le monde visible à l'invisible. Avons-nous à décrire l'Olympe, — ou notre Paradis chrétien, — nous mettons au mot *Ciel* un *C* majuscule ; — un *c* minuscule, au contraire, précise l'image de la voûte ensoleillée ou constellée... Et c'est tout ; nous en restons là.

Cependant, il est bien intéressant, et j'ajoute : bien important, de savoir ce qui relie ceci à cela : le ciel *astronomique* — ou *météorologique* — au Ciel *mythologique* ou *théologique*, le champ des astres et des nuages à ce séjour de paix, de bonheur et de gloire auquel aspirent, en définitive, tous les peuples du monde, et qu'ils placent, de fait, hors du monde.

Eh bien ! Ce problème, posé par le langage, c'est le langage lui-même qui va le résoudre. En effet, s'il confond, à peu près partout, dans le même vocable, le *firmament* et le *Paradis*, il le varie, ce terme commun, de peuple à peuple, et chaque idiome a sa manière à lui de considérer le ciel physique, image et symbole de l'autre ; chacun n'en saisit, pour ainsi dire, qu'un aspect. Nous ne retiendrons ici que trois points de vue essentiels : c'est d'abord la *concavité*, qui nous fait dire « la *voûte* céleste », par allusion à sa forme apparente, et d'où sont dérivés, par l'intermédiaire du grec *koilos* (creux) et du latin *cœlum*, l'italien et l'espagnol *cielo*, et notre français *ciel* ; — puis l'idée de *clarté*, passée d'une racine hébraïque en le grec *ouranos*, d'où ce nom à la fois théogonique et planétaire : *Uranus* ; — enfin, l'idée d'*élévation* (altitude, cime ou sommet) ; elle s'incarne dans l'allemand *himmel* et l'anglais *heaven*. On peut en rapprocher le nom de la plus haute cime du globe, l'*Himalaya*.

Ainsi, chacun des grands groupes humains a vu ce seul et même objet, l'espace aérien, sous un angle très différent ; et, du trait qui l'avait le plus fortement frappé, s'est forgé un terme qui le désigne, implicitement, tout entier. Peut-être qu'en interrogeant des enfants, à part, l'un dirait du ciel que c'est « *un grand vide* » (ou un grand creux) ; un autre, que c'est « *le grand jour* » ; un autre, encore, que c'est « *quelque chose de haut, de très haut* ».

*

Mais si le verbe des peuples enfants spécialise, il n'en est pas ainsi de leur pensée même ; la pensée ne connaît pas, elle, de limites, et généralise nécessairement. Elle a, de plus, ce privilège d'*abstraire* les qualités, ici, du ciel visible, et de les transporter, idéalement, à celui qu'aucun œil ne saurait voir. Captive de la parole, lorsque celle-ci dispersait le *tout* céleste au vent des idiomes, la pensée reprend son empire, et force la parole à concentrer, c'est-à-dire à donner aux deux sphères — céleste et terrestre — un même centre. Et l'on découvre, alors, que les rayons, c'est-à-dire les qualités respectives, coïncident exactement.

Et d'abord, la *forme concave*, hémisphérique par la coupure de l'horizon, et qui fait dire la « *voûte* » — ou « *coupole* » céleste — suggère les idées de *vide, d'immensité, d'intégralité*, de *fixité*. Le vide, on le sait, la Nature en a l'horreur..... ; aussi l'a-t-elle empli du fluide aérien ; mais ce fluide est, à nos yeux, bien caché ; il reste invisible ; il est, pour notre sentiment, comme s'il n'était pas. Or, cet invisible encore matériel, que traverse impassiblement la lumière, n'est-ce point l'image d'un *invisible* idéal et non situé dans l'espace ?

Et de même, l'immensité, — qu'elle nous soit suggérée par un beau jour ou par une belle nuit, ne nous hausse-t-elle point au concept de l'*infini ?*

L'intégralité, c'est quelque chose de plus : la voûte céleste n'est pas seulement immense, inmensurable en apparence ; elle est, par sa forme de sphère, *intégrale* ; c'est une délimitation suprême. D'où l'idée d'achèvement, de *perfection*.

Enfin, le ciel est immobile et fixe, — du moins il le paraît, — et c'est l'image la plus nette, ici-bas, de l'immuable, de l'*éternel*.

Mais le « *grand creux* » est aussi le « *grand jour* ». A sa forme concave, à son immensité stable et silencieuse, le ciel ajoute la *clarté*. C'est une coupole inondée, le jour, par la lumière dorée du soleil, illuminée, de nuit, par la lune d'argent, ou par ces millions de lampes lointaines, les étoiles. Or, la lumière, n'est-ce pas la source de vie, de santé, de joie ? N'est-ce pas la pureté, la sérénité, le rayonnement ? Ne l'aimons-nous pas comme un reflet bienfaisant de la *vérité*, comme la *bonté* se manifestant, glorieusement, sous l'apparence de la *beauté* ? N'est-ce point, déjà, quelque chose du Ciel invisible ?

*
* *

Ce firmament matériel, que nous touchons des yeux, nous élève encore à l'immatériel par sa *hauteur*. Ce n'est pas qu'un vide spacieux, conformé, prolongeant l'horizon tout autour de nous ; ce n'est pas qu'un océan de clarté ; c'est encore — ainsi l'exprime la racine du mot « *himmel* » — une altitude, un sommet, une cime, et la plus haute de toutes les cimes connues ; c'est le lointain suprême, et *dans la direction verticale*, le lointain qui nous domine, et domine tout ; et c'est, de plus, le sens diamétralement opposé à la pesanteur ; c'est la route idéale par où les êtres et les choses — qui le peuvent — échappent à l'attraction terrestre, sont *libérées*... Rien, alors, de surprenant, si l'homme, *appesanti*, retenu sur le sol, voit dans ce ciel inaccessible le symbole d'un lieu idéal où, quelque jour, allégé de son corps, il accédera.

Résumons en quelques mots le parallélisme idéal des *ciels* et des *Cieux* : il se traduit verbalement par une parenté d'épithètes. Le vide et l'impalpable deviennent l'*invisible*, et l'*immatériel ;* l'immense se fait *infini*, le fixe, l'*éternel ;* l'intégral s'élève au *parfait*. Puis le *clair*, le *pur*, le *rayonnant*, quittent leur sens concret, réaliste encore, pour l'acception idéaliste et surnaturelle. Ne dit-on point, déjà, par simple métaphore : une « *pensée claire* », une « *idée lumineuse* », le « *rayonnement* de l'intelligence » ?

De même pour *l'élévation*, qui, se haussant, pour ainsi dire, de l'acception propre à la figurée, se trouve transportée sans effort au domaine de *l'au-delà*. Alors le haut devient *sublime*, comme le vide, *profond*, et le clair, *radieux*.

* *
*

N'avais-je point raison d'annoncer que ce problème posé par le langage, le langage lui-même se chargerait de le résoudre ? En effet, un seul substantif pour exprimer deux choses, et d'un ordre si différent, l'une visible et l'autre invisible, cela pouvait étonner, pour peu qu'on daignât réfléchir... Mais vous avez vu que le prisme de la pensée décomposait la substance en ses attributs — en ses « accidents » — comme on dit dans l'Ecole. Ainsi le ciel physique, se réfractant au travers de notre cristal vivant et pensant, se fragmentait en ces couleurs abstraites qu'on appelle des *qualités ;* il revêtait, pour ainsi dire, à certains yeux, le *rouge* de l'espace et de la profondeur ; à d'autres regards, le *jaune* de la splendeur ; à d'autres enfin, le *bleu*, ou le *violet*, de la hauteur ; et ces trois teintes fondamentales se projetaient, régulièrement, sur l'arrière-plan de la pensée, pour y reconstituer, avec les éléments du ciel cosmique, l'image vive du *Paradis*.

Ce mot de paradis, venu sous ma plume, me rappelle que la voûte claire, haute, et profonde, n'a pas inspiré, théologiquement, tous les hommes. Les Sémites de race arabe, en effet, placent leur ciel dans un jardin (1). C'est le Paradis terrestre exhaussé jusqu'à l'infini... Mais cette exception n'infirme point la règle ; elle prouve simplement le tempérament réaliste — ou sybarite — de ce peuple, et sa conception céleste assez « *terre à terre* ». On peut établir, en principe, que l'humanité, pour définir et nommer l'infini, le bonheur suprême, indicible, a choisi dans l'univers visible ce qui lui semblait le plus *pur*, le plus *éclatant*, et le plus *élevé ;* et c'était l'espace où se meuvent les astres.

Il est vrai que la vision d'arbres et de fleurs, et la dégustation de fruits savoureux, dans un air empli de

______

(1) Le mot arabe *sama*, comme notre mot *ciel*, s'applique également au lieu atmosphérique et au lieu théologique ; mais les musulmans ont un mot spécial pour désigner ce dernier : c'est *jiuna*, qui veut dire *jardin*, et correspond au français *paradis*.

parfums, — où, même, la perspective de l'abîme aérien est tamisée par le feuillage — ont quelque chose de plus familier, de plus rassurant.

**

Je ne puis m'empêcher de penser, ici, à d'autres hommes que ces Arabes, et qui ne tirent une vision de *l'au-delà* ni d'un beau ciel, ni du plus merveilleux jardin qui soit sur la terre. Pour eux, cette projection du *profond*, du *radieux* et du *sublime* de l'univers inférieur sur le supérieur -— est purement une *métaphore*. Comme je le disais incidemment, plus haut, l'idée du Ciel théogonique est, à leurs yeux, le résultat d'une opération de l'esprit qui fait passer, couramment, tant de mots, du sens propre au sens figuré ; ce n'est pas une idée du Ciel, c'est *l'idée d'un Ciel :* c'est une chimère...

Mais la pensée me vient que le ciel visible, indiscutable, le ciel des astronomes et des météorologistes, après avoir servi de *symbole* pour définir l'autre, le « discuté », pouvait, par surcroît, lui servir de *preuve* et confirmer son existence en dehors de nous.

Il ne s'agit point de l'argument classique de « causalité », mais d'un argument plus nouveau, et d'ordre *esthétique*. Le ciel visible, c'est entendu, est, pour tous les peuples, l'image et le symbole d'un Ciel invisible. Mais cela, pourquoi? Parce que, tout en étant fini, il est parfait, de cette perfection que nous traduisons par *beauté*. Et pourquoi donc est-il *beau*, du moins pour nos yeux humains qui le colorent et le conforment, et pour l'intelligence qui le saisit ?

Ici l'on doit s'étonner, — comme on doit s'étonner, d'ailleurs, devant les montagnes, les fleuves, l'océan, devant les arbres et les fleurs, et toute la Nature, enfin, — la « *belle* Nature », ainsi que, spontanément, on la nomme... Qu'est-ce à dire : la « *belle Nature ?* » Quel besoin, au fait, la Nature a-t-elle de se montrer belle ? Ne suffit-il donc pas à l'homme qu'elle soit utile ? Et pourquoi le *ciel*, en particulier, nous paraît-il si beau ?... Sa voûte a pour fonction, en somme, de nous couvrir, et de diffuser, par l'interposition d'une atmosphère, la lueur du soleil, qui sans cela brillerait trop froide,

trop aiguë, dans un firmament noir ; elle est
profonde, pour contenir l'air que nous respirons ; elle
est *lumineuse,* afin de nous faire distinguer les êtres et
les choses ; enfin, son *altitude,* en plein jour, n'est que
l'expression verticale de sa capacité ; et, de nuit, cette
ouverture immense sur les astres est un spectacle
« astronomique », un problème posé par le Cosmos à
notre esprit ; et c'est, aussi, un tempérament aux
ténèbres, à ce temps de relâche et de bienfaisant sommeil qu'est la nuit.

Mais, à parler franc, l'homme apprécie-t-il beaucoup
ces utilités, ou ces vérités didactiques ? S'en aperçoit-il,
seulement ? Son attention ne se porte-t-elle pas, plus
volontiers, sur ce qui, dans la « machine ronde », est
inutile — au moins inutile à sa vie physique ? — Et
cette superbe inutilité qu'on appelle le *beau,* n'en jouit-
il pas, presque exclusivement, en cette voûte *bleue,* sans
soupçonner le moins du monde la vertu positive de cette
couleur, et sous les rayons de ce soleil d'or qui lui
découvre sa gloire, en dissimulant ses multiples et
pratiques propriétés ?

Or toute chose ayant, justement, son utilité dans
le monde, et rien, absolument rien, n'y étant pour la
montre, et le décor exprès, il faut donc, à toute force,
que cet « *effet de beauté* », comme l'effet de lumière, ait
aussi sa vertu propre, son usage, et sa raison d'être. Ce
sentiment si délicieux, si trouble aussi, de la beauté, il
resterait oisif, lorsque tout travaille au dehors, comme
au-dedans de nous, tout se dirige vers un but ?

Eh ! non pas. Il serait absurde de penser que cette
chose, inutile en apparence, reste sans usage, et qu'un
luxe aussi libéral, qui se dispense gratuitement à tous,
ne soit pas, au fond, une nécessité.

La *nécessité du beau ?* Son rôle indispensable dans la
Nature ? Il se résume en ces deux termes : c'est un *stimulant* et c'est un *avant-goût.* L'homme, sans appétit,
périrait vite d'inanition ; sans amour, il laisserait
s'éteindre sa race ; enfant, s'il n'avait pas les plaisirs
du sens musculaire, comment exercerait-il cette activité
qui le développe ? Ainsi son intelligence, privée de la
curiosité de connaître, qui l'aiguillonne, n'aurait créé ni
les sciences, ni les arts, et pas plus les arts mécaniques
que les arts libéraux, les « Beaux-Arts ».

Enfin, son âme aussi a ses besoins, ses appétits : leur

mission est d'assurer chez elle l'exercice de la vie. Car, il ne faut pas l'oublier, l'âme est vivante... N'a-t-elle pas, hélas ! elle aussi, cette âme immatérielle, ses amertumes, ses dégoûts, et ses défaillances ? Alors, le *beau* lui tend sa fleur glorieuse ; c'est comme un arôme de plante tonique et calmante à la fois, un doux stimulant qui flatte et qui guérit... L'homme aurait-il du cœur à pousser la charrue, tout au long du jour, si ce jour n'était souvent une fête de lumière, d'espace libre et d'air embaumé ? Le sol le plus ingrat a son sourire de fleurettes, délicates et parfumées, souvent, qui s'épanouissent ; la haute feuillée des chênes ou des ormes est protectrice, paisible, harmonieuse ; le murmure du ruisseau lui-même est caressant, apaisant comme, au petit enfant qui s'agite, la chanson berceuse.

* * *

Mais, si toute chose, ici bas, apporte un réconfort, grâce à sa beauté, à son charme, toute chose, aussi, laisse un regret, par sa fragilité, son éclat éphémère. Il y a juste assez de plaisir, en ce monde-ci, pour y faire, sans dégoût, ce qu'on doit y faire, et il n'y en a pas suffisamment pour ne pas aspirer à mieux, à un autre monde. La fleur est parfaite, mais périssable ; elle se déchire, ou se chiffonne si vite, telle une toilette qui ne sert qu'un jour. Le feuillage, aussi, se flétrit, et meurt chaque automne. Le soleil lui-même décline, et, chaque jour, nous quitte et sombre sous l'horizon ; il se voile, d'ailleurs, à courts intervalles, et longtemps de suite, de nuées ténébreuses et tristes. Ce ciel, si rasséréant dans sa robe d'azur, prend un aspect maussade et menaçant ; il n'est plus le ciel... Sa voûte même, image de stabilité, n'est qu'une caducité à longue échéance : on nous apprend qu'il perdra peu à peu son atmosphère, et qu'un jour il ne sera plus...

Mais toutes ces beautés passagères sont comme le signe précurseur d'une autre, impérissable, dont nous avons, intérieurement, le pressentiment. Devant le *rose* délicieux, mais trop fugitif, de l'aurore, — ou du crépuscule — nous rêvons d'un *rose* qui ne finit pas, d'une aurore fixe, ou d'un crépuscule qui ne sombre pas dans la nuit ; car, lorsque l'aurore rose a passé, nous la regrettons, malgré la splendeur blanche du jour ; et quand ce grand jour commence à baisser, nous le regrettons à son tour ; et nous regrettons même qu'elle ne dure pas davantage, la nuit obscure, mais constellée si magnifiquement.

Enfin, ce ciel immense, mais clos et variable, éveille le désir d'un autre, d'un « firmament » vraiment ferme, et qui ne soit borné ni dans le temps ni dans l'espace...

Or, ce ciel existe déjà ; il nous attend. La prescience humaine l'avait nommé, depuis de longs siècles, sans forger pour lui, tout exprès, un nouveau vocable. Car l'apparente *immensité* de notre firmament ne symbolise pas seulement l'infini, mais l'annonce ; sa *clarté* radieuse, mais intermittente et précaire, en présage une autre, éternelle ; enfin son *altitude* prodigieuse, qui dépasse les limites de l'atmosphère, n'est qu'une image du sublime, de cette conception intime et native, comme le *radieux*, le *profond ;* et, comme le « radieux », le « profond », — tout immatérielle, — par suite impérissable. Oui, nous en sommes assurés, — et le langage de tous les peuples en est garant — ce *ciel est un reflet de l'autre.*

*
* *

Ainsi, d'un simple fait de linguistique comparée, vous voyez tout ce qu'on peut déduire. C'est que les langues sont l'instrument d'une pensée primitive où vit encore, énergiquement, l'instinct divinateur infaillible. A le bien étudier, cet instinct, on n'a plus nos doutes subtils sur la nécessité d'un Ciel au-delà du nôtre, d'un monde indépendant du temps et de l'espace, hors de nous, au-dessus de nous.

Mais ce monde sublime, et satisfaisant pour l'esprit tant qu'on y voit le prolongement à l'infini de la voûte céleste, — la *Mythologie*, le peuplant de ses dieux bizarres — n'a pas laissé que de l'avilir, au moins que de le compromettre. Qu'il y a loin — de cette vision évoquée par l'espace aérien, de l'immense et de l'immuable — aux querelles conjugales de Jupiter et de Junon ! Même, le ciel physique n'est-il point rabaissé par la conception d'un Vulcain claudicant, précipité par ce dieu jaloux, irascible ? Et quel encombrement, dans l'Olympe, de divinités de tout ordre, et représentant, en

ce haut lieu, les pires faiblesses d'ici-bas ! Comment
concilier de telles chimères avec le droit instinct dont
nous parlions, et cette piètre conception du divin avec
la divination qui nomma le Ciel ?

C'est ici qu'il faut citer l'adage : « *Corruptio optimi
pessima* » : rien de pis que le meilleur, quand il se corrompt..., et peut-on croire que le polythéisme ne fut pas
une dégénérescence de la foi primitive en un Créateur ?

Cet Olympe, en effet, si bien situé, tout d'abord, il fut
dans la suite assez mal peuplé. Toutefois, l'âme païenne,
en son aberration, demeura logique, car le ciel supérieur
une fois rempli de dieux, de déesses, où chercher des
figures visibles qui les représentent ? Ce ne pouvait être
en le ciel physique, uniquement peuplé, lui, de nuages
ou d'étoiles, en cet espace dont le vide était justement
un des traits les plus remarqués. Seule, au-dessous du
firmament, la *terre* présentait des modèles : c'étaient les
hommes. Et c'est ainsi que l'homme a fait les dieux à
son image. « Si, — disait le sculpteur Phidias. nous
« donnons aux dieux la forme humaine, c'est parce
« que nous n'en connaissons pas de plus parfaite ». En
définitive, les Grecs se montrent conséquents en leur
idéalisme, puisqu'ayant choisi, pour situer l'Olympe, ce
qu'il y a de plus *pur*, de plus *radieux*, et de plus *profond* ici-bas, ils ont pris comme symbole de ses hôtes
illustres ce qui s'offre de plus achevé, c'est-à-dire le corps
humain. Le tort, c'est qu'ils aient mis, dedans, une
âme humaine.....

* *

Au reste, est-il besoin de s'en scandaliser ? Je note
que les incrédules, si soucieux, toujours, de diminuer
l'idée théologique, exagèrent ici son importance. Ils
prennent un peu trop les mythes païens à la lettre, en
tirent comme un argument « par l'absurde » contre tout
dogme et toute conception religieuse. Or, en mettant les
choses au point, la *Mythologie* est moins, peut-être, une
croyance qu'une *peinture* ; la part d'imagination artistique y domine, à tout prendre, la part de superstition.
Ces anciens étaient vraisemblablement de grands
enfants très impressionnables et très inventifs. On peut
se figurer leur état d'esprit, en rappelant ses jeunes
années, ce temps puéril, ingénieux, où les ténèbres

nous mettaient tant de folles idées en tête, où, même
en plein jour, le soleil, l'océan, la montagne, nous inti-
midaient à la façon de grands personnages ; et cette
espèce d'anthropomorphisme assez vague se traduisait,
en notre langage, par des expressions naïves, que les
« parents » trouvaient à la fois paradoxales et pittoresques.

Eh bien ! ce qu'est l'enfant pour ces personnes rai-
sonnables, les Hindous et les Egyptiens, les Hellènes et
les Etrusques le sont pour nous autres modernes. Et
même chez nous, modernes, la Science a-t-elle effacé
toute superstition, toute imagination chimérique ? —
D'ailleurs l'*Art*, sous toutes ses formes, perpétue la
Mythologie. Vous me direz qu'on ne s'y laisse plus prendre, à cette heure... Mais moi je répondrai : Prendriez-
vous tant de plaisir à ces fables, si vous n'aviez pas une
sorte d'*illusion*, si vous ne croyiez pas un peu, dans le
moment même, « *que c'est arrivé* »... ? Amplifiez-la,
cette illusion minime, temporaire, et rendez-la durable,
continue : ce sera le « *sens mythique* », moins, en
somme, croyance ferme que vague suggestion, obsession
mentale, une sorte de « *rêve éveillé* ».

* *

Mais faire de la Mythologie, dans son ensemble, une
rêverie, c'est trop — et ce n'est pas assez. Je parlais
tout-à-l'heure de l'*Art*, qui perpétue la Fable... La
Mythologie ne peut être réduite, non plus, à une sorte
de représentation dramatique, un *scenario*. Ce n'est, en
résumé, strictement, ni un dogme religieux, ni un système cosmogonique, ni un monument poétique, — et
c'est à la fois tout cela. — La *Religion*, la *Science*, l'*Art*,
n'étaient pas, en ces temps lointains, séparés. Rappelez-
vous que les plus anciens astronomes voyaient dans le
ciel un emboîtement successif de douze coupoles cristallines, dont la dernière, la plus haute, était l'*Empyrée*... C'était relier, directement, le Ciel théogonique
au ciel physique ; et ceux qui raccordaient ainsi le
monde visible à l'invisible, c'étaient des *savants*. —
D'autre part, Hésiode et Lucrèce nous ont laissé des
systèmes de l'univers ; et c'étaient des poètes. Mais, à
tout prendre, il n'y avait pas plus, alors, de savants, au

sens moderne du mot, que d'artistes ou de mystiques. L'esprit humain est le navire qui, s'agrandissant toujours davantage, s'est partagé par des cloisons étanches. Mais la carène, primitivement, était indivise... L'univers se réfléchissait tout entier dans l'âme antique, comme le paysage dans un miroir bien uni ; elle n'y distinguait pas, cette âme unitaire, les purs esprits des forces physiques — ou les forces physiques des puissances de beauté. Le *profond*, le *radieux*, le *sublime*, en tous les ordres de la Nature, ne s'offraient ni religieux, en particulier, ni poétiques, à part, ni scientifiques. Cette *profondeur* — que nos philosophes découvrent et veulent pénétrer — leur en imposait comme un mystère sacré, inviolable autant qu'impénétrable. Ce « *rayonnement* », qui nous cause une jouissance un peu sybarite, éblouissait leur vue, leur faisait voir des fantômes en plein jour. Enfin, cette « *sublimité* » des nues accumulées dans un ciel d'orage, des cimes montagneuses, des blancs glaciers, ou des îlots soulevés, des torrents déchaînés, des déserts, ce *sublime* — où nos touristes admirent des « effets » — les épouvantait presque...

***

Les fables suggérées par un tel état d'âme se rapportent tantôt au ciel *astronomique*, au champ des étoiles, et tantôt au ciel *atmosphérique*, au champ des nuages et des météores. Elles présentent un caractère allégorique si prononcé, qu'on les pourrait surnommer des « *métaphores délirantes* ».

Souvenez-vous plutôt d'*Ouranos*, dont le vocable exprime, sans distinguer, une divinité de l'Olympe et la voûte du *ciel de nuit*. Il est même cité comme le plus ancien des dieux, le « grand ancêtre » du peuple sublime... ; et cependant on le dit fils de Gaïa, c'est-à-dire de la Terre.

Son nom grec d'*Ouranos* (que porte une planète aujourd'hui) dérive du mot hindou *Varouna*, dont la racine exprime l'idée de couvrir... Or, n'est-ce point là une des fonctions de la voûte céleste ? Au surplus, on lui décernait l'épithète d' « *asteroeis* », qui veut dire, littéralement, *étoilé* ; on le décrivait « s'étendant partout, embrassant la terre ». Point d'allégorie, n'est-il pas vrai ? plus transparente que celle-là. Quelle est, absolument, son origine ? Il est difficile de la préciser. Hésiode a pu, dans sa *Cosmogonie*, personnifier, platoniquement, le ciel constellé, protecteur, comme les poètes de tous les temps l'ont fait, pour exprimer l' « âme des choses » ; et le peuple, ensuite, a pu prendre la métaphore à la lettre, ou du moins la rêver tout éveillé, faire un demi-songe.

* *

Et maintenant, du ciel de nuit, passons au *ciel de jour*. L'allégorie montre ici, sous une grande diversité de formes, la plus remarquable unité. Jugez-en plutôt : pour les Hindous, *Indra*, maître du domaine aérien, fut menacé dans sa puissance par le serpent *Ahi* ; grâce à l'intervention des *Marouts*, il reconquit son empire. Chez les Egyptiens, c'est la légende de *Ra*, qui triomphe également d'un serpent, *Apophis*. Interrogez les traditions hellènes : elles vous apprendront que *Zeus* a vaincu, non sans violent effort, les géants à corps de reptiles.

Rapprochons ces trois textes, si concordants dans leurs grandes lignes, et traduisons-les en langue vulgaire : on lira que le ciel, pur et serein, — le ciel « *divin* », dirions-nous, — est envahi, lorsque survient l'orage, de nuées enroulées sur elles-mêmes, « *serpentines* », sinistres... Puis les vents, venant à souffler, dispersent ces monstres aériens, et la voûte reprend sa sérénité bleue.

Mais *Zeus*, chez les Romains, est devenu le Jupiter classique ; et Jupiter, encore, c'est le « *Père du ciel* ». Ses querelles avec Junon ? Elles symbolisent le conflit incessant des zones supérieures et des zones inférieures de l'atmosphère.

Quant à *Minerve*, originairement *Athéné*, ce serait la personnification de l'azur céleste, — ou de la rose aurore — la représentation féminine et théogonique de la *sérénité*. N'allons point ergoter là-dessus, et hausser les épaules : nous autres, modernes, éclairés par la Science, « *avertis* », ne nous laissons-nous pas doucement émouvoir, même hypnotiser par ce *bleu* si calme, si profond, si pur, ou par ce *rose* vif et doux, à la fois chaste et séducteur ? N'appelle-t-il point, cet azur ou cet incarnat, tout un cortège de gracieuses images ? Ne nous fait-il pas rêver de charme virginal apaisant et vivifiant à la fois ? N'a-t-il pas pour nos yeux quelque chose du regard tranquille des jeunes filles ?

Rien, alors, de bien surprenant, si des peuples plus jeunes ont associé à la vision du ciel de beau temps, des *images*. Nous autres y associons des *idées*, ce qui revient à peu près au même... L'idée, est-ce donc autre chose qu'une image pâlie par l'abstraction ? (1) En faisant passer le mot de *sérénité*, par exemple, du sens propre au sens figuré, et du domaine physique au moral, en le transportant de la *face* du ciel à celle de l'enfant — ou du sage — et même en l'abstrayant comme nous faisons tous les jours, et tirant de lui quelque métaphore ou quelque statue symbolique, sommes-nous si loin des créateurs de mythes ?...

Max Müller aurait reconnu, paraît-il, en l'*Athéné* classique, l'antique *Oushas* des peuples de l'Inde. Qu'elle s'échappe du front de Jupiter — ou du front de Dyau, qui figure l'Orient, — c'est toujours l'*Aurore*, en définitive. Pour bien saisir cela, dépouillez votre âme de peintre, ou d'amateur de paysages ; contemplez un jour, naïvement, le lever du soleil. Faites ce que Léonard de Vinci proposait : animez la Nature inerte, et configurez-la selon votre pensée. Tâchez de voir dans la *teinte* du Levant le *teint* d'une vierge, — en le coin d'hémisphère où se lève une lueur rose, la voûte d'un front colossal... Pensez à l'émerveillement que nous cause, aux heures sombres de notre vie, l'apparition de la jeunesse et de la beauté, — à l'extase, aussi, qui nous ravit devant une pensée vive et doucement lumineuse émanant du cerveau d'un sage, d'un artiste, ou d'un saint... Et je vous le prédis : la Fable ne vous semblera plus aussi ridicule, aussi recherchée.

*
* *

« Si *Peau-d'Ane* m'était conté, j'y prendrais un plaisir extrême... » Cet aveu, tout ingénu, du grand fabuliste, qui d'entre nous ne le prend à son propre compte ?... Avant — oh ! bien avant d'apprendre, comme une leçon, Vénus Aphrodite émergeant des flots, Mercure messager de l'Olympe, Diane surprise par Actéon, ou la des-

---

(1) Nous ne parlons pas ici, bien entendu, des idées « innées », antérieures à toute image : ainsi l'idée de *Dieu*, celles du *bien* et du *mal*, de la *justice*.

cente de Proserpine aux Enfers, avant d'être initiés aux douze travaux d'Hercule, aux amours de Jupiter et de Galathée, nous avions fait nos délices du *Petit-Poucet*, de *La Belle au bois dormant*, de *Barbe-Bleue*, de *Cendrillon*, du *Petit Chaperon rouge*. Et, plus tard, n'y voyant toujours que des historiettes très réussies, capables, au reste, d'amuser même les grands enfants, nous fûmes très surpris d'apprendre que de graves savants s'étaient occupés — et préoccupés — de ce répertoire éternel des nourrices. Il a fallu, pour que nous ne méprisions pas trop les *contes de fées*, que Cox, Hyacinthe Husson, de Gubernatis et Gaston Pâris aient écrit sur eux des choses très fortes, et qu'ils les aient promus à la dignité de « *mythes cosmiques* ».

Et pourquoi pas, au fait ? Ne sommes-nous point, à présent, mieux familiarisés avec l'état d'âme de nos ancêtres ? En étudiant de près la féerie, on voit comment elle se rattache aux croyances mythologiques. Il faut se figurer le Ciel de la Fable comme un théâtre à trois scènes superposées : tout en haut, l'*Olympe*, et ses dieux impassibles (tout en se montrant, souvent, passionnés) ; à l'étage moyen, le *ciel atmosphérique*, où ces sublimes personnages descendent volontiers présider au drame des phénomènes ; enfin, plus bas, à l'étage inférieur, la *Terre* que nous habitons, et que ces mêmes personnages daignent, de temps en temps, visiter. Or déjà, dans la mythologie classique, on note cette intervention des êtres surnaturels dans notre existence terrestre. Les forêts, les champs, les prairies, étaient peuplés de faunes, de sylvains, de satyres et d'ægipans ; les nymphes, les naïades, erraient auprès des fleuves et des sources ; les dryades se glissaient, furtives, à travers les arbres ; on voyait à l'horizon, vers le crépuscule, galoper vaguement des centaures ; on entendait le bruit de forge des cyclopes ; les génies, les larves, les lémures, emplissaient l'espace de frayeurs confuses, ou de rassérénements chimériques...

Tout cela revit, en changeant de nom, dans la *Féerie*. Qu'est-ce que les *fées* du Moyen-Age, en définitive ? Pas autre chose que les antiques maîtresses de nos destins, les terribles *parques* (en latin *fata*). En se multipliant, et prenant souvent la forme gracieuse, elles répondaient au besoin des peuples d'Occident de parer un ciel triste, et de féminiser, pour ainsi dire, un monde viril, rébarbatif... Celtes, Germains ou Slaves les introduisirent

en des *légendes* où s'effaçait de plus en plus le souvenir
des traditions grecques et romaines. Peu à peu, par une
transition insensible, l'ancien noyau mythologique, se
réduisant, s'enveloppe d'une pulpe plus savoureuse, et,
si j'ose dire, plus « *comestible* ». La *Féerie*, bien qu'issue
des vieilles mythologies, tranche par son caractère plutôt légendaire que religieux, et plus familier aussi, que
sublime. Elle-même, à l'exemple de ces mythologies
supérieures, a fixé sa trace dans des fictions. Mais ces
incarnations littéraires (rarement plastiques) ne sont
plus des poèmes ; ce sont des contes. Elle est curieuse, la
fortune de ces « *contes de fées* », qu'imaginèrent des
peuples enfants, et qui, chez les peuples adultes, servent
à divertir les enfants...

Mais, nous l'avons dit, on y trouve un peu plus que des
aventures. A travers l'affabulation romanesque, qui est
l'enveloppe superficielle, alléchante, l'esprit avide de profondeurs est agréablement surpris de découvrir un tableau
du ciel astronomique — ou météorologique — et de ses
phénomènes journaliers. Au premier aspect, c'est une
histoire merveilleuse, où les puissances surnaturelles s'in-
gèrent dans nos affaires humaines, font ici-bas « la pluie
et le beau temps » ; au second, c'est une « *allégorie cosmique* », un « *mythe solaire* ».

(Cliché Garnier Frères.)

Ainsi, la fille de roi qui prendra
le sobriquet de *Peau-d'Ane*, est
poursuivie par le désir coupable
de son père. Une fée, sa bonne
marraine, lui fait demander, comme échappatoire, toute une série
de robes non pareilles « couleur
du temps » (c'est-à-dire *du beau
temps*), couleur de lune et de soleil.
Malgré les difficultés de la tâche,
ces robes sont livrées, ponctuelle-
ment, l'une après l'autre. Alors, pour sauver sa vertu, la
princesse fait une demande impossible : elle exige la peau
d'un âne merveilleux, qui, au lieu de souiller sa litière, y
jette, chaque jour, un amas d'écus d'or... Et cependant le
roi consent même à ce sacrifice. Alors, sous son travestissement bestial, *Peau-d'Ane* se dissimule et s'échappe. En
l'existence obscure qu'elle mène désormais, nul ne peut la
découvrir. Mais comme, pour charmer ses ennuis, elle
essaie, de temps en temps, ses anciennes toilettes, un

prince illustre la surprend. Ebloui par sa beauté, il l'aime
et veut l'épouser. Comment la retrouver dans sa retraite et
sous son déguisement ? Le stratagème dont il use est justement le signe qu'a choisi *Peau-d'Ane* pour se distinguer :
c'est l'anneau que Peau-d'Ane elle-même avait introduit,
furtivement, dans le gâteau pétri de sa main. Tous les
doigts, vainement, s'essayent à cette bague ; il n'en est
qu'un qui puisse la chausser ; et c'est celui, naturellement, de Peau-d'Ane, qui reprend sa splendeur première,
et cesse alors d'être « *Peau-d'Ane* ».

Il est évidemment très difficile de préciser ici l'allégorie, de la dévoiler tout entière, en tous ses détails,
de livrer, du conte célèbre, une interprétation qui ne soit
pas forcée... Nous craignons trop qu'on nous accuse de
voir, en ces histoires, ce qui n'y est pas. Mais aussi dési-
rons-nous qu'on s'efforce d'y voir *ce qui y est*. Et pour
cela, pour être convaincu de l'origine cosmogonique de
Peau d'Ane, il faut remonter, patiemment, le cours des
légendes, comparer la « *Doralice* » de Straparole à la
« *Pernette* » de Bonaventure des Périers, et à ce conte
armoricain qui porte pour titre : « *Le roi-serpent et le
prince de Tréguier* ». Il faut encore relire l'*Ane-d'Or* de
Lucius, et celui d'Apulée, et noter, dans le *Rig-Véda*,
l'histoire de Sarangu. Celle-ci personnifie très nettement
l'Aurore.

En rattachant tous les fils, il devient aisé de la retrouver, cette aurore, dans la brillante et chaste princesse,
qui, poursuivie par le roi son père, se dissimule enfin sous
un pelage opaque. Ce père, incestueux par force, c'est
le *Soleil*, veuf de la précédente Aurore disparue, et courant dans le ciel à la poursuite de l'Aurore suivante, ou

plutôt (si l'on veut) de l'Aurore du soir, du *crépuscule rose*... Un poète ne pourrait-il écrire du soleil qu'il est « *le père de l'Aurore* », très justement, — et, non moins justement, qu'il émerge de l'horizon, à sa suite, comme s'il voulait l'atteindre ?... Mais l'Aurore s'efface, elle disparaît, et comme l'ingénuité des peuples enfants réduit les êtres supérieurs, qu'elle-même crée, à nos propres lois, cette disparition de l'Aurore n'est qu'apparente ; c'est un adroit et coquet déguisement, un travestissement machiné. Le poète le plus moderne parlera du développement, dans l'espace, d'étoffes magnifiques « non-pareilles », irréalisables et cependant réalisées — et qui, ponctuellement, se succèdent. La fée qui les propose, ces tissus aériens bleu d'azur, opalin, couleur de clair de lune, c'est le *Destin* (*fatum*), c'est la force invisible qui régit les phénomènes de la Nature : ce que nous appelons l'*Energie*.

A vrai dire, en cette contemplation céleste, éthérée, l'*âne* nous scandalise : il est si matériel, si vulgaire, si « *terre-à-terre*... » Cet or, même, qu'il dépose journellement sur sa litière, salit notre imagination. En cela, prenez-y bien garde, notre point de vue est l'opposé de celui des Anciens. Toute la religion de l'Egypte en rend témoignage : *ils magnifiaient l'animal, que nous ravalons*. L'âne, dont le nom seul excite un sourire, aujourd'hui, dans notre Occident, ne semble pas être mis, par les Orientaux, bien au-dessous de son noble parent, le cheval. L'âne était la monture des *Açwins*, ces cavaliers jumeaux qui personnifiaient les deux crépuscules ; — et cette circonstance nous ramène à notre sujet. Quelqu'énigmatique que soit ici le choix de cette espèce, et non d'une autre, il faut prendre l'âne moins pour lui-même que pour sa *peau*, dont l'Aurore s'enveloppe, et « *se déguise* » aux approches du soleil levant — ou couchant — et qui peut être la brume, le nuage, ou la nuit. De la peau de bête au *manteau*, il n'y a qu'un pas pour la métaphore. On peut citer ici l'invocation de Saint-Amand :

« O nuit, couvre tes feux de ton noir *balandran*... »

Les pièces d'or que lâche l'Aliboron merveilleux seraient, alors, les rayons intermittents de l'astre du jour — ou bien les étoiles ; — ou faudrait-il, peut-être..

y voir ces taches rondes de lumière que le soleil projette en filtrant à travers les feuilles.....

Cependant voilà notre *Peau d'Ane* en souillon, dans un coin obscur de la métairie ; c'est-à-dire, en deux mots, *l'aurore éclipsée*, la grande *tache* des ténèbres, la *souillure* que subit, en quelque sorte, la lumière si pure.

Mais à travers le trou de la serrure, un prince hasarde son regard : c'est le soleil nouveau qui, là, nous représente nous-mêmes, — à qui nous prêtons notre curiosité de percer les ténèbres, et notre éblouissement aux essais de plein jour de la nuit... Car c'est *la Nuit*, pour notre imagination plus concrète, qui se pare du voile d'argent de la lune, ou du grand crêpe constellé. Le prince, lui, s'éprend d'amour pour l'*Aurore*, dont il soupçonne la présence invisible. Et quel gage secret recevra-t-il de son retour ? — L'*anneau*, symbole transparent du cycle solaire, de cette périodicité fidèle et constante, modèle de la foi conjugale. — Et quant au *gâteau* qui l'enferme — ne serait-ce point une réminiscence des *pains rituels* que les Grecs offraient, en sacrifice matinal ?...

Sans trop appuyer, je voudrais faire saisir sur le vif le caractère profond, universel, de ces allégories. Nous ne disons plus, maintenant, les fées ; mais nous parlons encore de « *nos destinées* »... Ceux d'entre nous qui gardent le sens de l'admiration trouvent les teintes du ciel, en leur beauté, leur pureté, leur idéalité, presqu'improbables (*invraisemblables*) « féériques ». On ne demanderait pas aux plus grands artistes un rose d'aurore, un violet-mauve de crépuscule, un clair de lune argenté, un soleil d'or ; — et Dieu nous donne cela tous les jours ; *Dieu réalise pour nous l'improbable*. Il faut même, en vérité, que l'accoutumance émousse notre sens intime, pour ne pas s'émerveiller davantage, ne pas être confondu de cette libéralité, de ce luxe de présents, ne pas être touché de cette ponctualité si condescendante.

✻

« *Ab uno disce omnes* ». Les autres contes que Perrault a popularisés, — je veux dire : qu'il a rendus populaires chez les lettrés, et qu'il a même ornés d'une morale, — les autres contes de fées laissent entrevoir encore, plus ou moins, un mythe cosmique.

C'est l'*Aurore* qui, presque partout, joue le premier

rôle, — fait, d'ailleurs, qui ne surprend guère, à voir le peuple, de nos jours, si peu attentif aux beautés des terrains, des eaux ou des arbres, et concentrant toute son admiration sur le *ciel*. Est-ce que l'expression de « *beau temps* » n'est pas la seule formule esthétique, à peu près, qu'on surprenne sur ses lèvres ?

Cliché Garnier Frères.

Quoi qu'il en soit, l'*Aurore*, dans le « *Petit Chaperon rouge* », descend du haut rang de princesse à celui d'une petite villageoise, mais si gentille, si fraîche et si accorte sous sa toque aux couleurs du jour naissant, que tous en raffolent et que le loup veut la croquer...

Toute allusion moraliste écartée, la plus sûre interprétation de ce loup est, il faut l'avouer, la plus paradoxale.

Il faut avoir touché du doigt le livre sacré des *Védas* pour admettre que ce fauve obscur, antipathique, ingrat, soit le symbole du *soleil*... Eh quoi ? de cet astre glorieux, bienfaisant, qu'on pourrait tout au plus comparer, pour l'apparence, à quelque polype aux cent bras, gigantesque et radieux...

Mais les textes sont là ; et, sur le terrain de l'*analogie*, nos pères ne craignaient pas les grandes enjambées. Déjà, le Soleil indien se métamorphosait en loup, sous le nom de *Vrika*, pour s'unir à *Sarangu*, personnification de l'aurore. Ce loup, d'ailleurs, resta comme emblème de l'*Apollon Soranus*.

Que l'on adopte ici la version linguistique — ou la naturaliste — qu'on invoque une confusion de mots — ou bien l'éclat des yeux étincelants, — toujours est-il que le langage métaphorique rattache assez naturellement notre conception moderne à celle des anciens. Le soleil des pays d'Orient est plus redouté, peut-être, qu'admiré ; il est, en effet, « *dévorant* » ; il « mange les nuages » ; mais surtout, il poursuit l'Aurore, toujours ; cette Aurore dont il est amoureux, et qui le fuit comme un astre de proie...

Le « *petit Chaperon rouge* » est, sous sa forme enfantine, une jeune Aurore, — l'Aurore nouvelle qui va rejoindre, en « *mère-grand* », les vieilles Aurores disparues. Elle-même disparaît à son tour ; elle est engloutie par l'astre ravisseur, levant ou couchant.

Ces aurores passées, on les retrouve dans les cadavres sanglants — ou les traces *vermeilles*, si vous préférez, — des épouses de *Barbe-Bleue*. Ce Barbe-Bleue, — comme le roi père de « Peau-d'Ane », ou le loup du « Chaperon Rouge », est-ce une image du soleil dévorant, ravisseur d'aurores, ou bien, tout au contraire, de la *nuit*, du principe ténébreux qui dévore, engloutit de même les crépuscules roses, aurores du soir ?

Toujours est-il que l'épouse nouvelle du tyran (lisez : la nouvelle Aurore) est dominée par un désir curieux (encore cet attrait du mystère) ; mais, cette fois, il est rétrospectif ; il symbolise l'étonnement questionneur et fureteur d'enfants qui demanderaient ce que sont devenus les soleils d'hier et d'avant-hier. Et d'ailleurs, la donnée des *chambres secrètes* est universelle : c'est le trésor d'Ixion, où nul ne pouvait pénétrer sans périr, ou « sans être trahi par des traces d'or ou de sang » ; ce sont les « chambres célestes » dont parle Athéné (l'*Aurore*, comme on sait) dans Eschyle, où la foudre est scellée, et dont seule elle détient les clefs. On n'en finirait pas de citer les variantes de l'idée-mère : elles intéressent notre esprit mobile, tout en satisfaisant notre goût d'unité. Ce sont les variations ingénieuses d'un thème très profond et très simple, et la vraie morale de *Barbe-Bleue* serait peut-être la nécessité du mystère, pour les vivants, son inviolabilité sous peine de vie — de vie religieuse et morale. — « Celui qui veut scruter la majesté sera accablé par la gloire »...

Que signifie la *clef tachée de sang* ? Mais, simplement, la trace lumineuse, le reflet des aurores passées ; la tache de lumière est indélébile.

Entre les mains du dieu de l'orage, chez les Slaves, la clef d'or représente l'*éclair*... Est-ce qu'en réalité le geste brusque de la foudre qui, dans un grincement suivi d'un fracas, ouvre soudain un jour sur l'horizon fermé, n'évoque point le tour de clef dans une serrure prodigieuse ?

Enfin, le coutelas brandi par Barbe-Bleue, — suspendu sur le cou de sa femme échevelée et blême, — vous le voyez, chaque beau soir, au coucher du soleil, lorsqu'une lame de lumière, éblouissante comme l'acier, *tranche* (on dit ce mot d'instinct) sur le ciel défaillant, tout parsemé de nuages en boucles...

Cliché Garnier frères.

Après *Peau-d'Ane*, le *Petit Chaperon rouge* et la femme de *Barbe-Bleue*, voici *Cendrillon*, à son tour, qui vient, sous une forme nouvelle et charmante, incarner l'aurore. Éclipsée par le mauvais vouloir de ses sœurs dénaturées, — *les Furies* — (seraient-ce les mauvais temps ou les ténèbres ?), la jeune Aurore, encore accroupie sur ses cendres, c'est-à-dire étalée sur sa teinte « *cendrée* » du crépuscule, ne paraît pas digne d'assister au bal, à cette fête pompeuse du grand jour que donnera ce soir le Soleil.

Mais, en peu d'instants, *la fée*, sa bonne marraine (lisez : la destinée providentielle des éléments) change tout de face. La citrouille devient carrosse, c'est-à-dire que les objets les plus vulgaires sont, par la magie de la lumière, transfigurés ; pas un brin d'herbe qui ne luise comme émeraude ; pas une flaque d'eau qui ne se change en miroir d'argent ; pas de légume, ou de bétail, que le soleil levant ne dore, ou que le couchant n'empourpre de somptueux reflets. Alors, *Cendrillon*, brillamment parée, s'introduit au bal. Elle porte, sans doute, une des toilettes de Peau-d'Ane, et, sous sa robe couleur du temps, de soleil, ou de lune, nul ne la reconnaît.

Cette recommandation capitale *de ne pas dépasser une certaine heure*, n'est-ce pas la loi de ponctualité que le *Destin* (*Fatum*) dicte aux astres, aux phénomènes du ciel sidéral ? Il y perce, même, une appréhension que la lumière ne manque sa rentrée, et qu'alors « le carrosse ne redevienne citrouille, les chevaux souris et les laquais lézards ; en d'autres termes, que les eaux, les terrains, les plantes, les animaux ne restent entachés de ténèbres... Mais Cendrillon observe la consigne ; et, le moment venu, s'éclipse de bonne grâce. Une seconde fois, cependant, elle s'oublie, s'attarde à la fête... La petite *pantoufle de verre* (1) que, dans sa précipitation, elle abandonne sur le seuil, n'est-ce pas une image charmante, et frappante, du

(1) Et non pas, comme l'écrivent certains auteurs : « *de vair* », c'est-à-dire de fourrure blanche et grise, du latin *varius*.

reflet laissé par le soleil levant — ou couchant ? On trouve, dans une pièce de Shakespeare, ce joli vers :

« Le jour joyeux se tient *sur la pointe du pied* au faîte
[embrumé des montagnes ».

La chaussure, d'ailleurs (et même, chez les Egyptiens, la plante des pieds) a toujours passé pour un présage heureux. En la faisant essayer par toutes les filles, sans succès, la légende précise l'idée générale d'un avantage non pareil, incomparable, *incommunicable*. On avait, en ces temps-là, semble-t-il, un sentiment plus vif de l'impuissance humaine à surpasser la Nature.

Une observation doit être ajoutée : c'est qu'à la *beauté* de la Nature, — ici, de la lumière — nos ancêtres liaient la *bonté*. Cendrillon était « aussi bonne que belle » ; et c'est encore une façon d'admirer qui n'est guère d'usage, aujourd'hui...

Je passe sur le conte des « *Fées* », où les perles et les diamants tombés de la bouche de la jeune sœur, — de la sœur aimable et compatissante — sont évidemment la figure des gouttes de rosée semées par l'Aurore, aussi bienfaisante que séduisante... ; et j'arrive aux pièces du recueil où l'allégorie se rapporte à d'autres phénomènes que la succession du jour et de la nuit.

Et d'abord, le *Petit-Poucet* me servira de transition : c'est encore une figure du ciel, — mais plus spécialement du ciel *astronomique*, du champ nocturne des étoiles. Pour saisir le mythe du *Petit-Poucet*, il faut remonter avec Gaston Paris, aux temps les plus lointains. En ces temps-là, la constellation que nous appelons la « *Grande-Ourse* », apparaissait

Composition de G. Constant.

comme un troupeau de sept grands bœufs guidés par Hermès enfant parmi les « champs » célestes. En reliant les traditions similaires slaves et germaniques, on peut fixer là même l'origine de notre conte, où le cadet de sept garçons, égarés par le père, leur fait retrouver le chemin du logis.

Mais ici, qu'on n'attende pas de nous une synthèse, car Perrault semble avoir fait un amalgame de plusieurs fables. Ainsi, les *bottes de 7 lieues* rappellent les trois enjambées gigantesques de *Vichnou*, les sandales rapides de Persée, les talonnières ailées de Mercure, — autant d'images de la prodigieuse vitesse de la lumière ; et quant aux cailloux, comme aux mies de pain semées sur la route, on peut y revoir ce semis d'étoiles qu'est la *voie lactée*, chemin qui ramène, dans les récits germaniques, au « moulin céleste », à la « grande roue du soleil », ou bien encore la goutte de sang que laisse tomber, toutes les 7 lieues, une colombe indienne, etc. Enfin, dans les 7 filles de l'Ogre aux couronnes d'or, il est loisible d'entrevoir les 7 sœurs lumineuses des *Védas*, symbole des rayons de l'Aurore.

**

Avec la *Belle-au-bois-dormant*, le cycle des phénomènes s'élargit. Ce n'est plus l'alternance du jour et de la nuit, mais celle de la saison chaude — de la *belle* saison — et de l'hiver. Le long sommeil de la princesse, qui s'est percé le doigt d'un fuseau, n'est-ce point l'engourdissement hivernal ? Et dans le prince charmant, arrivant au temps révolu pour éveiller tout ce monde endormi, qui ne reconnaîtrait le printemps lui-même ?

Je ferme enfin le cycle féerique par l'histoire de *Riquet-à-la-houppe*. Ce nain spirituel est le proche-parent de Vichnou, plusieurs fois cité, — et aussi de l'*Alberich* des Niebelungen, du gnome slave *Pokatigoročhek*, — et même du *Petit-Poucet*, sous ses différentes incarnations.

Comme tout se touche, en le merveilleux aussi bien qu'au monde réel, l'habitat souterrain de cette race de pygmées enchanteurs se relie, plus tôt qu'on ne l'attendait, aux espaces supérieurs et célestes. En effet, au cœur des montagnes, ils sont les gardiens jaloux, vigilants, d'immenses trésors. Et quels sont ces trésors ? Les rayons du soleil incorporés dans le minerai... S'il subsiste un doute en votre esprit, relisez donc nos plus récents traités de physique : ne parlent-ils point du charbon fossile comme d'un résidu de l'énergie solaire emmagasinée dans les plantes, et qui, même, devient source d'énergie motrice, à son tour ?

Qu'on ne m'en veuille point d'être resté si longtemps sur la Féerie. A part son grand attrait, le monde merveilleux des fées et des génies resserre encore le lien, noué par le langage, entre les deux ciels. Même, par l'intervention si familière des puissances surnaturelles dans nos affaires, la Féerie rattache mieux encore que la mythologie classique le cours de l'existence humaine à celui des astres. En cela, c'est un peu comme une astrologie platonique, et tout innocente... Mais au fait, quand on y réfléchit, quel rapport strict peut bien relier les péripéties de la vie terrestre aux révolutions célestes, si régulières ? C'est que ces péripéties, si peu constantes et si fortuites qu'elles nous apparaissent, dans le détail, ne laissent pas que d'obéir à des lois de *rythme*, — et même de *forme*. Nous autres, modernes, trop frappés du contraste entre nos occupations déréglées et la ponctualité des phénomènes, avons peine à percevoir ces analogies. Et pourrions-nous avoir, en cela, l'âme des primitifs, alors que nous conformons si peu nos gestes à ceux de la Nature ?

Il faut donc rappeler cette vérité, qui passerait aujourd'hui pour neuve : c'est qu'on retrouve en notre existence humaine, toutes proportions gardées, la *périodicité* rythmique, et la symétrie de figure, qui semblent l'apanage du monde sidéral impassible. La veille et le sommeil, forcément, se règlent sur l'alternance du jour et de la nuit ; les travaux des champs et l'*alternance* des cultures, sur les saisons. Jusqu'à nos fêtes religieuses qui, se fixant sur le calendrier, témoignent du lien qui rattache l'univers physique au moral. Dans son ensemble, la vie de l'homme reproduit le cycle des saisons, — littéralement, peut-on dire, puisqu'on parle couramment de son *automne*, ou de son *printemps*. Tout, dans la sphère idéale comme en celle des réalités, naît, se développe et meurt ; tout évolue, tout progresse d'abord, pour décliner ensuite. L'histoire a ses *révolutions*, comme le ciel astronomique ; la vie individuelle — ou collective — a ses orages, ses accalmies. Toutes nos fonctions, physiologiques ou sociales, sont *périodiques* ; et le retour ponctuel, même de nos misères, entraîne celui des deuils ou des réjouissances, qui les magnifient ; nous appelons cela des *anniversaires...*

Or, ce *rythme* qui régit les mouvements de tout ordre, aussi bien vitaux que cosmiques, et ceux de nos machines comme ceux des rouages naturels, il n'est pas surprenant qu'on le retrouve dans tous les *Arts :* en Architecture, en Peinture, où sa loi règle les intervalles et les proportions, les gradations et les contrastes ; dans la Musique, qui n'est pas périodique, uniquement, en sa prosodie, mais aussi dans sa syntaxe, et son développement ; enfin dans la *Poésie*, l'Art littéraire en général, — et pas seulement, là encore, en la mesure du vers, ou de la phrase, ou dans la rime, l'assonance, mais encore, et surtout, en l'ordonnance nombrée des phrases, des épisodes, en l'idéale périodicité du récit.

De sorte que ces « *contes de fées* », bons pour amuser les enfants, se révèlent pleins d'enseignements : leur leçon, même, est plus profonde et plus vraie que leur morale, surajoutée d'ailleurs. Le *rythme* et la *symétrie* presque musicales qu'on y relève, ne sont ainsi que la dernière trace, et l'ultime répercussion d'un principe périodique universel ; il entraîne dans son orbite, avec les astres et les mondes, le cycle idéal de nos pensées, de nos aspirations poétiques et religieuses. Je disais plus haut que les péripéties de notre existence terrestre cachaient, sous leur aspect fortuit, une loi de *rythme*, et même de *forme*. Ce dernier terme exigerait un aussi long développement. Je me borne à signaler ici l'*analogie* profonde qui configure le monde moral et social au monde physique. C'est sur elle que s'appuie souvent, à son insu, la *métaphore*. Ainsi disons-nous, indistinctement, le *cours* du soleil, d'un fleuve, ou de la pensée ; le *conflit* des éléments et des intérêts ; le *déclin* d'un astre et d'un peuple. Le ciel, pour nous, *sourit* ou *menace*, comme un visage; la foudre *gronde* comme une voix ; la brise est *caressante* ; le torrent *impétueux*, le paysage *riant* ou *mélancolique*... Inutile de citer davantage : c'est tout le dictionnaire qu'il faudrait rapporter. Ainsi, ce n'est pas seulement par le rythme, mais par la figure, que les phénomènes humains se rapprochent des manifestations naturelles. *Cosmos et microcosme*, disait l'Ecole.

*
* *

Si la féerie n'est qu'une mythologie populaire, la mythologie elle-même est, manifestement, une révélation défigurée. Les documents les plus certains montrent, à l'ori-gine de tous les peuples, la croyance en un seul Dieu, le *monothéisme*. C'est plus tard, ultérieurement, que le polythéisme intervient, et toujours avec un caractère de déchéance. Et d'ailleurs, là même où il règne, il ne domine pas : que ce soit chez les Egyptiens ou chez les Perses, chez les Grecs ou les Gaulois, la multitude des dieux, des déesses, laisse planer, bien au-dessus, la con-ception d'une divinité supérieure, dont tout émane ; ves-tige incontestable d'une foi pure et primitive, d'un culte originaire et sublime : il fut pratiqué par les Hébreux, et ceux-ci nous le transmirent, à travers les défections et les corruptions d'alentour.

En sa pureté tout abstraite, le culte hébraïque de *Jéhovah* s'élève singulièrement au-dessus de toutes les religions de l'antiquité ; de même que la cosmogonie biblique surpasse en grandeur, en simplicité, toutes les cosmogonies... Même, à des yeux non prévenus, le récit de la Genèse offre une esquisse de l'évolution naturelle ; il est scientifique, sans y prétendre. Mais ce qui tranche ici, surtout, sur la mythologie, sur la féerie, c'est la *sépa-ration nette des deux ciels*. Le Ciel théologique de l'An-cien Testament reste toujours distinct du ciel atmosphé-rique ou sidéral ; l'unique lien qui les rattache l'un à l'autre est un rapport de cause à effet. Pour les Hébreux, en général, les phénomènes de la Nature, au lieu d'être divinisés, sont rapportés au Dieu créateur. Si ce peuple *situe* son Dieu, s'il le place aux régions supérieures, et le nomme « l'Habitant des sommets », le *Très-Haut*, c'est par cette tendance instinctive de l'homme à localiser ce qui n'a point de lieu, à circonscrire l'infini. Encore n'est-ce là qu'un expédient, car le terme d'*immensité* se trouve souvent en la Bible.

* * *

Cette indépendance du Paradis invisible, incommen-surable, vis-à-vis du firmament perceptible au moins à la vue, et que la vue peut limiter, elle est clairement expri-mée dans le verset d'un psaume que l'on chante à vêpres, le « *Laudate, pueri, Dominum* ».

« Quis sicut Dominus Deus noster, qui in altis habi-« tat, et humilia respicit in *cœlo* et in terrâ ? »

Le Ciel du Très-Haut, dans ce texte, n'est-il pas *pro-jeté*, pour ainsi dire, bien au-dessus du nôtre, de ce ciel qui fait encore partie de notre « bas-monde ? ».

Mais, comme le mot de *religion* implique une idée de lien, de relation entre le séjour divin et notre humble sphère, cette contemplation du Très-Haut ne demeure point impassible ; même, le terme latin *respicit* contient de la condescendance et de la bonté. C'est qu'ici la communication du Créateur avec la créature est immédiate, et toute paternelle ; elle est à la fois grandiose et touchante. Si le Dieu de la Bible apparaît terrible, parfois, ce n'est pas à la manière de *Zeus*, et sous la forme fatidique d'un élément courroucé, mais avec une voix personnelle, et distincte des bruits de la Nature, voix qui dicte sa volonté pour instruire son peuple élu, pour le guider dans sa mission. Et d'ailleurs les prophètes désignent tous, d'un doigt sûr, un avenir consolateur et de rachat. Aussi bien l'Hébreu n'éprouve pas les « *terreurs paniques* » du monde païen : à ses yeux, la Nature est un jeu de forces entre les mains de Dieu ; il ne redoute que ce Dieu lui-même, et ne le craint, d'ailleurs, que pour les offenses faites à sa majesté.

*
* *

Plus tard, en cette foi si raisonnable, — j'allais presque dire : si *rationnelle* et scientifique, la superstition, comme un virus, s'infiltra. Les Chaldéens introduisirent ce que les uns nomment l' « astronomie théologique » et les autres, plus justement, l'*astrologie*. Leur notion du ciel sidéral, faible encore et bien incomplète, vint, au contact de l'esprit religieux dévoyé, s'imprégner de faux mysticisme. Alors, les astres, dont on commence à pénétrer l'ordre et le mouvement, sont pris, non pour des dieux encore, mais pour des signes de la volonté divine. Et voilà, désormais, les destinées humaines rivées, chimériquement, aux cycles célestes. Fait, en vérité, bien étrange, cette *superstition scientifique* sera mise, plus tard, au compte de la Religion par la Science elle-même, émancipée... Et cependant, en examinant les débuts de l'astrologie, n'est-ce pas plutôt le « *mysticisme scientifique* » qui transparaît ? Le dernier pâtre hébreu qui comptait les étoiles et priait Jéhovah, à part, n'était-il pas plus proche du vrai savant que l'astrologue au courant des révolutions zodiacales, et qui dressait un « *thème de nati-vité* » ?

Toutefois, il est juste de reconnaître que l'astrologie, corrigeant ses propres aberrations, engendra, par son développement ultérieur, l'*astronomie*. Mais, comme l'esprit humain va toujours d'un extrême à l'autre, la science positive ne dépasse le point de superstition que pour rallier le point d'incrédulité ; s'isolant, à mesure qu'elle progressait, elle devint la science *positiviste*.

On le verra plus loin : ce divorce entre Science et Religion ne fut pas le seul, car la Science, en se précisant, s'écarta de la *poésie*, du sens artistique ; et ce dernier, s'étendant à la sphère profane, cessa peu à peu d'être hiératique pour devenir indépendant, — et même, dépassant le but, irréligieux.

***

Quoi qu'il en soit, à travers mille défaillances, — que ce fût l'astrologie, ou la tendance périodique à l'idolâtrie, — la foi juive a pu se transmettre, en son intégrité, jusqu'au Christ. C'est même, quand on y songe, un fait prodigieux, et qui s'explique malaisément par les seules causes naturelles. Et d'ailleurs, le Christ, en venant au monde, a confirmé les prophéties hébraïques, comme la comète, en apparaissant dans le ciel, justifie la prédiction des astronomes. Astre migrateur et sublime, épouvante ou scandale pour les uns, signe de salut pour les autres, il éblouit la terre un instant, puis disparut, remonta au ciel. Mais son éclat fut la limite qui sépara le Nouveau Testament de l'Ancien.

Rien, pourtant, au Ciel de l'au-delà, n'est changé, puisque le Fils est toujours avec le Père, fondu dans la Trinité mystérieuse, et que les scènes de l'Evangile que nous autres voyons se suivre dans le temps, s'immobilisent aux yeux de Dieu dans l'instant éternel... Mais *ici-bas*, sur notre planète, c'est un nouvel ordre de choses qui commence. Le Dieu créateur de la Bible, en s'incarnant parmi nous, est devenu Dieu *rédempteur*, et des communications d'un genre nouveau s'établissent entre le Ciel et la Terre. J'ai tort de dire « entre le Ciel et la Terre », c'est plutôt « entre le Ciel et l'*homme* ». En effet (et cela dès la loi mosaïque), la Terre, avec ses plantes et ses animaux, et la voûte céleste qui la surmonte, reste indé-

pendante du séjour divin ; création sublime d'un Dieu
unique, elle ne contient, nécessairement, ni dieux, ni
déesses ; même habitée trente ans par le fils de Dieu,
ses montagnes, ses lacs, ses torrents, ses oliviers, ses trou
peaux ne recèlent aucun merveilleux, aucun surnaturel.
L'instrument même de la Passion n'est pas, en soi, quelque chose de magique, et qui surpasse la matière inerte :
c'est un simple assemblage de bois croisés, c'est l' « *arbre
de la Croix* », planté sur notre sol. Mais c'est plus qu'un
objet enchanté : c'est un objet *mystique*, cet arbre que la
liturgie catholique appelle « *unique et noble entre tous
les arbres, qui projette une frondaison, épanouit une floraison, disperse une semence dont aucune forêt n'est
capable ; arbre au bois si doux, percé de clous pleins de
douceur, pour soutenir un si doux fardeau* ».

Qu'elle est donc efficace, cette touchante et neuve
image, à nous faire apprécier le progrès accompli !
D'abord la *Croix*, en elle-même, c'est l'instrument de supplice transfiguré ; c'est l'emblème du sacrifice suprême,
que l'Ancien Testament n'avait pas connu. Puis, cette
image de l'*arbre* qui la figure, — de quel essor elle nous
élève au-dessus des mythologies ! Le monde païen peuplait
les forêts de sylvains, de faunes, de dryades... ; cette merveille vivante qu'est un chêne, il y mettait un merveilleux
factice : c'était moins un arbre, à ses yeux, qu'un nid
d'hamadryade... Mais la vision chrétienne, moins naturaliste, est plus naturelle ; et positive en son idéalisme,
elle aperçoit dans l'arbre ce qui réellement y est, ce qu'il
faut y voir ; elle s'arrête à cette frondaison puissante et
protectrice, elle surprend l'épanouissement délicieux de
ces fleurs ; elle admire comme le vent dissémine la multitude de ces graines. Et, lorsque la croix du Sauveur se
présente à son souvenir, le liturgiste, ému, cherche autour
de lui quelque chose qui puisse en restituer la grandeur,
le charme et la vertu. Et *l'arbre* lui fournit ce modèle. Au
lieu d'en faire un dieu, — ou l'habitat d'un dieu, sa dévo
tion effeuille, pour ainsi dire, ses qualités naturelles ; elle
les magnifie, les exalte, et moins par hallucination que
dans un extase, elle rêve, devant le crucifix, de quelque
géant végétal bienfaisant, étendant ses rameaux sur le
monde, épanouissant des fleurs de sainteté, prodiguant
des semences de grâce.

Le trait qui sépare, en définitive, le surnaturel évan-
gélique ou biblique du merveilleux, c'est la distinction

très lucide du Créateur et de la créature ; c'est la séparation de la cause suprême et de ses effets ; c'est le départ entre la connaissance ou l'admiration du monde fini et la connaissance — ou l'amour — de l'Univers infini qui plane au-dessus.

Et cependant, le *Ciel* invisible, indépendant du temps et de l'espace, et dont nous ne faisons plus, à l'instar des anciens, un étage supérieur du ciel sidéral et visible, une douzième coupole de cristal, un empyrée, — nous ne pouvons nous-mêmes y songer sans *lever les yeux...* Mais c'est un geste instinctif, un « reflexe », un mouvement secret dont Dieu lui-même, au reste, a mis le ressort en nous ; il n'accuse, chez nous, aucun naturalisme ; il atteste seulement le lien profond qui relie, dans notre for interne, l'altitude et la profondeur à l'idée d'infini, la clarté radieuse ou l'azur limpide au bonheur parfait, à la gloire suprême, à l'idéale pureté. Nous l'avions écrit au début : « *Ce ciel est un reflet de l'autre* ».

Ainsi des terres et des eaux, ainsi de la flore et de la faune, du royaume des plantes et de l'empire des animaux. Tous ces aspects du monde créé, et de la vie conformée de mille manières diverses, nous autres modernes et chrétiens les reconnaissons comme des œuvres du Tout-Puissant, comme des ouvrages qui dépassent notre science, et des chefs-d'œuvre qui surpassent notre art. Et ce sont aussi, pour nous, des *figures*. En effet, remplis que nous sommes au-dedans de pensées, de désirs et d'aspirations se rapportant au règne immatériel, invisible, il faut bien, pour fixer ces tableaux flottants, emprunter à l'univers matériel ses couleurs. Et c'est pourquoi nous exprimons, forcément, l'indicible et l'ineffable par des *métaphores*. Nous l'avons déjà démontré, cette tendance métaphorique n'est rien moins qu'arbitraire ; ce n'est pas qu'un expédient, comme une clef conventionnelle pour traduire l'abstrait en langue concrète ; mais elle est basée, très profondément, sur l'analogie. Non seulement les choses les plus différentes ont quelque élément commun qui les rapproche, plus ou moins, mais les phénomènes de la vie psychique, morale, et même religieuse, offrent des traits similaires à ceux du monde physique. Ainsi se justifie ce vaste *symbolisme* du Moyen-Age, grâce auquel les purs esprits, les mystères impénétrables, et tous les incidents de l'histoire des âmes, indescriptibles par essence, ont pu se sculpter dans la pierre, ou se configurer en teintes diaphanes dans le verre. Et bien avant cette Bible de pierre et de verre qu'est la cathédrale, le symbolisme s'exerçait par l'écriture : le style des livres saints, déjà, configure le monde invisible au nôtre. Enfin, le Christ lui-même, usant perpétuellement de *paraboles*, consacre cette tendance humaine, et la divinise en quelque manière. N'a-t-il point matérialisé, pour se faire entendre, jusqu'au « royaume du Ciel » ? Et ce mot de royaume, déjà, c'est une figure.

Aussi ne doit-on pas s'étonner, ni se scandaliser, de découvrir certaines traces du paganisme en l'art chrétien des catacombes.

Les premiers sectateurs de Jésus ne se faisaient pas plus de scrupule d'adopter quelque symbole mythologique, au besoin, que d'emprunter au temple païen ses colonnes pour édifier leurs basiliques. C'est ainsi qu'on retrouve le Sauveur sous les traits d'*Orphée*, jouant de la flûte de Pan pour attirer non plus les fauves, mais les hommes ; le fameux quadrige de la Mort est guidé par un porteur de caducée qui paraît bien être *Mercure*.

Enfin, l'âme immortelle est figurée, tout comme l'antique *Psyché*, en une jeune fille aux ailes de papillon. Ne voit-on point, dans le « *Dies iræ* » l'association d'un prophète et d'une sibylle ? « *Teste David cum Sibylla* »...

Certaines légendes chrétiennes ne sont que des mythes ou des féeries transformées. Ainsi, dans un conte allemand, la Vierge Marie, enlevant une âme d'enfant au ciel, lui confie les clefs de treize chambres, avec interdiction d'ouvrir la treizième. Mais l'enfant, succombant à son désir curieux, viole la défense. Or les premières chambres enfermaient les douze apôtres, et la dernière, la Sainte-Trinité... L'imprudente, éblouie, parvient à s'enfuir. Mais à son doigt persiste une tache d'or, une trace de lumière indélébile... Ne revoit-on pas là, par transparence, la très célèbre histoire de *Barbe-Bleue* ?...

De même, les romans celtiques de la Table-ronde se sont accommodés progressivement à notre foi. Dans le

roman de *Parceval,* entre autres, le bassin magique des
Druides s'est transfiguré ; il est devenu le *Saint Graal,*
ou vase sacré renfermant le sang du Sauveur.

Or, si l'on se souvient que *Barbe-Bleue* n'est qu'un
« mythe solaire » adapté, et laisse lui-même transpa-
raître une vision mythologique de l'aurore, l'évolution de
la pensée religieuse de Pan à Jésus se déploie dans toute
son ampleur. Au surplus, l'étude des catacombes et des
cathédrales, et celle, encore, des légendes populaires et
de la sainte liturgie, nous fortifie dans l'idée que le *merveilleux,* sans jamais cesser de séduire l'homme, a cessé
de l'illusionner et que, forcé dans sa chambre secrète par
le *surnaturel,* il lui laisse au doigt une trace dorée, dans
la figure métaphorique et dans le symbole.

Si le lecteur a parcouru trop vite ces premières pages,
il peut se demander où nous tendons. Pourquoi, se dira-
t-il, tant de mythologie, d'histoire sociale et religieuse, au
début d'un livre sur l'*esthétique* de la Nature ?... Mais s'il
a suivi pas à pas notre pensée, cette ascension que
nous avons faite au Ciel invisible ne prendra plus à ses
yeux l'air d'une divagation. Et d'abord, le pouvait-on
séparer, ce Ciel invisible, de l'autre, quand le langage de
tous les peuples les unissait ? Et puis, que notre intelligence rêve du Paradis, ou que notre vue s'arrête avec
délice sur ce champ d'or et d'azur qu'est le firmament,
c'est toujours, en définitive, la même attitude ; et —
n'était certain air de ferveur — le saint Augustin d'Ary
Scheffer et sa mère Monique pourraient passer pour des
artistes en méditation devant l'étendue.

Mais, d'autre part, ce *ciel* d'ici-bas, image de l'autre,
ne parle point qu'au sens religieux, au sens artistique :
en soi, c'est un phénomène problématique ; il contient
une sorte de mystère qui ne se révèle point, et doit se
résoudre. Et c'est pourquoi nous avons évoqué, du passé
lointain, les premiers astronomes. Ce n'est pas notre
faute si la Science, à son berceau, s'est entachée de
faux mysticisme. Le sens *artistique* lui-même s'impré-
gna de cette atmosphère, et la nature humaine eut
ses trois règnes confondus. Or, de même qu'une
histoire intégrale de l'astronomie se doit de consacrer
quelque préliminaire à *l'astrologie,* l'exposition du beau

dans la Nature ne saurait s'ouvrir sans un regard sur le *sentiment des anciens*, leur façon de voir, d'admirer et d'interpréter la Nature. Vous le savez maintenant, cette façon était naïve, trouble, *illusionniste*. Si l'on excepte les Hébreux, et les esprits lucides de tous les temps, l'admiration du ciel inondé de lumière, — ou superbement ténébreux, scintillant d'étoiles, — celle du sol escarpé ou mollement ondulé, des eaux courantes ou dormantes, des arbres vigoureux ou des fleurs gracieuses et frêles, — était-ce notre admiration contemporaine ? Cet extase de peintre que nous avons, nous autres modernes, devant une aurore toute rose, un coucher de soleil flamboyant, — peut-on, sans présomption, le prêter aux peuples païens ? — Eh non ! sans vouloir préjuger d'états d'âme trop lointains, on peut penser que la vision du monde était, en ce temps-là, surtout chez le peuple, assez confuse ; analogue, sans doute, à celle de nos paysans, dans les cantons restés idéalistes. Nous-mêmes, esprits cultivés, mais tempéraments impressionnables, nerveux à l'excès, — pouvons-nous toujours dégager, quand il tonne, l'image d'un Maître irrité — de la notion d'une crise électrique ?

Aussi bien, de notre *progrès,* ne prenons pas trop avantage. D'autant plus qu'en se développant à part, les sciences de la Nature, se sont éloignées de plus en plus de la *prescience de beauté,* comme elles se sont écartées de cette prescience supérieure, *l'instinct religieux.* En sorte qu'aujourd'hui, à l'heure même où j'écris ces lignes, un géologue, un botaniste, un astronome de profession, doit s'abstraire de ses travaux pour considérer un glacier, la corolle d'une fleur, ou la voie lactée, en poète. D'autre part, un peintre, un architecte, un musicien moderne, peut voir dans l'univers un tableau, une architecture sublime, entendre une grandiose symphonie, — et cela, sans y savoir distinguer la Divinité. Je dirai plus : cette vision de Dieu dans la Nature paraît désuète, et, risquons le mot « *démodée...* » Tellement qu'un ecclésiastique aurait peut-être quelque scrupule à parler du Seigneur en plein air, à célébrer sa gloire sous une futaie, en face de la mer, ou devant un soleil couchant solennel. Cela semblerait un peu trop exclusivement *déiste,* et sentirait son Jean-Jacques Rousseau... Nous sommes devenus spécialistes, et nous spécialisons même notre pensée religieuse ; de même que nous morcelons notre temps, nous pulvérisons notre esprit. Cette expression bizarre : « une *tranche de vie* », en fait foi. Rien de plus exact : nous ne goûtons l'univers que par tranches.....

C'est par dégoût d'un tel état d'âme que je fus conduit à faire cet ouvrage. Il représente une synthèse aussi complète que possible des points de vue *mystique, scientifique* et *poétique.* Il tend, par suite, à restituer la *vision unitaire de la Nature,* selon le mode antique, mais conforme au progrès moderne. Car, depuis les Grecs, la *Science,* l'*Art* et la *Religion* se sont élevés — autant qu'étendus, prodigieusement. En chacune de ces trois sphères, des phénomènes de clarté, de sonorité, de rythme, inconnus jusque là, se sont manifestés. Mais ces trois sphères gravitent à l'écart ; elles forment des systèmes indépendants... Il faut que leurs orbites se concertent, et s'harmonisent dans un mouvement d'ensemble.

Vous avez vu, parfois, l'apprenti géomètre tracer sur un mur, au compas, 3 cercles tangents : ils se touchent, mais restent distincts l'un de l'autre... Le maître arrive, et, de son doigt, efface les parties communes. Alors, on ne voit plus 3 cercles adossés, figure ingrate, insignificative, et le *trèfle gothique,* plein d'unité, comme un tout harmonieux et beau, *se révèle.*

* *
*

Si notre langue n'a qu'un mot pour désigner le firmament et le Paradis, c'est — je vous l'ai prouvé — que ce ciel visible est l'image d'une autre, d'un Ciel invisible... Et qu'y a-t-il donc là qui puisse nous surprendre? Est-ce que, déjà, ce ciel que saisissent nos yeux n'est pas, pour notre sentiment esthétique, une *image ?* Coupole bleu d'azur que dore le soleil, ou d'un bleu-noir profond qu'illuminent les astres, nous ne l'avons pas plutôt aperçue qu'elle nous émeut ; elle nous émeut, même, avant de nous instruire et de nous informer : l'admiration précède la science ; que dis-je ? elle peut s'en passer. On dirait, vraiment, que le rayon parti d'une étoile atteint tout droit la sensibilité, brûlant l'étape de la raison ; l'âme est, d'emblée, comme fascinée par ce feu ; c'est pour elle comme un regard...

C'est qu'en réalité, dans le « petit monde » de notre

esprit, la sphère de l'*imagination* se meut la première ;
et, par un tour rapide de cette sphère, l'image — la
simple image du point lumineux rayonnant — devient un
symbole ; elle évoque des pensées qui ne sont point
pratiques, ni scientifiques encore, mais idéales ; en un
mot, elle « exprime » un sens caché qui se décèle plus
ou moins, qu'on apprend moins qu'on ne *pressent*, mais
qui, tel qu'il nous est donné, nous suffit. C'est là *l'expression*, source de la beauté. Si le ciel est beau, c'est,
assurément, qu'il exprime. Or puisque, — nous l'avons
dit — il « exprime » avant que d'instruire, son aspect
expressif devra précéder, dans notre étude, son aspect
documentaire, instructif ; et notre tâche immédiate sera
de définir ce que ce ciel exprime, autrement dit, de déterminer les causes de son expression.

* * * *

Le même vocable, qui désigne à la fois le ciel visible
et l'invisible, embrasse, également, le *ciel des astronomes* et celui *des météorologistes*. Le premier ne se
révèle que la nuit, par cette raison... qu'on ne voit pas
les étoiles en plein midi ; encore ne s'y révèle-t-il pas
tout entier, puisqu'un des astres, — et pour nous le
plus important — cette étoile qui se consacre à la
Terre, *notre* soleil, n'apparaît que le jour, et même crée
le jour... De sorte que ces deux locutions « ciel *astronomique* » et « *ciel météorologique* », ne sont pas à
prendre à la lettre ; le spectacle sidéral est coupé ; le
jour et la nuit se le partagent ; car, même la nuit, sous
ses voiles, laisse entrevoir les météores. Aussi bien,
réglons-nous sur l'alternance, précise autant que familière, des ténèbres et de la clarté, et pour début, prenons
le *ciel de nuit*.

J'ai dit plus haut que son émotion était antécédente
à sa notion ; qu'avant de se *proposer* « scientifique », il
s'imposait comme *expressif*... Mais nos habitudes intellectuelles ont quelque peu renversé cet ordre : ainsi,
quand une nuit bien claire découvre, à nos yeux de civi-
lisés, les constellations, la première idée, souvent, qui
nous vient, c'est de les nommer et de leurs noms
savants : c'est la *Grande-Ourse*, et *l'étoile polaire* ; c'est
Sirius, *Aldebaran*, *Andromède*, *Persée* ; ce sont les
Pléiades ; c'est la *Voie lactée* ; ce sont les *nébuleuses*,
les *comètes*.

Et remarquez que cette nomenclature, encore toute imprégnée de mythologie, de poésie, évoque plutôt, en notre intelligence, un tableau de science technique. Ainsi, sous la coupole du firmament, c'est à la coupole de l'*Observatoire* que nous songeons...

C'est déjà trop de science, et ce n'en est pas encore assez. Je dirai qu'une demi-science, en cette occasion, éloigne du beau, qu'une science intégrale y ramène. Dégageons-nous, s'il est possible, de cette obsession, la *carte du ciel*, et de sa légende obligée... Et d'ailleurs, est-elle à ce point instructive, cette carte ? N'est-elle même pas trompeuse, illusoire ? Ne met-elle pas à nos yeux, sur le même plan, les *étoiles*, infiniment éloignées, et les *planètes*, beaucoup plus proches ? N'est-il pas bien excusable d'appeler *Vénus* ou *Mercure* « étoile du soir » ? Et puis, ce sublime éparpillement de corps lumineux, auquel on prête un ordre conventionnel, qu'on encadre, — forcément, je veux bien, — dans une trigonométrie d'arpenteur, dites-moi, je vous prie, s'il correspond le moins du monde au réel ?... s'il existe le moindre rapport entre ce tableau de points brillants dispersés, réunis artificiellement par des lignes, et la révolution bien ordonnée des sphères ?

Car, notez bien ce fait : le ciel astronomique de nuit offre ce trait particulier, que l'énorme éloignement des éléments qui le composent, joint à notre position de spectateurs terrestres, nous empêchent tout à la fois de saisir le détail et d'embrasser l'ensemble. Nous sommes un peu comme des soldats perdus dans la mêlée et qui ne peuvent se rendre compte des mouvements de troupes auxquels ils participent, ni des opérations stratégiques. Même, nous tournons autour du ciel, et nous croyons que le ciel tourne autour de nous... ; illusion qui n'est pas, vous le verrez plus tard, un leurre de la Nature, inquiétant ou scandaleux, mais bien, au contraire, une *prévoyance*.

Pour faire de l'astronomie, il faut la dissiper, cette illusion. Mais l'Esthétique n'a pas ce souci ; — du moins ne l'a-t-elle point encore... — Plus tard, l'admiration du ciel pourra grandir, grâce au spectacle tout abstrait du monde sidéral en évolution. Je voudrais, auparavant, l'exciter par un regard direct, immédiat, et réveiller votre pensée sur ce que vous avez là, sous les yeux. Avant le ciel tel qu'on le *sait*, le ciel tel qu'on le voit.

Trois éléments le constituent, qui se fusionnent, au regard, dans une harmonieuse unité : *lumière, forme* et *mouvement*. A vrai dire, les deux derniers ne comptent guère en notre impression ; c'est, d'abord, une architecture si simple et si peu matérielle, que la « voûte » céleste ; et puis, si cette voûte se meut (de son mouvement apparent), c'est avec une lenteur, une douce continuité, qui rendent sa révolution insensible. Tout l'intérêt ici, du spectacle, est donc cencentré sur la *lumière*.

La lumière des astres offre dix caractères originaux, qui sont pour nous autant de qualités, d'attraits esthétiques : elle est juxtaposée, pour ainsi dire, aux ténèbres, — punctiforme ou légèrement rayonnante, — fixe ou scintillante ; elle est, de plus, immobile, pure, vive, sereine, disséminée, lointaine, silencieuse.

Et d'abord, ce n'est pas un des moindres facteurs d'expression que le contraste si tranché, dans un ciel de nuit, entre la clarté précise des étoiles et l'obscurité qui les environne. Ne sommes-nous pas accoutumés, ici-bas, à des foyers qui « baignent » dans une auréole ? Aussi, quand le soleil, impossible à fixer, mais qui rayonne sur le milieu, disparaît de notre horizon, un spectacle nouveau, même inverse, s'ouvre avec la tombée du jour ; car ces sortes d'étincelles tranquilles que sont les étoiles se laissent contempler sans éblouissement, au sein de l'atmosphère cendrée qui les encadre. Sans y songer, nous subissons le charme de ce changement de décor. Si l'étoile est célébrée par tous les poètes, et qu'on la qualifie de *douce*, et même d'*amoureuse*, c'est, apparemment, en vertu de cet éclat limité, vif et suave, qui retient le regard, et paraît lui-même un regard.

Supposez, un instant, les rôles intervertis ; évoquez, d'une part, un ciel de nuit où les astres laisseraient se diffuser leur lueur, où chaque étoile se noierait dans sa propre irradiation... ; et, d'autre part, un ciel de jour où le disque éclatant du soleil serait encadré de ténèbres... Inquiétante vision ; — vision impossible, d'ailleurs, puisqu'elle supposerait notre planète, comme est la lune, privée d'atmosphère ; et dès lors, où serait l'œil pour la contempler, pour en souffrir ?

Je ne puis m'empêcher, ici, d'appliquer cette harmonie de la Nature à nos Arts. Le principe de juste équilibre qui fait irradier le feu solitaire et superbe — et concentre, au contraire, les foyers multiples et subtils, — on le retrouve, avec un peu d'attention, en Architecture, en technique décorative. A l'instar d'un soleil, — elle « rayonne », la grande *rose* des cathédrales. Or, s'il était possible, la voyez-vous vide et béante, en *œil-de-bœuf* gigantesque et sinistre ? — D'autre part, un instinct de goût naturel ne fait-il pas semer, sur un fond sombre, des motifs clairs au contour net, bien défini (circonscrit), croix, *étoiles* ou fleurs, or sur azur ou pourpre, larmes d'argent sur un drap noir ? Fins autant que nombreux, ces motifs se distinguent mieux, ainsi, du « champ », — sont plus *distingués...*

* * *

Remontons à l'étoile du ciel, — du *champ* céleste ; elle aussi « *rayonne* », à vrai dire. Mais ce rayonnement, très restreint, qui disparaît au télescope, est un phénomène purement *subjectif ;* il prend sa source dans notre œil. — Au physiologiste de vous l'expliquer, s'il le peut. Pour moi, j'aurais l'ambition d'y montrer comme le reflet d'une tendance générale, et *constructive*, de la Nature... Il ne faut pas, je sais, forcer le sens des analogies. Et pourtant, je vous en fais juges, n'y a-t-il point quelque chose de bien remarquable en cette persistance de l'*Energie*, sous quelque figure qu'elle apparaisse, à réaliser la forme étoilée ? Déjà, dans un simple point lumineux, notre œil perçoit un *hexagramme*, c'est-à-dire une étoile à 6 branches, très régulière ; et notre instinct décoratif s'empare aussitôt de ce pur *schéma ;* notre génie sait en faire, tout à la fois, un signe conventionnel — et un ornement. — Mais, en cela, la Nature ne nous a-t-elle pas devancés ?... Dans une de mes « *Histoires d'Art* », intitulée « *le thème de l'étoile* », j'ai donné la série des variations qu'elle exécute sur ce thème ; j'ai montré son génie plastique (1) faisant rayonner, au règne minéral, ces agrégation de cristaux, les « fleurs de neige » (2) ; — puis, dans la flore, les corolles dites

---

(1) Il est convenu que chaque fois que ce mot de *Nature* est ici prononcé, il désigne simplement l'ensemble des forces par lesquelles Dieu réalise son plan.

(2) Qui seraient mieux nommées « *étoiles de glace* ».

radiées de Composées, et de « Stellaires » ; — et même
dans la faune, moulant ces étoiles de chair, qui sont
aussi des étoiles carnivores, les *astéries*, les anémones
de mer, les coralliaires et les comatules ; marguerites
mouvantes et sensibles, dont les pétales guettent une
proie, qui se tordent ou rampent au fond des eaux, sur
les rivages... Un jour viendra-t-il, je me le demande, où
l'Histoire naturelle s'enrichira d'un chapitre sur la morphologie comparée des trois règnes ?

*
* *

L'étoile, — celle qui brille là-haut, à la voûte céleste,
n'est pas seulement *rayonnante*, et par extension
« *radieuse* » ; elle est, de plus, à nos regards, *scintillante* ; et si la cause de ce vacillement n'est pas bien
connue, son effet sur notre imagination est certain.
C'est le charme singulier, captivant, de toute chose ou
de tout être — à la fois calme et plein d'activité, stationnaire et vibrant, constant dans l'attitude et versatile
dans le geste ; c'est l'attrait des feuilles de « *tremble* »,
mobiles sur place, celui des ondes du ruisseau que frise
le zéphyr au passage, celui d'une aile palpitante, d'une
voix émue qui frémit, d'un clignement de jolis yeux.

Entre tous les Arts, il n'en est qu'un, je crois, qui soit
capable de redonner ces impressions : c'est la *Musique*.
Non, sans doute, par la pure sonorité, — bien que celle-
ci naisse d'une oscillation très rapide... ; mais ce mouvement vibratoire est masqué par le son même qu'il engendre. Si la Musique peut évoquer, tout idéalement, une
scintillation d'astre, un friselis de feuillages ou d'eaux,
une palpitation d'aile, un cillement d'yeux, — c'est par
sa puissance *rythmique*. Le génie des compositeurs a
profité souvent, pour interpréter la Nature, de cette
vertu qu'a le *rythme* de noter le mouvement muet par
son signe sonore. Ainsi Wagner a fait, dans le *Tann-
häuser*. Au moment où Wolframm voit Elisabeth
s'éloigner, le laisser, dans la nuit qui tombe, seul et
triste, — une *étoile*, au ciel, se découvre ; elle jette sur
lui son regard scintillant, pur et calme... Alors, au triple
appel, très prolongé, des instruments de cuivre parlant
à mi-voix, succède un *trémolo* des cordes, à l'aigu, —

plutôt un *trille* majestueux, dont la hauteur traduit le lointain sublime de l'étoile, et l'allure rapide, — la vivacité de son feu. Sous le tremblement mesuré des archets, le son, pour nous, *scintille* et *plane* ; et l'on suit, véritablement, l'astre des yeux, tout le temps que se déroule la mélodie si célèbre :

« O toi, ma souriante et propice étoile du soir ! »
(*O du, mein holder Abendstern !*).

Mais poursuivons notre analyse. Ce point lumineux limité, rayonnant et scintillant, qui se détache en or sur un vaste champ bleu cendré, et qui force notre regard, puisqu'il n'éclaire aucun objet, il est expressif, encore, par la *pureté*, la *vivacité* de son feu. Comparer les constellations à des diamants, des saphirs ou des améthystes, à des « *pierres précieuses* », enfin, n'est pas excessif : peut-être, même, est-ce insuffisant, et, — pour les gemmes, hyperbolique... Et puis la lumière de là-haut n'est pas réfléchie, pour les étoiles, tout au moins ; elle vient, en droite ligne, de la source.

Que dire, maintenant, de la *multiplicité* de ces astres ?... La Bible la célèbre, d'un élan poétique et religieux, lui-même admirable. La Science, plus curieuse qu'admirative, nous précise le nombre des astres connus d'elle... Mais celui des astres qu'elle ne connaît pas ?... Aussi bien cette multiplicité, qu'on juge, d'un coup d'œil, incommensurable, elle nous émeut par l'infini du nombre, de même que l'inconcevable *éloignement* nous impressionne par l'infini de l'espace. N'est-ce point déconcertant pour notre pensée, cette poussière cosmique épandue d'un bout de l'horizon à l'autre, et semée comme à pleines mains ? cette poussière innombrable autant qu'impalpable...

Lointain, disséminé, — suspendu, ce sable d'or, dans le vide, il s'impose encore à notre attention par son *immobilité silencieuse*... Car c'est un sable d'or fondu, — non seulement d'or, mais de magnésium et de fer, de sodium et de cuivre, de tous les métaux... Et quand je dis « *fondu* », je veux dire : en *incandescence*, en état de fusion perpétuelle..., inextinguible, à notre faible imagination. A cette idée du *feu*, qui consume tout, — et qui s'éteint aussi partout, ici-bas, et qui *crépite*, s'oppose celle de *pérennité*, là-haut, — d'innocuité, — surtout de *silence*. C'est comme la lueur des éclairs, dans un orage très éloigné dont nous n'entendons plus le tonnerre. Le grondement prodigieux des éruptions, en tous ces soleils, part de trop loin pour arriver jusqu'à nous... Ainsi, le tumulte du ciel, à nos sens, est sérénité.

Un philosophe contemporain a trouvé une splendide métaphore pour peindre le contraste entre Science et Métaphysique. La Science, à ses yeux, c'est le jour, le « grand jour » clair, mais limité. La Métaphysique, — une nuit sans lune, noire, illuminée de points lumineux vacillants, — mais ouvrant l'espace infini... Moi, retournant les termes de cette antithèse, je dirai que le tableau du ciel de jour est scientifique ; il a les précises clartés de la Science et ses horizons rassurants ; celui du ciel de nuit, plutôt *métaphysique* : il émeut de lueurs lointaines, et sans reflets sur les objets terrestres. Aussi le charme des nuits les plus sereines n'est-il pas sans inquiétude, et si belle que soit cette coupole de ténèbres, où tant de lampes sont suspendues, — oh ! quel retour de vie, de sécurité, lorsqu'une aube nouvelle arrive, à l'Orient, noyer tout le ciel de blancheur ! A l'infini troublant du nombre et de l'espace succède l'unité, la sûre fermeté d'un cercle d'horizon. Il semble qu'un vide énorme soit comblé ; qu'entre le pays des anges et le pays des hommes un voile d'étoffe douce cache le précipice.

Cependant, l'argent du crépuscule matinal se transforme, par degrés, en or. Le soleil monte au ciel, glorieux, mais familier ; c'est *notre* soleil, l'étoile unique et proche sous laquelle, encore une journée, nous allons vivre. Car nous sentons bien que, de lui, descend toute vie, tout bonheur, et le radieux regard qu'il jette autour de nous, sur les choses, nous rassure à ce point qu'il nous semble impossible, tant qu'il est là, de mourir...

Mais la Nuit, chassée pas à pas, reculée vers l'Ouest, ne s'enfuit pas tout entière... En arrière de chaque obstacle, elle laisse — couvrant sa retraite, on dirait — une vigie : c'est l'*ombre* ; l'ombre qui, durant toute cette journée qui commence, va lutter pied à pied avec la lumière, sera vaincue presque, par elle, à midi, mais grandira le soir, reprendra le terrain perdu, sera victorieuse à son tour. Il est vrai, l'ombre ne doit pas être confondue avec les ténèbres. Mais les ténèbres de la nuit, n'est-ce point une grande ombre que jette derrière lui notre globe roulant ? Le vaste cône obscur qui s'estompe

sous l'hémisphère éclairé, et fait la nuit pour l'autre,
ce n'est qu'une image amplifiée des taches d'ombre
projetées par les sommets montagneux sur les vals,
ou par les cimes des forêts sur les prés... Il faut
se figurer les *flots* de lumière versés par le soleil
comme des flots véritables, des ondes ; et le langage
ici pressent la Science ; la métaphore, cette fois, se
trouve être réalité. Ces ondes, émanées d'un astre
unique, et de diamètre calculable, ne nous arrivent point, comme celles parties des étoiles, en filets
distincts, rectilignes ; mais l'atmosphère est là, pour
les diffuser : tel un grand récif poreux filtrant les
vagues d'océan, et les réduisant en poussière. Ainsi le
ciel de jour, au lieu d'un fond noir troué par des rayons
apparaît-il baigné dans une buée lumineuse uniforme ;
et les ombres nées du relief, qui seraient absolues, vio-
lentes, — s'adoucissent en discrets, jolis coups d'estompe. Le spectacle d'un fleuve, ou d'un lac, avec ses
bouées, ses bateaux glissant à la surface, ses oiseaux qui
plongent et ses poissons qui frétillent en la profondeur,
— il faut l'évoquer, pour comprendre les jeux du clair-
obscur sur notre sol. L'onde au trajet direct et visible
nous dira le trajet de l'onde lumineuse, imperceptible
en soi.

Alors, vous retournant vers la campagne *inondée* de
soleil, tous les mouvements cachés du fleuve de lumière
se révèleront dans leur harmonie, et ce spectacle en profondeur vous fera celui de surface encore plus sensible
et plus beau. Les rochers du désert montagneux, impassibles sous la chaleur morte de midi, se montreront
émus, vibrant et résonnant sous le choc des lames
d'éther ; vous verrez le flot impondérable et ténu se
briser là comme sur un écueil, et sa masse, divisée par
la résistance de l'obstacle, se bifurquer plus loin en deux
courants, limitant de part et d'autre, une *pénombre*.
Enfin l'oiseau, qui fend l'air de ses ailes, y laissera sa
trace en *sillage*.

Que de fins et jolis remous dans notre océan lumineux, quel réseau de dessins complexes, élégants ! Le
feuillage qui bruit au vent, — en changeant ses faces,
ses attitudes, repousse ou laisse passer la lumière, il
vibre au flot solaire, ou le détourne de sa route. Figurez-
vous donc ce feuillage comme une fronde d'algue ondulant
dans la mer, étalant ou rétractant ses palmes, ou ses pen-

nes à tous les hasards du courant, de la vague, de la marée. Le soleil de feu qui, les jours d'orage, pèse sur la verdure, alanguit les tiges, pâlit les tissus végétaux, — représentez-vous-le comme une de ces marées fiévreuses, magnétiques, où l'océan, électrisé, s'échauffe de son propre effort, et brûle de son sel les toiles et les filets tendus. La lueur pâle des rayons d'hiver, c'est la mélancolie d'une eau morte ou languide, à peine ridée par le vent, froide et sans effluve électrique... Ainsi, par ces images fictives, mais réelles par analogie, vous animerez le silence, et l'apparente inertie de la lumière ; les êtres et les choses, au lieu de se mouvoir dans le vide et l'immobilité, se baigneront, pour vous, d'une atmosphère vive, onduleuse ; la clarté, la chaleur versées par le soleil, s'organiseront, pour ainsi dire ; ces choses amorphes et abstraites prendront corps ; ces rayons subtils et perdus dans l'espace seront dirigés par l'œil sur les terrains et sur les eaux, sur les feuillages, plumages et pelages : l'onde, mouvante et vive, touchera l'être vif, et mouvant; ainsi le geste des plantes, des animaux, autant que leur éclat, leur couleur et leur ombre, pourra se rattacher ainsi, dans l'espace, aux évolutions du foyer lointain.

Alors, vous saisirez mieux, dans sa trame, ce que j'appelle : la « symphonie du *clair-obscur...* » car, une fois la vision de *l'onde* gagnée, peu lui importe, au fait, à notre esprit, que cette onde soit *lumineuse* ou *sonore*, qu'elle parle à notre rétine en lumière ou se traduise en musique à notre oreille... Vous verrez plus tard quelle unité de lois unit les jeux, si différents d'aspect, de l'onde et de la vibration. Je voudrais aujourd'hui vous faire suivre la trace du jour marquée par le doigt de la nuit sur ce cadran solaire immense qu'est notre ligne méridienne.

Les ombres projetées par ces *gnomons* de forme variée et de grandeur diverse, les monts, les peupliers, les clochers d'église pointus — elles vont, vous le savez, s'accourcissant jusqu'à midi, puis, de midi vers le coucher de l'astre, elles s'allongent sur la plaine et grandissent. A midi, la lumière, un instant uniformisée, fait, sous le soleil au zénith, le paysage monotone : c'est l'heure moyenne et banale dans sa déprimante splendeur, c'est le point d'arrêt d'une énergie tendue jusqu'au maximum, c'est le point mort, c'est la mer lumineuse *étale...* Puis, ce moment passé, tout le système d'ombres se ren-

verse, car, par une loi d'équilibre admirable, chaque
objet fixe de la terre, chaque être vivant végétal enchaîné
par son pied à l'humus, offre au foyer de vie, tour à
tour, sa face orientale et sa face occidentale...

C'est alors la marée montante de la nuit : l'ombre
s'étend, en larges et longues nappes, sur les bas-fonds
terrestres ; elle noie, dans une grisaille unie, les teintes
si tranchées des ciels, des terrains ; la gamme nuancée
des *verts* sombre dans l'unisson ; en haut, l'azur se lave
de blanc, puis fonce du gris au noir... Avant la nuit qui
tombe, on jouit d'un instant délicieux, superbement
mélancolique, alors que des cimes lointaines, avec une
ampleur croissante, s'étend l'ombre.

« *Majoresque cadunt altis de montibus umbræ* ».

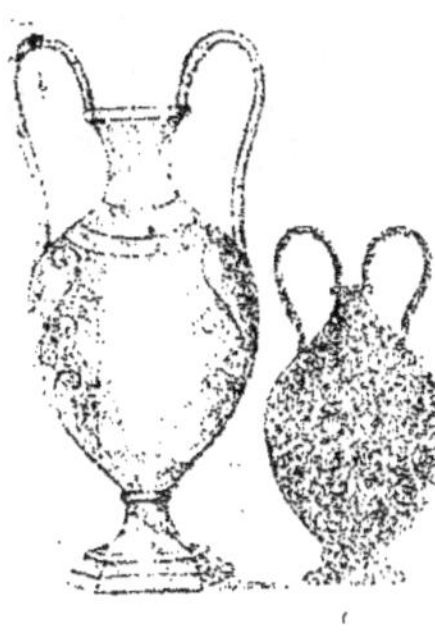

Je me suis amusé, parfois, à dessiner, sur le sable des parcs, la
silhouette gris-cendrée d'un vase
Borghèse. Etrange gamme de lavis,
se succédant suivant la loi du
soleil, du court au long, et du grotesque trapu au grotesque efflan-
qué. Clavier sciagraphique de
touches noires, où les déformations graduées en série révéleraient la loi de conformation harmonique.

La répartition des *clairs* et des *ombres* sur les surfaces solides, liquides ou vaporeuses, et sa limitation en
figures, à l'occident de tous objets, est une étude infinie,
et combien pleine d'incidents ! Et ce n'est là pourtant
que l'*Acoustique* lumineuse. La salle de concert, à
l'heure où se joue quelque symphonie, peut être vue
comme un bassin plein de fluide élastique, ondulant, où
se créent de merveilleux dessins invisibles... Mais, dans
ces cercles aériens qui se coupent sans s'interrompre, le
profil seul parle à l'oreille, qui l'interprète en intonation,
ou qualité sonore : c'est le profil ici qui, seul, fonde la
musique ; et la surface d'onde, en se butant, s'arrêtant
ou se répercutant aux obstacles, ne change guère que la

quantité du son, laisse intacte sa qualité. Les notes, les accords d'orchestre vous parviennent — n'est--il pas vrai ? — à travers les colonnes, les vitres, les étoffes, sans altération. Ainsi parvient à notre vue le reflet rouge ou jaune du couchant, à travers une forêt de mâts et de cordages, ou une mâture de troncs, de feuillages entrecroisés...

Mais l'*ombre* et la *pénombre* ont un rôle esthétique autrement important ici, dans l'onde lumineuse, que dans l'onde sonore, génératrice d'harmonies, de mélodies. Dans le champ des sonorités épandues, l'ombre n'agit que négativement, pour éteindre ou pour amor-

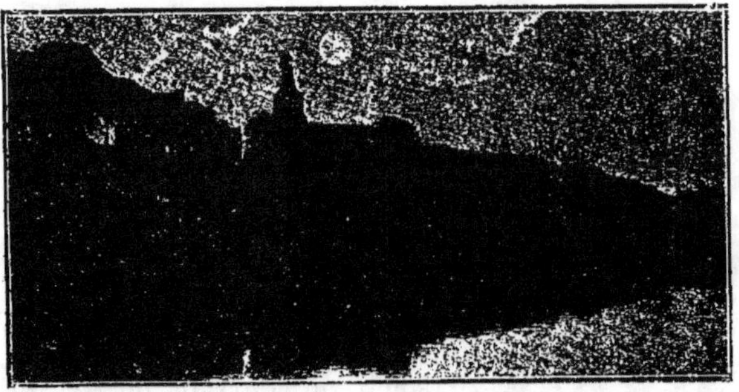

tir : dans le champ des rayons, elle est palpable et mesurable, et sa distribution dans l'espace, antagoniste et contrastante avec celle de la lumière, crée déjà cette orchestration : *le clair-obscur*.

Le clair-obscur « *sans la couleur* », nous l'avons dans un site éclairé par la lune. — Le ciel de nuit, alors, est une transition au ciel de jour. En effet, la clarté du disque lunaire, en sa plénitude, noie celle des constellations ; elle jette, à l'instar du soleil, un *velum* entre ciel et terre ; et limitant les horizons à notre mesure, adoucit l'affre d'éloignement, prévient le vertige des espaces... Rappelez-vous ici la métaphore du début : le clair de lune est encore une « métaphysique » peut-être, mais moins haute, plus bornée dans ses conceptions ; ce n'est plus, dirai-je mieux, la métaphysique, et ce n'est pas encore la science positive... La rêverie du clair de lune est moins profonde, et sublime, que celle des cieux con-stellés ; elle est plus sereine et plus apaisante. Le blanc foyer se laisse fixer par nos yeux ; il rayonne, à la fois, sa blancheur sur nos surfaces terrestres, et permet de distinguer les objets. Mais sa clarté laiteuse sépare plutôt des masses que des contours : sa beauté douce, féminine, est faite d'unité ; de *dualité*, plutôt, pour être strict, du contraste binaire et simpliste entre le *noir* et le *blanc*.

Avec le soleil et le ciel de jour naît la *couleur*... ; les *couleurs*, doit-on plutôt dire, car si le pluriel convient aux teintes variées du spectre, *à fortiori* convient-il aux nuances presque infinies, dérivées. Songez que chacune des 7 couleurs de l'iris a sa propre série de variantes, soit en tonalité, soit en intensité : non-seulement il y a, dans le ciel, une gamme de *rouges*, une de *jaunes*, une de *bleus*, une de *violets*, etc., mais chaque nuance a sa gamme individuelle de degrés, du ton blanchâtre le plus clair au ton le plus rabattu dans le noir. — Cette question du *coloris* est si vaste, qu'elle vaut une étude spéciale ; aujourd'hui, nous n'insisterons que sur la chromatique du *ciel*, et pour en dégager la poésie.

Bleu et *blanc*... De ces deux tons est peint le ciel d'été... il en est *fait* plutôt, car, impalpable, épandu dans l'espace avec l'onde, *couleur-lumière* — et non « couleur-pigment », ce bleu céleste n'empâte aucune matière pondérable. Science ! tu me la montres, cette livrée du « beau-temps », comme une transformation, par mon œil, des ondulations de l'éther. A mon regard interne, dessillé, l'immobilité chatoyante devient mouvement rythmique, harmonique ; en ces profondeurs calmes du « large » aérien, ma raison met des vagues, de vifs et fins remous, tout un entrelacs de courants... ; vagues d'une incroyable subtilité, dont la caresse donne aux yeux la fraîcheur d'azur... Mais ce que la raison nous force à voir, l'instinct nous le fit pressentir, lorsqu'étendus sur le dos dans un pré, nous plongions nos regards en plein azur... Alors quelque chose de vif et d'onduleux nous semblait descendre des hauteurs jusqu'à nous, comme une marée de lumière.

Et, dans cette mer bleue suspendue, flottent, en ballots de ouate neuve, les nuages blancs et ronds, les *cumulus*. De *bleu* et de *blanc* est fait le ciel, où l'œil du paysan monte, de la terre brune et fruste, saluant la beauté de cette livrée virginale, mais distraitement, sans comprendre, comme il salue les habits de luxe, et les bannières de fêtes.

Qu'est-ce que le *bleu* ?   Comme vous verrez plus tard, une sorte d'ombre encore très claire, l'étape douce, reposante, sur le chemin fatal des ténèbres, le voile de dessus de la Nuit. — Et le *blanc* ?... qui chantera sa splendide et vierge unité ? — On a tort de donner son nom à tout ce qui n'est pas coloré. Mais le *blanc* n'est pas absolument l'incolore : distinguons l'éclat d'armure polie que jette le disque lunaire, du vide opalin qui fait de l'atmosphère, le soir, un demi-globe de cristal... Le *blanc*... Combien d'images associées, ici, combien de souvenirs ! C'est, sur le quai du port marchand, le navire à carène blanche, qui décharge, une à une, les belles balles de coton blanc, pelucheux et douillet, s'échappant en flots par les angles... Puis, ses voiles tendues, il repart, le navire, paré, bouffant, « candide », comme une blanche mariée... ; et les marins, visant le ciel, se promettent une *jolie brise*, car elles flottent, blanches, et rondes, dans l'azur, les « *balles de coton* » !

L'artiste, du rivage, s'éprend des blancheurs de voilure sous le ciel bleu, sur la mer bleue ; la flottille évolue devant lui, comme des mouettes au vol de neige, et les jeunes filles s'essaiment sur la grève, dans leurs robes blanches, comme le plumage des mouettes, comme la voilure des bateaux.

Ne croyez point que je m'amuse à brosser ces toiles par pure fantaisie, et comme grisé de deux couleurs où je tremperais mes pinceaux... Mais ce que je fais-là, chacun de vous, sans trop le remarquer, l'opère couramment ; et dans le spectacle du ciel, comme en tant d'autres, le coloris doit beaucoup de son éloquence à *l'association des idées*. Certes, trop contingentes et purement épisodiques, ces idées, ces images qui s'associent à la sensation de couleur, ne relèvent plus de l'Esthétique. Chacun s'en forge comme il lui plaît, il n'y a point de lois pour cela. Mais, comme base de ces variantes, on peut invoquer l'expression directe et propre à chaque teinte. Rabelais nous l'esquisse, avec sa grâce malicieuse, dans le chapitre intitulé « De ce qui est signifié par les couleurs blanc et bleu ».

« Le blanc, dit-il, signifie joye, soulas et liesse : et « non à tort le signifie, mais à droict et juste tiltre. Ce

« que vous pouvez vérifier, si *arrière mises vos affec-*
« *tions,* voulez entendre ce que... vous exposeray... La
« nuyct n'est-elle funeste, triste et mélancholieuse ? Elle
« est *noire* et obscure *par privation.* La clarté n'esjouyt-
« elle toute nature ? Elle est *blanche* plus que chose qui
« soit »... Et le voilà citant l'Evangile de Saint-Mathieu,
« où il est dict qu'à la transfiguration de Notre Seigneur
« *ses vestements feurent faicts blancs comme la lumière.*
« Par laquelle blancheur lumineuse donnait entendre à
« ses trois apostres, l'idée et figure des joyes éternelles.
« Car, — conclut-il — par la clarté sont touts humains
« esjouys. »

Et, fidèle à l'esprit encyclopédique du moyen-âge, l'au-
« teur de « *Gargantua* » cite la ville d'Albe, et le privi-
« lège du Coq blanc ; il fait dériver notre nom de Gaulois de *gala,* parce que les Français ainsi appelez... sont
blancs, naturellement, « comme laict, voulentiers portent
« plumes blanches sur leurs bonnets. Car par nature,
« ils sont joyeulx, *candides,* gratieux et bien aymez ; et
« pour leur symbole et enseigne ont la fleur plus que
« nulle autre *blanche,* c'est le lys. »

Rabelais se montre même, ici, profond physiologiste,
car, pour expliquer l'expression psychique du *blanc,* il
invoque la condition organique. « Comme le *blanc,* dit-il,
« extérieurement disgrege et espart la veüe, dissolvant
« manifestement les esperits visifs..., ainsi le cueur par
« joye excellente est intériorement espars. »

On ne peut mieux parler du fait *d'irradiation,* étendu
de l'œil à tout l'organisme avec une heureuse hardiesse.

Mais les analyses de Rabelais, pour fines qu'elles
soient, sont incomplètes. Le *blanc,* devons-nous ajouter,
a pour traits essentiels — l'*unité,* la *pureté,* la *simplicité.* Sans doute, lumière ou pigment, il rayonne et dilate
nos fibres ; mais, par opposition à la variété des cou
leurs, à la physionomie spécifique du *rouge,* du *vert* ou
du *violet,* — il suggère un sentiment *d'unité,* simple en
même temps qu'intégral. Cette jouissance d'unité que
donne le *blanc,* nous la trouvons d'ailleurs aussi dans le
noir. De l'aube matinale aux ténèbres du soir, la clarté
se diversifie ; le ciel essaie, pour ainsi dire, toutes ses
robes ; la terre aussi se pare de mille nuances définies...
Quand tout ce luxe chromatique s'est épuisé, l'intégrale
simplicité de la lumière pure, qu'est le *blanc,* puis de la

pure obscurité, qu'est le *noir*, — éveille en nous d'autres
idées, d'autres plaisirs.

Ces changements, du reste, en la Nature, s'accomplissent avec tant de sérénité, d'harmonie ! L'immense coupole de cristal lave d'abord son azur dans la douceur de
blancs opalins, puis elle vire au vert-céladon, puis insensiblement au jaune-citron, à l'orangé, au rouge... Et
tandis qu'à l'Occident, le soleil meurt dans la gloire des
teintes chaudes, à l'Orient, de l'autre côté, la gamme
inverse se déroule ; et du même point de départ, qu'est
l'azur, le ciel fonce au lapis, à l'indigo, passe du mauve
au violet sombre, puis au *noir*... C'est maintenant la
nuit, la belle nuit d'été, dont la robe de deuil en gaze
légère scintille de ces bijoux, les étoiles... Et sous cette
ampleur d'ombre où percent leurs feux calmes, la plaine
dort, semée de feux aussi, de foyers humains gais ou
tristes, attendant, dans l'insouciance ou l'angoisse, le
ciel de jour.

⁎ ⁎

Le ciel de jour n'est pas qu'une leçon de clair-obscur et de couleur : c'est une leçon de forme. Oh ! la
belle et profonde leçon, qui s'apprend à l'air pur et libre,
sans mots pédants, conventionnels, et dans l'amphithéâtre des collines ! Étendu sur le dos, en un pré, sur
une tache d'ombre, vous écoutez dans le silence ce que
disent les nuages... Et voici ce que vous notez.

Très haut, en pleine mer atmosphérique, planent les

« *cirrus* », les premiers à citer, parce qu'ils sont les premiers à naître. Dans la pureté bleue du ciel estival, ils mettent une pureté blanche ; en effet, les navigateurs de l'air en témoignent : ces nuages-enfants sont tissus d'aiguilles de glace... Et combien fines, délicates !... Tel le givre, aux beaux froids de Noël, expose ses cristallisations à la surface de nos vitres.

Comme le givre, aussi, l'eau glacée des cirrus s'organise en étoiles microscopiques, à 6 branches... A ceux qui prétendent encore que la Science est incompatible avec la Beauté, mettez-leur l'œil au microscope, sous lequel vous aurez glissé quelque flocon de neige. Quel argument de grâce persuasive, que ces quarante et quelques variations sur le thème de l'*hexagramme* !... Jamais aucun ornemaniste n'eut cette fécondité d'invention. Les aiguilles de

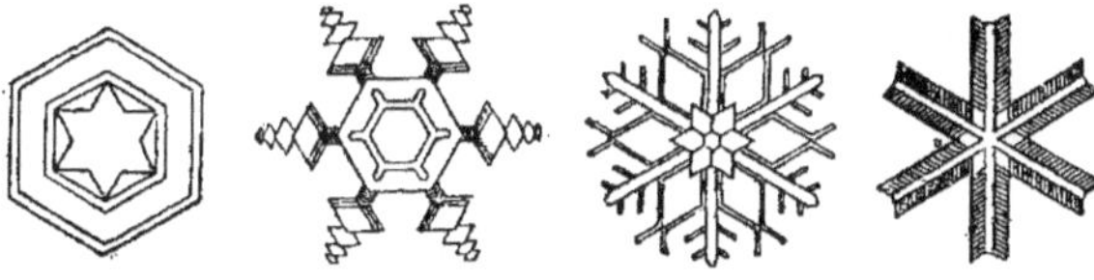

glace, toutes orientées en directions précises, composent, ici, l'étoile classique, aux 6 branches ; là, réalisent un polygone à 6 pans ; ailleurs, compliquent leur figure en se ramifiant ou bien enchevêtrent deux profils l'un dans l'autre ; ailleurs encore, l'*aster* géométrique et simple se garnit, aux pointes, de fleurons, s'orne de denticules, arrondit ses contours, se plisse, et se festonne. Parmi ces « fleurs de neige », il en est de naïves et de coquettes, de sévères et de séduisantes, de légères et de graves, de rigides et de souples... Celle-ci, découpée comme une fronde de fougère, exprime la délicatesse, la fragilité ; celle-là, taillée dans du quartz, on dirait, dit la force, la rectitude... Il en est d'un luxe ample et sérieux ; il en est d'un luxe frivole et mesquin... L'attraction moléculaire, en son choix, n'atteint pas toujours la beauté ; mais son parti pris de créer tout le possible, arrive à réaliser des formes originales. Je surprends, dans ce jeu de combinaisons naturel, quelques figures, en vérité, gauches, lourdes, ou mièvres, ou bizarres... Cette étoile fond ses contours en une ébauche molle, cette autre s'enveloppe d'une ligne obtuse, tronquée ; les rameaux de celle-ci sont ingrats, comme élagués à dessein ; cette autre se hérisse, au contraire, d'une végétation emphatique... On observe, en un même type cristallin, des combinaisons heureuses, ou d'un goût douteux ; en cet aster, la symétrie joliment pennée des rayons est gâtée par le bouton tricuspide qui les surmonte ; en cet autre, l'élégante simplicité du schéma s'achève en un dessin de singularité prétentieuse... Toutes les expressions se trouvent en cet étalage de neige : la majesté, la grâce, la distinction, la rusticité ; les figures sourient, menacent, ou grimacent ; elles sont pathétiques ou comiques, singulières ou monotones. C'est tout un monde.

Et ce monde, dont je n'aperçois pas, à l'œil nu, la structure, — il est suspendu à dix mille mètres au-dessus de moi, dans ces nuages. Ces *cirrus*, au tissu si minutieusement ouvré, m'apparaissent unis dans leur couleur, et dans leur forme... De même, cet air transparent qui me cache ses dessins d'ondes, lorsque passe, en sifflant, l'oiseau ; de même, la face lisse des feuilles qui dissimule à mon regard sa trame de cellules.

Ce que je vois seulement dans le nuage, c'est la forme totale relativement ample et grossière, indistincte, de plus, et sans type morphologique arrêté. Mais, en les observant longtemps, et sous tous les ciels, les cirrus décèlent un système de partis spécifiques. Ce ne sont point toujours et partout des flocons, — de la laine, ou du coton bien cardé, qui s'effiloche, aux vents supérieurs, dans l'espace... L'apparente irrégularité se ramène à quelques « schèmas » essentiels : ainsi, la nervation *pennée* ou *palmée*, qu'on connaît dans les feuillages et les plumages, en l'appareil préhenseur ou locomoteur, aussi la disposition *spiralée*, celle des axes végétaux — ou des nébuleuses.

Celle-ci devrait être nommée d'abord, car elle est sans doute initiale. La brise franche et « plastique » des altitudes roule, tord en hélice le givre flottant des cirrus : ces masses si légères de menues étoiles cristallines n'opposent, au modelage du vent, qu'une résistance douce, et fuyant toujours de côté ; d'où l'attitude serpentine de tiges croissant en sens inverse de la pesanteur. Et, comme aux tiges végétales, la force vive se partage, en ces tiges cristallisées, suivant une alternance, un *rythme* défini.

Ainsi se développent, à la fin des belles périodes estivales, ces « *arbres des Machabées* », que les paysans
vous montrent du doigt dans le ciel, comme précurseurs
d'un temps pluvieux. L'instinct d'analogie en a fait très
correctement des *arborescences*, bien qu'elles couvrent
l'azur, plutôt, comme le déchet d'un plumage sublime.

L'avant-garde des mauvais temps n'apparaît pas toujours sous forme de *cirrus*. A des niveaux moins éthérés, plus voisins de la terre, les vapeurs que condense
un froid modéré sont roulées en sphères par le vent. On
dirait, cette fois, qu'un navire immense a fait naufrage
dans les airs, et que sa blanche cargaison d'ouate flotte
à la dérive, en épave. Ainsi pensent, du moins, les marins, qui nomment « balles de coton » ce qu'on appelle
des *cumulus* à l'Observatoire.

« Cumulus » ?... Ces sortes de
nuages, effectivement, figurent à
l'horizon un comble : ils culminent : amoncelés lourdement, les
après-midi orageuses, ils échafaudent en l'espace une architecture de
tours, de dômes métalliques, cuivrés, — ateliers prodigieux où se
forge la foudre.

Mais ce qui me frappe surtout,
en ces nuages globulaires, c'est la
révélation qu'ils nous apportent des ondes invisibles
du vent. Il faut s'accoutumer à voir, en toute forme,
un « *graphique* », un tracé patent, saisissable, du mouvement plastique latent. Le disque de glaise pétri sur
le tour à pédale du céramiste, est la trace combinée
d'un geste de manège propulseur, et d'un geste niveleur
des phalanges. Ici, vous percevez à la fois l'effet, et sa
cause créatrice. Mais dans la Nature, où l'automatisme
est de règle, on assiste à la genèse de l'œuvre, sans pouvoir saisir l'ouvrier. Surprenez-vous le vent mouleur de
nuages ? Pas davantage que la vie modeleuse de tissus
végétaux, de chairs animales... Seulement, des résultats
qui s'imposent à notre vûe dans la forme achevée, définitive, nous déduisons les incidents — ou les accidents
— du travail, sa durée, ses temps d'arrêt ou de reprise,
enfin son rythme. Une grande longueur de tige accuse la
persistance de l'accroissement — ou sa vitesse ; une
ligne droite, sa continuité, l'uniformité de la pousse ;

un contour interrompu, sinueux, trahit l'interruption plus ou moins périodique du travail, un changement de direction dans la force.

Ainsi la rotation, dans un corps malléable, entraîne fatalement le contour sphérique, — à condition, bien entendu, que le milieu qui baigne ce corps soit homogène. Ce mouvement rotatif s'accélérant, la sphère se renfle à son équateur, se déprime à ses pôles. La Terre qui nous porte, et toutes les planètes, en sont un exemple grandiose ; ici-bas, le fait homologue se produit en miniature, et la *trombe*, fleur volubile sinistre à tige d'air et d'eau, traduit, par ses spires blafardes et mouvantes, le mouvement de vis hélicoïdal, qui la tord.

Ceci nous ramène au nuage, à ce *cumulus* paisible, il est vrai, mais dont les bords roulés en festons, trahissent un mouvement gyratoire, mouvement de trombe s'accusant en le nuage de grêle, qui n'est qu'un cumulus orageux. Il faut donc supposer dans l'atmosphère la plus transparente et la plus tranquille, des ondes, — non cette fois sonores, lumineuses, électriques, — mais *plastiques*, qui, faisant, elles aussi, d'invisibles gestes, transmettent le secret de leur rythme aux vapeurs amoncelées qu'elles façonnent. Ainsi, sur le sable fin de nos plages, la mer, se retirant, laisse comme vestige de ses vagues, des rides finement estampées.

Tandis qu'ils traînent, les *cirrus*, en les altitudes de l'atmosphère, leurs écharpes légères et glacées, — que les *cumulus*, au-dessous, roulent leurs lourdes sphères cotonneuses, — les *stratus*, eux,

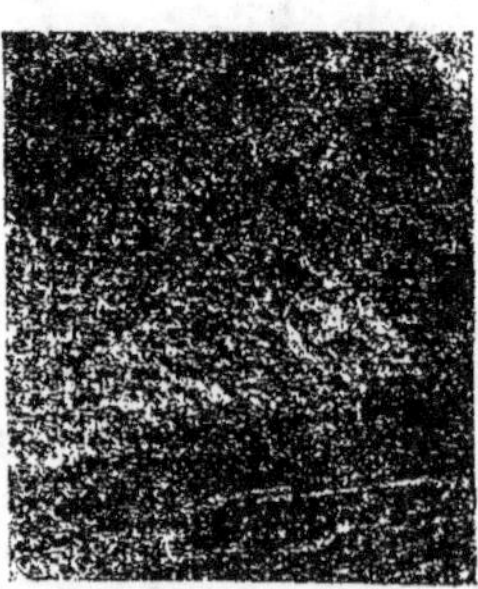

barrent l'horizon de longs traits admirablement rectilignes et parallèles. Les deux premiers types de nuages indiquent la sérénité, tout en présageant, de près ou de loin, la perturbation. Le troisième annonce plutôt la fin de la crise et la détente de l'atmosphère. Quand le nuage de pluie, le *nimbus*, s'est déchargé, que son chaos de vapeurs tristes s'est résolu dans les averses, en gouttelettes innombrables, alors le ciel, enfin, s'éclaircit ; sa coupole bleue reparaît comme une faïence bien lavée ; et, soulignant, pour ainsi dire, sa sérénité, les *stratus* s'allongent, paral-

lèles, tels les rangs d'une armée qui se reforment après
la bataille. Le vent les aligne solennellement, en belle
ordonnance, et le soleil, les passant en revue, décore
cette arrière-garde de reflets écarlates, dorés et pourpres,
tandis que lui-même s'environne d'une gloire.

Ce que je viens d'écrire n'est que le programme illustré d'une science à faire, que j'appellerais *Néphélogra-
phie* (description, morphologie comparée des nuages). —
Vous savez que dans la langue usuelle, *nuage* est symbole de *vague, d'indéfini*. On dit qu'une musique est
« nuageuse » avec idée de blâme. Vous savez aussi
que cette expression : « *vivre dans les nuages* », ne
passe pas dans le monde pour un éloge. — Mais ce double péjoratisme est injurieux pour les nuages, d'abord ;
j'ajouterai qu'il est injuste. Car nous jugeons bien vite
indistinct ce que notre faiblesse ne nous permet pas de
bien distinguer... Ces formes rudimentaires, et si versatiles, des nues, ne sont point cependant arbitraires : elles
obéissent, elles aussi, au plus rigoureux déterminisme ;
et si l'on songe aux gestes latents des ondes atmosphériques, à ces rythmes que commande, à chaque instant
du temps, en chaque point de l'espace, le jeu concertant
des forces, — alors la forme de ces nuages, et leur évolution dans les airs, se révèlent aussi précises que les
faits physiques, astronomiques, les mieux réglés.

D'ailleurs, avec un peu d'attention, l'apparente irrégularité des corps aériens disparaît ; leurs formes,
variées presque à l'infini, se ramènent à trois types bien
définis : *cirrus, cumulus* et *stratus*. Ces types se reproduisent, en définitive, à peu près égaux à eux-mêmes, en
des circonstances pareilles. Les mêmes causes ramènent
les mêmes effets et le même ordre. Limpide, tant que la
vapeur d'eau persiste à rester diaphane, la voûte bleue
se sème d'abord de *cirrus*. Tels des oiseaux au vol
sublime, ils planent aux régions de l'éternelle et glaciaire sérénité. — Mais, de cette ceinture de feu, l'équateur, des masses de vapeurs saturées d'électricité se soulèvent ; les courants aériens les transportent à des latitudes plus fraîches ; en route, le vent les roule, les
chiffonne, les étale de cent façons : les brises folles s'en
amusent ; elles les peignent, les tressent, les frisent
comme des chevelures, les cardent comme du coton fin,
les effilochent comme du lin ; l'ouragan les divise, les
coupe, les enfle en ballons, ou les déchire en lanières ;

l'orage, enfin, — vous le verrez, — les fait glisser l'une sur l'autre, les étage en plateaux, tel un électrophore gigantesque, les concentre, les épaissit, accumule en elles le fluide. Alors, sous quelque forme qu'ils soient nés, et qu'ils aient vécu, stratus ou cumulus, nuage de beau temps, nuage de grêle, — ils se dissolvent en *nimbus*, se fondent, meurent, s'anéantissent... Ou plutôt, rien ne se perdant, ne se créant ici-bas, *l'eau*, qui s'était vêtue de ces robes flottantes, reprend son habit terrestre, traînant, onduleux. La beauté fugace, et stérile, se fait esclave de la Pesanteur, et devient féconde...

Esprits positifs, cessez donc vos reproches au nuage *indécis, fluctuant, capricieux*... Est-ce un mal qu'avant de mourir pour le ciel, et de faire tourner plus bas vos moulins, il promène un instant sa grâce ou sa majesté dans le vide, et réconforte les rêveurs ?

L'Orage

Une matinée de juillet est comme une fête qui se prépare dans la Nature. On a peine à se figurer, vraiment,
que le ciel ne soit pas un fin et large *velum* bleu, tendu,
sans plis, pour célébrer quelqu'un ou quelque chose.
Les haies, tout embaumées, dressant leurs branches
gourmandes en hélice, semblent attendre *son* passage...
De qui ? — La Nature, muette toujours, ne le dit pas.
Les arbres se sont faits beaux, pour ce beau jour ; leurs
feuilles bien lissées frémissent, on dirait de plaisir, à la
brise, à la jolie brise qui passe... ; les prés étendent, au
soleil montant, leur velours vert perlé de la rosée de la
nuit ; les corolles s'ouvrent, et s'étalent ; toilettes fraîches, qui se déplissent et se déchiffonnent, en même
temps que les ailes d'insectes poussées, par la chaleur
moite, hors de leur chrysalide... Sur toutes les fleurs,
c'est un vol de mouches bruissant comme du satin.
Les pierres mêmes reluisent et se transfigurent à ce
triomphant soleil de juillet ; la craie des côteaux a des
blancheurs aveuglantes, l'ocre a des reflets d'or, et les
schistes violets s'irisent joyeusement ; tout s'avive et
tout vibre.

Il y a, dans ce moment, épandu dans l'air, et sur le

sol, quelque chose de si solennel, de si « festival »,. qu'on s'étonne presque de ne pas voir descendre, de la pureté du ciel, une théorie d'anges empennés, vêtus de lin, porteurs de harpe... Et comme, sous la claire-voie des jeunes cimes, les oiseaux heureux continuent de dialoguer patiemment, comme les bois lointains demeurent immobiles et silencieux, faisant planer leur ombre, comme les sentiers qui décrivent des S dans la plaine restent vides et calmes, on a le sentiment d'une attente longue et douce, et d'une mystérieuse espérance.

Peu à peu, le soleil se haussant au zénith, tout s'engourdit ; une chaleur morte pèse sur les feuillages, qui pâlissent ; les oiseaux se taisent, et plongent le bec dans leurs plumes ; un océan de rayons d'or inonde la plaine, d'où la flèche d'église émerge, sa cuirasse d'ardoises étincelant en noir métallique.

*
* *

Alors le ciel, si pur il n'y a qu'un instant, se plombe,. sans qu'on y ait pris garde, tel un miroir concave où vient de souffler une haleine. Des nuages d'un blanc mat apparaissent, on ne sait comment, tant ils semblent,. à l'œil, immobiles. Et pourtant une brise souffle, sèche, brûlante, ayant passé sur des sables chauffés longtemps; la rosée s'évapore du sol, et des feuillages ; toute l'eau de la terre, aspirée, monte au ciel. Les horizons lointains se rapprochent, le paysage se resserre. Il y a partout, de légers signes d'inquiétude ; sur les joncs des marais passent, par moments, de courts frissons ; des troupes d'hirondelles traversent la vallée, rasent la ligne des routes ; elles rament vite, affairées, de leurs longues ailes noires. Déjà, la poussière du chemin se mouille de grosses gouttes... C'est l'orage.

Il vient, s'approche par degrés, lent, solennel. Un roulement grave et plein l'annonce, derrière le coteau. Malgré la joie du soleil, qui filtre encore à travers le tamis de vapeurs, dans la vallée, ce premier roulement d'un tonnerre éloigné met partout une tristesse soudaine. La solitude se fait plus nue, plus solitaire ; les êtres vivants qui fuient vous font peur de leur propre fuite : une force mystérieuse et sinistre se lève, qui menace la vie ; la fête de la Nature s'interrompt.

De la crête des coteaux, l'orage émerge ; c'est une

armée compacte, pesante, de gros *cumulus* arrondis, en
sphères de cuivre, superposant, enchevêtrant leurs
orbes. Le soleil darde un instant sur eux, les fait reluire
en métal poli, patiné ; puis son disque est éteint par leur
masse qui s'interpose, et d'énormes ballons obscurs
font maintenant la nuit sur le val... A cet instant, par
un phénomène curieux, tout se calme et paraît s'arrêter... La nuée, immobile, plane sur la Nature immobile ;
on dirait qu'elle la paralyse : les arbres ont l'air pétri-
fiés ; pas une de leurs feuilles ne bouge ; l'air est comme
figé. Toute chose attend, dans une épouvante fixe...

Et brusquement, comme d'une forge noire, un sil-
lon de feu rouge a jailli : c'est l'éclair... Il a percé la nue
de part en part, d'un bout à l'autre d'horizon, tel un
long javelot de fer incandescent, fléchi, dans sa trajectoire, en zig-zag... Et sa trace, une seconde, a découvert
l'état du ciel : un toit bas, mamelonné, gris d'ardoise,
où serpentent, en dessous, les *ascitizi*, petits nuages
livides, aux bras mouvants, attirés et repoussés tour à
tour par la masse... Un craquement énorme, aussitôt,
— celui des portes de Gaza brisées par Samson —
déchire le ciel ; son éclat émeut les échos, qui font rouler
longtemps le son dans les nuages, et rebondir le tonnerre à tous les coins de la vallée.

L'explosion sonore a rompu l'équilibre, et déchaîné
tout... Comme si les parois d'un immense réservoir
supérieur s'étaient soudain rompues, l'air et l'onde se
précipitent en torrent spiral. D'abord, une trombe de
vent court en tournoyant sous le nuage, entraînant
dans sa valse sinistre les pailles arrachées aux meules ;
le tonnerre faisant silence un instant, on entend les
longues plaintes chromatiques du vent, hurlant, tel un
chien pris de rage. Puis d'un coup, en paquet, lâchée
tout entière à la fois, l'averse de grêle est précipitée sur
le sol ; la terre est bombardée de blancs projectiles
glacés ; leur chute oblique, presque horizontale, tordue
par l'ouragan en hélice, fauche les épis, écrase avec
fureur les fruits, perce les feuillages. Le crépitement
sec et dur de cette mitraille sur les toits se mêle aux
sifflements de tempête, assourdit le bruit du tonnerre,
— qui s'éloigne, d'ailleurs... car le tourbillon aérien,
une fois déchaîné, marche vite ; et si le prologue du
drame est lent, solennel, bref est le nœud, court et
brutal, le paroxysme. A peine a-t-on le temps de se

retrouver, dans le désarroi des sens, et la désorienta-
tion de l'esprit... L'oreille est encore assourdie des déchar-
ges de grêle et de foudre, l'œil ébloui des éclairs, —
que le nuage orageux est loin, inondant d'autres vals,
perdant d'autres moissons... Et, levant ses regards, alors,
sur le ciel, on voit que tout s'est fondu dans une mer de
vapeurs uniforme, plate et grise... La pluie, la bonne
et belle pluie, tombe, franche et droite, de la nuée, en
piques d'argent parallèles ; elle tombe avec force,
encore, mais si mesurée! Son eau ruisselle d'un rythme
égal, douce et tiède, sur les feuillages ; elle tombe,
tombe longtemps, et les viviers se remplissent ; cent
petits torrents creusent les tertres, et font sur le sol de
la plaine une géographie montagneuse en miniature.
Les bruits sont amortis à présent ; le vent ne s'entend
plus, le tonnerre est lointain ; un clapotis de gouttelettes fait chanter le zinc des chêneaux ; tout s'apaise.

On sort, heureux de vivre, et de retrouver la vie au
dehors. Le soleil a fait un trou dans le rideau gris de
l'averse, un trou d'or ; à l'horizon, au point d'où l'orage
est venu, un pan de ciel bleu se découvre ; il s'étend,
gagne sur le zénith, offre son azur frais, lavé, en contraste au lé de deuil qui s'en va, s'unissant, se simplifiant, s'idéalisant au lointain.

Combien, à ce moment-là, l'atmosphère est pure, et
salubre ! Des fleurs trempées monte un parfum plus
calme ; les écorces humides envoient des effluves tan-
niques, pénétrantes ; l'herbe sent bon : l'air a je ne sais
quelle odeur austère et saine. On se sent vivre mieux.

Alors, sous la pluie tranquille, clairsemée, laissant
filtrer une lumière blonde, les oiseaux causent, et chantent de nouveau, ils volètent de rameau en rameau,
secouant leurs ailes fripées, faisant sur place, pour se
sécher, le geste de l'essor ; ils lissent leurs plumes en
jasant, et dans l'air éclairci, lavé de pluie, sonore, leur
chant prend un timbre clair, cristallin, et comme des
inflexions de parfait bonheur.

Et la fête interrompue va reprendre. Mais le crépuscule est bien proche, les ardeurs du jour sont tom-
bées ; c'est une fin de fête lasse et mélancolique où
les ors sont pâlis, où les lignes s'estompent, où les bannières pendent, alanguies, le long des mâts, où, dans
la pénombre qui se répand, des groupes s'en reviennent
à pas lents, causant à mi-voix.

Comme vous le voyez, moi-même, après tant d'autres, je me suis exercé, à mon tour, à la description poétique de l'orage ; je m'y suis même, véritablement, récréé. Mais je voudrais que l'on sentît, aussi clair que je le sens, que ce n'est là que littérature... Oui, *littérature*, c'est-à-dire façon de prendre les choses « *à la lettre* », et sans en dégager sinon l'esprit, du moins le sens profond. Or, en définitive, c'est l'essence des phénomènes qui nous importe, plutôt que les phénomènes en soi. A quoi bon ressasser l'éternelle et superficielle chanson, exalter en vains tours de phrases la beauté, la grâce, la sublimité, s'évertuer à dire l'indicible, à exprimer l'inexprimable ? Et serons-nous bien avancés lorsque, pour nous satisfaire nous-mêmes, nous aurons célébré plus ou moins pompeusement, à la manière classique, — ou bien à la romantique, prétentieusement, les évolutions des nuages, leurs conflits, l'éclair, le tonnerre, enfin l'accalmie, le rassérénement, la pacification des éléments déchaînés ?...

Mais alors, que faire ? direz-vous ; le reste est affaire de science, et ce serait manquer maladroitement le but que d'écrire encore, sous prétexte d'Esthétique, un pur chapitre de Physique.

Entendons-nous. Il y a *Physique* et *Physique* : celle du spécialiste, qui décrit ou reproduit les faits électriques naturels, afin d'en tirer des rapports, des mesures, des lois, — et celle du philosophe généralisateur, pour qui ces faits sont des témoignages de l'universelle *harmonie*. L'orage, sans doute, est un trouble dans la vie rythmique de l'atmosphère, mais c'est un trouble qui nous apparaît admirable. On peut donc prévoir qu'au fond, ce trouble *est réglé*. Justement, la Science le pénètre, ce fond ; elle est l'outil qui perce les surfaces et pénètre les profondeurs. Nous pouvons — et devons même, ici, masquer l'outil vraiment trop spécial ; mais il faut découvrir la tâche qu'il a faite. On s'imagine d'ailleurs bien à tort que la Science a sa fin en soi, et que son but est très distant de celui des Arts et de la poésie. Nous autres, estimons la Science bien plus haut que ne le font les savants, car nous la considérons insignifiante et vaine, si ses résultats ne sont pas appliqués... — au progrès industriel ? direz-vous. — Mieux que cela : à la révélation du *beau*, du parfait, à la démonstration triomphante de l'*idéal*.

Si, donc, je me demande à présent comment naît le nuage orageux, ce qui produit l'éclair, le fracas de la foudre et la grêle, ce qui déchaîne le vent en tourbillon, puis l'apaise, ce n'est point par curiosité pure ou fétichisme du document ; c'est afin de pénétrer un concert — ou conflit — de forces qui, d'emblée, sur mon imagination, agit d'une vertu mystérieuse, et par conséquent incomplète. J'éprouve ce besoin d'analyse qui pousse le critique d'art enthousiaste à démembrer les phrases d'un discours, d'une symphonie, à séparer, abstraitement, les éléments d'une peinture. Ce dilettante prosélyte espère ainsi forcer l'attention, et faire mieux goûter le chef-d'œuvre, en le faisant connaître mieux (1). Et puis, quand il ne s'agirait que de réhabiliter la Nature, de la disculper du crime de désordre et de confusion, de faire abandonner cette idée superficielle et si tenace, de *hasard*...

*
* *

Un fait qui montre clairement combien peu l'on approfondit dans le monde, c'est le sens défavorable de cette locution : « *vivre dans les nuages* » ; formule dédaigneuse, qui ne calomnie pas seulement les rêveurs, et jette le discrédit sur les nuages eux-mêmes. Car on fait du nuage une chose sans consistance et sans importance. On oublie que du front du nuage sort parfois la foudre, — comme du front du rêveur l'idée décisive... : on ne fait pas attention aux formes souvent nettes, et toujours bien déterminées de ces vapeurs qui ne s'amassent point à l'aventure, et sont façonnées par le vent en figures variées, mais constantes.

Et puis, *vivre dans les nuages* est si bon ! C'est si consolant pour ceux que choque le spectacle de *l'en-dessous*... Même, s'il y a du trouble, de l'incertitude, de l'imprécision, enfin du *flou* quelque part, n'est-ce pas plutôt ici-bas, sur terre, que là-haut ?... Aussi bien l'idée du

---

(1) Lorsqu'on fait tant de commentaires sur *nos Arts*, peut-on trouver étrange que nous en fassions sur l'*Art de Dieu*, sur le grand œuvre de la Création ?

vague et du *confus* s'appliquerait plus justement à la vie sociale, à cette existence « pratique » qu'on oppose comme un modèle à l'idéaliste ; il serait à désirer que le souffle des passions, ou le vent des tourmentes politiques amènent des effets aussi beaux que ceux d'un orage dans la Nature.

Est-il un spectacle plus admirable que cette voûte exactement arrondie sans être strictement limitée, qui se nomme le *ciel* ? toile de fond azurée, opaline, ou bleu d'ombre, où, tels de grands oiseaux, séduisants ou sinistres, passent les nuages blancs, les nuages noirs...

Observez que de ceux-là à ceux-ci, l'on trouve toutes les transitions. Et d'abord, fixez de votre regard ces hautes et paisibles traînées laiteuses qui planent, dans les beaux jours, sur vos têtes, et forment là-haut comme des flocons de blanc duvet, ou d'idéales arborescences. Les météorologistes leur ont donné le nom de *cirrus*, — joli mot latin qui signifie « boucle de cheveux » et, par extension, « huppe » d'oiseau, « touffe » de fleurs, « frange » d'étoffe... Au reste, on y peut voir un peu tout ce qu'on veut, puisque les marins les appellent des *queues de chat*..... Or c'est là, dans la sérénité de l'azur, un premier indice de trouble... Oh ! bien faible encore. Et, notez-le, déjà, ce trouble est rythmique ; il est ordonné. Les aéronautes qui se sont élevés assez haut pour apercevoir de près ces *cirrus*, les ont vus tissés de très fines aiguilles de glace ; ainsi ces nuages qu'on croit amorphes et sans structure, sont des architectures de cristaux. Lorsqu'en plein hiver votre haleine, congelant sa vapeur aux vitres, y crée de jolies *fleurs de givre*, songez aux *cirrus* de l'été : là-haut, à ces altitudes superbes, l'hiver est perpétuel, rigoureux ; il plane, lointain et glacé, sur notre zone tiède, estivale ; et, bien que suspendues, flottant dans le vide aérien, ce sont les mêmes plumules, les mêmes palmettes cristallines.

Mais, insensiblement, sans qu'on y prenne garde, sous ces *cirrus* planant, presqu'immobiles, — l'armée des *cumulus* envahit l'espace ; d'abord clairsemés et peu volumineux, boules de neige sur le champ bleu céleste, ils arrivent plus gros, plus serrés ; ce sont des nuages de beau temps encore, mais souvent les avants-coureurs d'une perturbation de l'atmosphère. A de certains jours, pressés les uns contre les autres, et même chevauchant l'une sur l'autre, ces « *balles de coton* », comme les nomment nos marins, ne laissent percer le bleu que par intervalles. C'est alors un écran qui tempère les feux du soleil, — un bouclier, si vous aimez mieux, qui arrête au passage ses traits piquants. Il laisse encore filtrer un jour clair et gai ; mais si, tels des aérostats désemplis, les *cumulus* se mettent à descendre, s'ils se rapprochent de la terre, alors une tache d'ombre apparaît à leur centre ; ils nous semblent lourds et plombés, et le ciel, décidément, se fait triste.

Pour peu que le vent tombe, ou mollisse à ce moment-là, et que la pression atmosphérique s'abaisse, la masse nuageuse devient stagnante ; on dirait d'une brillante armée dont l'avant-garde, arrêtée dans sa marche par quelque obstacle, ferait s'amasser sur place les bataillons en mêlée confuse, assombrie. Et c'est ainsi qu'il se forme, le *nuage orageux*. Vous l'apercevez, de loin, à l'horizon, comme une accumulation prodigieuse de *cumulus*, un amoncellement de croupes montagneuses échafaudées dans l'air : Pélion sur Ossa. Les rayons obliques du couchant lui prêtent de beaux tons cuivrés ; et ces pures masses vaporeuses donnent l'illusion d'une solidité métallique... ; la Nature se drape, avec ostentation, de son manteau de tragédie...

Vraiment, c'est une chose surprenante et merveilleuse, quand on y pense, que cette espèce de souci que montre la Nature, de cacher le réel sous le *beau*, l'inquiétant sous le *sublime*... Et combien la Science, qu'on exalte, est malhabile, pour sa part, à dissimuler ses propres travaux ! Tandis que notre vue, spontanément, nous fait apercevoir le nuage orageux d'un seul côté, comme un miroir qui s'offre aux jeux de la lumière, elle, la vision scientifique en fait le tour, indiscrètement, supprime la perspective, la couleur, et présente à notre imagination ce tableau morne, réaliste : un colossal *champignon gazeux*, composé d'un chapeau mamelonné, d'une tige courte, et d'une sorte de racine figurant le *mycelium*. Le centre du chapeau, paraît-il, est le foyer d'où jaillissent les *éclairs*. Au-dessous se meuvent les *ascitizi* (étrangers), petits nuages accessoires, et pour ainsi dire *parasites*, qui tranchent sur la masse sombre, immobile, par leur teinte livide et leurs mouvements d'attraction et de répulsion alternés ; — vision désenchantante, peut-être, mais nécessaire, car elle découvre une beauté profonde, finaliste ; elle nous la fait du moins soupçonner. Nous savons, d'une part, que *l'orage* est un trouble opportun, salutaire, et, d'autre part, que c'est un trouble rythmé, périodique, — un *désordre réglé*, pourrait-on dire. Que nous importe, alors, la forme *intégrale* de son organe, puisque, par les sens, nous ne pouvons la saisir, ni l'embrasser dans son ensemble ? Il suffit à notre besoin d'admirer, que la Nature emploie, pour produire ses effets grandioses, des procédés aussi simples, aussi sommaires, aussi peu matériels... Avec tout notre appareil de laboratoire, sommes-nous donc capables d'éclairer les nues et de les faire gronder comme au plus faible des orages ?

* * *

Si, toutefois, la Nature a la force, — nous autres possédons la finesse. Sans parler des *subterfuges* (1) fort ingénieux par lesquels nous savons soutirer des nues le fluide électrique, ni des stratagèmes admirables qui nous permettent de l'employer, ce fluide, à notre usage, de lui faire porter dans l'espace notre personne, ou notre pensée, de nous faire éclairer par lui, comme en prolongeant à notre gré l'éclair, — c'est l'honneur de l'esprit humain que de chercher, d'un effort constant, à pénétrer le phénomène physique en lui-même, et *pour lui-même* ; pendant qu'un Edison illumine toute la cité par un fil, qu'un Branly, grâce au dispositif le plus simple, parvient à faire communiquer la tour Eiffel avec le Maroc, — un *Gaston Planté*, lui, surveille la source où l'on puise, et son ambition est de découvrir, non pas un procédé d'application humaine, mais le procédé même de la Nature.

Les savants, d'ailleurs, se partagent ici la tâche ; les uns s'appliquent plutôt à décrire ; les autres se font fort d'expliquer. J'appellerais les premiers des « *modalistes* », et les seconds des « *causalistes* » réservant le terme de « *finalistes* » pour ceux qui, non satisfaits de trouver la *cause*, et de classer les *modes* d'un phéno-

____

(1) Remarquez comme ce mot, ici, prend une valeur précise : effectivement, en latin, il signifie « *qui fuit en dessous* ».

mène, — aspirent à connaître sa *fin*, et son but suprême. Or c'est au nombre de ces derniers que nous nous rangeons. Car, à quoi bon savoir d'où vient une chose, et comment elle est, si l'on ignore où elle va ?

** **

J'ai dit que l'effort scientifique se décomposait en deux temps : *description*, — *explication*. Or la description, par quoi l'on débute, forme un passage presque insensible de la Littérature à la Science. Scientifique, elle ne diffère, en définitive, de la littéraire, qu'en ce qu'elle est plus précise et plus détaillée ; car, au fond, que ce soit le savant — ou l'artiste, qui tienne la plume, le *plan* mental ne change guère ; et c'est toujours celui de la connaissance superficielle. Mais le second *temps*, celui de l'*explication*, le fait varier ; l'esprit se trouve alors porté des surfaces vers les profondeurs.

Ainsi, pour décrire l'orage *scientifiquement*, nous n'aurons guère qu'à diviser et délimiter ce que nous avions dépeint, poétiquement, dans un court tableau. J'ajoute qu'il faudra faire, cette fois, abstraction du *moi*, de la partie du *moi* qui s'émeut... ; renoncement pénible autant qu'artificiel, et d'ailleurs purement provisoire.

** **

Cette crise de l'atmosphère qu'on appelle un *orage*, et dont vous connaissez à présent le siège vaporeux, est caractérisée par 6 phénomènes très différents : l'*éclair*, le *tonnerre* et la *foudre*, le *vent*, la *pluie* et la *grêle*. Si je dis qu'ils sont différents, c'est, en grande partie, pour nos sens, et vous constaterez plus loin *l'unité* du drame électrique.

Qu'est-ce que l'*éclair* ? A cette première question, la troupe des savants se sépare en deux groupes. Les physiciens diront : c'est un sillon de foudre ; et les physiologistes, de leur côté : c'est une impression lumineuse. Soudant les deux formules l'une à l'autre, je dirai : l'éclair est l'effet lumineux sur notre œil de la décharge fulgurante. Il nous paraît instantané, parce que notre organisme ne mesure pas les infiniment petits du temps. Et encore sa durée s'accroît-elle relativement pour nous, grâce à la persistance des impressions rétiniennes. Peut-

être dois-je mentionner ici, pour son *élégance*, l'artifice
au moyen duquel on suppute l'incroyable rapidité de
l'éclair. Supposez qu'une roue dont les rayons sont
argentés, tourne avec une vitesse connue ; plus la lueur
qui tombe sur elle sera fugitive, et moins sera grand le
nombre des rayons illuminés. Or, on a beau précipiter
l'allure de la roue, jamais, dans le cours d'un orage, plus
d'un rayon ne brille à la fois.

Si l'éclair est si prompt, la vibration lumineuse qui
le rend visible à nos yeux est plus prompte encore. Et,
dans cette vitesse vibratoire à confondre l'imagination,
les différences d'où naît la couleur sont infinitésimales.
La coloration diverse de l'éclair dépend des milieux qu'il
traverse, et nous signale par là le danger ou l'innocuité
de l'orage : *rougeâtre*, la fulguration est peu menaçante,
car, dans ce cas, la décharge s'opère au-dessus de nous,
entre deux nuages ; en effet, l'étincelle électrique est
rouge dans la vapeur d'eau. Cette même étincelle devenant, dans l'air raréfié, *blanc-verdâtre*, l'éclair qui prend
cette couleur indique un trajet de la foudre du nuage au
sol ; il annonce que la foudre *tombe*... Mais sitôt qu'on
le voit, cet éclair, si soudain, si fugace, qu'il soit livide
ou rutilant, il n'est plus temps d'avoir peur : Jupiter a
lancé son carreau ; le sort en est jeté. *Alea jacta est...*

Quant à la *forme* de l'éclair, — à sa forme réelle, du
moins, — c'est une question bien confuse encore. Je
sais bien que les dessinateurs sont d'accord pour la
représenter en *zig-zag*, comme ils représentent l'hirondelle par un accent circonflexe retourné, la fumée par
une spirale.

Mais il faut se défier des apparences. L'éclair artificiel que nous produisons au laboratoire présente au
grossissement en épreuve photographique l'image
d'une *arborescence*. Or, cette forme ramifiée se retrouve
parfois dans le ciel. On peut même se demander si la
ligne brisée de l'éclair ne serait pas la traduction libre,
pour notre œil, d'un arbre de feu. Cependant, il n'est
pas absurde de croire aux trajets de foudre exactement
linéaires. Tout dépend, on le conçoit, du degré de résistance, qu'oppose au fluide le milieu traversé ; c'est comme en ces vitres où le choc produit tantôt une fente et
tantôt une fêlure *en étoile*.

Enfin, le problème se complique avec la *foudre hélicoïdale*, *en chapelet* ou *globulaire*. Des éclairs en hélice

ont été surpris par quelques observateurs ; l'un d'eux fut aperçu par Coulvier Grandier sur le paratonnerre du palais du Luxembourg. Un cas très intéressant est cité par M. de Fonvielle : celui de deux arbres voisins frappés par le feu du ciel l'un après l'autre. Le sillon tracé par la foudre se continuait, très exactement, du premier au second. On eût dit qu'une fronde ardente les avait enlacés, ces troncs jumeaux, d'un seul jet. Il n'est pas très rare, d'ailleurs, que le corps des malheureux foudroyés offre de tels sillons, étranges brûlures qui, partant du cou, vont serpentant jusqu'aux pieds, en hélice.

C'est ainsi que la Nature, meurtrière par occasion, laisse, quand même, de son inflexibilité mathématique, un témoignage aveugle, impassible. C'est comme la signature d'un assassin géomètre...

Au reste, les savants eux-mêmes, d'esprit plus curieux que pitoyable, fondent sur ces catastrophes de séduisantes théories. La sérénité scientifique regarde au-dessus — ou du moins en deçà — de la mort, et ce qui l'abstrait du cauchemar de la destruction, c'est la pensée d'un ordre souverain, d'une eurythmie survivant à tout, idéale, et, pour ainsi dire, égoïste... En fait, ce « tatouage hélicoïdal » de la foudre est un fait de plus à l'appui de l'universalité du mouvement gyratoire ; de sorte que l'*éclair* reproduirait, en langue lumineuse, les effets plus vastes que, dans le langage des formes, nous présentent la *trombe*, le *tourbillon*, — et pour les deux règnes vivants, l'essor spiral des *volubiles*, ou l'enroulement en *volute* des coquillages. Même, la loi du tout s'étendrait à la partie : l'éclair, épisode brillant du *cyclone*, serait lui-même un cyclone igné ; ce serait un tourbillon de feu, comme la trombe est un tourbillon d'air, le *maëlstrom* un tourbillon d'eau.

Mais, voici l'éclair dit « *en boule* », qui déroute nos hypothèses... Il y a quelque chose de mystérieux — autant que de sinistre — en ces sphères incandescentes qui, nées d'un coup de foudre instantané, survivent à la décharge, qui roulent sur le sol, silencieusement, avant d'éclater, s'approchant de nous ; telles des bombes issues de bouches à feu lointaines, ayant perdu leur route et comme désorientées dans leur trajectoire... Faut-il voir en cette *foudre globulaire* une désagrégation de l'éclair dit « *en chapelet* » ? Cette dernière forme fut observée par Gaston Planté lui-même à Meudon. Un orage

planait à l'horizon sur Paris. L'auteur vit nettement une
fusée serpentine géante projetée du nuage à terre, et dans
la direction de Vaugirard ; elle était formée de grains
assez rapprochés, véritable chapelet de feu. Or, à la
même heure, aux environs de Vaugirard, justement, les
passants observaient des éclairs en boule.

* *

Que penser de tant de faits si divers, et contradictoires
en apparence ? C'est, vraisemblablement, que l'éclair
prend toutes les formes ; et ce serait étrange, en définitive, qu'il en fût autrement : lorsqu'on songe aux nombreux aléas d'une crise orageuse et qu'on se souvient,
d'autre part, des variétés d'aspect de l'étincelle électrique,
peut-on s'étonner que la foudre apparaisse tantôt rectiligne et tantôt flexueuse, qu'elle reste simple ou se
ramifie, même qu'elle s'interrompe en ligne ponctuée,
qu'elle s'égrène ? Ce sont là les jeux ordinaires de l'Energie, et leurs interprétations plus ou moins fidèles par un
œil surpris brusquement.

* *

Le *tonnerre* est la manifestation sonore de l'orage,
comme l'éclair en était la manifestation lumineuse.
Dans l'éclair, la foudre parlait aux yeux ; dans le tonnerre, elle parle aux oreilles. Et si l'on ajoute au tableau
cette odeur de soufre qui s'exhale, parfois, de la
décharge, et même la secousse qu'on ressent, à son
voisinage, presque tous nos sens sont atteints. Si tant
d'effets divers sont provoqués en nous par la même cause
extérieure, il n'en est pas moins vrai que cette cause se
dédouble *au dehors,* et dès l'origine. Ce qu'on nomme
en effet le *coup de foudre* se traduit extérieurement par
deux sortes de mouvement vibratoire : l'un, d'une inconcevable rapidité, qui se propage dans l'*éther* ; c'est lui
qui fait briller à notre œil la lueur fulgurante ; l'autre,
d'une allure relativement modérée — c'est celui-là qui
crée pour notre sens auditif l'imposante sonorité qu'on
connaît. Mais, dans un cas comme dans l'autre, notre
impression se base, notez-le, sur un mouvement infinité-
simal mesuré, c'est-à-dire l'oscillation qualifiée « *pendu-*

laire », à cause de sa périodicité qui rappelle celle du pendule.

Or, la nature *esthétique* de cette impression, qu'elle soit lumineuse ou sonore, est certainement en rapport avec cette impeccable régularité de période. Cet ordre strict, imperturbable, joint à la vitesse vertigineuse, est, à n'en pas douter, l'agent provocateur efficace pour éveiller en nous les idées d'*harmonie*, de *perfection*, partant de *beauté*. Songez que l'*Art musical*, en somme, est fondé sur la vibration sonore isochrone ; on doit ajouter ceci, que l'oreille humaine, avec son clavier de fibres résonnantes innombrables (organe de Corti, fibres du limaçon) est organisée de façon à suivre, *synchroniquement*, le mouvement vibratoire isochrone... Et il a pu se trouver des philosophes pour mettre en doute la *finalité*, et l'*harmonie pré-établie !*

Ainsi, nous trouvons *beau*, — nous jugeons même *musical* le bruit du tonnerre ; et ce terme de « *bruit* » nous apparaît impropre, lorsque du lointain nous arrive cette résonnance si grave, si pleine, si majestueusement prolongée... Mais c'est là moins le son lui-même, et la voix propre de la foudre, que son *écho*. Ce roulement harmonieux, il naît des multiples répercussions au sein de la ouate humide des nuages. Peut-être celle-ci joue-t-elle aussi le rôle d'*étouffoir*, car l'éclat de foudre isolé n'est, on le sait, qu'une dissonance gigantesque : il prend la forme brève et répulsive d'un craquement, ou d'un déchirement ; sa grandeur tragique fait, alors, toute sa beauté. L'on dirait qu'une porte colossale tourne sur ses gonds en grinçant, — ou qu'un *velum* immense se rompt, là-haut, du haut en bas... et l'on se figure entendre, au dénouement du drame de la Passion, le *voile du Temple qui se déchire.* — Ce pouvoir des nues, pourtant si molles, sans consistance, de répercuter le son avec l'énergie tonitruante de l'airain, me cause, quand j'y réfléchis, de la stupéfaction. Mais ce pouvoir est indéniable : on sait que, sous un ciel très pur, la décharge d'une pièce d'artillerie produit un son sec et bref, tandis que, sous un ciel nébuleux, le son se prolonge, et *roule* comme le tonnerre.

Il peut arriver quelquefois — et ceci semble paradoxal — que le fracas de foudre suggère le comique, un comique grandiose, c'est vrai. En son livre intitulé « *Vues poétiques des Slaves sur la Nature* », M. Afa-

massief dit ceci : « L'assimilation du tonnerre à un
« *rire* se rencontre dans les poèmes des Hindous ; chez
« les Slaves, les Germains..., elle a produit les mythes
« sur le rire formidable de Satan ». Et M. Decharme,
à son tour (en sa *Mythologie de la Grèce antique*) fait
allusion au dieu slave *Liechii*, autrefois génie des nuées
« orageuses, et dont « les éclats de rire... s'entendent,
« suivant les récits populaires, à 40 verstes à la
« ronde »... Il faut s'attendre à tout, avec les hommes !

* *
*

On voit que la Physique, telle que nous la présentons,
n'est pas pour effaroucher les artistes. Un autre fait
bien positif, dans l'orage, va nous élever à des considérations tout idéales : c'est l'intervalle de temps qui
s'écoule entre l'éclair et le tonnerre, qui sépare l'éclat
lumineux de l'éclat sonore. La cause ? Elle se trouve à
la fois dans la différence de *marche*, et dans la différence de *milieu*. Comme je vous l'ai dit, la vibration
d'où naît la *lumière* se propage dans l'éther, et sa vitesse
se chiffre par des milliers de lieues à la ·seconde ;
la vibration d'ou naît le *son* se propage dans l'air, et ne
se suppute que par centaines. Celle-ci se trouve donc en
retard sur celle-là, retard d'autant plus manifeste que
la distance du nuage orageux est plus grande, d'où ce
qu'on peut nommer « le *calcul à double effet des peureux* » : sachant, malheureusement, que l'onde sonore
chemine à l'allure de 340 mètres par seconde, ils
comptent sur leurs doigts, et, suivant le total faible ou
fort, ils s'alarment — ou se rassurent... Ne feraient-
ils pas mieux de méditer sur la sagesse providentielle
qui rend indépendants l'un de l'autre les deux ordres
de vibrations, de manière qu'ils ne puissent se con-
trarier, — et qui donne au signal lumineux, le plus
important — ou le plus urgent — la préséance sur
le sonore...?

Quoi qu'il en soit, toute chose en la Nature,
l'orage comme le reste, a, pour se révéler, une *voix* et
un *visage*. Nous autres hommes en tirons à la fois une
indication positive et une suggestion idéale. Cette dernière est douce ou forte, gracieuse ou sublime. Ainsi,
le *tonnerre* nous avertit, après l'éclair, du trouble plus
ou moins menaçant, et — dans le même instant, nous

émeut esthétiquement ; il exprime l'orage, et il exprime la beauté tragique de l'orage.

Mais, sous cet aspect de beauté tragique et pour ainsi dire échevelée, l'éclair et le tonnerre, accompagnés du tourbillon de vent, de grêle et de pluie, cachent un déterminisme rigoureux. C'est là, vraiment, le drame fataliste des Anciens. Oui, l'orage, prototype des passions humaines, est un conflit de forces, aveugles cette fois pour de bon ; l'étalement du nuage noir en est le prélude, l'exposition angoissante ; le nœud, c'est l'enchevêtrement des nuées ; enfin, le dénouement, c'est l'équilibre des éléments rétabli .

Comme le spectateur qui lit dans les gestes, les attitudes et les jeux de scène, la pensée profonde de l'œuvre dramatique, essayons de pénétrer la signification du drame électrique, et son unité. L'éclair et le tonnerre se résument, au dehors, en la *foudre*. Or, qu'est-ce que « la foudre » ? Pourquoi luit-elle et gronde-t-elle par intervalles espacés ? Qu'est-ce donc qui semble épuiser, puis régénérer, alternativement, cette source d'énergie prodigieuse ?

Jusqu'à ces derniers temps, la Science qui se dit positive, et qui repousse tout mysticisme, tenait ce langage, en vérité bien métaphorique : le nuage était chargé de fluide *positif* ; le sol, de fluide *négatif* ; entre les deux s'étendait une couche *isolante*... L'éclat de foudre, c'était — la neutralisation des deux fluides de nom contraire, la reconstitution du fluide *neutre*... Sent-on bien qu'une semblable explication est aussi vaine, aussi « *mythologique* », pour ainsi dire, que le terme de *sélection* pour interpréter la différence des espèces ?

Depuis, la Science a fait un pas — un faible pas — vers le réel ; le postulat d'un *éther* une fois admis, c'est-à-dire d'un milieu pour nous imperceptible, mais idéalement élastique et pénétrant tout, elle nous montre ce fluide hypothétique, mais nécessaire, inégalement condensé sur les surfaces ; ce qui distingue la couche électrisée *positivement*, sous la nue, de celle électrisée *négativement*, sur le sol, c'est une différence de *tension* ou, dans la langue des électriciens, — de *potentiel*. L'Energie, dite « en puissance » aux environs du nuage orageux, « se dégrade », quand brille l'éclair ; à la *tension* succède, brusquement, une *détente*.

Y a-t-il là, encore, de quoi satisfaire l'imagination

positive ? Car, il faut bien le déclarer : la plupart des esprits s'accommodent mal de cette sorte de métaphysique mécanique où se complaisent les mathématiciens ; ils veulent se représenter les choses de la manière exacte qu'elles sont, et non pas indirectement, sous le voile d'un symbole abstrait... Alors les professionnels font une concession ; ils ont pitié de notre faiblesse : ils nous présentent l'image d'un réservoir où l'eau, s'étant accumulée, *pèse*, prête à sortir ; voilà l'état d'une énergie *potentielle*,   on pourrait dire, tout uniment : *énergie « en réserve »*. Que l'on donne issue à cette eau, celle-ci va s'échapper, et la pression diminuera dans le réservoir ; et voilà le second état, celui d'énergie *dégradée*.

Appliquons cette figure à l'*orage*. Il ne s'agit plus ici de liquide, mais de ce fluide impondérable qu'on nomme *éther*. Il s'amasse, tel un gaz d'une incroyable subtilité, et qui serait animé d'une fine trépidation, au-dessous et dans les interstices des nuages. Comment cela ? — Sans doute, comme il le fait sur le disque supérieur d'un *électrophore*, grâce aux effets du frottement, les nuages glissant l'un sur l'autre... Ce qui retient cette masse éthérée très tendue, c'est la *« couche isolante »*. De quoi, demanderez-vous, est-elle faite ? — Mais, tout simplement, d'un éther moyennement condensé, formant une barrière entre celui qui charge fortement le dessous du nuage — et celui qui s'étend, à charge moindre, au niveau du sol. C'est une couche *« équilibrante »*. Que la pression augmente, en haut, de tel degré, — sa resistance est vaincue. Mais elle ne cède qu'aux points faibles ; et l'éclair, alors, c'est le filet d'éther incandescent forçant le passage. On pourrait le comparer, de loin, au jet de porphyre ou de basalte qui produit ce qu'on appelle des *filons* au travers des roches fissurées. Ainsi, quand nous disons que *« la foudre tombe »*, nous ne pensons pas dire si vrai.

Toutefois, l'explication de la *couche isolante* me laisse un scrupule... Puisque l'*eau* sert couramment de démonstration aux électriciens, ne peut-on, plutôt, invoquer le phénomène du *mascaret* ? C'est, comme le savent tous ceux qui ont visité Caudebec-en-Caux, le conflit plus ou moins aigü, du fleuve et de la mer. Celle-ci, mue par la marée, refoule le fleuve à son embouchure : mais le fleuve, grâce à son courant, ne recule point sans résister. De là cette vague qu'on voit s'élever, à la limite des deux flots, en muraille mouvante, et qu'on nomme la *barre*. — Or la couche isolante entre ciel et terre serait quelquechose d'analogue. Elle ne préexisterait pas, à vrai dire ; elle naîtrait du conflit de deux couches à potentiel électrique différent, — et, pour préciser davantage, du renforcement d'ondes causé par l'affrontement des deux flots — je veux dire des deux *flux* électriques de sens opposé. Dans cet état d'équilibre instable, le moindre excès de tension du côté supérieur, le plus fort, entraîne la *détente*, c'est-à-dire une poussée vers le plus faible ; la digue est rompue sur tel ou tel point, et l'éther en excès, s'échappant, vient, par une sorte de brusque endosmose, se répandre en la couche inférieure, la couche terrestre. De la violence du choc naît l'*éclair*, et de sa répercussion sur le fluide atmosphérique, le *tonnerre*.

Une première décharge opérée de la sorte, l'équilibre se rétablit ; puis, immédiatement, tout se prépare pour une seconde. La couche adhérente au nuage orageux se tend de nouveau, par l'arrivée de nouvelles ondes, émanées du même foyer ; la résistance de la digue est encore vaincue : nouveau flux, nouveau coup de foudre : et ainsi de suite, jusqu'à l'épuisement du foyer.

Par cette alternance régulière entre la charge et la décharge, la tension et la détente du fluide électrique, l'*orage* est donc un phénomène essentiellement *périodique* ; il est *rythmé*, — du moins *mesuré*. D'ailleurs la loi de rythme, ou de mesure, s'étend du détail à l'ensemble. A-t-on remarqué que l'*éclair*, épisode lumineux, représente lui-même une périodicité vibratoire infinitésimale, et le *tonnerre*, épisode sonore, une autre fort semblable, et seulement d'un ordre plus ample ?... Ces deux périodes brèves sont comme encadrées dans une très longue, qui est l'intervalle entre deux éclats. Ainsi, l'orage se déroule comme une symphonie, ou comme un poème de grande envergure, obéissant aux règles de la prosodie dans ses syllabes comme en ses phrases. Si je m'arrête à cette idée, c'est qu'elle est révélatrice d'une *unité* vraiment grandiose, laquelle ne se limite pas à la seule Nature, et s'étend jusqu'au domaine des Arts. Et, d'autre part, n'est-ce pas un résultat précieux de notre Esthétique, que cette notion d'un *ordre* dans le désordre, et d'une parfaite harmonie dans ce qui passe pour une « convulsion de la Nature » ?...

Entre l'admiration réfléchie de l'orage et son admiration naïve, spontanée, il n'y a peut-être que la distance de la science à la prescience. On n'a pas approfondi, le plus ordinairement, le drame électrique ; on n'en connaît point les ressorts cachés... Mais l'harmonie du jeu de ces ressorts se trahit dans la mise en scène, absolument comme, sur un visage animé par l'indignation, la synergie latente des muscles se manifeste à l'extérieur par le froncement des sourcils, la dilatation des prunelles, et le frémissement convulsif des lèvres.

Déjà, la lueur de l'éclair émerveille notre œil, et la sonorité du tonnerre, notre oreille, — parce que cet œil, cette oreille, ont le pouvoir magique de transformer des rythmes vibratoires en effets lumineux ou sonores. — Mais, qu'on en soit bien persuadé, si les choses en restaient là, nous aurions le plaisir de la sensation pure et simple ; nous n'éprouverions pas le sentiment du *sublime*. Or, suivant moi, ce sentiment si supérieur a deux sources : il découle, en partie, d'une *appréhension,* — qui s'abstrait, il est vrai, du danger, se fait *idéale,* — en partie d'un pressentiment de forces supérieures, et, malgré l'apparente confusion, ordonnées. Toute la psychologie de l'orage, en résumé, tient en ces deux mots : la *peur* et l'*émerveillement*.

La peur... Un auteur italien, Mosso, a fait un livre sur la peur. Ouvrage intéressant, bien écrit, mais dans le détail duquel nous ne saurions entrer. Ce qu'il faut en retenir, c'est qu'aucun épisode mental, en la vie de l'esprit, ne se produit sans un mouvement reflexe. Ce dernier ne crée pas, certes, le sentiment; il le dirige et le conforme ; il lui confère, pour ainsi dire, une *couleur.*

Ainsi, les nuées s'accumulent ; l'obscurité plane... Et voici déjà que la tristesse et l'appréhension pèsent sur notre âme. Le simple passage du clair au sombre a suffi pour l'influencer... Et comment cela ? — Toute idée de péril mise à part, un choc s'est produit, — plutôt une rétraction de notre être, quelque chose de semblable au geste de la feuille qui se referme, de la fleur qui replie, le soir, ses pétales... Comme nous ne sommes pas de pures sensitives, mais des « roseaux pensants », les *idées* viennent à la suite. Et, tandis que la plénitude du jour nous rendait heureux sans raison, — sans autre raison que le jour, — son déclin nous affecte, sans autre cause que ce déclin même.

Cependant l'éclair a brillé ; du champ sinistre des nuages, une fleur de feu volubile a jailli, d'un épanouissement brusque, éphémère..... L'esprit en demeure saisi, comme l'œil ; la promptitude du météore l'a déconcerté... ; et pourtant, en cet instant rapide, en ce « *clin-d'œil* », le sentiment esthétique a pu s'éveiller. Il naît avec l'éclair, aussi prompt que l'éclair ; mais il n'est pas aussi fugace, car la mémoire porte plus loin que la persistance des images lumineuses.

Ce fait n'est d'ailleurs pas exclusif à l'orage : il s'étend à tout spectacle sublime. Et partout le langage fait foi du très curieux parallélisme. Est-ce qu'une belle *cathédrale*, aperçue tout-à-coup au détour d'une rue, ne donne point une « *commotion électrique* ? » Est-ce qu'un discours « *brillant* », débité d'une voix « *tonnante* », n'*électrise* point les foules ? Est-ce qu'un grand orchestre ne frappe pas le public de traits *fulgurants* ? Telle musique grandiose — ou simplement bruyante, provoque une *explosion* d'enthousiasme, un *tonnerre* d'applaudissements. Le dilettante se déclare *foudroyé* par l'admiration...

Je sais bien qu'on dira : pures métaphores ! Mais sait-on ce qui se dissimule sous les métaphores ? Et l'éducation toute superficielle qu'on a reçue n'empêche-t-elle point de saisir les analogies, les rapports profonds ?

Aussi bien, le chapitre de l'électricité dans la Nature doit être complété par un autre, qui raconte l'histoire du fluide humain, de l'électricité dans la *nature humaine*. Entre l'orage du dehors et celui du dedans, quel curieux *parallélisme* à faire ressortir ! Je dirais presque : quel merveilleux et surprenant *synchronisme !* Car le jeu d'ondes très subtil qui, vraisemblablement, circule en ces canaux que sont les nerfs, les commissures cérébrales ou médullaires, ce jeu d'ondes vitales et porteuses de pensée, a sûrement ses degrés de *vitesse*, d'*amplitude* et de *rythme ;* il a ses courants propres, ses remous, ses différences de potentiel ; le fluide s'amasse en nous, comme au sein du nuage ; il se condense ici, se raréfie là, s'échappe brusquement ou se dissipe peu à peu. Nous le sentons ; nous l'exprimons, tout instinctivement, par des locutions bien typiques : l'amour ou l'orgueil, l'espérance ou la crainte, l'enthousiasme ou la fureur, toutes les passions qui naissent en notre âme, provoquent en l'atmosphère nerveuse une *tension* ; et l'on sait à quel potentiel de *vouloir* il faut se

hausser pour éviter, — ou du moins atténuer — la
détente brusque et néfaste. L'*éclair* du regard dans la
colère, le *tonnerre* de la voix, ne sont pas de pures
façons de parler ; dans le coup-d'œil *ardent* de l'homme
exaspéré, dans son verbe *tonitruant*, vous retrouvez les
signes d'une *crise orageuse*..., — je n'ai pas à changer les
mots. La « *décharge nerveuse* » (ainsi la nomment les
physiologistes) s'opère tantôt avec éclat, et tantôt par
un *flot* de larmes, un *flux* de paroles.

Mais au cours des passions *nobles,* telles que l'enthousiasme esthétique, elle prend des formes plus rasséré-
nantes, et plus élevées. Je ne veux pas surprendre, au
plus fort d'un orage physique, et lorsque, là-haut, le
ciel noir est zébré d'éclairs, et l'air tout ébranlé de détonations, — je ne veux pas saisir le pli d'appréhension
des visages, le tremblement des lèvres, de la voix, le frémissement du corps, le sursaut... Ce qui soulage et réconf-
forte l'âme, ce sont les gestes et les jeux de physionomie
de l'*admiration :* c'est la mimique de l'enthousiasme.
Tandis que les reflexes de la peur correspondent aux
aspects sinistres du météore, ceux de l'émerveillement
s'harmonisent avec ses aspects superbes et triomphaux.
Rien de plus captivant, après la beauté, que le reflet de
cette beauté dans les yeux d'un homme, en son timbre
de voix, en son langage franc, spontané, communicatif.
On voudrait retrouver devant les chefs-d'œuvre de l'Art,
ou les splendeurs tranquilles du paysage, l'élan primesautier, ingénu, qui, dans ces représentations excep-
tionnelles, soulève les plus apathiques, les porte à
décharger leur émotion, à *rompre la glace*... L'homme
serait-il jamais bas ou méchant, s'ils duraient pour lui,
ces instants sublimes ?

*_**

Ce qui distingue le *dilettante,* — le vrai, du vulgaire,
c'est qu'il sent aussi bien le *beau* que le sublime, et n'a
pas besoin, pour s'émerveiller, que les éléments se
déchaînent, que la Nature s'exaspère..... Et ce qui, du
dilettante lui-même, différencie l'*artiste* créateur, c'est
qu'il sait traduire ses émotions en langue poétique,
plastique, ou musicale.

Cela, par quel miracle ? — Mais c'est la question, problématique encore, du *génie*. Il est bien malaisé de dire

6

en quoi consiste le *génie* ; du moins peut-on assurer, en ce qui touche la *Musique*, — que ces ressorts secrets, dont nous avons parlé, sont en jeu. Le symphoniste qui s'inspire de la Nature ne retrace pas plus le tableau sonore de la Nature que son tableau lumineux et graphique. Il est déjà forcé, bien entendu, par les exigences de son Art, de transposer les lignes, les plans, les couleurs, et même les mouvements, du domaine visuel au domaine auditif ; mais de plus, il est contraint, *moralement*, de transposer les sonorités elles-mêmes ; autrement, il verse, assez pitoyablement, dans l' « *harmonie imitative* » (onomatopée musicale). Et d'ailleurs, celle-ci ne saurait se soutenir bien longtemps ; elle ne peut prétendre qu'au rôle épisodique, et tout exceptionnel. C'est ce que va mettre en lumière la « *Symphonie pastorale* » de Beethoven.

L'incomparable musicien n'y a versé, d'ailleurs, en aucun écueil ; et, dans l'interprétation de *l'orage*, en particulier, trois principaux étaient à craindre : l'excès de réalisme, ou d'abstraction ; la rigueur didactique, ou le fantaisisme un peu lâche ; enfin, soit un grossissement exagéré, soit une réduction trop mesquine ; *Charybde* et *Scylla* triplés, en un mot... Or, Beethoven sut éviter tout cela : son tableau de *l'orage* est à la fois fidèle et poétique, régulier sans rigidité, grandiose sans enflure. Tandis que Berlioz, en sa « *Symphonie fantastique* », fait rouler le tonnerre sur la peau tendue des timbales, — lui, Beethoven, nous le fait entendre en beaux traits de contre-basses, beaux par eux-mêmes, *mélodiques*. Mais jamais ces dessins, si *stylisés* qu'ils soient, ne gardent la symétrie froide et guindée qui nous choque dans l'ouverture de « *Guillaume Tell* », par exemple. D'autre part, *l'Orage* de la Pastorale est plus caractéristique que celui dont Wagner enveloppe l'apparition de Siegmund, au début de la « *Walkyrie* » ; il est plus franchement terrestre, « *tellurique* », et le paysage qu'il vient obscurcir est plein, et palpitant d'une vie paysanne.

Même le drame humain se mêle intimement, en cette musique, au drame atmosphérique extérieur. Ces deux formes de l'énergie que je montrais, plus haut, si disproportionnées, — et cependant proportionnelles, — *flux* électrique, *influx* nerveux, — vous les retrouvez là, si bien fondues, que le même motif les traduit simultanément, et pour ainsi dire indistinctement. C'est, au reste, un trait essentiel du langage musical ; et ce dernier se trouve ici d'accord avec l'autre, le langage que nous parlons : ne dit-on pas aussi bien les *remous* d'une onde — et d'une foule ; le *jaillissement* d'une source — et d'une idée ; l'*épanouissement* d'une fleur — et d'un sentiment ? Ainsi, le langage évoque indifféremment par le même mot, comme l'Art musical par le même *motif*, le phénomène physique — et le moral.

On peut tourner la chose plus simplement encore, et dire que le motif ne reproduit pas l'éclair, par exemple,

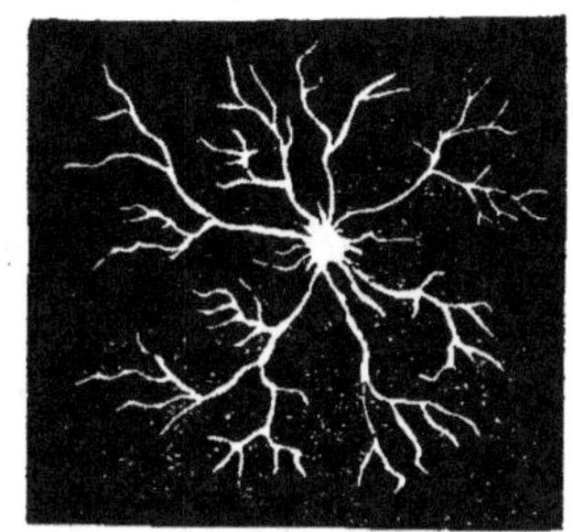

dans la nue, mais l'éclair *dans nos yeux*, et dans notre esprit même, tel que nous le percevons, que nous le saisissons. Alors, l'expression artistique ne peut être que *subjective*, plus ou moins.

Dans une étude spécialement consacrée à l'*Orage* de la Pastorale (1), j'ai relevé dix thèmes fondamentaux — admirablement enchaînés, d'ailleurs — trahissant même, à travers leur originale diversité, des liens de parenté très remarquables. Sept d'entre eux sont plus précisément descriptifs, — un Allemand dirait : « *objectifs* »... Je les ai baptisés ainsi : thèmes du *déchaînement* orageux, de l'*averse*, de l'*éclair* et du *tonnerre*, de la *foudre*, du *paroxysme*, et de la *plainte chromatique du vent*. Trois seulement peignent le sentiment intérieur : le thème de l'*appréhension* au début, celui de la *déroute* au milieu, celui *du rassérénement* à la fin. Mais, comme je le disais tout à l'heure, les thèmes représentatifs de l'*en dehors* ont eux-mêmes passé par l'*au-dedans* ; ils sont, dans une certaine mesure, « *subjectifs* » (2).

Quelle misère, n'est-il pas vrai, de fragmenter ainsi ce tout merveilleusement unitaire, de le morceler par une pédante analyse !... Mais vous savez mes intentions : j'espère, en retenant l'attention distraite sur le détail,

(1) Parue dans la *Rivista musicale italiana* (tome III, fasc. 4, 1896).

(2) Voir les *thématiques*, page 94.

faire d'autant mieux apprécier l'ensemble. Lisez donc ceci, puis allez vous asseoir au concert. Alors, oubliez-moi, écoutez Beethoven ; et, du fleuve symphonique au cours si rapide, aucun des flots, au moins, ne vous échappera.

Moi-même, en écrivant, je me figure écouter l'orchestre... Allègrement, de toutes ses cordes, il vient d'enlever la dernière reprise du *Scherzo*, de ce tableau de fête villageoise, qui fait voir, en fermant les yeux, une *kermesse* de Téniers. Mais la cadence terminale est restée suspendue, comme le souffle, et le pas des danseurs... Le tonnerre s'est fait entendre.

Par un *trémolo* roulant dans le grave, un demi-ton plus haut que la dominante en suspens, il introduit l'*Orage* d'emblée. La tonalité fait, pour ainsi dire, un brusque détour. Et le thème de *l'appréhension* répond en écho. Son dessin toujours inclinant, aux notes conjointes et piquées, contraste avec celui, si vite interrompu, de la contre-danse ; car ce dernier, joyeux, insouciant, montait par degrés disjoints, hardis et bien liés. La ligne change ; aussi la couleur... On entend comme des pas précipités, à la débandade : les danseurs sont devenus des fuyards...

Je ne puis m'empêcher de noter au passage un trait de perfection : oh ! bien rare, et qu'on ne sait plus guère apprécier, en ce temps d'impressionisme amorphe, libertaire . : c'est que l'expression, chez Beethoven, ne fait jamais tort à l'*eurythmie*. Peut-on rêver phrase plus expressive, et qui peigne mieux l'agitation, le désarroi, que ce motif courant, comme éperdu, sur l'aile des seconds violons, tandis que les premiers violons jettent, au-dessus, une plainte brève ?... Or, n'est-il pas séduisant *en soi*, ce motif, par la pureté de ses lignes, la beauté simple et flexible de son allure ? Aussi bien, sacrifier la forme musicale à l'effet me paraît une faute inutile, paresse ou maladresse.

Mais poursuivons. Ce thème d'appréhension tout idéale se répète et monte de ton ; il se hausse au diapason du tonnerre, qui vient de se faire entendre, plus rapproché ; puis, aussitôt, se perd dans le tumulte ; car, en cette merveilleuse suite orchestrale, c'est moins une succession de motifs alternés qu'il faut voir, qu'un *recouvrement* de ces motifs l'un par l'autre ; entrelacement plutôt que juxtaposition d'épisodes. Ainsi, dans

la Nature, un nuage cache, en glissant, un autre nuage ;
l'azur — ou le soleil — ne disparaît point, mais seulement s'interrompt ; un rideau d'arbres masque à notre
vue la troupe qui passe, et qui reparaît ensuite... De
même, des voix humaines sont entrecoupées par un pli
de terrain, ou par la voix prépondérante du tonnerre.

Je vous parlais, d'avance, d'un thème du *déchaînement orageux*... C'est, pour mieux parler, une basse en
traits diatoniques ascendants, et singulièrement mouve-
mentés. Suivant la loi du maître, — qui est la loi même
de la Nature, — ces groupes graves et trépidants précèdent d'assez loin le thème supérieur, qu'ils soutiennent,
ensuite, à son passage, commes les vagues d'un fleuve,
d'abord solitaires, s'animent, à tel instant, d'un cortège
d'oiseaux. Pour mieux dessiner ce thème du *déchaînement*, les violoncelles se réunissent aux contrebasses ;
il faut même remarquer que celles-ci procèdent par
groupes de *quatre* notes, tandis que celles-là marchent
par groupes de *cinq*, par « quintolets », ce qui crée,
pour ainsi dire, un ballottement périodique exprimant
le trouble.

Ce motif supérieur est, pour moi, le thème de *l'averse*.
C'est une série de traits descendants, comme précipités,
brusques, bien espacés, obliques à l'axe de la partition,
et parallèles entre eux. Les décrire ainsi, c'est décrire,
n'est-il pas vrai, l'averse elle-même, — mais une averse
toute idéale, et vue par les yeux d'un poète. Qu'y a-t-il,
au fait, de poétique en la pluie d'orage ? Est-ce la vision
d'une eau qui tombe à gouttes pressées, noyant la terre,
et ses horizons ?... N'est-ce pas plutôt l'éclat presque
métallique, le reflet d'acier de ces raies, droites et dar-
dant, tels de longs javelots, que d'invisibles sagittaires
lanceraient du ciel ?... Observez que notre œil n'en saisit pas la trajectoire d'un seul coup, mais en surprend,
par des regards furtifs, des « moments » séparés. Ce
sont ces moments-là que le thème beethovénien, justement, prend au vol. La mélodie suit donc la loi du
regard : elle décompose en simplifiant, et traduit le
schéma visuel, intuitivement, par un schéma sonore.

* *

On sait que, dans l'orage naturel, l'eau, littéralement.
appelle le feu ; le paroxysme de la pluie déchaîne un

éclair. Or, cela se répète en l'orage artificiel, artistique :
au plus fort étincellement de l'averse succède, sans tarder, un premier trait de foudre, puis un second. Mais,
comment se fait-il ? ... Ce trait *monte* sur la portée ; il
forme un jet sonore ascendant. Or, l'éclair n'a-t-il pas
un trajet inverse ? Ne le figurons-nous pas, en nos dessins, par un sillon tracé de *haut en bas* ? Et cependant,
au tableau musical, la direction de *bas en haut* ne
choque nullement ; elle paraît même toute naturelle.
Qu'est-ce à dire ?

La contradiction, vous l'allez voir, n'est qu'apparente.
Et je trouve là, au surplus, un nouvel argument à la
thèse que l'expression musicale, même objective, est
fortement imprégnée de subjectivisme. Oui, nous ne
cesserons de le proclamer, la musique est le miroir
de notre âme ; et le monde extérieur, qui vient s'y
réfléter, s'y transforme — ou s'y déforme — comme
il le fait en cette âme même. Tout aussi bien que les
sentiments, les simples représentations sont accompa-
gnées de mouvements reflexes. Or, ces derniers, gestes
de réaction (plus ou moins achevés) sont, généralement,
de sens contraire à l'action : le sanglot soulève le sein
que la douleur oppresse ; à l'augmentation de lumière,
la pupille répond par une diminution de son ouverture... Ainsi, ce geste musical qu'est la mélodie ne traduira pas, mimétiquement, l'attaque, — mais plutôt,
réactionnellement, la défense, — et moins la pesée du
destin que la révolte intime, ou le *ressort*.

On conçoit, dès lors, que la lueur subite de l'éclair,
qui provoque en nous un sursaut, une élévation de la
voix, se note en trait sonore *ascendant ;* car ce n'est
plus l'éclair, à proprement parler : c'est le sursaut
causé par l'éclair.

Ni l'éclair qui brille, ni le tonnerre qui gronde, n'ont
pu vous faire oublier ces paysans surpris en pleine
contredanse, et forcés de fuir, cherchant un abri... Le
déchaînement de l'orage ne les a pas fait disparaître ;
il a seulement masqué leurs pas, le son de leurs voix ,
et maintenant, il semble qu'on les retrouve, en ce que
j'ai nommé le thème de la *fuite*. Ici, la troupe dispersée
paraît de nouveau réunie : le *quatuor*, en effet, se met
à l'unisson pour retracer comme un ralliement, une
retraite en bon ordre ; il tend à l'exprimer par des traits
rapides, mais bien rythmés, et dont l'inflexion s'acci-

dente de légers ressauts ; tels des coups d'œil dérobés jetés par les fuyards en arrière.

Faut-il souligner, une fois de plus, l'*eurythmie* qui se dissimule sous ces perturbations de la Nature et de l'âme humaine ? Ce thème de fuite anxieuse, il s'étage, à ses trois reprises, sur les notes d'un accord parfait descendant : *la^b-fa-ré^b*. Certains, je le prévois, jugeront ce scrupule harmonique bien suranné ; il leur semblera trop artificiel, et pédantesque, sentant l'école... Moi, je prétends que cela ne sent pas l'école, mais le plein air ; et je puis renvoyer ces modernistes à la Nature, qu'ils ne cessent d'invoquer pour qu'elle justifie leur délire de liberté, leur fièvre incurable de fantaisie. La Nature, en effet, n'est fantaisiste qu'à la surface. Qu'une crise orageuse éclate en l'atmosphère, — ou dans l'âme — ses exaltations et ses dépressions, ses bonds les plus inattendus ou ses chutes les plus fortuites sont, au fond, réglés ; la peur, ou la colère, a ses phases ; elle est, comme toute perturbation, *périodique ;* elle est, plus qu'on ne croit, *mesurée.* Est-ce qu'au cours des passions les plus « désordonnées », ainsi qu'on les nomme, le cœur, tout en s'accélérant, ne bat point du même rythme ternaire ? Et l'homme, au comble de la fureur, ou de la frayeur, n'est-il pas régulier dans son halètement, ne court-il pas d'une allure égale en sa précipitation ? Les reflexes de la joie la plus folle, ou de la plus noire affliction, sont *cadencés :* écoutez le *soupir,* le *sanglot* ou le *rire ;* observez le piétinement, le battement de mains des enfants... Décidément, l'école *naturiste* se fait donner tort par la Nature ; au lieu d'un cours d'indépendance, elle en reçoit des leçons inattendues de discipline ; et c'est, en définitive, le classique Beethoven, Beethoven l'harmoniste obstiné, qui triomphe.

* *

Mais, tandis que nous dissertons, l'Orage évolue. Parcourant un cycle de modulations qui se traduit par des degrés de clair-obscur et des nuances de coloris dans l'orchestre, il fait retour, enfin, au ton de *ré^b.* C'est dans cette tonalité que le tonnerre se fait entendre de nouveau ; mais, cette fois, ce n'est plus un simple *battuto ,* c'est un motif, un *thème* véritable, presqu'une mélodie...

Cette mélodie « tonnante » est, comme tous les motifs de l'Orage, très remarquable : avant tout, par ce fait qu'elle est une *mélodie*, et non pas un bruissement d'archets quelconque ; et puis pour cette autre raison, qu'imitative sans réalisme, elle est, sans raide symétrie, ordonnée. Le second membre de phrase, en effet, ne s'achève pas au temps marqué sur la cadence qu'on attend, mais, au contraire, la fait attendre, en redoublant une partie du premier membre ; et la phrase entière, ainsi prolongée dans sa période initiale, se trouve, par compensation, abrégée dans sa période terminale, *alla stretta*.

Faut-il parler ici de *procédé* ? Le terme est bien banal, bien prosaïque ; il ne saurait s'appliquer à ce cas sublime du génie créateur, inspiré, qui trouve — laborieusement, si l'on veut, — la forme sonore qui satisfait son haut idéal.

Et, véritablement, cette expression musicale du tonnerre est « trouvée » : violoncelles et contrebasses, dans leurs cordes graves, traduisent idéalement ce long roulement ininterrompu, dont le son s'élève et s'abaisse, en la répercussion multiple de l'écho.

L'ordre des éléments paraît ici renversé, puisqu'à ce roulement succède aussitôt un éclair ; puis un second roulement, suivi d'un autre éclair, et ainsi de suite... Mais il faut penser qu'au cours d'un orage, notre attention n'enchaîne pas toujours correctement l'éclat lumineux et l'éclat sonore ; même, j'ai cru le remarquer, la lueur d'un second éclair frappe l'imagination davantage, survenant immédiatement après un fracas de foudre... Quoi qu'il en soit, le maître multiplie les traits fulgurants ; ces traits de feu sonores, qui d'abord s'espaçaient, se rapprochent de plus en plus, et la dernière mesure en est illuminée par deux fois ; Jupiter tonnant — je veux dire Beethoven — fait six fois de suite, en l'orchestre, jaillir l'éclair, et chaque fois il en varie la couleur tonale.

Ut majeur-Si♭ mineur-Ut mineur... ; enfin, l'accord de *la*, venant par un détour, ramène le motif initial de l'*appréhension* ; il démasque, pour ainsi dire, les voix et les pas essoufflés des paysans fuyant sous l'orage... Je dis « *essoufflés* », car le thème, ici, ne se déroule plus dans son ampleur ; le premier membre de phrase, isolé, s'élève par degrés successifs, et par élans pressés, haletants ; puis, comme lassé de tant d'efforts, retombe en

une longue gamme égrenant l'accord mélancolique de
septième mineure... ; il semble alors s'évanouir dans la
courte *accalmie* qui survient. Mais l'Orage reprend des
forces : la tonalité de *ré majeur*, qui s'affirme, annonce
un regain d'énergie ; tandis que les basses se repren-
nent à gronder, en traits saccadés et rapides, les premiers violons, alternant avec elles dans une espèce de
dialogue, jettent la strophe frémissante, par intervalles ;
ce fragment du thème de *l'appréhension*, entrecoupé
chaque fois d'un soupir, insiste, s'opiniâtre, et s'exalte
en un *crescendo*... ; entraîné par l'élan prodigieux qui
porte la symphonie tout entière, il vient s'enchaîner
enfin, — et de quelle miraculeuse manière ! — au thème
du « *paroxysme orageux* ».

Alors, c'est la Nature qui parle à son tour, et qui
gémit, comme si elle-même était animée. La vertu
mystérieuse de la Musique l'anime, en effet, lui prête
une voix ; même, cette voix se confond avec celle de
l'homme — si bien que, devant un thème comme celui-ci,
l'on hésite, on reste en suspens. Je l'ai nommé, c'est
vrai, « thème du *paroxysme* » ... mais de quel paroxysme
est-il l'interprète ? Est-ce de la crise cosmique — ou de
l'humaine ? Du trouble qui bouleverse les éléments —
ou de celui qui remue les âmes ?... C'est ici que la
langue musicale laisse entrevoir ses profondeurs impénétrables, et que la Muse met un doigt sur ses lèvres...
Mais qu'importe, après tout ? Un tel langage ne nous
satisfait-il point, tel qu'il est ? A-t-il donc besoin, à
l'instar de l'allemand — ou de l'italien, d'un truche-
ment ? N'est-ce pas, au fait, la langue universelle, parce
que langue du sentiment, idiome des états d'âme profonds, eux-mêmes *indicibles ?*...

Aussi n'attachons-nous pas d'autre importance à
cette analyse, dont le but est surtout de fixer l'attention,
de raviver l'imagination engourdie, de révéler à l'audi-
teur, arrêté sur la *forme*, la pensée magnifique qui se
voile sous ces figures.

Car ce sont encore, pour beaucoup, des figures mortes. Ce thème que, faute d'un nom plus précis, j'appelle
« *thème du paroxysme* », — est-ce autre chose, pour la
foule des « *formulistes* », qu'une kyrielle d'arpèges,
ou de grands accords brisés, embrassant deux octaves,
et qui descendent en diagonale sur quelques jalons
harmoniques bien espacés, — ainsi d'une rampe d'es-

calier taillée en dents de scie sur toute sa course... ? — Mais, d'une telle rampe, ne dirait-on pas qu'elle est arduë, violente, et « *mouvementée ?* » La forme toute pure est donc expressive, déjà ; dépouillez-la de toute application concrète, elle conserve un sens abstrait, symbolique ; elle est, pour nous, le signe d'une idée. Nous pourrons donc l'interpréter, ce thème énigmatique, en *schéma ;* nous dirons que « la trombe de grêle » se déverse par rafales pressées, ininterrompues, surmenant l'œil, et l'imagination ; et, de la sorte, nous traduirons d'un seul coup la tension des forces atmosphériques — et celle des énergies mentales et sensibles.

Cette tension vient d'atteindre son plus haut point ; aussi bien, la *détente* est inévitable. Elle va s'opérer tout d'abord par un ralentissement rythmique, une diminution de *valeurs :* aux doubles-croches succèdent des croches, moins agitées ; en même temps, les parties d'orchestre, tout à l'heure si contrastées, s'alignent en *octaves,* — apaisement harmonique et dynamique tout ensemble. Et que disent-elles, ces octaves ? — Le thème déjà connu de la *fuite.* A sa reprise, il se raffermit d'une *anacrouse* résolue : c'est comme un double frappement de pied, sur place, pour repartir... Et la retraite, en effet, reprend son cours interrompu ; les fugitifs paraissent, en un triple élan, dévaler d'une pente... Et lorsque, de *ré* bémol en *fa,* leur effort va toucher le but, voici que l'ouragan, qui vient de les découvrir un court instant, dans une sorte d'éclaircie, fait retomber sur eux son rideau... Mais, en ce cinématographe sonore, tout est lié, tout se tient ; si bien que la *plainte chromatique du vent* qui s'élève, nous semble continuer, sous une forme plus étirée, l'inflexion du thème antérieur.

Cette chromatique éolienne se déroule plus longue, mais non plus rapide ; elle se développe avec une ampleur majestueuse et triste ; en deux grands frissons, elle traverse le paysage tout entier ; et l'on se figure, sous le ciel ténébreux, des cimes de peupliers qui saluent.....

Est-ce bien le moment, en cette phase épique de l'orage, de s'arrêter pour un commentaire ?... Et pourtant, je ne puis laisser passer ce sifflement de tempête idéal sans faire remarquer son caractère *idéaliste...* Combien de symphonistes se seraient contentés d'écrire ces traits chromatiques au hasard des tons, profitant de la tolérance d'école qui laisse courir, indifféremment, tous les tons de la gamme sur une *pédale*... A combien d'auditeurs, d'autre part, échappe le souci de Beethoven de jalonner, musicalement, l'essor de son motif pittoresque... ! Car, voyez de plus près : la chromatique du vent se déploie entre le *sol*, à l'aigu, le *si* ♭, au grave, en descendant, — entre le *si* ♭ grave et le *mi* naturel aigü, en remontant. Ainsi le maître a posé des limites à la clameur de l'ouragan. « *Tu n'iras pas plus loin !* » a-t-il commandé ; et ces limites ne sont autres que celles de l'accord de *septième*, de ce même accord qui soutient, aux basses, le glissement ininterrompu des archets.

Ne criez pas au pédantisme. Est-ce que le procédé s'aperçoit ? N'est-il pas couvert par l'effet produit ? — Il est expressif, cet effet, au plus haut degré ; mais, de plus, il est harmonieux, *eurythmique*. C'est ainsi que dans la Nature elle-même, la science minutieuse est enveloppée de beauté.

Merveilleuse souplesse de l'idiome musical ! Ce *port de voix* très bref qui, tel un ressort, débandait le long ruban chromatique, le voilà qui s'isole, et s'individualise : semblable à ces fragments d'un grand tourbillon, qu'on voit tournoyer, à part, faire de menus tourbillons dérivés... ; ou bien, plutôt, c'est l'image du vent qui, précipité dans sa course, a son haleine entrecoupée, ne s'exhale plus que par brefs *à-coups*.

A ce moment, l'Orage atteint son apogée ; toutes les forces atmosphériques se tendent pour un effort suprême ; et le fluide accumulé s'écoule enfin dans une explosion formidable... Tout au long de quatre mesures, un beau roulement de timbales, — muettes, ou peu s'en faut, jusque-là, — s'unit aux basses tumultueuses; et, mêlant son timbre bourdonnant à celui des cordes stridentes, fait retentir artistiquement le tonnerre.

Dès à présent, c'est la période descendante qui s'ouvre ; c'est le déclin du drame atmosphérique orchestral. Encore, par intervalles, un soudain, mais bref *rinforzando* réveille la colère assourdie des contrebasses ; l'Orage, avant de fuir, enfle sa voix ; mais sa menace est déjà lointaine... Cependant l'orchestre, entraîné, ne va point réfréner d'un seul coup sa prodigieuse impulsion ; ainsi que le cœur nous bat quelque temps, l'alerte passée, que notre poitrine se soulève, encore haletante, la palpitation des cordes tendues, ces nerfs impressionnables des violons, assez longtemps encore, se prolonge. Il leur faut, dans un *diminuendo* graduel, décharger l'excès de leur force acquise. C'est ainsi que le thème du *paroxysme*, atténué, sert de transition à celui du *rassérénement* : geste fiévreux, qui se ralentit par degrés, et s'apaise, insensiblement, ramenant l'orchestre à son équilibre.

Un tonnerre encore lointain avait ouvert, au début, la scène ; elle se ferme sur un tonnerre qui s'éloigne. Or, pour exprimer l'éloignement, et ses effets de fluctuation sonore si remarquables, le *tremolo* des contrebasses fait osciller ses battements autour d'un *sol* central, avec un *ambitus* assez faible ; ses lignes amollies déclinent doucement vers la dominante (*ut majeur*), dont la tonalité termine le morceau. Toutefois, un éclair brille encore, émis par les premiers violons, en trait ascendant, toujours, mais en sourdine... C'est le dernier : il illumine vivement tout le sombre cortège, qui fuit dans l'espace sonore, et qu'on aperçoit maintenant au loin, près de l'horizon. Un dernier roulement lui répond : mais son oscillation, comme épuisée, se résout sur une cadence parfaite.

* * *

Oh ! le moment qui suit, qu'il est ineffable ! ineffable, c'est-à-dire *indicible*, au sens littéral, qui ne peut s'exprimer en paroles, qui remue trop profondément, et délicatement, nos fibres secrètes, pour que la grammaire en trouve le verbe, le qualificatif, même l'interjection. Lorsque les basses profondes ont cessé de gronder, — là-haut, dans les régions plus claires du quatuor, les seconds violons, unis aux altos, chantent posément le thème qui conclut, le thème du *rassérénement*. Ils le chantent d'un accent ému, mais calme, presque religieux. L'Orage, du fond des côteaux, murmure encore pour l'interrompre... Mais, après une pause, le thème de sérénité se répète ; et, cette fois, rien ne vient le troubler, ni l'entrecouper. — Le reconnaissez-vous ? C'est le thème de l'*appréhension*... Oui, ce motif inquiet, tourmenté, qui s'égrenait dans le tumulte, le voici transformé, et par le seul changement d'*allure* : ses notes, qui couraient si hâtives, en strophes brèves, presqu'affolées, elles s'étalent, à présent, sur *six* mesures, en beaux accords, purs et tranquilles comme le ciel... Mais cette phrase humaine de *merci*, — le maître qui l'a trouvée dans son cœur ne pouvait la laisser fermer, — la laisser *figer* dans une cadence définitive... Elle reste donc en suspens, et rêveuse sur un point d'orgue... et c'est l'oiseau-chanteur de l'orchestre, c'est la flûte enfantine, innocente et hardie qui, d'un trait, l'achève très haut dans les airs.

1º Thème du déchaînement.

2º Thème de l'averse.

3º Thème de l'éclair.

4º Thème du tonnerre.

5º Thème de la fuite.

6º Thème du rassérénement.

L'Arc-en-Ciel

L'orage qui, tout à l'heure, grondait, fulgurait, qui fermait la jolie, la riante vallée, d'un toit plombé de nuages bas, livides..., il est passé maintenant. Le vent soufflant de l'ouest a balayé le ciel, qui, lavé de pluie, paraît d'une pureté cristalline ; et son azur, déjà teinté de rose par le couchant, tranche avec la nuée noire tendue de l'autre côté, comme un drap funèbre. Par degrés, ce drap lui-même disparaît comme s'il était tiré, doucement, par une main, derrière le coteau ; quelques éclairs lointains et pâles étalent sous ses plis une lame lumineuse, et des roulements de tonnerre s'entendent encore à distance, assourdis par les tentures du ciel.

Alors, sur le fond gris, opalin et tranquille, là où était l'orage, — l'arc aux sept couleurs parallèles s'ébauche et se dessine ; il « *se peint* » dirais-je avec les poètes, les artistes, si ce mot, évoquant des *ocres* et des *laques* matérielles, n'était, en vérité, bien pesant, pour quelque chose d'aussi fin, diaphane, immatériel... Aussi renoncé-je à toute description ; un appel à vos souvenirs suffira. Songez aux plaisirs que vous ont donnés, dans vos étés, ces fins d'orage, — moments inoubliables où tous les sens sont apaisés : l'odorat par l'émanation des fleurs arrosées, de l'air vivifié d'ozone ; l'ouïe, par le silence de l'atmosphère, déchargé des excès de fluide ; la vue, par cette gamme optique : *rose, aurore, safran, aigue-marine, azur et lilas*, qui se déploie, en demi-cercle parfait, dans l'espace.

En vertu de cette loi, que toute idée tend à sa réalisation, et tout spectacle à son imitation, l'*arc-en-ciel* n'a point que des contemplateurs enthousiastes et passifs ; il a ses copistes et ses interprètes. Transporter sur la toile, avec des pigments et des pâtes, les teintes subtiles, insaisissables de l'iris est une entreprise que les peintres sont les premiers à juger téméraire. Et pourtant, deux maîtres l'ont tenté, non sans succès : un ancien, *Rubens*, un moderne, *Millet*. Vous pouvez voir au Louvre l'un et l'autre.

En dehors de la Peinture qui reproduit un modèle connu, préexistant au dehors, de la Peinture « représentative », l'*iris*, — au moins l'irisation — a tenté la « Polychromie ». Si chaque couleur, prise à part, a son expression spécifique et son rôle, adaptés le plus souvent à la forme, à la nature de l'objet, — il y a pour l'œil un plaisir singulier à parcourir d'un trait le clavier total des couleurs, à « *solfier* », pour ainsi dire, la gamme des tons « chromatiques ». Et c'est ce que vous faites, lorsque votre regard caresse une coupe en cristal irisé, de ces joyeux cristaux où la poussière métallique avive la blanche silice transparente.

La Nature nous en offre déjà le modèle en ses jeux multicolores de lumière sur les lames minces, facettes de cristaux, paillettes de mica, ailes diaprées de libellule, et tous ces phénomènes de *polarisation*, d'une telle magie, qu'ils arrachent aux expérimentateurs, en leur laboratoire, des exclamations esthétiques... L'œil humain lui-même, qui voit l'arc-en-ciel, a son *arc-en-ciel* à lui, son *iris*. Du moins l'étymologie de ce mot, en allemand, *regenbogenhaut* (la membrane en arc-de-pluie), signale une analogie d'observation populaire... Mais relevons-les, nos prunelles irisées, sur l'iris céleste.

** **

Revenons à ce dernier, pour le décrire, cette fois, sous son aspect *scientifique*. Rassurez-vous, je ne vous offrirai qu'un tableau rapide... et point le tableau noir.

L'orage s'est enfui vers l'Orient. Derrière vous, le soleil, encore à l'horizon, va plonger. Ses rayons, comme un vol de flèches invisibles, vont frapper la nue grise unie qui forme la toile de fond, devant vous. Cette nuée, c'est en réalité quelque chose d'instable et de mobile, un rideau dont les gouttes de pluie sont les mailles. Mais ces gouttes se succèdent sans retard dans leur chute rapide et se substituent ponctuellement l'une à l'autre ; les choses se passent absolument comme si vous aviez sous les yeux un panneau liquide immobile. Or, ce panneau laisse passer à travers son tissu une partie des flèches, des rayons solaires ; une autre partie pénètre dans l'épaisseur de l'étoffe, y subit une *déviation*, s'arrête ; puis fait ricochet et vient frapper vos yeux... ; pas tout entière, ajouterai-je ; car, parmi les rayons qu'elle contient, un certain nombre seulement, — les moins déviés, les plus serrés, — quittent l'écran du nuage avec le parallélisme qu'ils offraient à leur entrée. Ceux-là sont dénommés les *rayons efficaces ;* ce sont eux qui dessinent à votre vue la bande lumineuse. Si vous me demandez, à présent, ce qui la *courbe* en arc, cette bande, et ce qui la peint de sept couleurs, je vous dirai d'abord que tous les *rayons efficaces* et convergeant vers l'œil, faisant le même angle avec la ligne d'horizon, engendrent par leur juxtaposition un *cône,* dont l'intersection avec le plan vertical du panneau trace une figure circulaire.

Pourquoi cet arc, maintenant, offre-t-il *l'échelle des couleurs ?* — Par l'inégale aptitude à la déviation des rayons partiels du faisceau: tant que ce faisceau lumineux, marchant droit, garde ses éléments parallèles et serrés les uns contre les autres, la pure unité du *blanc* apparaît : c'est la *synthèse* optique ; mais qu'un obstacle arrête le vol des rayons ou le retarde, globe de verre ou globule d'eau, le fait de *dispersion* se manifeste, et par suite, le *coloris ;* c'est l'*analyse.* On peut comparer, en effet, le soleil à un archer, un *Sagittaire* dont le carquois est toujours muni de sept espèces de flèches, de longueur inégale. Chacun des mille et mille faisceaux lancés, compacts, de sa main, embrasse le total de ces sept flèches disparates. Or, la plus longue (c'est le rayon de la plus grande « longueur d'onde ») excite en nous la sensation du *rouge ;* la plus courte, la sensation du *violet ;* entre ces deux extrêmes, une graduation de tailles

régulière donne les sensations, également graduées, de
l'*orangé*, du *jaune*, du *vert*, du *bleu*, de l'*indigo*.

Eh bien, dans ce faisceau de *rayons efficaces*, que
renvoie le nuage irisé à votre œil, les éléments ne sont
pas à ce point serrés, qu'il ne se produise un commencement d'écart. Et ce soupçon d'écartement (les savants
disent : *angle de déviation minimum*) suffit à détailler,
pour notre vue, le pinceau blanc, incolore, à nous montrer les brins colorés qui le forment.

*_**

En résumé, l'arc-en-ciel est un phénomène *de limite*.
Son contour semi-circulaire, qui met, dans la Nature si
complexe et libre de formes, une note géométrique
inflexible, ce contour est le *terminus* commun des rayons
solaires efficaces, et leur commun point de départ, pour
notre œil. Et quant à ce parti de coloration d'un effet
magique, il est lui-même une fonction mathématique,
calculable en *degrés, minutes* et *secondes*, d'un « maximum » et d'un « minimum » angulaires.

Me permettrez-vous de tirer de là une conclusion ?
C'est que l'*expression*, la *beauté* des choses, en la Nature,
se rattache à des lois *positives* et *rigoureuses*, à des opérations où n'entrent nulle fantaisie, nul imprévu. Je ne
prétends certes point que ce déterminisme soit *toute* la
beauté : celle-ci s'achève en notre œil, en notre cerveau,
en notre sensorium. Mais là encore, en ce domaine où
paraît dominer l'indépendance, et même parfois « *l'anar-
chie* », je vous montrerai des lois non moins nécessaires.

L'extrême variété des goûts chez les hommes, leurs
variations parfois surprenantes chez le même homme,
arrêtent trop, en vérité, les sceptiques ; beaucoup en
tirent une objection à toute science du beau. Mais ces
divergences, surtout intellectuelles et sociales, et naissant
de l'association des idées, masquent un fond commun
de tendances, un idéal profond, fondamental, universel.
Cet idéal, vous le verrez, est physiologique à sa base, il
s'appuie, repose sur la *vie*. Sans doute nous voyons, chacun, le même objet *sous un angle différent*, mais nous le
voyons tous tout entier. Or, c'est justement ce qui se
passe pour l'arc-en-ciel : deux observateurs séparés par
une certaine distance, ne voient pas, malgré qu'ils en

aient, le même arc ; s'il en était ainsi, différemment tournés qu'ils sont vers l'objet, l'un le verrait de face, et l'autre en perspective ; or, tous deux, fussent-ils aux bouts extrêmes de l'horizon, aperçoivent un cercle parfait. Ce cercle est, en effet, *subjectif*, comme disent les philosophes : il est formé *par nous, par rapport à nous ;* chacun, du cercle qu'il embrasse, est lui-même le centre ; en marchant, il entraîne ce cercle avec lui. — Telle est l'histoire du *goût, de la beauté.* L'objet, en soi ni beau, ni laid, mais parfait ou manqué, harmonique ou troublé dans sa formation, projète son image en ce miroir que nous portons tous au-dedans. Autant de miroirs, autant d'images diverses, mais *totales.* Ainsi, l'*arc-en-ciel* unique, à le voir par les seuls yeux de l'esprit, est un jeu complexe, incolore, de ces ondes que nous appelons « lumineuses », mais que nous devrions nommer *lucigènes,* puisqu'elles ne sont pas la lumière, et ne font qu'engendrer la lumière en nous. Chacun de nous, placé dans un lieu différent, se crée, par cela même, son arc-en-ciel particulier, personnel ; et je parle au figuré comme au propre : son miroir, clair ou terne, lisse ou bosselé, étroit ou large — conforme... ou déforme l'image à sa guise; une haleine de mélancolie peut le brouiller ; le contentement intérieur peut l'éclairer de ses reflets ; même, la construction géométrique qui réalise l'arc en notre œil peut être faussée par un vice de l'appareil récepteur. Mais, encore un coup, ces déviations, assez analogues à celles des *rayons efficaces,* se restreignent à des limites peu étendues ; elles oscillent entre un « maximum » et un « minimum », et l'arc des variations du goût, s'il était calculé, serait sans doute bien petit dans le cycle total et possible.

Ainsi la *réfraction,* qui fonde l'*arc-en-ciel,* n'est pas un fait exclusif au monde extérieur, au *Cosmos ;* il s'étend jusqu'au *microcosme,* à ce petit monde intérieur, qui reflète le grand, selon les scolastiques. L'homme, d'après Pascal, est un « roseau pensant » ; je dirai qu'au point de vue du beau, de l'Esthétique, c'est un *prisme* conscient : il réfracte le rayon extérieur bien ou mal, et le brise à son angle propre, intérieur, et d'après son équation personnelle.

Je viens de prononcer ce mot : le *prisme* ; et ce bâton de verre transparent, à coupe triangulaire, m'a servi de figure pour expliquer le phénomène du *goût*. En soi-même, et pris à la lettre, le prisme est un procédé pour reproduire artificiellement l'arc-en-ciel ; et le « *spectre solaire* » qu'il étale sur un écran peut être surnommé l' « *arc-en-ciel des laboratoires* ».

Intéressante encore à contempler, cette miniature du grand météore extérieur ; mais surtout fertile en enseignements. Beaucoup n'y voient qu'un joli, qu'un curieux ruban de lumière, où les sept couleurs principales, ailleurs dispersées, se donnent rendez-vous... Je remets à plus tard le soin d'y montrer une gradation harmonique, une *gamme* — oh ! très différente de la musicale, et la base, bien inattendue, d'une *esthétique des couleurs*. — Mais je voudrais mettre en relief, à l'instant, son rôle sublime, et, — j'ai peine à le dire — le moins connu : c'est la *révélation de la nature des astres*...

Oui, ce soleil qui rayonne sur nous sans fixer nos regards, et ces étoiles scintillantes que nous pouvons, que nous aimons fixer de nos yeux, — l'un, unique et superbe flambeau du ciel de jour, et les autres, multiples et gracieux luminaires du ciel de nuit, — que savions-nous d'eux, sauf leur position respective, ou leur itinéraire ? Car les astronomes, depuis longtemps instruits de leur geste, demeuraient, peut-on dire, dans l'ignorance de leur personne. De quoi donc étaient-ils faits, ces corps lumineux ; de quel feu venait leur lumière ?

Cette fois, la Physique a su répondre pour l'Astronomie. Un simple opticien de Munich, qui vivait au 18ᵉ siècle, *Fraunhofer*, découvrit, sur la bande spectrale, quelque chose qui avait échappé à l'œil de Newton : c'était une série de traits noirs jalonnant, à des intervalles inégaux, le chemin du rouge au violet. Il compta *580* de ces *raies*. Depuis, le nombre s'en est élevé jusqu'à 2 — puis 4.000 m.; mais *huit* surtout sont remarquables, et, désignées par les premières lettres de l'alphabet, servent de repères pour les *couleurs*.

Vous vous demandez comment, par le seul secours de ces raies, on a pu déceler la composition du soleil et des autres astres. Je vais vous le dire.

Et d'abord, supposez une musique lointaine dont aucune oreille ne parviendrait à distinguer les instruments. Vienne un acousticien qui sache, à l'aide de *résonnateurs* très sensibles, arrêter la liste des *harmoniques* ; en comparant ces harmoniques mystérieux à ceux de *timbres* déjà connus, n'arrivera-t-il pas à déterminer la composition du lointain orchestre ?

Soit, encore, un parfum qui nous viendrait de fleurs inaccessibles. Est-ce qu'un chimiste, au moyen de quelque procédé nouveau, encore à trouver, et qui révélerait les essences diverses, ne parviendrait pas à reconstituer, botaniquement, le bouquet ?

Enfin, placez devant un graphologue expert une suite de jambages indéchiffrables. Si, patiemment, il met en regard du texte inconnu des fragments isolés de la même écriture, et dont il connaît le sens, — ne pourra-t-il, par ce détour, parvenir à là solution du problème ?

Eh bien ! en colligeant, pour ainsi parler, les *spectres* des différents astres, étoiles ou comètes, auxquels on aura joint ceux des foyers terrestres et connus, des flammes dont on connaît le combustible, — on compose une sorte de *livre hermétique* où chaque raie, traduisant le feu d'un élément chimique déterminé, révèle ainsi, par comparaison, la nature de foyers lointains, hors de notre atteinte.

Et ce livre est aussi précis que curieux ; tournant ses feuillets, vous vous divertirez, d'abord, du contraste entre des spectres irisés, tel celui du soleil, avec des raies *sombres*, — et d'autres à fond noir, strié de raies *brillantes*, tels ceux des flammes métalliques. Puis vous vous intéresserez à l'histoire des astres, qui se lit ainsi, magiquement, en signes de feu sur la nuit, — ou bien en traits de ténèbres sur un iris. La Science, alors, vous apparaîtra, je l'espère, sous un autre jour, et ses termes techniques, ses appareils, ses expériences souvent arides, ne choqueront pas plus votre âme de *dilettante*, que les chemins, dans un paysage, ne troublent le regard de l'artiste... Connaissez-vous, d'ailleurs, une fiction d'Art qui atteigne le sublime, le « *merveilleux* » de cette réalité : le pouvoir d'un prisme en verre blanc d'étaler l'éventail des couleurs, enchantement des yeux ; et celui des rayons ingrats de cet éventail, d'évoquer l'*or* et le *fer* brûlant dans le soleil, le *charbon* volatilisé, resplendissant dans les comètes, et l'*hydrogène* flambant dans les nébuleuses... ?

L'analyse spectrale, — car c'est elle que je viens

d'exposer sous sa forme poétique, — ou, pour mieux dire, originale et vraie, — cette analyse des astres par leur iris vous a montré là-haut *l'unité dans la diversité ;* là-haut, et, — devrais-je ajouter, — ici-bas, puisque les raies de Fraunhofer, qu'elles apparaissent au complet, ou bien isolées, brillantes ou sombres, — occupent constamment, sur toute l'étendue du spectre, la même place ; touches blanches ou noires d'un clavier plus ou moins garni, mais qui garde une tablature uniforme.

Or, cette *unité dans la diversité* que vous venez de voir resplendir au monde sidéral et cosmique, elle a son écho dans les trois règnes de la Nature, ici-bas ; et c'est encore le *prisme* qui nous la révèle. Lorsqu'on dit, négligemment, qu'une fleur, un papillon, même une pierre, a « *les nuances du prisme* », on ne sait pas à quel point l'on dit vrai ; car le *coloris* de tous les objets et de tous les êtres répandus sur cette planète, n'est, en définitive, qu'un cas particulier de la réfraction, un *iris partiel.* Aussi bien, délions, pour ainsi parler, le faisceau des sept teintes de *l'arc-en-ciel*, et regardons-le semer ses « valeurs » dans l'espace, les distribuer en nuances infinies sur les roches et les minéraux, les prés, les forêts et les ondes, sur la flore, la faune, la figure humaine... Ne prenez point cela pour un vain tour de rhétorique, une façon lâche de s'exprimer ; ce n'est que la stricte expression de ce fait : *l'étroite con-nexité du coloris avec l'irisation,* autrement dit : la parenté des « *couleurs-lumières* » et des pigments, ou « *couleurs-substances* ». Partant, donc, du centre du spectre, et me dirigeant alternativement vers l'une et l'autre de ses extrémités, je me demande quelle est la destination de chaque teinte.

D'abord, où va le *vert* ? Aux feuillages, surtout. Couverte encore de forêts, malgré les déboisements, la Terre, vue de la Lune, doit étaler sa livrée paisible, uniforme, de verdure. La teinte verdâtre observée par Humboldt en la *lumière cendrée*, qui, vous le savez, est un reflet de notre planète sur son satellite, paraît témoigner en faveur de cette hypothèse. En tous cas, le *vert*, qui, sur le spectre, est le point de jonction, l'entrelacs apaisé des teintes chaudes et des froides, le *vert*, couleur moyenne, éclectique et conciliatrice, est la dominante du globe. Mais cette unité se diversifie, et de mille sortes, par l'oscillation, dans les feuillages, du *vert-jaunâtre* au *vert-bleuâtre,* — du pôle chaud au pôle froid. Remarquez l'heureux contraste d'expression entre les verdures printanières dorées encore par la *xanthine,* et celles du plein été, rafraîchies, tempérées par les tons bleus de la *cyanine.* Un contraste analogue nous intéresse entre les teintes gaies, jeunes, un peu voyantes des cimes végétales éclairées par le plein soleil, et celles, plus discrètes, mélancoliques ou rêveuses, des futaies touffues, des bosquets, des plantes vivant à l'écart, aux lieux humides et solitaires...

Où va le *jaune ?* — Aux sables, surtout aux terrains marneux ou calcaires, aux terrains ferrugineux. L'ocre au reflet dur, énergique, est ici le signe du fer, du fer oxydé par l'air ambiant, du fer *vivant,* en quelque sorte. Le jaune déjà rougeâtre des ocres, rouille des terres et des épées, est la couleur de Mars, la couleur *martiale.* Les médecins, comme les chimistes, me comprendront. Mais il va, le *jaune,* aussi, sur les chaumes, qu'il fait « *blés d'or* », sur des fleurs innombrables, éparses dans les prés, les bois..., jonquille, bouton d'or, verge d'or, chrysanthème, qui veut dire en grec « fleur dorée », mais qui change, depuis, son or contre la monnaie de nuances modernes infinies...

Où va le *rouge ?* A l'aurore, au couchant, d'abord, où, notez-le, la couleur la plus vive et la plus saisissante à l'œil corrige les défaillances de la lumière aux extrémités du jour... Puis il s'épand dans les prairies, les champs ; en gouttes de sang vermeil, sur la fleur d'Adonis, qui, justement, tire son nom populaire de cette métaphore. Quel somptueux bouquet de toutes les fleurs *rouges,* et de *tous les rouges,* depuis le rose de la rose jusqu'au carmin de l'œillet, depuis l'écarlate aveuglant du *pelargonium* ou de la sauge des jardins, jusqu'au brun velouté de la capucine...

Et les fruits ? Capsules ou gousses solides qui prennent tout l'éclat des corolles, mais sans leur éphémère fragilité ; baies éclatantes du houx, rougissant les fonds épineux de haies, de l'alisier ou du sorbier, variant la verdure des arbres; *buisson ardent* du *Mespilus pyracantha ;* et la note éclatante du coquelicot, ce pavot des champs, rouge de la crète du coq, d'où son nom, — d'où le nom du *coqueret,* aussi... Puis, les animaux rouges, le *homard,* qu'un grand poète nomma « *cardinal des mers* » ; le *corail*, écorce morte, aussi, d'un corps vivant. et le *kermès*, insecte si coloré qu'il devient tinctorial. Enfin, le sang, le beau sang artériel, vivifié par l'oxygène aérien et qui transparaît sous l'épiderme fin, — fait les teints « de lys et de roses ».

Reportons-nous au centre, maintenant, et suivons le fleuve plus sombre et plus doux, des teintes froides..., des teintes *fraîches*, aimé-je mieux dire. Où va le *bleu* ? — Au *ciel*, d'abord, où, quand l'écran des nuages est levé, il s'épand, net et clair, homogène et rassérénant, en l'azur... ; puis sur la *terre*, où le lointain bleuit la face des montagnes ; sur les terrains, vus et touchés de près, les terrains argileux, ardoisiers ; — sur les eaux, — sur la mer enfin..., la *grande bleue*, comme on la nomme, et surtout cette mer du midi qui semble avoir dissous dans ses flots du *lapis*...; puis sur la flore: *bluet*, dont le bleu barbeau balance, dans un pré, le jaune d'or des renoncules ; *myosotis*, trop symbolique, dont la fonction d'amour fait oublier la grâce ; *pervenche*, aimée de Rousseau ; *gentiane, aconit, campanule ; iris*, qui nous remémore l'arc-en-ciel. Enfin, chez les animaux, le *sang bleu*, veineux, alangui, complément du rouge artériel, qu'il balance dans les tissus, et qu'il tempère, au dehors, sur ce voile discret, et pourtant révélateur de la vie profonde, l'épiderme ; voile fidèle, et traître parfois, lorsque le *rouge* des passions exaltantes l'illumine, en dépit de nous, ou qu'il s'obscurcit du *bleu* livide des émotions dépressives...

Enfin, nous touchons, avec le *violet*, au pôle doux et triste de la zone fraîche, gracieuse, féminine. Remarquez ceci, que le *violet*, c'est de l'azur où commence à percer le rouge ; c'est l'extrême teinte « froide » qui s'unit à la teinte chaude extrême ; conjonction du crépuscule et de l'aurore.

Où va-t-il à son tour, le *violet* ? Au ciel du crépuscule, d'abord, — puis, au ras du sol, à la *violette*, à la *mauve*, au *lilas*, à toutes ces fleurs qui ont dû prêter leur nom à la couleur, innomable, indéfinissable en elle-même... Sur les tapis verts roulés au flanc des coteaux, au fond des vallées, la note calme des fleurs bleues, ou violacées, contraste et s'harmonise avec le ton vif des corolles jaunes ou roses; la loi des « *complémentaires* » s'expose là, sans pédantisme ; la Science, en la Nature, est une fée gracieuse, autant que modeste.

Jusqu'ici, nous avons dû parler de la *couleur* comme tout le monde en parle : *objectivement*, et sans séparer du phénomène de réflexion extérieur la « *fonction visuelle, chromatique* », dont il provoque l'exercice au-dedans de nous. Mais, un moment ou l'autre, cette distinction devient nécessaire. En effet, il existe, à côté de nous qui voyons, et à qui la vision semble toute naturelle, il existe des êtres et des choses *aveugles*... Et je ne parle pas seulement des hommes ou des animaux frappés par accident de cécité, mais de tout le *règne végétal*, et du *règne minéral* tout entier. Les plantes et les pierres, évidemment, ne sont pas organisées pour la vue ; dire, aussi bien, qu'elles sont « aveugles », paraît un *truisme*. Mais faites attention que si ces plantes et ces pierres n'y voient point, *la lumière les frappe*, cependant. Et même, n'allez pas vous imaginer qu'en les frappant, elle n'ait pour résultat que de les révéler à nos regards. Certes, une part des rayons solaires a cette mission ; mais il ne faudrait pas oublier qu'une autre part, et non la moins considérable, pénètre en l'intérieur des corps, inertes ou vivants, pour y produire des effets moins brillants qu'utiles.

Persisterons-nous donc à désigner sous ce même mot de *lumière* la cause et l'effet tout ensemble, le spectacle et le spectateur, le phénomène unique du dehors et les réactions si variées qu'il provoque en les créatures ? Ne vaut-il pas mieux parler d'une source aux ondes plus ou moins vives, amples, ou compliquées, et des vertus diverses qu'on en éprouve ? D'un foyer, si l'on veut, qui peut rayonner dans le vide, et d'une sensation qui se produit, en certains cas, à vide ? Car le soleil peut fort bien n'être vu de personne, n'éclairer ou ne réchauffer aucun être ; et, d'autre part, l'œil peut éprouver l'illusion d'un éclat, ce que les savants appellent *phosphène*, et le commun, *éblouissement*. Ainsi la Nature sépare, avant les philosophes, le *subjectif* de l'*objectif*.

Ici, tout particulièrement, la dissociation des deux points de vue se montre opportune. Vous allez le comprendre aussitôt. Que recherche, en fait, *l'Esthétique ?* L'origine des goûts, tout d'abord ; puis leur justification, et, pour ainsi dire, leur brevet de légitimité. Son but est d'approfondir, en l'espèce, le langage que la couleur tient à notre sensibilité, à notre imagination ; de ce langage, elle prétend retrouver l'étymologie comme la grammaire ; elle pousse même l'ambition jusqu'à fixer les lois de son style. Expliquer, en définitive, *ce qui est*, déterminer *ce qui doit être*, tel est son programme. Or, en présence de la diversité des impressions, chez l'homme, de la versatilité de son goût, de ses outrances, et de ses défaillances, il faut chercher un point d'appui hors de l'homme, dans la Nature naïve, franche, infaillible. Bien supérieure est, en vérité, la *nature humaine* ; mais, justement parce que supérieure, elle est libre, elle est compliquée. Cette faculté qu'elle possède d'associer à la sensation de couleur une quantité d'idées, de pensées plus ou moins lointaines, ce privilège d'extension devient cause de *déviation*. Si donc on veut dégager ce qu'il y a d'essentiel et de fondamental en l'expression de chaque teinte, il faut *reculer vers la source*. Avant de mettre notre esprit — et même nos yeux — en question, résignons-nous à voir, avec patience, avec humilité, l'attitude que prennent, en face de l'agent lumineux, d'autres êtres que nous, et même des objets matériels. Ne craignons pas de redescendre jusqu'à ces choses aveugles dont nous parlions, et sur lesquelles notre lumière à nous exerce une action purement *physique*, ou *physiologique*, un choc plus ou moins positif, et fatal. De ces bénéficiaires inconscients du flot sidéral, nous nous élèverons, de degrés en degrés, jusqu'à l'animal, puis jusqu'à l'homme. Alors, on verra que la sensation, déjà source de jouissance et de connaissance, se complique du jugement de goût, se conforme (ou se déforme) en un sentiment artistique.

* * *

En résumé, ce que nous tentons là, c'est une *histoire du sens de la couleur*, une étude de ses antécédents dans les trois règnes, et de ses progrès. Observez que le même rayon solaire produit, de la base au sommet de l'échelle, des effets d'abord *physiques*, puis *physiologiques*, enfin *psychiques* ; mais que, ces derniers survenant, les premiers ne quittent point la scène ; de manière que l'évolution ne « substitue » pas, mais seulement « ajoute ». Ainsi la plante, en plein soleil, verdit, et, de plus, comme vous verrez, elle croît et se meut ;

ainsi l'animal, à ce foyer commun, hâle ses téguments, et, simultanément, oriente ses prunelles. Or, l'animal lui-même, tout comme la plante, et comme la pierre, en même temps qu'il travaille pour lui, *pose*, en quelque sorte, pour les autres ; l'homme lui-même, ce terme ultime de la création, n'est, vis-à-vis de l'astre du jour, qu'un réflecteur, ou qu'un *gnomon* qui projette son ombre... Aussi peut-on dire que la lumière a deux rôles inverses, l'un actif et l'autre passif : elle sert à *voir* et à *être vu*. N'est-il pas curieux de penser que de beaux yeux, au doux et pénétrant regard, — dans le même instant qu'ils peignent au-dedans l'image du dehors, — sont comme peints eux-mêmes, « *irisés* » par la clarté qui leur fait voir l'iris, et que ces instruments de vision répercutent, comme des diamants, les feux d'un lustre qui les frappe... ?

1° STADE PRIMAIRE. — *Règne minéral*. — (*Sensibilité au sens purement* physique). — *Fonctions* « *optiques* » *de la lumière ; production du coloris*.

« *Du diamant à l'œil...* », quel joli sujet à traiter ! Et combien neuf, encore ! Car, en ce siècle où l'on remue tant d'idées, qui se préoccupe de ces filiations, de ces analogies, de ces harmonies ? On n'envisage l'évolution des êtres et des choses que sous l'étroit point de vue darwiniste ; l'*analogie* ne compte guère comme instrument de connaissance ; et quant à l'*harmonie*, où s'en inquiète-t-on, en dehors des musiques et des peintures ?

Et pourtant, ce n'est pas un rêve, et c'est plus qu'une hypothèse, — cette prévoyance de la Nature (pourquoi ne pas écrire, plutôt, *Providence divine* ?) à préparer de longue main le merveilleux appareil de vision... Nous n'en sommes encore qu'au règne minéral, et déjà, la fonction visuelle forge, pour ainsi dire, ses outils... Vous allez mieux entendre, dans un instant, ce que je veux dire.

Enumérons d'abord les fonctions *optiques* : elles sont sept : *transmission, absorption, réflexion, réfraction, interférence, polarisation, diffraction*. Je veux vous les montrer vivantes dans la Nature, en plein soleil, en plein travail, et s'exerçant sur des sujets de plus en plus perfectionnés.

La *transmission*, d'abord. Vais-je citer ici l'exemple banal de la vitre qui laisse passer la lumière d'une lampe, avec la couleur même de sa flamme ? Non, je préfère porter votre attention sur la beauté d'une atmosphère pure, dont la transparence permet d'admirer le ciel de jour, ou le ciel de nuit constellé ; de là, vous passerez sans peine aux corps isolés qui sont translucides, qui sont « *diaphanes* » : cristaux, pierres curieuses ou gemmes précieuses, enfermées dans les vitrines d'un muséum ou s'exposant sur un cou, sur un sein, sur des épaules féminines ; et ces minces feuillets de *mica* qui se détachent du roc schisteux, indéfiniment, comme d'un volume vierge et magique... Pour transmettre la clarté, sans danger de bris, ils rivalisent avec ce silex fondu par le feu qu'on nomme le *verre*.

Cette idéale propriété d'être translucide, et qui « dématérialise », si je puis m'exprimer ainsi, la matière, qui la rend presque immatérielle à nos yeux, vous ne la retrouvez plus que bien rarement au domaine, si supérieur pourtant, de la *vie*. Elle reparaît, un peu, dans certains détails de la *flore* ; et, dans la *faune*, crée la grâce, la légèreté, la délicatesse des ailes de mouches, de libellules. En revanche, elle devient — qui le croirait ? — repoussante chez ces vers, ou ces *hydatines* dont les viscères s'aperçoivent au travers d'une membrane indiscrète... — Mais élevons-nous d'un degré : la vertu des corps diaphanes monte en dignité : vous la voyez entrer au service de la *vision*, comme je l'annonçais ; elle se perpétue dans la *cornée transparente*, cette fenêtre de la chambre antérieure de l'œil ; puis, au-delà, dans les milieux dits « réfringents », *humeur aqueuse, humeur vitrée*. Ne trouvez-vous pas, comme moi, quelque chose de touchant à cette parenté, cette lointaine, mais précise consanguinéité qui rattache le plus savant des organes aux choses primitives, ingénues ?...

L'absorption... Elle offre des effets diamétralement opposés. Si la transmission fait le « grand jour », elle, au contraire, enfante la nuit, les ténèbres, le *noir*. Partielle, elle retient à l'intérieur des corps certains rayons, renvoyant tous les autres : et c'est ce qui produit, par élimination, la *couleur* spéciale à chacun. Le ciel avec ses nuages, la terre avec ses feuillages, ses fleurs et ses fruits, ses plumages et ses pelages d'animaux, ne se parent de telle ou telle nuance que grâce à ce triage naturel ; le *coloris* c'est un produit de sélection lumineuse, opérée par la seule diversité des tissus.

Or, captivée par le spectacle extérieur, notre attention s'arrête peu sur cette partie de lumière entrée dans l'objet ; mais *la verdure* dont jouit notre œil n'est pourtant qu'un résidu, pour la plante, et même qu'un *résidu rejeté ;* c'est, à l'exemple des parfums, un déchet brillant de la flore. Les rayons utiles à la vie végétale, ce sont les *rouges,* les *jaunes,* les *bleus,* les *violets ;* et ceux-là sont pour nous comme s'ils n'étaient pas ; on les dit « *absorbés* ».

Parmi les corps, inertes ou vivants, qui peuplent le monde, il en est dont la texture absorbe *tous* les rayons ; je les appellerai *corps-écrans* ; ils forment cette sorte d'ombre qu'est le *noir.* Moins triste, en somme, dans la Nature que sérieux, ce noir, d'ailleurs très relatif, est presque introuvable en la flore ; il habille, par contre, beaucoup d'animaux, teint comme d'une véritable couleur les corselets de scarabées, et — soit uniformément, soit par taches, — la robe des quadrupèdes. Enfin, je le surprends, ce pigment foncé, qui se localise dans l'œil, et forme là, sur la *rétine,* un revêtement mosaïque, dont le rôle, en la vision, sera déterminé plus tard. L'*absorption* termine ici sa longue carrière.

S'il est des *corps-écrans,* qui retiennent pour eux toute la lumière, il en est d'autres qui, presque intégralement, nous la renvoient. Mais, de même que la *transmission,* suivant les cas, se manifeste en transparence, — ou bien en translucidité, la réflexion lumineuse peut se traduire par une *image* ou plus sommairement par la blancheur. Or, ceux d'entre les corps qui ne se contentent pas de *réfléchir* la lumière, et *reflètent* la forme, je les baptise « *corps-miroirs* ». Ils s'acquittent de leur aimable office continûment ou par intervalles ; c'est notre ciel qui, fatigué parfois d'être diaphane, s'amuse à peindre des *mirages ;* un de ses meilleurs tableaux est la célèbre « *Fata Morgana* » ; puis, c'est l'eau qui transmet si mal la lumière, et s'entend merveilleusement à la réfléchir... que dis-je... à refléter le ciel, avec ses nuages ou ses

astres. Quel vaste et beau miroir que la mer ! Et que de miroirs séduisants l'eau douce étale, un peu partout, sous nos regards ! lacs, fleuves ou ruisseaux, sur qui se projette, symétriquement, l'image renversée des arbres, des maisons ; fontaines où l'homme trouve son portrait toujours ressemblant... — Allons-nous la revoir, la fonction du *reflet*, chez l'homme lui-même ? Oui, dans cet *œil* encore, qui *brille* tout en regardant ; dans cet œil qui déjà, *transmettait* la clarté, qui l'*absorbait* pour les besoins de la vision, et qui, sans interrompre son travail obscur, reflète en sa pupille, minuscule miroir, ce même tableau de l'extérieur qu'il perçoit...

Cette tâche obscure, ou tout au moins profonde de l'œil, qui débute par la *transmission* des rayons lumineux, elle se poursuit par un acte optique plus délicat : la *réfraction*. Ici, la Nature a devancé nos opticiens : le *cristallin* est une loupe, une lentille convergente ; mais son rôle n'est pas de grossir les objets ; il consiste à serrer le faisceau lâche de lumière, afin qu'il retrace sur l'écran rétinien une image nette du dehors.

Recherchons-lui des antécédents en les règnes plus primitifs. La coupole céleste, qui s'arrondit au-dessus de nos têtes, n'est-elle point comme une immense moitié de lentille ? A travers ses couches denses et diaphanes, le soleil à son déclin lance des traits obliques; et comme, grâce à Dieu, l'appareil n'est pas achromatique, il en résulte un jeu de couleurs admirable, une espèce d'*iris*, un arc-en-ciel plus largement étalé.

Peut-être, la réfraction se compliquant ici de « *dis-persion* », serait-il plus juste de comparer l'atmosphère au *prisme*... Et, par ce nom, nous voici portés sur le terrain de l'*interférence*.

Ce mot anglais ne désigne, en définitive, qu'un simple cas particulier de la *réfraction*. C'est une réfraction qui s'exerce en très fin, sur des lames minces, une réfraction « superficielle ». Or, la Science nous apprend que, toutes les variétés de coloris découlant de cette source, qu'il s'agisse des coquilles nacrées qui se teintent de tout l'arc-en-ciel, — qui s'irisent, — ou des plumes d'oiseaux, des écailles de papillons, même des limbes de feuilles végétales, qui se choisissent une couleur, — c'est toujours, en somme, un faisceau de rayons *brisés*, déviés de leur trajet rectiligne par la couche superficielle et diaphane, mais qui, cette fois, retourne sur ses pas, nous faisant voir *en-deçà* de l'objet, non plus au-delà. Les choses se passent comme en un prisme où la lumière, entrée par une face, ressortirait par cette même face, se servirait de la même fenêtre pour s'introduire et pour s'échapper...

Nous pourrions parler ici de *corps-prismes*, comme nous avions parlé plus haut de « corps-écrans » et de « corps-miroirs ». En réalité, tout objet est simultané-ment, pour le faisceau solaire qui le frappe, *écran, miroir et prisme :* il absorbe tels rayons, réfléchit tels autres ; et même, avant de renvoyer ceux-ci à notre œil, il les *réfracte* et, de la sorte, nous présente comme un frag-ment d'arc-en-ciel.

Nous aurons, plus tard, l'occasion de revenir sur l'*in-terférence ;* car, fait inattendu, cette fonction qui crée la couleur, sert à la vision des couleurs. Pour être complet, d'autre part, il nous resterait à traiter de deux fonc-tions optiques, encore : la *polarisation* et la *diffraction*. Mais celles-ci ne jouent, dans la Nature, qu'un rôle accessoire, épisodique.

*_**

En résumé, les corps matériels et *passifs*, — auxquels il faut joindre les parties inertes des corps vivants, jouissent, vis-à-vis de l'agent lumineux, d'un pouvoir *transmetteur, absorbant, réfléchissant* et *réfractant ;* et ce pouvoir optique persiste, sans variation appréciable, à travers les changements de règne ; il s'offre, par rapport aux réactions vitales ultérieures, comme la constante en contraste avec la variable. L'homme, si supérieur, qui *voit* la lumière, qui sait même l'admirer, l'approfondir, et s'en servir ingénieusement, reçoit-il autrement la lumière sur son visage, que le plus infime des animaux, que la plante aveugle, et que la pierre morte ? Le soleil ne luit-il pas également pour les premiers et les derniers venus de la Création ?

Toute sensation — même toute impression mise à part, il en va de même, à peu près, pour les effets *calorifiques* et *chimiques*. Parler d'effets « *calorifiques* », quand il s'agit de matière encore insensible, est un véritable abus de langage ; car les minéraux, et les végétaux eux-mêmes, ne connaissent pas plus l'impression de *chaleur* ou de *froid*, qu'ils ne perçoivent la différence entre le clair et l'obscur. Mais, sans ressentir le calorique, ils en sont influencés ; ils *s'en ressentent*. Ainsi, la glace fond, et l'eau gèle ; cette même eau bout, se vaporise, ou se condense ; tandis que l'argile durcit, la cire, sous une action pareille, se ramollit. Toutes ces propriétés passent aux règnes vivants : la plante — ou l'animal — peut subir l'insolation, la congélation ; seulement, l'un comme l'autre ne le peuvent sans souffrir, et sans périr. Nos propres tissus durcissent comme l'argile, ou s'attendrissent, comme la cire, aux ardeurs solaires. Enfin, l'œil, à son tour, ce terme idéal des efforts plastiques de la vie, l'œil introduit l'idée de *chaleur* dans la pure perception du coloris : il distingue des couleurs *froides* et des couleurs *chaudes* ; et vous verrez que l'expérience lui donne raison.

Quant aux effets *chimiques* du rayonnement solaire, on peut en parler, cette fois, sans abus de mots, car la locution est ici tout objective. Ces effets, d'ailleurs, ne sont, en général, ni brillants comme les lumineux, ni familiers comme les calorifiques ; on ne les connaît guère en dehors des traités, des laboratoires. Ce sont des décompositions, des phénomènes explosifs ou des altérations lentes. Deux sont pourtant à retenir comme concourant à la vie, et même assurant la fonction visuelle ; et, de plus, par exception, ils se traduisent à notre vue par de la couleur. C'est, d'une part, la formation de la *chlorophylle* au sein du feuillage, et, de l'autre, au fond de notre œil, la destruction du *pourpre rétinien*. Je

reviendrai sur eux lorsqu'il en sera temps ; auparavant,
qu'on me permette de mentionner un terme de passage
assez remarquable entre les actions purement physiques
et les physiologiques : c'est le cas du « papier sensible ».
Papier *sensible*, plaque *impressionnable*... ; admirons ici
le langage, plus osé dans l'analogie que la pensée même.
Il est ici presque divinateur, le langage ; il pressent,
dirait-on, la loi de *persistance du procédé*. Car, s'il est
absurde d'admettre une évolution de la matière brute à
l'esprit, il serait puéril de contester l'existence du lien
qui rattache le processus de réduction des sels d'argent
à celui de consommation, au soleil, de la substance verte
des feuilles, — comme à celui de régénération, au plein
jour, de la matière purpurine des yeux. Le premier de ces
phénomènes, il est vrai, ne réalise qu'une image artificielle, inerte, quand le dernier en suscite une vivante, immatérielle et tout idéale, une image vraiment *sensible*.
Mais le procédé, dans les deux cas, demeure identique :
c'est l'ingérence de la lumière dans le travail obscur des
tissus : c'est un acte *photo-chimique*.

2° STADE SECONDAIRE. — *Règne végétal*. —(*Sensibilité
physiologique*). — Fonctions nutritives et motrices.

Laissons momentanément de côté le « pourpre rétinien », qui est le dernier acte, l'épisode suprême ; et,
par le phénomène du verdissement végétal, pénétrons
dans le domaine des effets *physiologiques* de la lumière.
C'est une des joies de notre vie humaine, que la contemplation de la vie végétale, — de la vie végétale au
moins apparente. Sous un soleil d'été qui rayonne, ou
filtre sa lumière à travers des nuages, qu'il est doux,
qu'il est reposant, de laisser flotter ses regards
sur la *verdure*, et sur la *ramure !* Les grands arbres
épanouissent leurs feuilles innombrables ; ils se dressent, et se ramifient ; leur ardent essor vers le ciel est
suivi d'une flexion gracieuse, comme d'un geste condescendant, protecteur. Plus à portée de notre main, les
arbrisseaux étendent leurs branches qu'on appelle
« *gourmandes* », et qui nous semblent plutôt *curieuses*...
Tout ce monde végétal apparaît à l'homme comme s'il
était mis là pour son plaisir, et rien que pour son plaisir.

Aussi, lorsque la Science nous appelle, et nous prend à part, en ses amphithéâtres, ses laboratoires, pour nous révéler la personnalité — j'allais dire le *particula-risme* — de ces attitudes si captivantes, on pourrait croire à la désillusion. Mais c'est un fait notoire, que les savants sont souvent aussi enthousiastes que les artistes. Pour ma part, je leur dois de m'avoir ouvert la Nature en profondeur, et d'avoir prolongé mon regard jusqu'à la vie végétale *latente*. Trait singulier, la Botanique a nourri chez moi, — comme, au reste, toute autre étude, — la science du beau, l'*Esthétique*. Mon plaisir a d'abord été, naturellement, un plaisir de curiosité satisfaite ; puis, l'analyse de choses expressives et gracieuses m'a donné des lumières sur la *grâce* et sur l'*expression*. C'est ainsi que, pas à pas, dans ces sciences qu'on dit arides, au moins *positives*, je fus conduit à chercher le lien qui rattache notre jouissance intérieure à des actes extérieurs de vie, de pures manifestations organiques.

Cette conception, si peu répandue, m'a causé trop de joie, et d'éblouissement, pour que je n'essaie pas de la communiquer aux autres. Et si je parle ainsi de moi-même, c'est pour me justifier d'introduire, en un livre sur la *Beauté*, des faits qu'on n'est accoutumé de voir qu'en Physique, en Biologie.

La première découverte que, novice encore, on fait dans la vie profonde des plantes, est ce qu'on nomme, aux Universités : la *fonction chlorophyllienne*. C'est là une formule bien savante ; mais traduisez ce grec... *chlorophylle* est, tout simplement, la *substance de la verdure*. Or, il suffit, quand on lève ses yeux sur la forêt toute verdoyante, d'ouvrir en même temps les yeux de l'esprit, de compléter la vue par la *vision* ; car la vue s'arrête aux surfaces ; la vision pénètre en les profondeurs ; sous le voile tendre et serré du limbe foliaire, aux tons d'émeraude, elle fait apercevoir les grains qui le teignent si brillamment ; le procédé de coloration naturelle est un *granulé*.

Dès lors, on commence à comprendre que ce bel éclat du feuillage est la pure projection au-dehors d'un acte de vie ; c'est comme une langue étrangère dont l'accent musical vous charmait, et dont vous saisissez maintenant le sens logique. Or, la signification du granule vert, c'est une fonction : le granule est vert, *pour nos yeux* ; mais, pour la plante, il est respiratoire ou nutritif ; c'est, pour le définir nettement, le *globule sanguin végétal* ; annonçant de très loin le globule rouge de notre sang, il est, autant par sa couleur que par son rôle dans la vie, son inverse. Le contraste des tons complémentaires, dans ce cas, est le signe sensible d'une opposition fonctionnelle ; en effet, l'arbre que vous voyez ne vit et ne prospère qu'en puisant dans l'atmosphère, justement, le gaz acide, allié du charbon, pour nous et les animaux, délétère ; il rejette, d'autre part, l'autre gaz, celui que nous respirons, et qui nous fait vivre, l'*oxygène* ; étonnante et merveilleuse réciprocité, où nous nous refuserions d'entrevoir une Prévoyance supérieure !...

Et tandis que le grain de chlorophylle absorbe l'acide carbonique, que nous rejetons, qu'il « *se carbonise* », pour ainsi parler, — le globule sanguin, lui, s'oxyde ; il profite du déchet de vie végétale, — comme l'autre, du déchet animal. Et par ce jeu-parti, l'atmosphère garde un équilibre chimique.

* * *

Mais c'est moins la fonction qui nous intéresse ici, que la manière dont l'agent lumineux la gouverne. Car, entre la plante et la bête, on note cette différence, que l'aération du *sang* s'opère à l'ombre, et l'aération de la *sève* au soleil. Tandis que le globule sanguin court et circule en des vaisseaux, le corpuscule chlorophyllien est stationnaire en des cellules ; il ne va point lui-même chercher son air ; l'air vient le trouver à domicile, si j'ose dire. Or, avec lui, par la cloison translucide de l'épiderme, pénètrent les *rayons lumineux ;* faut-il insister sur ce point, qu'ils ne sont pas, ces rayons, vis-à-vis de l'être végétal, « *lumineux* » ; *a fortiori* qu'ils ne sont pour lui ni *rouges*, ni *bleus*, ni *violets ?*

Il faut bien, cependant, les nommer ainsi, l'homme n'ayant guère d'autre moyen que ses yeux pour en saisir la différence. Nous emploierons donc, forcément, ce tour de langage anthropomorphique, et nous écrirons : les grains *verts* de chlorophylle décomposent le gaz carbonique aérien sous l'influence des radiations *rouges, bleues* et *violettes.* Pourquoi celles-ci, précisément, et non pas les autres ? — C'est que seules elles sont « absorbées », élues par le tissu spécial comme efficaces. Toutes les autres, et les *vertes* en particulier, sont rejetées, exclues du cycle végétal ; et c'est notre œil qui les prend, les recueille, pour ainsi dire, en fait la *verdure*.

Ainsi, tandis que nous jouissons de la plante, elle travaille ; et ce qui nous est un repos, lui est un labeur. Curieuse existence, quand on y songe, où l'impressionnabilité, restant inconsciente, se met au service d'un besoin vital essentiel ! Et rôle singulier du soleil, qui chez l'animal excite la *vue*, et favorise, chez la plante, la genèse du *glucose* et de l'*amidon*... ! Mais, ce qu'il faut retenir avant tout, c'est ce stade primaire, ce pas timide encore, mais décisif, dans l'évolution du sens des couleurs. Aveugle pour la lumière, l'être végétal possède comme un *tact chimique*, très délicat, comme une vision moléculaire obscure, dont la gamme, au lieu de chanter les sept tons de l'iris, module silencieusement des degrés d'activité cellulaire.

Vous avez fait, n'est-ce pas, cet effort, en pénétrant avec moi dans la vie végétale profonde, d'oublier un instant votre personne humaine, de vous abstraire de ce *moi* subtil et sublime qui ne peut saisir un reflet sans concevoir une pensée, ni respirer un parfum sans imaginer un poème... Vous avez dépouillé le rayon solaire de son éclat, et la plante de son coloris ; vous vous les représentez maintenant tels qu'ils sont en dehors de nos yeux : le rayon de soleil comme un *flot*, plutôt un *filet* d'ondes imperceptibles, — et la plante comme un réseau de cellules, une façon de gâteau d'abeilles microscopique, où des granules de matière vivante sont excités par tels de ces filets à remplir leur tâche végétative.

Mais la tâche n'est pas, chez le végétal, que purement végétative ; et dans le tableau que je vous traçais de la vie superficielle, apparente, il n'était pas question seulement de *verdure*, mais de *ramure*. J'évoquais les arbres, les arbrisseaux, dressant leur tronc et leurs branches vers le ciel, étendant leur bois feuillu sur nos têtes, ou à portée de notre main. C'est bien encore, si vous voulez, de la végétation ; mais cet acte nouveau de *grandir*, c'est-à-dire de se propager dans l'espace en laissant une trace solide, est un passage au mouvement sans trace, au *geste*, et fait présager la vie « de relation », la vie *animale*.

Or, cet acte de *croissance*, chez la plante, tout aussi bien que la respiration, que la nutrition, exige l'intervention des rayons solaires. — Pour l'exciter, sans doute ? — Non pas ; quelque paradoxal que ceci paraisse : *pour le modérer*, au contraire... Eh quoi ? direz-vous, en plein midi, lorsque l'astre, au zénith, rayonne sur la flore, généreusement, celle-ci ne prendrait pas tout son essor ? — Tout au contraire, c'est en pleines ténèbres que cet essor est le plus vif ; la nuit est le moment propice à l'accroissement des cellules ; alors, une force que nous ne pouvons nommer les allonge suivant leur axe, et, des cellules, tend à faire des *fibres* ; au lieu que le grand jour, si vif à nos regards, *entraînant*, le grand jour agit comme un frein. — Déjà, d'ailleurs, la verdure ne pâlit-elle pas au plein soleil ? Ce soleil trop radieux n'engourdit-il point la Nature ?... Et cela, qu'on y songe, est un bénéfice : autrement l'être végétal, qui déjà s'*étiole* et blêmit dans l'obscurité, produirait des axes mous et grêles, incapables de se soutenir, serait tout en lianes.

Ainsi, là comme partout ailleurs, une force initiale impulsive se trouve balancée, périodiquement, par une force pondératrice. Mais cette dernière, ici, c'est l'*énergie solaire*, le grand principe d'activité, et l'on s'étonne... Comment se fait-il que la source de vie, justement, retarde la vie ? — Sans doute en vertu de cette loi qui gouverne les organismes de telle sorte, qu'un surcroît de stimulation, au lieu de les surexciter, les déprime. A partir d'une certaine limite, en effet, le sens de l'action se renverse, et l'être vivant, surmené, ne peut plus suivre... : une vive lueur éblouit ; un éclairage trop monté fait baisser le ton de la vue ; de même, la vivacité des ondes solaires doit paralyser l'élan végétal ; — à moins que les choses ne se passent, en fait, autrement, et que la force vive ne soit employée, dans le jour, à grossir et fortifier les cellules, plutôt qu'à les faire croître en longueur.

Ajoutons que ce frein régulateur lui-même est réglé. Car, dans le faisceau lumineux, tous les rayons ne sont pas également efficaces ; les plus énergiques sont les rayons *rouges*, et, à un bien plus haut degré, les *violets*. N'était-ce point, du reste, à prévoir, puisque ce sont eux, justement, qui sont, de préférence, *absorbés*, qui pénètrent au cœur de la plante ?

En même temps qu'ils excitent la plante à respirer, par l'intermédiaire de la chlorophylle, à se *sustenter*, plutôt ils calment sa fièvre de croissance, et favorisent la solidité de ses membres.

Ainsi s'opère, en ce stade utilitaire encore, de *la vie pour la vie*, une sélection *chromatique*, et comme un choix de couleurs qui, plus tard, au stade de *la vie pour l'idée*, se manifestera par une préférence de goût. Déjà même, en cette réceptivité toute passive des rayons utiles, on constate parmi les végétaux certaines différences : c'est comme une aurore lointaine de la *diversité des goûts* dans l'humanité.

*
* *

Vous savez maintenant comment agit sur la plante ce faisceau de rayons solaires qui, pour nous, ne représente pas seulement *chaleur*, mais *splendeur*... Il la fait respirer ou s'alimenter et règle comme un frein sa croissance. Mais ce n'est pas tout, et le grand foyer de vie, si lointain qu'il soit, attire cette humble plante, lui fait faire un geste d'amour, pour ainsi dire ; et c'est ce phénomène presque touchant auquel la Science, qui parle toujours grec, a donné le nom d'*héliotropisme*.

A vrai dire, ce nom ne vous est pas inconnu. Qui n'a pas entendu parler de la fleur d'*héliotrope*, et de celle du *tournesol*, qui la traduit en bon français ? Or, si quelques fleurs se tournent vers le soleil, sont « *héliotropes* », toutes les tiges, tous les rameaux le sont, plus ou moins. Y a-t-il là quelque action nouvelle, et mystérieuse? Non; *merveilleuse*, seulement.

En effet, ce mouvement du végétal qui change d'attitude, et « s'oriente », n'est, vous l'allez voir, qu'un simple cas particulier de *l'accroissement*. Et même, il est curieux d'assister ici, pour ainsi dire, au premier acte de ce drame qui s'appelle la « *vie de relation* ». Avec ses airs spontanés autant que gracieux, l'aspiration des plantes à la lumière est purement automatique ; c'est l'agent lumineux lui-même qui provoque l'attitude des êtres tendus vers lui. Mais comment cela ? — Par le procédé le plus élémentaire qu'on puisse imaginer : considérez cette tige encore jeune et souple, et que le bois n'a pas endurcie ; elle croît, en plein jour, mais moins activement que la nuit ; son frein, vous le savez, c'est le soleil. — Mais ce soleil, prenez-y garde, *ne la touche que d'un côté*. Sa consistance opaque en fait un de ces *corps-écrans* que j'ai décrits ; donc, ensoleillée sur une face, la tige, sur l'autre face, est à l'ombre ; elle s'ombrage, en somme, elle-même... Alors, l'action réfrénatrice des rayons ne pouvant s'exercer que latéralement, la crue cellulaire n'est retardée que sur la face éclairée ; le travail se poursuivant sur l'autre, à la faveur de l'ombre, sans répit, elle se trouve ainsi distancée ; d'où formation d'une *courbure*. Tel un mur qui, plus vite bâti d'un côté, tournerait en voûte ; ou tel un tissu dont les mailles seraient plus nombreuses dans un sens que dans l'autre, se creuserait en sac. Or, cette courbure, ou *voussure* de la tige végétale, elle se forme, justement, là où elle a besoin de se former : du côté soleil ; en sorte que la plante s'oriente, en définitive, vers la source de vie, qui est, en même temps, pondératrice de la vie ; elle a l'air de *chercher la lumière...*

Or, à peine l'a-t-elle trouvée, qu'*elle la fuit*. En effet, le mouvement même qui l'a mise dans la direction du faisceau solaire, la fait échapper à son action directe ; et la concavité de sa courbure arrive à lui faire ombrage de ce côté. D'où éclairement du côté convexe, qui sort de l'ombre, et courbure de la tige en sens opposé. D'autre part, le soleil ne demeure point stationnaire : de l'orient à l'occident, en ce cours apparent qui règle le jour, son rayonnement atteint, successivement, les divers méridiens de la tige ; et celle-ci peut se comparer, sans métaphore fantaisiste, à l'aiguille, qui se meut sur son cadran... Je ne crois pas que ce serait une journée perdue, que d'observer, de l'aube au crépuscule, ce parcours d'une aiguille vivante, et sensible, sur l'horizon... Mais a-t-on le goût d'observer ces choses ? Et si, demain, un ingénieur inventait quelque horloge magnétique de ce système, n'irait-on pas en foule admirer cet objet factice ?

**

Cette sorte d'attraction qu'exerce le soleil sur l'organisme végétal, et qu'on nomme *l'héliotropisme*, ne s'observe pas seulement en grand, mais aussi en petit ; il existe un héliotropisme réduit, qui se restreint à l'élément microscopique de la plante, à la *cellule*. Avant d'étudier, sous ce rapport, la cellule adhérente à d'autres et solidaire d'un ensemble, je voudrais dire un mot de la cellule *libre*.

Le cas le plus extraordinaire, pour ceux qui ne sont pas initiés à ce qu'on appelait « les mystères de la Nature », est celui de la *Clostérie*. Cette algue tout à fait rudimentaire, puisque son corps est réduit à une seule cellule, possède une faculté qui manque aux végétaux supérieurs : *la locomotion ;* certes, non point telle qu'elle se manifeste, volontaire et spontanée, chez les animaux ; mais enfin, l'algue *se déplace*. Et comment cela ? Par cette même sensibilité qui dirigeait la tige tout entière, ou le rameau, vers la source de radiations. Un des pôles de la Clostérie (elle est en forme de fuseau) s'oriente vers cette source ; puis l'autre à son tour, et ainsi de suite ; on dirait presque d'une chenille arpenteuse. Ainsi la même lumière qui nous fait voir la beauté, et réjouit notre âme, et qui fomente la vie dans la flore, — ici sert à la *progression*. Mais c'est toujours, en définitive, par le même moyen qui provoquait de simples attitudes. Étonnamment variée dans ses résultats, la Nature reste, en ses procédés, unitaire ; elle est économe de moyens.

Mais ces *algues oscillantes* sont un peu comme les excentriques de la flore. Le cas normal est celui de la cellule groupée, de la cellule formant, avec beaucoup d'autres, cette colonie bien homogène qu'est la plante. Or, tandis que celle-ci tout entière, captive du sol, répond aux sollicitations du soleil par un geste de prisonnier qui tend son bras au signal de délivrance, les grains de matière plasmique, qu'on peut dire, littéralement, « *en cellule* », mais non pas « à la chaîne », obéissent à l'appel lumineux en se déplaçant. Suivant que le rayonnement solaire est plus faible ou plus énergique, on les voit, ces menus grains vivants, se rassembler sur les *faces* ou sur les *bords ;* tels des détenus qui, tantôt, viendraient regarder aux fenêtres, et tantôt reculeraient au mur.

Un naturaliste s'est assuré qu'il suffit d'un nuage passant sur le soleil pour changer le groupement du protoplasma, dans certaines algues.

Cette mobilité sur place des granules vitaux est un

fait qu'il faut retenir. Nous la retrouverons sous une
forme un peu différente aux étages supérieurs de la vie,
— d'abord en les *chromatoblastes*, ou grains de pigment
qui colorent la peau de certaines espèces, — puis en les
« *cellules rétiniennes* », où, dès lors, elle ne servira
plus des buts exclusivement positifs, mais inaugurera
ce progrès idéal : la *vision*. La lumière, du même coup,
se fera voir, et nous fera voir le monde qu'elle illumine.

3° STADE TERTIAIRE (*règne animal et homme*). —
*Sensibilité psychique, même esthétique ; fonction
visuelle.*

Je trouve, dans les « *Confessions* » de saint Augustin,
cette parole très profonde : « Tu varies tes ouvrages,
« dit-il à Dieu ; mais tu restes, en tes desseins, inva-
« riable ». Il est piquant d'en faire l'application à un
fait que ne connaissait certainement pas saint Augustin : *l'interversion de sens des fonctions*, quand on passe
de la flore à la faune.

J'ai, dans un autre livre (1), exposé tout au long ce fait
aussi remarquable que peu remarqué ; je ne puis qu'en
rappeler ici les lignes essentielles. — En quittant le monde
des plantes pour celui des animaux, on trouve deux
progrès accomplis ; ce sont : la *sensibilité* d'abord, puis
le *mouvement*. Non point que l'être végétal ne fût pas
sensible, déjà, et ne fût pas mobile, à sa manière ; mais
la sensibilité de l'être animal a ce trait supérieur,
qu'elle est *jouissante* — ou *souffrante ;* et sa mobilité, qu'elle est *volontaire, autonome ;* c'est la « *mobilité* » proprement dite, ce n'est plus la simple « *motilité* ».

Or, ce double progrès rendait nécessaire un changement de front, passez-moi le mot, dans l'outillage : au
système initial d'axes très allongés et abondamment
ramifiés, étalant en plein air, au grand soleil, les appareils respiratoire et reproducteur (feuilles et fleurs),
a dû succéder le système plus concentré d'appendices
courts, à peine rameux, et — soulignez ce caractère:

(1) Voir *La sphère de beauté* (Alcan, éditeur), p. 591.

capital — affectés désormais aux *fonctions de relation*, sensitives et motrices (membres marcheurs ou préhensiles, organes des sens). Voilà l'interversion dont je parlais. et dont on ne se rend pas compte, bien qu'on en subisse l'effet expressif. Car, observez-le bien, cette sérénité de la flore, ce charme de gracieux nonchaloir qui en émane, cette innocente beauté des feuillages, des inflorescences, tout cela n'est-il point le reflet d'une existence *végétative*, à la lettre, sans réaction nerveuse, et subissant passivement le rythme des énergies du dehors ? Enchaînées par le pied à l'humus, les *plantes*, comme on les nomme si bien, ne marchent point vers l'homme ; elles ne fuient point l'homme ; pas plus qu'elles ne menacent, elles ne s'effarouchent. Leur alimentation, tout aérienne, imperceptible aux sens, nous épargne le spectacle d'un geste de proie ; leur mouvement passif — et sans passion — n'évoque ni souffrance ni conflit. Jusqu'aux résidus, aux déchets vitaux, qui se traduisent par des parfums, de sains arômes, tandis qu'en la *faune* ils deviennent malodorants, délétères.

Cette sorte de privilège esthétique (1) se trouve lié, dans le règne végétal, à un stade d'évolution encore peu avancé ; c'est la pure harmonie, c'est le charme apaisant des choses primitives; et si, de là, l'on se tourne vers l'animalité, il est permis de juger que la conquête de ces deux avantages, sensibilité consciente et liberté de mouvement, s'achète assez cher ; cette supériorité se paie, à nos yeux, par des formes bien souvent repoussantes, des gestes hostiles ou répugnants, — à nos oreilles, par des cris troublants, — à nos narines, par des senteurs suspectes , — enfin, à notre épiderme, par des contacts visqueux ou raboteux... (2).

Mais laissons cela. « Dieu varie ses œuvres ; il ne varie pas ses desseins ». Oui, le Créateur des trois règnes ne change de thèmes que pour réaliser, sous de nouveaux aspects, une éternelle conception de beauté. Nous pouvons regretter la *fougère* ou la fleur d'*aubépine*, lorsqu'à nos pieds se tord un *ver*, ou rampe un

(1) Voir *Pour la défense du paysage français* (Jouve, éditeur).

(2) Le lecteur malicieux trouvera que le sens du *Goût* nous offre de larges compensations.

« *mille-pattes* » ; mais ce regret peut-il persister quand, au-dessus de nos têtes, passe un essaim d'oiseaux, un vol de papillons, lorsqu'entre deux massifs de forêt se profile la silhouette élégante d'un cerf ?

A l'exemple de saint Augustin, portons notre esprit toujours au-delà, plus loin et plus haut ; ne quittons pas des yeux le but indéfectible ; soyons patients ; faisons crédit à la Nature laborieuse. Ces muscles à l'aspect sanglant, qui nous répugnent dans une bête écorchée, ne sont-ils pas, après tout, les glorieux outils du mouvement volontaire ? La Nature, d'ailleurs, ne les dissimule-t-elle point sous les pelages soyeux, sous les doux et coquets plumages ? Enfin, cette innovation suprême des *yeux*, si beaux à regarder, et qui regardent la beauté du monde, ne vaut-elle pas certains sacrifices, et de nombreux essais préliminaires ?

*Les métamorphoses d'un grain de pigment ;
ses hautes destinées finales.*

Aussi bien ai-je entrepris la tâche de vous raconter ces essais ; je voudrais vous faire suivre les voies, ingénieuses autant qu'économes, qui mènent des fonctions infimes aux sublimes, et de la vie végétative à la *vision*. Un chroniqueur moderne pourrait résumer cela sous ce titre : « *les métamorphoses d'un grain de pigment* ».

Vous venez de le saisir, ce grain fondamental, en son rôle obscur, exclusivement utilitaire, essentiel à la vie. Les botanistes le nommaient alors « *chlorophyllien* », parce qu'il fonde la *verdure*..... Vous vous récrierez, sans doute, si je dis que sous cette fonction chlorophyllienne, purement respiratoire et nutritive, on peut entrevoir la *fonction visuelle*... Mais, en définitive, n'est-elle point, déjà, dépendante de la lumière, n'est-elle point « *photogénique ?* » J'y vois comme une première réponse de l'être vivant à l'excitation lumineuse, à ce rayonnement solaire où nous autres, plus avancés, savons puiser chaleur et clarté. Il est vrai, cette réponse n'est pas encore « *réfléchie* » ; elle se borne à faire, sur l'appel lumineux, un geste vital immédiat ; elle ne fait pas *voir ;* elle fait seulement respirer.

Or, par un effet de cette *interversion* qui, dans la

faune, refoule au dedans la vie nutritive, reproductrice, et met l'appareil extérieur du corps au service de la vie nerveuse, la fonction respiratoire, de superficielle qu'elle était, — « à fleur de feuillage », pourrait-on dire, — devient profonde, se replie. Si la *branchie*, chez nombre d'animaux encore, s'étale comme une feuille, elle n'a plus, de la feuille, le ton verdoyant : un des traits, justement, de l'animalité, c'est l'absence de chlorophylle. Et, de ce fait, elle cesse d'être dépendante de la lumière.

Alors, c'est le *globule sanguin*, le *globule rouge*, qui prend, chez l'animal, je ne dis pas la place, mais le rôle du globule vert et séveux. Nous n'aurons pas à le suivre dans les vaisseaux où il circule, et dans le poumon où, laissant son gaz carbonique, à l'inverse **du globule végétal**, il se charge de gaz oxygène ; mais, tandis qu'une part du pigment originaire s'emploie de la sorte, une autre part, demeurant aux surfaces, prend un office bien différent, tout inattendu.

On sait que certains mollusques, tels que le *poulpe*, la *sole* et le *turbot* parmi les poissons, et le *caméléon* parmi les reptiles, jouissent du singulier avantage de modifier à volonté la coloration de leur peau. Cela, non par le procédé qui nous fait rougir ou pâlir, mais grâce au pouvoir qu'ont les *cellules pigmentaires* de se dilater en étoile, et de se rétracter, alternativement. La motilité de ces corpuscules rappelle assez les faits d'*héliotropisme* dans la flore ; mais le flux lumineux paraît ici remplacé par *l'influx nerveux*. Ces « *chromoblastes* », comme on les appelle, ne seraient donc pas photochimiques, du moins à la manière des globules chlorophylliens ; mais ils se rattachent, chez le *poulpe*, à l'organe de la *vision* (sous la dénomination de « *chromatophores* ») ; et ce fait, qui les a fait qualifier d' « *yeux pigmentaires* », est d'un grand poids pour la thèse de filiation. Ici, leur destination n'a rien de *visuel*, il est vrai ; encore prend-elle un caractère sensoriel très décidé : c'est de varier la teinte des téguments, en rapport harmonique avec le milieu : fonction de *mimétisme,* moyen pour l'animal sans défense de se dissimuler en se mêlant au coloris ambiant.

Chez les types supérieurs de la faune, ces corpuscules contractiles ne se retrouvent plus. La fonction pigmentaire perd sa mobilité, — sa « *nervosité* », allais-je dire : le pigment fait des animaux tachetés ou concolores ; il fonde les races *noire, jaune* et *rouge ;* il hâle, au soleil, les teints blancs ; mais, au voyageur qui traverse les sables, il ne donne plus les tons du sable.

Ce qui nous intéresse ici spécialement, c'est que, d'assez bonne heure, cette fonction pigmentaire diffuse se localise, et que son caractère photogénique, s'exaltant, finit par s'appliquer à la perception même de la lumière, à la *vision*.

***

Dans l'*œil* des Vertébrés, et celui de l'homme lui-même, on retrouve le pigment sous deux formes : celle d'un enduit sombre, tel du noir de fumée, qui tapisse la *choroïde*, — et celle d'un enduit rouge violacé, qui revêt l'extrémité des cellules de la rétine. Ce dernier, le « *pourpre rétinien* », apparaît, par ses propriétés, comme une *chlorophylle renversée*. Outre que sa teinte *rouge* est inverse et complémentaire du *vert* chlorophyllien, on sait qu'il se détruit au grand jour et se régénère en l'obscurité, tandis que la chlorophylle fait exactement le contraire. Ajoutez, pour dernier trait d'opposition, qu'au lieu de provoquer un acte obscur de nutrition, le pigment rétinien assure l'exercice radieux de la *vue*. La sensibilité du corps à la lumière se traduit, à ce stade suprême, par la sensation même de lumière ; c'est, on peut le dire, son *stade sublime*.

***

Cette réaction *photochimique* du pigment oculaire n'est pas le seul héritage qui se soit transmis du règne végétal à l'animal ; et l'*héliotropisme* qui dirigeait les plantes, on s'en souvient, vers la source lumineuse, laisse ici quelques traces très subtiles, mais bien remarquables. Animale ou végétale, en définitive, la substance vivante ne perd pas ses propriétés primitives ; et de l'*amibe* infime, indépendant, — à la cellule amœboïde emprisonnée dans un tissu noble, on ne perçoit guère de différence. Au reste, la *motilité* des cellules rétiniennes se rattache directement à celle de ces « *chromoblastes* » dont on vient de lire l'étrange histoire. Ce maître en histologie qu'est Ranvier l'atteste en termes fort précis : « Nous insistons, dit-il, sur ces cellules pigmen-

« taires, en raison des mouvements actifs de leur proto-
« plasma. Ce qui permet de les rapprocher des *chromo-*
« *blastes* des Vertébrés et des Invertébrés. Sous l'in-
« fluence de la lumière, les grains de pigment s'avan-
« cent entre les bâtonnets jusqu'à la membrane limi-
« tante externe. Dans l'obscurité, ils se retirent vers le
« centre de la cellule ».

Ne croirait-on pas lire la description de ce qui se
passe dans les feuilles végétales ensoleillées, puis laissées dans l'ombre ?...

Qu'on me permette, à ce sujet, une réflexion : il est
bien intéressant d'assister, chez l'animal, à l'affranchissement presqu'absolu des formes d'énergie cosmiques,
extérieures à lui, de le voir respirer, se nourrir, grandir
et se mouvoir *par ses propres moyens.* C'est le *micro-*
cosme qui parvient à se rendre indépendant du *Cosmos.*
— Si je dis que cet affranchissement est *presque* absolu,
c'est que l'Energie lumineuse garde encore une position,
et commande un coin de l'organisme ; — coin d'ailleurs
capital, où s'accomplissent les opérations les plus délicates ; et ces opérations, justement, tendent à la perception lumineuse. Ainsi la lumière se crée à elle-même, en
l'œil, son propre miroir.

**

Encore un ressouvenir, pour ainsi parler « atavique »
de l'existence végétale : je veux parler de cette action de
frein exercée par la radiation solaire sur la croissance (la
croissance en longueur, suivant l'axe). Cette propriété
curieuse de la lumière s'exalte avec les rayons extrêmes, rouges et violets, mais surtout avec ces derniers ; et la *courbe* expressive de ce retard s'élève
principalement à droite du centre, vers l'extrémité
violette du spectre. Or, il résulte des expériences de
Charpentier (1) qu'un certain retard se produit dans la
réponse de l'œil à l'excitation lumineuse, et que ce
retard, en fonction de la longueur d'onde, est d'autant

(1) Le professeur Charpentier, de Nancy, *La lumière et les cou-*
leurs au point de vue physiologique (J.-B. Baillière, editeur).

plus marqué qu'on s'avance davantage dans la région du *violet* (1).

L'analogie n'est vraisemblablement pas fortuite ; elle s'explique, d'ailleurs, et se justifie simplement si, sans trop appuyer sur les différences, on considère ce qu'il y a de commun aux deux phénomènes : à savoir la puissance d'*inhibition* de l'Energie lumineuse ; et cette inhibition, comme on sait, naît d'un excès même d'excitation ; une lueur trop vive — ou trop soudaine, provoque des « *reflexes d'arrêt* » aussi bien sur les fibres de l'œil que sur celles de la tige en croissance. Nous verrons tout à l'heure les insectes traduire cette « *gêne organique* » par un *recul*, qui dès lors prend un aspect psychique, est comme une transition à la « *répugnance* ».

Quant à la *symétrie* si frappante, encore que boîteuse, qui faisait monter, sous le frein lumineux, la courbe végétale *des deux côtés*, — nous en avons comme un reflet dans le *spectre*. Cette banderolle irisée semble déployer continûment sept couleurs ; mais les peintres, depuis longtemps, y trouvaient le contraste de couleurs « *chaudes* » et de « *froides* » ; d'autre part, les physiciens y notaient un assombrissement marginal plus accentué du côté froid, vers le *violet*... On peut saisir encore, en ce parti symétrique du spectre, une trace du pouvoir frénateur de la lumière : au lieu d'arrêter l'essor de croissance, il amortit, cette fois, l'ardeur de vision.

Plus vous pénétrerez dans ces études d'une Esthétique assez neuve, et plus vous vous convaincrez de ce fait : que si le procédé se complique en les opérations de la Nature, son trait essentiel et fondamental reste le même. C'est ce qu'exprime la parole de saint Augustin, que je rapportais au début : « Seigneur, vous changez vos ouvrages ; « mais vous ne variez pas dans votre dessein « (vous ne changez pas votre plan) ».

Avec l'animal, je l'ai dit, intervient un double progrès : la *sensibilité*, la *mobilité*. Sensibilité non plus aveugle, comme au règne précédent, mais *voyante*, et consciente, aussi, de plus en plus ; mobilité non plus automatique, mais autonome et volontaire. Alors s'inaugure un monde nouveau, celui des « *états de conscience* » ; et, comme ce monde est profond, personnel, incommunicable, et que les bêtes ne parlent pas, — il reste pour nous autres fer-

____

(1) C'est ce qu'on appelle, en physiologie, le « *temps perdu* ».

mé. C'est pourquoi, si l'on tient à savoir comment ces êtres sans parole perçoivent et ressentent les effets lumineux, faut-il recourir au stratagème expérimental.

Les expériences pratiquées jadis par sir John Lubbock sur les insectes, ont eu le don d'intéresser les plus indifférents aux choses de la Nature. Cela pique, en effet, l'imagination, de savoir quelle attitude prendront les *abeilles* devant du miel qu'on aura déposé sur des cartons de diverses teintes, ou les *fourmis* dont on aura clos la fourmilière avec des vitres de couleur... Sans prononcer le mot prématuré, peut-être, de *préférence,* on est en droit d'affirmer, d'après ces épreuves, que les abeilles sont attirées par le *bleu,* et les fourmis, repoussées par les rayons *violets,* — même *ultra-violets...* — Vous vous rappelez que certaines plantes, déjà, se montraient sensibles à ces radiations, qui nous échappent complètement, à nous autres hommes.

Je ne fais que mentionner, ici, les effets de la couleur *rouge* sur les taureaux : ils sont trop connus. Mais la question du coloris des fleurs agissant comme signal sur les insectes ailés, butineurs, est moins populaire. Il y a là de très captivantes études à poursuivre.

* * *

J'ai hâte d'en venir à *l'homme.* Et d'abord les « états de conscience », chez lui, se précisent et se perfectionnent singulièrement ; puis, comme il est notre semblable, et qu'il parle, ces états profonds peuvent se faire jour au dehors ; ils sont décidément communicables.

Non seulement l'homme est pleinement conscient des impressions de lumière et de couleur que son œil reçoit, et qui, transmises au cerveau, puis à l'âme, deviennent des *sensations,* des *images,* mais il possède encore le privilège d'en tirer des *pensées,* des *notions* scientifiques et des jouissances d'Art.

Ici, nous sommes parvenus au *stade suprême,* et sublime, de cette évolution dont je vous ai tracé l'esquisse. — Aux premiers stades, la *lumière* ne méritait pas encore son nom, à vrai dire, puisque, sans œil vivant pour la saisir, elle n'éclairait personne, et n'illuminait rien ; mais, conçue comme une énergie rayonnante, et pratiquement bienfaisante, elle agissait sur les êtres et sur les choses de vingt autres façons. « Ce serait une

« grave erreur, — écrit un éminent naturaliste, de ne
« voir en elle qu'un excitant sensitif ». Je vous l'ai montrée modifiant l'état physique des corps minéraux ; puis
provoquant les fonctions vitales chez les végétaux, les
faisant respirer, croître avec mesure, se mouvoir. La *sensibilité*, d'autre part, vis-à-vis de ce stimulant, vous est
apparue à tous ses degrés, se manifestant d'abord par de
simples réactions chimiques ou physiques, qui devenaient
physiologiques et vitales, de *reflexes* se faisaient *actes
réfléchis* ; enfin se réflétaient dans une *conscience*, sous
forme de sensations ou d'images. Et, si grand que fût le
progrès accompli, vous avez constaté que le procédé primitif persistait, et que les opérations les plus complexes ne
répudiaient point, à leur propre usage, des instruments
qu'on pouvait croire périmés. C'est ainsi que la fonction
visuelle, à son état le plus parfait, se base encore sur un
pigment photogénique, le *pourpre rétinien* ; de sorte que
la Nature donne ici raison au langage, lorsqu'il qualifie
d' « *impressionnable* », indistinctement, l'œil vivant, et
la plaque photographique inerte (plaque « sensible »).

Il a, du reste, le langage, de plus fortes audaces
encore : il passe hardiment de la sphère visible à l'invisible ; car la simple *attraction* exercée sur les êtres
inférieurs par la lumière devient, chez les supérieurs, un
attrait ; comme la *sélection* toute passive qu'opère le
végétal sur les rayons colorés, se fait, chez l'homme,
élection de goût. Non, pas plus que la Nature, la pensée
ne procède par bonds ; « *non facit saltus* ».

Et cependant, il faut bien le confesser, malgré tout :
entre l'effet psychique et tout immatériel de *coloris* et
sa cause matérielle, organique, s'étend un abîme. « Ce
« monde des couleurs, dit *Volkelt*, avec le charme qu'il a
« pour nous, et le sens symbolique et idéal que nous
« lui prêtons, — la Physique le dépouille de sa poésie :
« la couleur n'est qu'un mouvement particulier de
« l'éther ; ses différences qualitatives ne sont, en réalité,
« que des différences quantitatives des ondes lumi
« neuses. Ces ondes pénètrent dans le globe de l'œil,
« affectent la rétine ; l'impression est transmise par le
« nerf en vertu d'une action mécanique ou chimique.
« A l'arrivée du courant au cerveau paraît un monde
« de sensations sans analogie aucune avec le processus
« nerveux ; il y a un saut brusque, inexpliqué, d'un
« phénomène mécanique à un phénomène spirituel,

9

« d'un ébranlement nerveux à une impression simple,
« déterminée ; une activité nouvelle a été éveillée, qui
« unifie, harmonise, distingue *qualitativement* : c'est
« l'activité créatrice « *a priori* » de l'âme ».

Volkelt a raison : c'est bien l'âme qui crée la magie —
j'allais dire : la *fantasmagorie* — des couleurs. Mais
« créer » n'est pas le mot juste : l'âme, plutôt, *compose*
avec les éléments que l'organisme lui fournit. Sans doute,
entre l'ébranlement de la dernière cellule cérébrale — et
la vision du *rouge*, du *jaune* ou du *violet* — un abîme se
creuse, insondable... Mais ne peut-on le comparer à l'une
de ces vallées très profondes, dont on voit les strates
reparaître d'un bord à l'autre ; altérées, transfigurées
parfois par le métamorphisme, et cependant reconnais-
sables ? Or nous, esthéticiens, devons procéder ici comme
le géologue. Sans méconnaître, assurément, l'immense coupure, la brusque interruption du matériel au spirituel, il
nous est permis, biologiquement tout au moins, de res-
saisir le fil pour déterminer, si nous le pouvons, la
« *stratification concordante* ». Il nous faut retrouver,
sur la rive enchantée du coloris, la trace de ces em-
preintes qui, — sur l'autre rive, si prosaïque, — s'appel-
laient « impressions rétiniennes ». Et cela, dans quel
but ? — Mais pour donner à l'interprétation esthétique du
coloris une base plus ferme. Rappelez-vous ce que
j'écrivais au début sur la diversité, la versatilité des
goûts, sur l'outrance — ou la défaillance — des juge-
ments d'Art. La nature humaine, disais-je, — justement
parce qu'elle est supérieure, est libre, et complexe. Cette
faculté qu'elle a d'associer à la sensation de couleur
une foule d'idées plus ou moins lointaines, et contingentes, — ce privilège d'extension devient cause de
déviation. Le symbolisme sentimental, ici comme ailleurs, fait tort au symbolisme vrai, rationnel ; il
masque, fâcheusement, l'expression directe et naturelle
des teintes.

Je disais cela pour provoquer un retour, un regard
rétrospectif vers la source, pour justifier mon *histoire
du sens de la couleur* avant l'homme. Et maintenant je
le redis, afin de légitimer le rattachement, chez l'homme
même, de la sensation de coloris à la notion de son
instrumentation organique, l'une, si vague et si flottante, isolée ; l'autre, si sèche à part et peu décisive.

Certes, elle est vague et flottante, la sensation de

couleur, — à la manière, au reste, de l'*odeur*, de la *saveur*, de la *sonorité* (dans le « timbre » des corps résonnants ou des instruments de musique). Tout comme le parfum, où l'arôme, le *coloris* passe, même, pour indéfinissable, irréductible à toute analyse... Mais peut-être est-ce une illusion d'impuissance ; et si le *rouge*, le *jaune*, ou le *violet*, l'*orangé*, le *vert* ou le *pourpre*, ne semblent pas pouvoir se définir, n'est-ce point qu'on néglige d'y voir à la fois un effet et une cause, un dérivé de l'énergie rayonnante d'une part, — et, d'autre part, une source de propriétés spécifiques, de *vertus* excitatrices ou calmantes ?

C'est là, dans cette double conception de la couleur, que j'ai pressenti, depuis longtemps, l'existence d'un *critérium esthétique,* d'une mesure pour l'*expression,* et l'*harmonie* des teintes diverses. Mais ces teintes sont, justement, si diverses ! Elles sont innombrables, et dispersées sur tant d'objets ! Comment s'y retrouver, dans cette mosaïque de tons, de nuances et d'éclats, qu'est la Nature ? Le moyen de dégager, de l'ordre relatif de *distribution*, l'ordre absolu de *classification ?* Ainsi que les parfums, et les sonorités, les couleurs entremêlées comme elles sont dans l'univers vivant sont assimilables aux types animaux, qui, pour être comparés et déterminés sûrement, doivent être abstraits de leurs milieux, et juxtaposés suivant leur degré d'affinité réciproque.

Or si, jusqu'ici, *odeurs* et *saveurs* (sinon *résonances)* ont échappé à tout effort de classement, faute d'un lien naturel qui les unisse, pour ainsi dire, en gerbe, il n'en est pas de même, heureusement, pour les *couleurs.* Oui, ce rêve d'une *gradation* des espèces en échelle de valeurs croissantes, en une sorte de *gamme* où se révéleraient leurs relations d'*affinité,* de *contraste* et d'*harmonie ;* ce rêve, il est réalisé dans le *spectre...* N'êtes vous point d'avis, comme moi, que ce mot est bien **mal** choisi pour la chose qu'il doit exprimer ? J'aimerais mieux qu'on le nomme « *l'arc-en-ciel des laboratoires* » ; ce serait plus poétique et plus scientifique à la fois.

Or, cet arc-en-ciel en réduction est le pont jeté par la Nature sur l'abîme dont nous parlions, et qui relie le versant mystérieux de la *sensation* à celui, seulement problématique, de la *perception.* Sur cette bande polychrôme, où la Science, déjà, prenait ses repères, afin de mesurer la puissance de tels et tels rayons sur la vie, je vous ferai toucher l'influence secrète de ces rayons sur l'*aspect* de la couleur elle-même. De sorte que le *coloris*, en ce document irisé, vous donnera la clef de sa propre expression et de ses harmonies personnelles. Après avoir servi l'Optique, et la Biologie, le prisme de Newton ne saurait-il servir l'*Esthétique ?*   •

*
**

Je critiquais, tout à l'heure, le choix fait par les savants du mot *spectre* pour désigner l'image des rayons dispersés. Le terme de *dispersion*, lui-même, n'est pas très correct : c'est « *étalement* » qu'il faudrait dire ; le spectre est, en effet, comme un éventail déployé dont les feuilles, c'est-à-dire les rayons, incolores tant qu'elles se superposent, révèlent, en s'écartant, des couleurs distinctes. Il est piquant de rappeler, à ce propos, la boutade d'un grand adversaire de Newton, le père *Castel.* Ce savant trop fougueux ne s'est-il pas permis d'écrire que le spectre newtonien était un *spectre* véritable, une apparition fantastique et « qu'il était aussi fâcheux de surprendre ce « spectre » *sans vert* qu'une jolie femme sans rouge » (1).

Si le spectre, engendré par le soleil lui-même, n'est certes pas une apparition fantastique, c'est, du moins, un de ces phénomènes que j'ai pu baptiser « *feux-fantômes* » ; et la dénomination, ici, se trouve deux fois justifiée, puisque la bande irisée n'est pas seulement un feu tout immatériel, qui ne consume rien, simple reflet d'une combustion très lointaine ; c'est encore une illumination tout idéale, une véritable *vision*, au sens poétique, de notre cerveau ; ce que Taine a nommé si hardiment une « *hallucination vraie* ».

Car il faut se méfier de la tendance invincible que nous avons à projeter nos sensations au dehors. Le *spectre*, comme la couleur qu'il étale, n'est point là, sur cet écran, et derrière ce prisme : *il est dans nos yeux...* ; que dis-je ? il est *dans notre esprit* ; ce n'est pas, ainsi qu'on le nomme trop objectivement, un « *phénomène* », c'en est le contre-coup sensitif. On peut définir le

(1) Allusion au peu de place que tient le *vert* dans la bande spectrale.

spectre, en résumé, l'image transfigurée d'états nerveux provoqués en nous par les rayons élémentaires. Vous allez voir comment, pour transfigurée qu'elle soit, cette image se rattache à l'original.

*
**

Le *spectre*, ce clavier visuel aux sept tons, est un peu différent de lui-même, suivant qu'on le parcourt des yeux en longueur, ou qu'on l'embrasse d'un coup d'œil, qu'on le joue des deux mains, pour ainsi dire. Au premier cas, c'est une échelle continue, mieux encore que la gamme dite, par analogie, « *chromatique* » : du *rouge*, par une transition insensible, on passe à l'*orangé*, puis au *jaune*. Ce dernier, se faisant verdâtre, tourne au *vert*, le *vert* vire au *bleu*, puis à l'*indigo* ; enfin la dernière teinte, le *violet*, rattache encore, mais hors du spectre, cet indigo au rouge initial.

VUE SIMULTANEE OU « HARMONIQUE »
DU SPECTRE

Le triple contraste

Mais cette vue *successive* et comme *mélodique* de l'iris est assez vite corrigée par son aspect *simultané, harmonique*. Même, il y a fort longtemps qu'on s'est rendu compte de la *symétrie* qui divise le spectre en deux moitiés gauche et droite. *Symétrie...* ; je devrais dire, plutôt, *opposition*, puisqu'à la série *rouge-orangé-jaune* s'oppose la série *bleu-indigo-violet*. Ici se présente un fait très curieux. Les peintres, ces sensitifs de la couleur, auraient pu qualifier, respectivement, les teintes de ces deux séries de « *fortes* » et de « *douces* », de « *vives* » et de « *calmes* », de « *voyantes* » et de « *discrètes...* ». Or, ils les ont qualifiées de « *chaudes* » et de « *froides* ». Que vient donc faire, en la vision, ce rappel des sensations de température ? Et comment se justifient des qualificatifs là où ne se sent pas la qualité ? — C'est un problème que nous chercherons à élucider tout à l'heure.

Pendant qu'ils y étaient, les peintres, que n'ont-ils noté cet autre contraste, entre un centre très lumineux

— et deux extrémités obscurcies ? En outre de la distinction, si populaire aujourd'hui, de teintes « chaudes » et de teintes « froides », on aurait encore celle de teintes « *claires* » et de « *sombres* ».

En revanche, un poète — il est vrai qu'il était aussi philosophe : c'est *Gœthe*, — a complété la série des contrastes par sa distinction de teintes « *acides* » et d' « *alcalines* ». Mais c'est encore un couple d'épithètes à justifier. En attendant, n'est-il pas bien surprenant, quand on y songe, ce partage par notre sens visuel d'un champ continûment croissant de nombres de vibrations, ou décroissant de longueurs d'onde ? Ainsi le rythme lumineux s'accélère graduellement au dehors, et nos sensations, chemin faisant, changent de nature : elles s'opposent, et se renversent ; elles vont du *chaud* au *froid* ; et du *sombre* initial, en passant par le *clair*, au *sombre* final (1). Bref, ce qui procède par *gradation*, notre œil le perçoit en *opposition*. Ce paradoxe psycho-physique, plus curieux encore, à mon sens, que le fameux *paradoxe hydrostatique* de nos classes, — on le retrouve en les *saveurs*, qu'on classe également en « *chaudes* » et « *froides* », — et même en les *sonorités*, puisque l'on parle couramment de voix « *chaudes* » et de voix « *fraîches* », comme de voix « *claires* » et de voix « *sombrées* ». Il se montre, au reste, déjà dans la gamme continue des *températures*, qui se partage, pour notre sensation, en ces deux catégories : la *chaleur* et le *froid*.

Pures associations d'idées sensorielles, simples « *synesthésies* », disent les savants... Plus tard, vous verrez comment la *Science* justifie, dans tous ces cas, l'intuition première. Complétons, pour le moment, la psychologie classique, assez courte, en admettant un sens cérébral de *transposition symétrique*, ou — si l'on veut, d'*opposition polaire*. Sous le nom de *polarité*, pris au sens le plus large, j'en ai montré l'extension à toutes les catégories, même les plus idéales.

Et maintenant, résumant les données que viennent de me fournir, sur le spectre, l'observation directe et l'intuition, je crois pouvoir poser ce principe.

(1) En s'éclaircissant, toutefois, à la limite extrême, dans la région du *violet*. (Voir « *La sphère de beauté* », du même auteur Alcan, éditeur), p. 179).

Irréductible en apparence, la *couleur* se laisse ramener à trois espèces de contrastes :

a) un contraste *lumineux*, ou de *clair-obscur* ;

b) un contraste *thermique*, ou de *température* ;

c) enfin, un contraste *chimique*, entre l'*acide* et l'*alcalin*.

a) Contraste lumineux

Le premier contraste, ou « de *clair-obscur* », s'opérant ici, dans le spectre, entre un lieu central et deux
extrémités, je le nomme « *polaire-équatorial* ». Effectivement, le *rouge* et le *violet* — plutôt l'*indigo* — forment les pôles de la sphère chromatique, ses pôles
assombris ; et la clarté, progressivement, s'accroît du
pôle froid comme du pôle chaud vers cet équateur lumineux qu'est le *jaune*.

Or, ici, sous le voile diapré du coloris, se laisse parfaitement entrevoir une différence de lumière. Si, faisant
abstraction de ce coloris, un instant, nous ne voyons
dans le spectre qu'une bande lumineuse, le plus vif
éclat de celle-ci coïncide, très exactement, avec l'apogée
de la courbe exprimant les variations de l'intensité ; son
double obscurcissement marginal traduira la chute de
cette courbe des deux côtés. Restituons maintenant le
voile polychrôme ; replaçons, sur cette espèce de lavis,
les sept couleurs : le *maximum* de lumière tombera sur
le *jaune* ; ses minima se trouveront dans le *rouge* et
dans l'*indigo*.

Ainsi le *jaune* est, au point de vue de la clarté, le vrai
milieu du spectre ; et, sous ce rapport, c'est la couleur
qui se rapproche le plus du *blanc*, de l'*incolore*. Que si
l'on considère le coloris comme une espèce d'*ombre*, le
jaune est la couleur la moins couleur, la couleur *minimum*.

b) Contraste thermique

Le même ordre de faits qui vient de justifier, scientifiquement, le contraste du clair-obscur, va légitimer
celui des teintes *chaudes* et des teintes *froides* ou le

contraste de *température*. J'ai, pour ma part, longtemps accepté la classification instinctive des artistes, sans approfondir; puis cette allusion à des sensations d'épiderme vint à m'intriguer; car l'œil même d'un peintre ne se sent pas le moins du monde échauffé par le plus violent écarlate, ou refroidi par le plus profond indigo... Ce fut enfin, pour moi, comme un trait de lumière, quand je vis profiler sur la bande spectrale la courbe des *rayons calorifiques* (1). Celle des rayons lumineux explique bien, vous l'avez vu, les différences de clarté; pourquoi celle-ci n'éclaircirait-elle point le mystère des différences de *température* ?... Ces dernières, direz-vous, ne sont pas senties... Je répondrai : pas senties, sans doute, comme les ressent notre peau ; mais perçues, vraisemblablement, d'une autre manière, d'une façon plus fine, plus délicate, avec la subtilité, pour ainsi dire, d'*un doigté rétinien ;* de telle sorte que le langage, qui plonge ses racines dans l'inconscient, ramène à la surface cette fleur secrète de la sensation.

Quoi qu'il en soit, il y a corrélation parfaite entre les variations de ce sens mystérieux de température chromatique et l'allure manifestée par la courbe des rayons calorifiques. Celle-ci prend d'ailleurs son origine dans l'*infra-rouge*, c'est-à-dire en deçà de la zone visible ; et même son *maximum* est atteint dans la zone, imperceptible aux yeux, de « *chaleur obscure* ». Lorsque, dans sa chute rapide, elle atteint le *rouge* naissant, elle a fourni déjà plus de la moitié de sa course ; mais, comme si la vertu vivifiante du calorique voulait se prolonger au bénéfice du coloris, on la voit ralentir sa descente ; elle s'infléchit doucement du *rouge* à l'*orangé*, de l'*orangé au jaune ;* et, de là, s'abaisse, d'une pente insensible, plus loin encore que le *vert*, le *bleu*, l'*indigo*, bien au-delà de la zone visible, dans l'*ultra-violet*. C'est ainsi que la moitié droite du spectre, par insuffisance de chaleur (et non par défaut) ne mérite qu'à demi sa qualification de *froide*. On devrait dire, au lieu de couleurs « froides », les « couleurs *fraîches* ».

____

(1) Ces « *courbes* » sont des tracés graphiques traduisant les variations de l'*intensité* lumineuse, calorifique ou chimique en fonction des couleurs spectrales.

c) Contraste chimique

Mais les teintes spectrales ne se classaient pas seulement, vous le savez, en *sombres* et *claires*, en *chaudes* et *fraîches* ; elles s'opposaient, encore, au regard de certains, en *acides* et *alcalines*. Ce troisième et dernier contraste est d'ordre *chimique*, bien qu'il rattache aussi, physiologiquement, les sensations de coloris à celles de *saveurs*. « Le *jaune* et le *rouge-jaune*, écrit Gœthe, dérivent des *acides* ; le *bleu* et le *rouge-bleu*, des *alcalis* ». L'auteur de *Faust*, en son « *Traité des couleurs* », prouve qu'il avait connaissance des rayons calorifiques et chimiques, et pas seulement des rayons lumineux ; cependant, il ne semble pas avoir saisi le lien qui rattache le coloris, d'une part, à la courbe des intensités thermiques et, d'autre part, à celle des énergies qu'on qualifie, de nos jours, de « *photo-chimiques* ».

Rien d'étonnant, du reste, en cela : les rayons de *l'ultra-violet* n'étaient connus alors que par les lueurs phosphorescentes dont ils illuminent certains corps ; ils étaient « *fluorescents* », c'était tout. Mais depuis, leurs vertus se sont multipliées ; on les sait, en particulier, réducteurs des sels d'argent ; ils ont acquis le titre de « *photographiques* ». Or, puisqu'ils influencent déjà la plaque sensible, — pourquoi n'auraient-ils point d'action sur l'irritabilité rétinienne ? En fait, cette action est prouvée, vous l'avez vu plus haut. Reste à montrer la connexion qui lie *l'acidité* — ou *l'alcalinité* tout idéales des teintes à la courbe d'intensité de ces dits rayons.

Or, observez cette dernière courbe à son tour : naissant à l'origine du *jaune*, au point même où décline celle des rayons de chaleur, elle s'élève, assez rapidement, au-dessus des couleurs « froides » ; puis, atteignant son apogée vers la limite de la zone visible, au *violet*, elle redescend, d'une allure « majestueuse », très loin dans la zone invisible, en *l'ultra-violet* ; elle rejoint là — fait remarquable — la terminaison de la courbe *calorifique* qui, depuis le *jaune*, n'a cessé, sans vouloir mourir encore, de raser l'axe des abscisses.

Sans vouloir forcer les analogies, cet antagonisme des deux courbes, la chimique et la calorifique, ne traduit-il pas, en langue positive, le contraste, pour ainsi dire *décoratif* des couleurs *chaudes* et *acides* d'un côté, de l'autre *alcalines* et *fraîches* ?...

LE COLORIS, FONCTION DES TROIS CONTRASTES

Si, d'ailleurs, la courbe des actions chimiques s'entrecroise avec celle des températures, toutes deux viennent chevaucher sur la courbe centrale, celle des *intensités lumineuses*. Ainsi la zone du spectre qui parle aux yeux, — la seule qui nous intéresse en ce livre sur la *beauté*, — se trouve intercalée, je dirais presque « *étranglée* » dans l'entrelacs de deux zones « muettes » ; et celles-ci, restant dissimulées à nos sens, exercent sur elle, à n'en pas douter, une action occulte ; on peut les soupçonner du fait de créer, par un amalgame, cette vision centrale polychrôme, éblouissante, et que rien de connu ne saurait expliquer.

A ce compte, ce qu'on appelle la *couleur* n'aurait, pour ainsi dire, pas d'existence propre, indivise : ce serait une *sensation lumineuse* se perdant des deux côtés dans l'obscur, et relevée, des deux parts, « *assaisonnée* » par deux sensations limitrophes : une *thermique*, déclinant de gauche à droite et produisant le *rouge*, l'*orangé*, le *jaune* ; une autre, « *chimique* », déclinant au contraire de droite à gauche, et se manifestant par le *violet*, l'*indigo*, le *bleu*. Quant au *vert*, ce serait un produit de fusion, de neutralisation réciproque. Le cas spécial du *violet*, où perce comme une nouvelle aurore du *rouge*, sera examiné à son heure.

VUE SUCCESSIVE OU « MELODIQUE » DU SPECTRE

FILIATIONS ET TRANSITIONS

Si la notion des *contrastes* et des *oppositions* de teintes, dans le spectre, s'est montrée prédominante, et riche de résultats, elle ne doit pas faire oublier, cependant, celle des *filiations*, ou des *transitions*. Même, cette dernière étude est le complément indispensable de la première; elle ne fait, d'ailleurs, que confirmer les résultats obtenus.

On peut diviser la tâche de cette manière : *filiation* des teintes spectrales, dans chaque moitié, chaude et froide ; puis *transition* d'une moitié à l'autre par l'intermédiaire du *vert*, et d'une extrémité du spectre à l'autre extrémité par l'intermédiaire du *violet*. Naturellement, cette dernière est tout idéale.

Ainsi que Gœthe l'avait lui-même observé, les trois teintes de chaque moitié ne sont guère que les *dégradations* d'une même couleur. Et combien le problème est simplifié par ce point de vue ! L'*orangé ?* Mais ce n'est, au fond, qu'un rouge éclairci, rafraîchi déjà, moins acide... Le *jaune*, c'est un orangé qui fait un pas vers la lumière ; c'est un rouge, encore, complètement dégagé des ténèbres, *lavé*, pour ainsi dire, et refroidi, à peine acidulé.

Passons sur l'autre bord. En procédant, symétriquement, de l'extrême au centre, nous voyons dans le *bleu* dit « *cyanique* » un indigo plus clair, *frais* et non plus glacial, déjà moins alcalin ; et dans le *bleu verdâtre*, un bleu cyanique rehaussé de ton, attiédi, *désalcalinisé.*

Si j'omets, dans cette énumération, le *violet*, c'est qu'on y voit percer comme un retour du *rouge* initial ; retour mystérieux de chaleur et d'acidité relatives, et dont vous aurez tout à l'heure le fin mot. Et quant au *vert*, terme moyen entre les deux séries chaude et froide, on devine qu'il représentera la neutralité, l'équilibre chromatique absolu.

En effet, ce *vert*, dans le spectre, il n'est pas une teinte de filiation, mais une teinte de *transition*. Occupant d'ailleurs, en le spectre, une faible place, il relie l'une à l'autre ses deux moitiés hétérogènes. A ce niveau, le courant du pôle de chaleur vient mêler, en quelque sorte, ses eaux au courant qui sort du pôle glacial ; et ces deux fleuves opposés se fusionnent dans une onde mixte, ni tiède ni fraîche, et chimiquement neutre.

Tandis que chaque teinte d'une moitié du spectre trouve sa *complémentaire* en l'autre moitié, — le *rouge* dans le *bleu verdâtre*, — l'*orangé* dans le *bleu*, — le *jaune* dans l'*indigo*, — le *jaune verdâtre* dans le *violet*, — le *vert*, étant central, ne peut avoir de complément, en ce système symétrique ; il ne peut avoir, du moins, de complément *isolé*... Aussi ne serez-vous pas trop surpris d'apprendre qu'il a pour complémentaires les deux teintes extrêmes, *rouge et violet ;* le rouge et le violet, à la vérité, fondus dans une teinte en dehors du spectre : dans le *pourpre*.

C'est ce résultat, fort intéressant, que j'ai formulé le premier, je crois, de cette manière : le *vert*, produit des

« moyens » dans le spectre, a pour complément (hors
du spectre) le produit des « extrêmes ». — Et nous
voici devant un fait curieux, bien inattendu : l'application d'un principe d'arithmétique au *coloris*.....

CONFIRMATION DES RÉSULTATS PRÉCÉDENTS PAR LES THÉORIES DE LA PERCEPTION VISUELLE DES COULEURS (Gœthe-Charpentier)

On peut comparer le spectre à un tableau de maître,
dont l'expression, comme l'harmonie, peut se déterminer de deux façons : par l'analyse du tableau même,
son étude topographique, pour ainsi dire ; — et par
la recherche des procédés qui ont servi à le réaliser,
c'est-à-dire, en deux mots, par son *ordonnance*, — et
par sa *genèse*.

Vous connaissez maintenant l'ordonnance du spectre. Quant à sa *genèse*, c'est la série des actes vitaux qui
précèdent la sensation de couleur, et la conditionnent,
la succession des phénomènes rétiniens et nerveux dont
le résultat est la vision du *rouge*, du *jaune*, du *vert*, du
bleu, du *violet* ; succession encore peu connue, sur
laquelle nous ne possédons guères que des données
conjecturales, de pures hypothèses. Mais celle du professeur *Charpentier*, de Nancy, m'a paru rendre compte
de tous les faits.

D'après les expériences de ce savant, la sensation de
lumière incolore, ou lumière *blanche*, serait initiale
et fondamentale ; — celle de *coloris*, ultérieure et secondaire ; autrement dit, le *blanc* ne serait point,
comme le croyait Newton, synthèse de couleurs,
mais plutôt principe immédiat, — ou, dans le cas des
teintes « complémentaires », *résidu*. Il ne faudrait plus
y voir, désormais, une sensation composée, mais, au
contraire, la sensation la plus simple, la plus élémentaire que puisse fournir notre appareil de vision. Seulement le travail de coloration serait divisé : des deux pigments que nous avons situés au fond de l'œil, le rouge, ou
pourpre rétinien, impressionnable comme on le connaît,
serait le siège d'une action *chimique*, « *photogénique* » ; le noir, *pigment choroïdien*, le siège d'une
action *calorifique*. En d'autres termes, le premier réagi-
rait, vis-à-vis de l'agent lumineux, par *décomposition*,

— et le second, par *échauffement*. — Retenez bien ce dernier fait : il peut éclairer la question des couleurs qualifiées de « *chaudes* ».

Or, M' Charpentier note une différence dans la sensibilité de ces deux pigments ; et, comme on va le voir, la différence est capitale pour la production des couleurs. Tandis que le pigment noir reste indifférent, pour s'ébranler, à la longueur d'onde du rayon, le pourpre réagit d'autant plus tard à l'excitation lumineuse que le rayon qui le frappe est d'une onde plus courte ; et ce moment d'inertie normal, qu'on appelle en physiologie « *temps perdu* », s'accroît régulièrement, ici, de la lumière *rouge* à la *violette*. Il en résulte que le courant nerveux propagé par le pourpre rétinien décomposé, tout au long des nerfs, se trouve en retard sur celui qui émane du pigment choroïdien ; et ce retard allant toujours croissant de la gauche à la droite du spectre, fait chevaucher les ondes du premier courant sur celles du second, et produit des *différences de phases*.

Ici donc se répéterait, sur le domaine lumineux, ce fait classique au domaine sonore, des *renforcements* et des *interférences* alternés ; ce qui là, comme on sait, engendre le *timbre*, ferait naître ici la *couleur* ; et l'intuition des philosophes se trouverait enfin confirmée (1).

L'hypothèse du professeur Charpentier est d'ailleurs très riche en confirmations. Elle fournit une base objective à beaucoup de faits constatés par nos yeux, mais inexpliqués : tels l'évanouissement des teintes complémentaires dans l'incolore, le nombre limité des couleurs spectrales, leur partage en deux régions *chaude* et *froide*, enfin, le retour du *rouge*, à la terminaison du spectre, dans le *violet*.

De tous ces faits, retenons seulement l'essentiel : c'est que l'idée d'appeler le *rouge*, l'*orangé*, le *jaune* « teintes chaudes », — et « teintes froides » le *bleu*, l'*indigo*, le *violet*, — cette idée n'est point chimérique, et que c'est, tout au contraire, une divination vraiment admirable. Nous n'avions jamais senti ce *froid* ou ce *chaud* ; nous le pressentions seulement... Et voici que la Science nous en fait entrevoir la réalité ; cela par un double témoignage :

---

(1) La formule est célèbre : « *le timbre est la couleur du son* » ; on peut la retourner, en disant que « *la couleur est le timbre de la lumière* ».

celui des radiations calorifiques empiétant sur la zone-lumineuse et visible, et celui des ondes nerveuses issues de l'échauffement d'un pigment de l'œil.

D'autre part, cette « *saveur alcaline* », pour ainsi parler, que certains trouvent aux teintes froides, ne pourrait-elle se justifier, soit, objectivement, par la coïncidence, en ce point, des rayons dits « photographiques », — soit, subjectivement, par la réaction photogénique du pigment pourpre, — ou bien par ces deux faits combinés ?

On pourrait, alors, définir la sensation de *couleur* : un mélange subtil, insaisissable en soi, d'impressions tactiles analogues à celles que nous donnent le sens des *saveurs* et celui des *températures*, — mais localisées à l'organe de la vision, et s'ajoutant à l'impression de *lumière*.

*
* *

Je viens de faire allusion aux *saveurs*... On sait le lien qui rattache, en ce domaine, l'*arôme* à la *vertu :* le poivre, la cannelle, sont chauds à la langue, *échauffants* au corps ; l'orange, le citron, *frais* à la bouche, et *rafraîchissants*... Eh bien ! pour les *couleurs*, il en est de même ; et qui veut fixer leur expression, si flottante, doit tâcher d'y voir autre chose que des effets, y déceler des propriétés spécifiques, des *vertus*.

Déjà, vous avez vu que le *rouge* et l'*orangé* étaient *chauds* et *acides* pour l'œil, que le *bleu*, l'*indigo*, lui donnaient l'impression de *fraîcheur* et d'*alcalinité*. Reliez donc ces sortes d' « *arômes visuels* » au pouvoir *excitant* bien connu du *rouge*, aux propriétés *calmantes* du *bleu.* Car la vertu du coloris n'est pas seulement *statique*, mais *dynamique ;* elle ne porte pas sur la pure sensation, elle intéresse aussi le *mouvement*.

Il est vrai que chez l'homme, si supérieur, la *sensation* domine la scène ; elle masque d'un manteau magique le jeu des rouages secrets, des actions et réactions organiques profondes. C'était juste le contraire chez le végétal, qui, lui, ne sentait pas, et réagissait au grand jour, « *se ressentait* »... Mais, comme nous l'avons dit au commencement, si, dans la Création, l'œuvre change d'aspect, et progresse, le procédé fondamental ne varie pas. C'est ainsi que ce geste tout inconscient d'élan vers la lumière qui s'appelait *héliotropisme*, vous l'avez vu passer de la flore à la faune, se répéter, même, chez l'homme, en un

point limité de son organisme ; et là — trait vraiment
remarquable — il servait à capter la lumière *pour elle-
même* ; l'œil faisait de sa proie un spectacle.

Mais l'*héliotropisme*, au stade sublime, ne s'arrête pas
là : je vous avais fait pressentir que l'attraction, un jour,.
deviendrait l'*attrait*. En effet, vis-à-vis de la source universelle de vie, d'activité, le geste n'a pas changé ; il s'est
fait plus complexe, et s'est fait intelligent, voilà tout.
Encore demeure-t-il souvent bien instinctif ; les créatures
humaines ne se pressent-elles point aux orifices, aux
« jours » de leur abri, comme les grains de chlorophylle
aux faces mieux éclairées de leur cellule ? Ne les sur-
prend-on pas, comme les insectes, attirés, invinciblement,
par la clarté ?

* * *

Lorsque cette clarté s'adoucit et se diversifie dans la
couleur, le geste est moins apparent, moins fatal; il s'atténue, se fait tout intime, et reste même imperceptible ;
(il serait très intéressant d'observer la *mimique* des amateurs que passionne le coloris, devant des jeux de lumière
ou des tableaux). Il ne s'accomplit pas moins, toutefois; à
son minimum, c'est le mouvement virtuel intérieur qui,
constamment, accompagne la sensation ; c'est cette réaction *organique* à peine ressentie, dont l'écho vient frapper la conscience sous la forme de *plaisir* ou *d'ennui*,
d'aise ou de malaise psychique. Se produit-il, alors,
dans le cerveau, quelque chose d'analogue aux chevauche-
ments d'ondes qui, d'après la conception de Charpentier,
déterminaient pour l'œil les espèces de teintes ? Y
aurait-il, dans nos centres nerveux, des « *différences de
phases* » d'où naîtraient, à l'instar du *rouge*, du *vert* ou
du *violet*, telle ou telle *nuance* de sentiment ? Ne pourrait-on dresser, même, un *spectre idéal*, où les états
d'âme provoqués par les couleurs seraient gradués,
comme sont les couleurs ? encore mieux : un *spectre des
goûts*, où les divers tempéraments seraient gradués, et
s'opposeraient réciproquement, à l'exemple des teintes
complémentaires ?

En attendant, on peut s'assurer, ainsi que le physio
logiste Wundt en témoigne, que nos *états d'âme*, qu'ils
proviennent de sensations lumineuses — ou d'ailleurs, —
oscillent normalement entre deux limites extrêmes,

représentant l'excès et le défaut, autour d'un centre d'indifférence. Nous n'insistons pas : le développement de ce principe a fait la matière d'un grand ouvrage, auquel je renvoie le lecteur (1). Ajoutons seulement ici que ce principe est universel, extrêmement riche en conséquences, et qu'il domine l'Esthétique entière ; je l'ai baptisé : principe de *polarité*, parce que toute série graduée d'états psychiques offre deux extrêmes, qui sont comme les *pôles* de la sensation.

Or, au domaine du *coloris*, en particulier, il est curieux d'observer le parallélisme entre l'*objectif* et le *subjectif*, entre l'ordonnance de la bande irisée et celle du plan de projection de nos pensées, de nos affections. Ce dernier, en effet, a ses limites d'exercice et sa zone de *visibilité*, pour ainsi dire, zone sans doute influencée, elle aussi, par un *infra-rouge*, un *ultra-violet*. Ce seraient *l'en-deçà* comme l'*au-delà* du seuil de la conscience.

Ces considérations seront reprises, avec plus d'opportunité, quand nous aborderons la question d'harmonie. Je me contente ici de rappeler que tous les faits d'ordre purement vital et « physiologique » trouvent leur terme correspondant dans la sphère des sentiments et des idées, la sphère « *psychique* ». Et, pour en revenir à l'*héliotropisme* dont je parlais, il se manifeste, au sens de la *couleur*, par un *mouvement d'âme*, attrait ou répulsion ; car lui aussi peut être, suivant les cas, *positif* ou *négatif*. Mais il y a plus, et cette *sélection* que la plante, tout inconsciemment, opérait sur tels ou tels rayons colorés, vous la retrouvez, en ce que j'appelle le « *stade sublime* », dans le choix, la préférence esthétique, l'*élection de goût* ; chaque tempérament, pour ses couleurs favorites, a comme un *spectre d'absorption*. Mais, dans le problème du goût, la *constante* doit nous occuper avant la *variable*. On insiste trop, généralement, sur la *variabilité* du goût humain, sa *versatilité* ; vous savez le proverbe: « *des goûts et des couleurs* »... Ainsi, l'on masque l'unité, et l'accord fondamental des esprits normaux. Nous, bien au contraire, avons pris à tâche de ramener le sentiment esthétique à ses origines, de l'asseoir sur les lois de la vie, de le rythmer sur les fonctions nerveuses régulières. Aussi bien, comme nous avions dis-

(1) Voir « la *Sphère de beauté* », Alcan... (et aussi « *les éléments du beau* », ibid.)

tingué, dans l'étendue du *spectre*, des teintes *chaudes*,
acides, et d'autres qui s'opposaient à celles-ci, *froides*,
alcalines, — il nous faut admettre à présent des teintes
fortes et *stimulantes*, et d'autres, inversement, *douces* et
sédatives. Les premières exercent — au moins sur les
sujets normaux — une action *fascinatrice* ; les secondes,
une action de *charme*. Charme ou fascination, voilà le
secret, en définitive, de tout agrément, de toute beauté ; le
premier de ces aimants nous attire, et le second, plutôt,
nous retient. Les épithètes de *beau* et de *joli*, quand on
ne les emploie pas à tort et à travers, traduisent cette différence de pouvoir ; elles sous-entendent, ici, les qualités
féminines et là, les *masculines*. Est-ce que jamais on
entend dire « *un joli rouge* », « *un joli jaune* » ? Tandis
qu'on dit, très correctement, « *un joli bleu* » ; et, si le
rouge est tempéré de blancheur, « *un joli rose* » ; le lan
gage est plus savant, ici, plus rigoureux qu'il n'en a l'air;
en maintenant, pour les plus délicats mouvements de
notre âme, les termes : *fascination, charme*, qui représentent l'hypnose de l'oiseau devant un serpent, — ou
l'extase de ce serpent attiré par la flûte de son « charmeur », il dévoile, pour ainsi dire, les ressorts secrets
de nos impressions...

Ressorts secrets... ; c'est, quand on y songe, un bienfait
tout providentiel que cette dissimulation normale de nos
rouages. Notre machine, en fait, est à marche silencieuse;
et c'est là ce qui permet la jouissance d'Art en présence
de la Nature. Tout le travail utile reste en nous caché,
comme en elle-même ; et lorsque, l'été, par ce qu'on appelle « un *beau temps* », vous lirez ce livre dans la campagne, et devant ce qu'on appelle « la *belle Nature* », —
si vos yeux se lèvent du livre sur le ciel *bleu*, le feuillage
vert, ou la ligne *rouge* du couchant, quelles grâces ne
rendrez-vous pas au Créateur pour vous épargner la trépidation des *ions*, des *électrons*, vibrant dans le rayon de
lumière, — dans ce que vous sentez rayon de lumière, et
pour transfigurer en vous, tout en les étouffant, les tres-
saillements de votre propre rétine, au point qu'ils vous
donnent le spectacle tranquille du *coloris*...

DIAGNOSE EXPRESSIVE DES TEINTES SPECTRALES

Riches des documents que nous ont fournis, sur l'expression des couleurs, et le spectre lui-même, étalage de ces couleurs à nos yeux, et cet autre spectre, intérieur, où s'ordonnent nos états d'âme, il nous est possible, enfin, de dresser un inventaire expressif des teintes. Pour caractériser avec précision chaque espèce chromatique, les deux termes de la nomenclature linnéenne ne suffiraient pas ; il nous faut rassembler ici trois facteurs : le *coefficient « lumineux »* (degré de clair-obscur), le *coefficient « thermique »* ou de température visuelle (degré de chaleur ou de frigidité), le *coefficient « chimique »*, que j'aimerais mieux nommer *« saporifique »*, ou de saveur visuelle acide-alcaline. Enfin, pour être complet, nous ajouterons ce qu'on pourrait appeler le *coefficient « dynamique »*, c'est-à-dire le degré d'*excitation* ou d'*apaisement* causé par telle ou telle teinte, sombre ou lumineuse, acide ou alcaline, chaude ou froide.

Remarquez que ces différents caractères de la couleur, saisis par l'œil et par les intuitions de l'esprit, se trouvent tous confirmés par la vertu physique ou physiologique des *radiations*. Car, où notre vue puisait une certaine dose de *chaleur*, le thermomètre accuse une élévation de température, et là où elle éprouve, au plus haut degré, la sensation de *clarté*, le photomètre indique le maximum de lumière. De même, à la plus grande alcalinité des teintes froides, correspond le plus haut degré de l'énergie photo-chimique ; du *vert* au *violet*, en passant par le *bleu*, puis par ce bleu profond qu'on nomme *indigo*, le bromure d'argent s'altère et noircit, toujours davantage. Mais, aux trois courbes d'intensité des effets spéciaux et ressentis par l'œil, on doit ajouter celles qui représentent des effets plus généraux, ceux que j'ai qualifiés de *dynamiques*, effets ressentis par le système nerveux, ou qui s'exercent sur l'organisme insensible des plantes et dirigent leurs fonctions vitales.

En résumé, ce qui nous guidera dans notre commentaire esthétique des 7 couleurs, ce ne sera point, tout uniment, la *bande spectrale*, déjà si documentaire par ses contrastes ; ce sera, mieux encore, cette bande spec-

trale jalonnée, strictement délimitée par des *maxima* et
des *minima* rigoureux.

LE ROUGE

Au sortir des ténèbres de l'*infra-rouge*, ou de l'*obscurité
chaude*, le *rouge* paraît à nos yeux. C'est la couleur initiale du spectre ; et c'est aussi la première lueur d'un feu
qui s'allume. Entrez dans l'atelier d'un maréchal-fer-
rant, et fixez de vos yeux le fer que ses tenailles maintiennent dans la fournaise... Dès que le trille silencieux
de la vibration, que votre peau traduit en chaleur, atteint
un certain degré de vitesse, aussitôt la *lumière* parle,
à son tour ; et son premier mot est le *rouge*. La couleur
rouge répond, par conséquent, au plus petit nombre de
vibrations que notre vue puisse percevoir, — ou, ce qui
revient au même, à la plus grande longueur d'onde ;
c'est ainsi, suivant le point de vue où l'on se place,
l'extrême + ou l'extrême — du spectre.

Considéré sous l'aspect *lumineux*, le rouge spectral est
une teinte *sombre*, ce qui s'explique par son éloignement
du *jaune* central, lieu du maximum de clarté. Déroulant, méthodiquement, la chaîne des épithètes synonymes
ou conséquentes, nous pourrons dire que c'est une teinte
foncée, saturée, « rabattue », suivant la terminologie de
Chevreul ; puis une teinte opaque, pleine et profonde ;
une teinte, aussi, *grave*, sérieuse, majestueuse, superbe,
solennelle, imposante ; une teinte à la fois opulente et
sévère.

De plus, voisine comme elle est du *maximum* de *température*, il n'est pas étonnant qu'on la qualifie de
« *chaude* » ; ce qui appelle les épithètes d'ardente, de
vive, de tonique, de capiteuse et de cordiale (qui réchauffe
la tête et le cœur), celles d'effervescente, de fervente, de
flamboyante.

Loin, encore, du début de la courbe des actions chimiques, photogéniques, *alcalines*, elle justifie le qualificatif d'*acide* que lui donnait Gœthe ; (1) et si l'on admet
une concordance secrète entre le sens du goût et celui de
la vue, nous pouvons lui reconnaître une saveur piquante

(1) Voir « *Œuvres scientifiques de Gœthe* », par E. Faivre
(Hachette, 1862), p. 201.

(encore saisissable en le rose), ou, — par comparaison avec les sonorités, *mordante*, et même — serait-ce trop hardi ? une pointe d'*amertume*.

Enfin, au point de vue plus général de la vie, au point de vue *dynamique*, la couleur rouge est notoirement *excitante*.

Je crois indispensable ici, pour éviter tout malentendu, de rappeler cette curieuse loi de *rapport inverse* qui n'élève le ton de la sensibilité que pour abaisser celui du pouvoir moteur, et *vice versa*. C'est ainsi que les rayons de la plus grande longueur d'onde, qui peignent le *rouge* à notre vue, produisaient chez la plante un ralentissement plus marqué de la croissance, — (comme, au reste, les rayons *violets*, mais à un moindre degré) ; ils agissaient sur la végétation comme un frein. Or, tandis que là, cet effet *dynamique* était seul apparent, c'est, au contraire, chez l'animal et chez l'homme, l'effet *sensitif* qui se manifeste : une écharpe de teinte écarlate surexcite le taureau jusqu'à la fureur ; elle stimule, en l'espèce humaine, l'œil et le sentiment. Si nous ne ressentons pas alors, simultanément, un affaiblissement d'énergie, de force motrice, c'est que notre organisme si perfectionné l'atténue, comme il atténue la sensation elle-même ; mais le dynamomètre est là pour déceler, quand on fixe le *rouge*, un fléchissement de force musculaire : vestige lointain de l'action d'*arrêt* exercée sur le végétal ; et cet arrêt, qui n'atteint pas le seuil de la conscience, — le langage, encore, le trahit, lorsqu'il parle, à propos du *rouge*, de *fascination*.

Vous touchez maintenant les racines physiologiques de cette locution, prise généralement dans l'acception sentimentale, *esthétique* ; vous comprenez que le langage est, pour ainsi dire, un reflexe très délicat ; en opposant l'effet *fascinateur* au *charme*, il explique et justifie ce fait qu'on est plus intimidé que séduit par la couleur rouge ; dit-on couramment « un *joli* rouge, un rouge *charmant, délicieux ?* » — Non pas ; on dit : « un *beau* rouge, un rouge *étonnant, merveilleux* ».

*_**

Résumant tous ces éléments d'expression en une formule très condensée, je dirai que la teinte *rouge* est la combinaison, pour notre œil, du *chaud* — du *sombre* —

et de l'*acide*, avec un effet, pour notre système nerveux, *excitant*. Que si l'on rassemble toutes les qualités dérivées de là, qualités d'énergie, de gravité, de prestige, on en déduit que le *rouge* est une teinte *mâle*, et doit être affecté du signe positif, du signe +. — D'autre part, en rapprochant telles de ses propriétés optiques des résultats obtenus par Charpentier, on s'aperçoit qu'à la longue liste des épithètes, il convient d'ajouter encore celles de *précis*, de *pur*, et de *consonnant*... Mais je ne veux pas anticiper sur le chapitre de l'*harmonie*.

Tel est, ramené à ses éléments simples, et réduit en quelque sorte à ses facteurs premiers, le *rouge* spectral. — Mais ce thème lumineux comporte de nombreuses variations ; elles se rangent sous ces trois chefs : l'*éclat*, plus ou moins vif ou mat, — le *ton*, plus ou moins « *rabattu* » ou « *rehaussé* », — enfin la *nuance*. Reportant cette dernière au chapitre de l'*harmonie*, je ne m'occupe ici que de l'*éclat* et du *ton chromatique*.

D'abord l'éclat. Wundt a fait observer qu'avec une forte intensité lumineuse, le *rouge* est doué, plus que toute autre couleur, d'un pouvoir excitant ; mais, a-t-il soin d'ajouter, si l'énergie de la lumière s'affaiblit, celle de la teinte baisse en proportion ; le rouge, alors, exprime moins la force active que la *gravité*, le *sérieux*. — (Il ne faut pas confondre cet *éclat*, pour ainsi dire d'emprunt, avec la *luminosité* propre de la teinte, son éclat spécifique). En général, le degré d'intensité lumineuse modifie l'aspect d'une teinte, soit en renforçant son expression primitive, — soit, au contraire, en la dénaturant, par une sorte de contradiction; par exemple, le *jaune* est la couleur, en soi, la plus lumineuse ; aussi, un jaune qui s'assombrit s'offre-t-il comme une antinomie singulière.

Mais revenons au *rouge*. Outre sa gamme lumineuse, il offre une gamme de *tons chromatiques*, bien plus importante. Celle-ci monte du *noir* au *blanc*, ces pôles opposés où la couleur s'évanouit, et se dissout, où elle sombre dans l'incolore, clair ou ténébreux, cesse d'être *couleur*. Or, que d'expressions diverses en cet intervalle ! Et quelle énorme différence entre le *brun* pris en soi, en dehors de toute adaptation spécifique, et le *rose* !... Ce dernier ton, vif et léger, véritablement enchanteur, a dépouillé la gravité solennelle et quelque peu menaçante du *rouge* ; il a laissé, pour ainsi dire, en s'élevant vers la clarté, sa chaude et sombre magnificence : il a pris le charme et la grâce.

L'ORANGÉ

L'*orangé* nous occupera moins longtemps, car c'est une teinte de passage ; et, par ses caractères, elle tient à la fois de celle qui la précède et de celle qui la suit. Il est vrai que toutes les couleurs du spectre sont fondues les unes dans les autres, de façon qu'à certains égards, on pourrait toutes les nommer « teintes de passage ». Mais c'est une erreur de logique que de nier, comme certains l'ont fait, la distinction entre des couleurs fondamentales, essentielles, — et d'autres mixtes, intermédiaires. Certes, l'*orangé* spectral est, optiquement, une couleur *simple* ; il n'en est pas moins vrai qu'il apparaît, subjectivement, à l'œil, comme un mélange de deux sensations, celle du *rouge* et celle du *jaune*. On pourrait le définir : « un rouge *éclairci, rafraîchi,* du moins *attiédi,* moins *acide* » ; — moins grave et profond, moins ardent aussi que le *rouge*, il n'a plus sa solennité un peu inquiétante et n'a pas encore la gaîté, l'expansion superficielle du *jaune. Moins de feu, plus de lumière,* serait sa formule. — Quant à ses vertus « *dynamiques* », on ne peut en dire grand'chose : elles sont intermédiaires et peu tranchées ; son principal effet sur l'imagination (quand on s'est délivré de l'obsession du fruit qui l'a fait baptiser) a justement pour origine sa double nature : en le voyant, cet *orangé* (sans l'orange), on pense trop au *rouge* passé, comme au *jaune* à venir ; alors, c'est à nos yeux une teinte *hybride, ambiguë,* une de ces couleurs que les Allemands appelleraient « dichotomes » (*zwiespaltingen*), parce qu'elles tirent notre attention en deux directions opposées.

L'*orangé* déjà, comme le *jaune*, perd à s'assombrir ; pour se rendre compte de ce qu'il gagne en s'éclaircissant, il suffit de suivre, dans le ciel, les dégradations de teintes au couchant : gamme tout idéale et comme éthérée où l'*orangé*, mélodieusement, chante à son tour, après le *rose*, et précédant l'or pâle du crépuscule... En vérité la lumière, mère de la couleur, transfigure sa fille, en l'enlevant de terre avec elle.

LE JAUNE

De l'*orangé* spectral, passons au *jaune*. Ici, à un plus haut degré encore que devant le *rouge*, on a le sentiment d'une teinte fondamentale. A quels éléments chromatiques le *jaune* pourrait-il donc se réduire ? La sensation de jaune est, manifestement, élémentaire ; pour la vision, le jaune est une couleur simple.

Examinons-le, tout d'abord, au point de vue *lumineux*. Nous n'avons pas besoin, pour y placer le *comble de clarté*, de savoir qu'il coïncide avec le sommet de la courbe d'intensité lumineuse : entre l'aurore du *rouge* et le crépuscule de l'*indigo*, c'est comme un plein jour bien ensoleillé... Le *jaune* est, par là, central dans le spec-tre ; il représente le *centre de clarté*, — comme le *vert*, vous le verrez bientôt, représente le centre de température (1). Objectivement, d'ailleurs, c'est le vrai centre, car il contient la longueur d'onde également intermédiaire entre celle du *rouge* initial et celle du *violet* terminal. Le rapport des longueurs d'onde extrêmes étant de 2 à 1, c'est-à-dire d'une *octave*, on voit que le *jaune* tient, en l'échelle des couleurs, la place qu'occupe, en la gamme sonore, la *quinte* — ou la *quarte*... Mais laissons cette considération de côté ; la suite de cette étude vous montrera que la série des teintes, dans le spectre, n'est pas du tout, comme on le croit trop aisément, l'homologue de la série montante des sons.

Le *jaune*, jalonnant le maximum d'intensité lumineuse, sera donc une teinte *très claire*, la plus claire de toutes, — et, par conséquent, brillante, légère, aussi peu saturée que possible ; une teinte naturellement rehaussée de ton, translucide, presque transparente ; comparée au *rouge*, à l'*orangé*, plus discrets, c'est une couleur ostentatoire et superficielle, plutôt joyeuse que majestueuse, exprimant assez bien la gaîté frivole. C'est une couleur « *voyante* », au sens physiologique comme au sens esthétique : elle impressionne fortement la vue ; elle est, pour l'âme, *provocante*. En outre, elle a quelque chose de *creux* et de *vide*, et produit ainsi sur l'œil une sensation analogue à celle que produit sur l'oreille le

____

(1) Ce centre formé par le *jaune* correspond à un *maximum*, tandis que le centre formé par le *vert* correspond à une *moyenne*.

timbre des instruments où prédominent les harmoniques de rang *impair* : telle la clarinette ; comparez *clarinette* et *clair* ; aussi, les tuyaux à anche de 8 pieds en les grandes orgues.

Quant à la *température* du jaune, elle correspond au point où la courbe des rayons calorifiques s'abaisse presqu'au niveau de l'abscisse. On peut donc assurer que le *jaune* clot la série des couleurs « chaudes ». Si la formule de l'*orangé* était : « *moins de feu, plus de lumière* », celle du *jaune* sera : la lumière presque sans chaleur, la « *lumière froide* ». Le jaune exprimera la gaîté sans flamme, ou la lucidité d'esprit sans enthousiasme.

Enfin, apparaissant à ce niveau du spectre où la courbe d'action chimique prend son élan, la lueur jaune s'annonce *alcaline*, — au moins à un degré si faible, qu'à parler franchement, le sens de « *saveur visuelle* » y reste insensible. Ce serait plutôt comme une zone de neutralité chimique, entre l'acidité nette du *rouge* et l'alcalinité du *bleu*, de l'*indigo*.

Quant au pouvoir physiologique, à cette *vertu* qui répond à l'arôme, — il se manifeste, au règne des plantes, par un minimum de retard dans l'accroissement. C'est dire que la stimulation des rayons jaunes est très modérée, puisqu'excessive en le *rouge* comme en le *violet*, elle entraînait ce ralentissement qu'on observe en la force d'impulsion végétative. En termes clairs, c'est sous la lumière *jaune* que les végétaux sont le moins entravés, le moins paralysés dans leur croissance; or c'est là, justement, la dominante du soleil ; et l'on saisit encore ici une harmonie naturelle assez remarquable (1).

Cet effet températeur sur la *flore* trouve-t-il son homologue en la *nature humaine ?* — On pourrait, *a priori*, le penser, puisque la lumière solaire, teintée de jaune comme elle est, s'accommode le mieux à notre vue ; c'est, pour nous, la clarté normale.

Un facteur très important d'expression, pour le *jaune*,

____

(1) Il faut ajouter, toutefois, que ce *jaune* de la lumière solaire étant peu marqué, son action sur la croissance en longueur n'est pas très sensible; on sait, en effet, que les tiges végétales s'allongent beaucoup moins au grand jour que dans l'obscurité de la nuit... Comme le jeu des forces naturelles est délicatement pondéré !

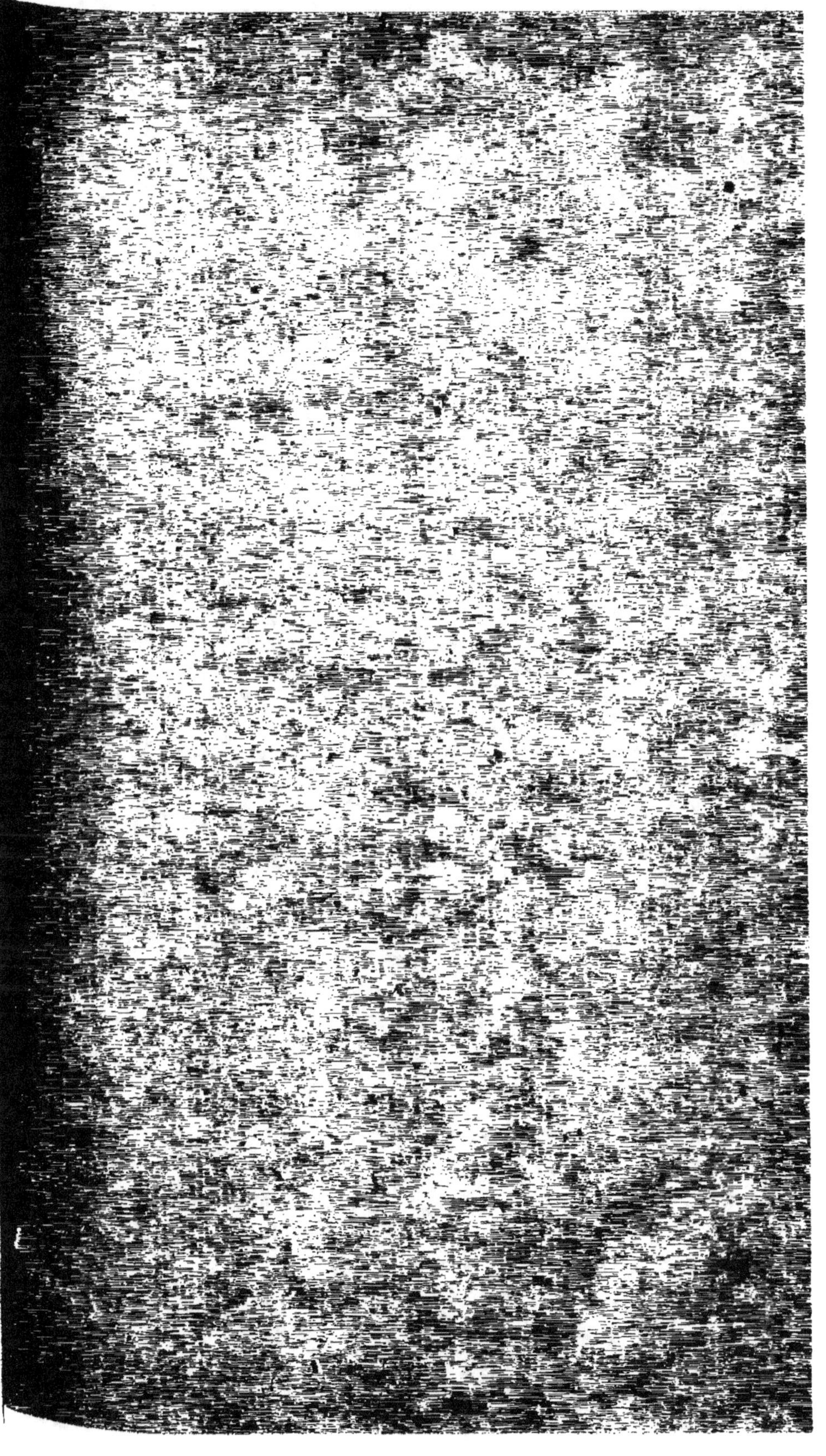

est son faible degré de *saturation* : de toutes les couleurs
du spectre, c'est la moins chargée, « *la moins couleur* ».
Contenant le maximum de lumière, elle est toute proche,
ainsi, de la lumière intégrale, c'est-à-dire du *blanc*, de
l'incolore. Mais, justement, ce fait d'y confiner, de s'en
approcher sans l'atteindre, est, pour notre esprit, un
défaut ; instinctivement, nous songeons au *blanc*, nous le
désirons, et comparant le jaune à ce terme idéal de pureté,
de parfaite unité, qu'est le *blanc*, l'idée d'*altération* nous
obsède. En effet, tout autour de nous, le *jaune* se présente comme une dégénérescence. Ainsi le papier — ou
l'ivoire — qui se détériore, *jaunit* ; il jaunit également, le
sang qui perd son fer, sa tonicité ; elle jaunit, la chlorophylle qui s'étiole. Même ce beau ton doré du soleil, n'an-
nonce-t-il point, dans l'astre déjà vieux, quelque usure ?

Que si l'on dresse la gamme des *tons* pour le *jaune*,
comme il a été fait pour le *rouge* et pour l'*orangé*,
le phénomène qui s'esquissait en cette dernière couleur,
ici, s'accentue. Bien plus encore que l'orangé, le *jaune*
perd à s'assombrir. Ici, comme le remarque Wundt, la
diminution de lumière offre une sorte de contradiction
avec la nature même de la teinte, voisine comme
elle est de la lumière blanche. Ainsi ce défaut
que nous avions signalé comme la cause d'une « *déception sensitive* », et qui provenait d'une tendance au
blanc, il s'exagère avec la tendance au *noir*... D'ailleurs
l'antinomie qui nous choque en un jaune sombre, disparaît et s'évanouit, pour ainsi parler, en la neutralité tout
« inoffensive » du *brun*.

Que si, d'autre part, nous lavons le jaune dans la blancheur, que nous l'éclaircissons encore, il se fait à la fois
moins voyant, moins bruyamment gai, moins provocateur ;
et, s'idéalisant, perd son nom primitif, fait les cheveux
blonds, les *blonds* épis, l'*or* pâle du couchant.

LE VERT

Le *jaune* était le centre de *clarté* dans le spectre ; le
vert y représente un centre *de température*. J'y vois
comme le point de rencontre des vagues encore tièdes
émanées du *rouge*, pôle de chaleur, avec celles, fraîches
encore, arrivant du pôle de froid, de l'*indigo* ; les

deux courants contraires, l'un acide, l'autre alcalin, se mélangent et se neutralisent en le *vert*.

Ce dernier est donc une teinte *de transition* ; mais au lieu d'établir, simplement, le passage entre deux couleurs, il unit et rattache l'une à l'autre les deux moitiés de la série spectrale tout entière. Pour caractériser son expression, les épithètes manquent, ainsi qu'il arrive, naturellement, toutes les fois qu'on est en présence d'un *terme moyen*. Ma diagnose de la teinte verte sera donc brève.

D'abord, au point de vue *lumineux*, le *vert* est intermédiaire entre le *jaune*, rayonnant, et le *bleu cyanique*, ombreux et voilé. Sous ce rapport, il serait le pendant exact de l'*orangé*, terme mitoyen du *jaune* et du *rouge obscur*. De ce fait, on pourra le qualifier de *pénombre*, de « demi-jour », de « lueur pré-crépusculaire »... ; les adjectifs, ici, ne se trouvent pas sous ma plume. Mais cette lueur déjà voilée du *vert* n'est pas encore pure comme le *bleu*, pas encore somptueuse comme l'*indigo*, l'on y surprend quelque chose d'intime, de familier, — j'allais dire de « *positif* », qui rassure et repose, qui contente l'âme sans exalter l'imagination.

Ce que j'ai dit du rôle températeur du *vert*, qui mêle dans ses eaux les deux courants — thermique et chimique — opposés, me dispense, sur ce point, de toute analyse. Et d'ailleurs, comment fixer, et *spécifier*, ce qui flotte entre deux *espèces* ? De quel qualificatif désigner une couleur qui n'est ni tiède, ni fraîche, et pas plus alcaline qu'acidulée ? Le vocabulaire ne fournit ici que les termes très généraux d'*ambigü*, d'*amphibologique*, d'*équivoque*, — ou de *neutre*, d'*hybride*, de *mixte*, d'*indécis*, aussi de *juste* et d'*égal*... Remarquez que dans cette nomenclature, il se trouve des termes *péjoratifs*, en grand nombre, et de favorables, fort peu. C'est que ce point qu'on est convenu d'appeler le « *juste milieu* » n'est pas constamment l'idéal, il s'en faut ; c'est plutôt le point d'insignifiance, et de médiocrité. Toutefois, à la livrée des feuillages et des gazons, convient plutôt le mot de *modération* que le mot de *médiocrité*. Et puis, songez-y bien : le *vert* n'est pas, dans la Nature, une teinte fixe, amortie, figée ; le *vert* est *vivant*. S'il équilibre les couleurs, il est lui-même en équilibre instable, et qui dit « *verdure* » dit oscillation perpétuelle du *jaune* au *bleu* ; c'est d'ailleurs là ce qui varie l'unité

chromatique du règne végétal, ce qui l'empêche d'être monotone (1). Or cette oscillation qui se manifeste en la vie
des plantes, n'en percevons-nous pas un écho dans notre
propre vie, dans l'incertitude même de l'œil vivant, de
l'œil qui balance, en face du *vert*, entre l'élément *jaunâtre* et le *bleuâtre* ?

C'est probablement ce conflit secret qui prête à la
teinte la mieux tempérée, la plus reposante, cet accent de
vivacité ne laissant pas la vue s'endormir... ; — à moins
que l'effet ne soit dû au rayon de lumière encore persis-
tant sur le seuil même des couleurs ombreuses...

En tout cas, quand le *vert* s'éclaircit, par addition de
blanc, cette vivacité mystérieuse, cette « *verdeur* », si
j'ose dire, va s'exaltant, en même temps que la teinte se
purifie, qu'elle s'idéalise. Il est à noter, d'autre part, que
le *vert* ne perd pas, comme les couleurs qui le précédaient,
à s'obscurcir : tandis que le *rouge*, l'*orangé*, le *jaune*,
tournaient au *brun*, se dénaturaient, — lui peut prendre
un ton très foncé sans devenir méconnaissable ; en se
« *rabattant* », comme on dit, il gagne en sérieux, sans
verser dans le vulgaire, ou le mélancolique. Par ce dernier
trait, le *vert* se rattache à l'autre série du spectre, qu'il
nous reste à déterminer : la série des teintes *ombrées,
froides, alcalines.*

LE BLEU

Au point où nous voici parvenus, la tâche de l'analyste
est facilitée par ce fait, que les teintes à définir sont les
inverses des précédentes. Ce fait, il s'impose d'abord à la
vue, par le contraste évident du *rouge* et du *bleu-vert*, —
de l'*orangé* et du *bleu*, — du *jaune pur* et de l'*indigo*, —
du *jaune-vert* et du *violet* ; puis la Science positive vient
le confirmer, par le phénomène précis des *complémentaires*. Vous savez ce que cette expression signifie... :
l'opposition, si tranchée pour notre œil, des couleurs
dans chacun de ces couples, est justifiée par un double
effet : — l'*avivement* réciproque des deux teintes juxta-

(1) Les savants nous montrent la prédominance, dans les feuilles,
tantôt de globules jaunes (*Xanthine*), et tantôt de globules bleus
(*Cyanine*) ; c'est notre œil qui opère le mélange... Ainsi, du *vert
jaunâtre*, expansif et gai, au *vert bleuâtre*, méditatif et triste, une
gamme très riche se déroule.

posées, — leur *neutralisation* mutuelle quand on les superpose. Placez côte-à-côte un papier *jaune* et un papier *bleu-indigo* : sur le côté qui touche au bleu, le jaune paraîtra plus brillant, et le bleu, réciproquement, sur le côté qui confine au jaune, augmentera d'éclat. — Si, maintenant, vous projetez sur un écran deux rayons de lumière à la fois, l'un *jaune* et l'autre *bleu*, de telle façon qu'ils se recouvrent, toute couleur est annulée : votre œil perçoit la lumière incolore, la *blancheur*.

Le *blanc* fait donc ici l'office d'un jalon très commode, et d'un étalon de mesure précieux par sa rigueur. Tous les mélanges de couleurs spectrales y tendent plus ou moins ; mais seules l'atteignent les couleurs qui, sur le spectre, sont séparées par un intervalle défini. Même, à chaque tranche, aussi fine qu'on la prendra dans une couleur, correspond, comme « *complémentaire* », une tranche de la couleur opposée, — et ne correspond que celle-là. Grâce à cette symétrie si parfaite, un long travail nous est épargné ; pour caractériser les teintes de la zone *froide*, il suffira de choisir les termes exactement opposés à ceux qui définissent les teintes « *chaudes* ». Ce ne sera plus une tâche optique, mais une tâche *linguistique* ; car l'inversion, ici, des termes du langage, est comme le miroir de l'inversion des couleurs. Nous comparerons, ainsi, chaque teinte de droite à sa teinte opposée de gauche, et donnerons des définitions « *par contraste* ».

Mais auparavant, il convient de se repérer. Or, le *bleu*, qui se présente immédiatement à nous, peut se rapporter à deux centres : soit au *jaune*, centre de *lumière*, soit au centre de *température* chromatique, qui est le *vert*. Dans le premier cas, il s'oppose au *rouge*, — et s'oppose au *jaune* lui-même dans le second. Or ce dernier couple, *jaune-bleu*, s'il n'est pas exactement complémentaire, offre, pour ainsi parler, un contraste idéal. Gœthe avait fait remarquer la perfection de cette antithèse de deux teintes fondamentales, de deux teintes pures, sans mélange, et contiguës toutes deux au point d'équilibre central. Et la Science, encore, justifie cette impression esthétique, en montrant dans le *bleu*, comme dans le *jaune*, un *minimum* de la « *fraction différentielle...* » Cela veut dire que l'œil y perçoit les plus fines modifications du ton lumineux ; l'œil, et l'âme à sa suite, y sont plus sensibles.

Mais ne nous occupons que du *bleu*. Symétrique au *rouge* par son degré de *clair-obscur,* il pourra supporter des épithètes analogues, même identiques : c'est ainsi qu'on le qualifiera de *saturé,* de *plein,* de *profond,* de *grave.* Mais c'est une saturation moins pesante, une plénitude plus fluide et plus fine, une profondeur exempte d'appréhension, une gravité douce et sereine. Rappelez-vous l'azur de la voûte céleste, celui de la vague marine.

Si le *rouge* apparaît comme une « *ombre chaude* », le *bleu* s'offre, lui, comme une « *ombre fraîche* » ; il n'est plus un stimulant, mais un *sédatif,* encore qu'il ne donne pas la même sensation de repos que le *vert.* J'y verrais, sans trop de subtilité, plutôt un « *céphalique* » qu'un « *cordial* » ; si l'*écarlate* réchauffe les cœurs, le *bleu céleste* rafraîchit les cerveaux.

Ces locutions, toutes thérapeutiques, m'amènent à ce que j'ai nommé la « *saveur visuelle* ». Elle est franchement *alcaline* en le *bleu,* qui contraste aussi de cette façon avec le *rouge,* d'une acidité manifeste. Vraiment, ce *bleu,* si loin cependant de nos lèvres, a quelque chose de la douceur du sucre ; il est, comme lui, *délicat, succulent, exquis ;* on ne retrouve plus en lui cette pointe d'amertume du *vert.*

Comme on voit, l'expression spécifique du *bleu* s'est déduite principalement de son parallèle avec le *rouge,* et cela moitié par analogie, moitié par contraste. Nous nous étions fondés, pour cela, sur la position symétrique de ces deux teintes de part et d'autre d'un centre lumineux qui est le *jaune.* Que si l'on adoptait, au lieu du jaune, centre de clarté, ce centre de *température* qu'est le *vert,* toute analogie disparaîtrait ; il ne subsisterait plus qu'un *contraste* bien accusé. La saturation du *bleu* s'opposerait alors franchement à la faible coloration du *jaune ;* sa plénitude et sa profondeur à l'aspect vide et superficiel de ce dernier ; enfin, mis en regard de la gaîté quelque peu ostentatoire du jaune, le *bleu* nous apparaîtrait plus discret encore et plus recueilli, presque mélancolique.

Il convient d'observer que, dans ces contrastes, je ne me suis pas attaché, rigoureusement, aux *complémentaires.* Le besoin de définir d'un seul coup, et sans la morceler, la zone qu'on appelle de ce seul nom : le *bleu,* m'y forçait... Car, en réalité, le spectre offre ici deux espèces : le *bleu verdâtre* — et le *bleu pur,* dit « *cyanique* » ; l'un, qui trouve son complément dans le *rouge,* l'autre dans l'*orangé*. L'*indigo* lui-même, qu'on a l'habitude de mettre à part, peut être regardé comme une troisième espèce de bleu. C'est ainsi que, sans le nommer, nous l'avons opposé, par anticipation, au *jaune*, sa complémentaire.

Résumant tout dans une formule brève, on pourra décrire le *bleu* (moyen) comme une ombre légère, fraîche, apaisante, d'où s'exhalerait un arôme suave et sucré.

Bien entendu, cette définition se modifiera suivant le *ton*, comme le *degré* de la couleur. Si le *bleu* s'avive d'une pointe de *vert*, l'ombre s'éclaircira quelque peu ; l'on y ressentira comme un soupçon de tiédeur, une nuance d'amertume. Et, d'autre part, si le bleu pur se fonce, l'ombre s'épaissira, se refroidira : l'arôme, se concentrant, perdra de sa douceur.

La gamme tonale ou « *chromatique* » de ce bleu pur est, esthétiquement, plus étendue que celle du *vert*. De toutes les teintes du spectre, c'est assurément la plus homogène, d'un bout à l'autre du clavier lumineux. S'abaisse-t-elle au *noir*, elle gagne, simplement, en gravité ; s'élève-t-elle au *blanc*, elle gagne en sérénité. Et quant aux variétés qu'introduit l'*éclat*, — de la turquoise opaque au saphir translucide, et de l'ardoise mate à la flamme de punch, — quelle gradation de beautés !

LE VIOLET

Avec ce *bleu* spectral très foncé, qu'on nomme l' « *indigo* », la série des *teintes froides*, absolument, se trouve close ; car si cet indigo s'oppose au *jaune* comme complémentaire, il s'oppose, de plus loin, au *rouge*, comme le pôle obscur de *froid* au pôle obscur de *chaleur*. Mais le spectre réserve à nos yeux une teinte suprême, et c'est le *violet*. La position du *violet*, à l'extrémité visible du spectre, est fort curieuse ; car ce n'est pas une fin, à proprement parler ; c'est plutôt un *recommencement*. Dans ce crépuscule du bleu, luit déjà comme une nouvelle aurore du *rouge* ; la zone froide, alcaline et sombre, s'attiédit, s'éclaircit, s'acidifie même quelque peu, et se réveille, en quelque sorte.

Ce phénomène a toujours intrigué les savants ; car, ceux qu'on nomme « les *savants* » — les vrais — cherchent surtout à savoir... Ils ont conclu, schématiquement,

que la série des couleurs-lumières ne formait pas une
ligne droite, mais une courbe tendant à se refermer sur
elle-même. Et de là vint l'idée des « *cercles chromatiques* ». Mais un schéma ne fait que représenter, et
n'explique rien. Pourquoi notre œil, sollicité par la longueur d'onde terminale, ressent-il quelque chose de la
sensation que provoquait la longueur d'onde initiale ? En
pur physicien qu'il était, Newton avait cru trouver la raison dans les vibrations lumineuses elles-mêmes. Il se
trouve, en effet, que le nombre de celles-ci va *doublant*
du *rouge* au *violet*, ce qui correspond à l'intervalle d'*octave* en musique. Or, d'après l'excellente définition de
Helmholtz, l'oreille perçoit, dans l'octave, une partie de
ce qu'elle vient d'entendre dans l'unisson.

Ainsi l'œil reverrait, dans le *violet*, une partie de ce
qu'il a vu dans le *rouge*. Mais nombre de faits nous
obligent à la rejeter, cette idée de couleurs homologues
aux degrés de l'échelle sonore. Si le coloris doit être comparé à quelque chose en acoustique, c'est au *timbre ;* et
la véritable raison du lien mystérieux qui rattache les
deux bouts du spectre, doit être cherchée, non dans l'univers extérieur, mais en notre propre organisme. Si l'on
admet l'hypothèse de *Charpentier*, les ondulations pro-
pagées dans le nerf optique, à la suite d'excitations lumineuses, se dédoubleraient en deux courants successifs ;
et le retard d'un courant sur l'autre, en variant les
formes d'onde, produirait la variété même des couleurs.
Or, celle-ci trouverait sa limite, inéluctablement, dans
un fait pour ainsi dire géométrique : c'est qu'à partir
d'une certaine *différence de phase*, les formes ondula-
toires se reproduisent identiques à elles-mêmes. La
seconde série de figures n'est ainsi qu'une exacte répétition de la première ; c'est une « *quantité superflue* ».
Pour bien saisir cela, dessinez deux rinceaux en sinu-
soïdes, à part, l'un étant le calque de l'autre ; puis fai-
tes-les glisser l'un sur l'autre. Après une phase d'*entre-
croisements* plus ou moins serrés, viendra une phase
d'*opposition* des contours ; enfin une phase de *coïncidence ;* et vous retomberez ainsi sur la position de
départ. C'est ce qu'on exprime, par l'expression de
« *décalage* ».

Or cela se passe, en plus fin, le long de cette ligne
électrique vivante qui va de la rétine au cerveau, — et de
l'impression nerveuse à la sensation de *couleur*. Si la

sensation du *violet*, qui clôt la série, retourne à celle du *rouge*, qui l'avait ouverte, c'est qu'à ce niveau, la *différence de phase* tend à s'annuler. Au-delà, l'iris répéterait, intégralement, son chant polychrôme.

Le violet n'a donc pas à s'opposer au *rouge*, puisqu'il le contient, au moins en puissance. Mais il offre un contraste très net avec sa teinte complémentaire, le *jaune-verdâtre*. Ne pourrait-on le qualifier lui-même de « *bleu rougeâtre ?* » En tenant compte de ces parentés, on peut définir le *violet* : une teinte mixte, intermédiaire à l'ombre froide de l'*indigo*, et à l'ombre chaude du *rouge*, et qui mêle, par suite, à la douceur discrète, féminine, un élément de force expansive et mâle. Son expression de *gravité* n'est plus aussi sereine que celle du *bleu*, car le *rouge* qu'on y voit poindre jette comme un reflet passionné. Teinte hybride, en somme, ambiguë, le *violet*, — comme son vis-à-vis de la rive chaude, l'*orangé*, appartient à cette classe de couleurs appelées par les Allemands « *zwiespaltig* », c'est-à-dire qui tirent l'âme en deux sens contraires. Si je ne craignais de faire une allusion trop concrète, je dirais... que c'est « *un deuil de veuve avec idée de remariage ;* deuil, au surplus, somptueux, solennel, et plein de majesté comme de mystère: Enfin, quant aux vertus *chimiques*, le *violet*, teinte très alcaline, avec la pointe d'acidité qu'y met le *rouge*, est, dans sa saveur indécise, assez savoureuse. Est-ce rabaisser mon sujet que d'y voir — plutôt d'y *goûter* — un de ces mets exquis, de ces friandises très délicates, dont la pâte salée et la crème sucrée, s'amalgament heureusement... ?

_

Vous avez vu, déjà, que les *teintes chaudes* perdaient, bien plus que les froides, à s'assombrir. Or, puisque la chaleur du rouge pénètre, assez sensiblement, le bleu du *violet*, ce dernier doit supporter médiocrement les degrés de ton rabattus. Effectivement, le violet foncé, tout près de sombrer dans le noir, n'est plus mélancolique, mais lugubre ; de plus, l'excès de *saturation* lui communique une pesanteur fatigante.

Au contraire, le *violet* gagne singulièrement à s'éclaircir, à monter de ton. Dans le *lilas*, le *mauve*, l'*héliotrope*, ou bien dans l'éclat de gemmes telles que l'*améthyste*,

— à la pureté sereine du bleu d'azur se mêle la gracieuse vivacité du *rose*..... Il semble, toutefois, que ces deux enchantements, le rose et l'azur, aient plus d'effet à part, et mis en contraste, que confondus.

LE POURPRE

Lorsqu'on passe en revue les couples de couleurs contrastantes et dont le mélange produit du *blanc*, on s'aperçoit d'une lacune. Tandis que le *rouge* a pour complément le *bleu verdâtre*, — l'*orangé*, le *bleu pur*, — le *jaune*, le *bleu indigo*, — le *jaune verdâtre*, le *violet*, — seul, le *vert* manque de complémentaire en le spectre. Etant connue la structure symétrique de ce dernier, le fait n'a rien de surprenant : le *vert* est, en effet, une teinte centrale et, comme telle, échappe au jeu de compas qui, recherchant les teintes complémentaires, chevauche sur les deux moitiés droite et gauche. Si je mets l'une des pointes du compas sur le *jaune verdâtre*, l'autre, visant sa complémentaire, tombera sur le *violet*, qui se trouve être la limite extrême.

Mais si le *vert* n'a pas son complément dans une teinte spectrale isolée, on peut le lui trouver, hors du spectre, en le mélange de deux teintes ; et ce sont les teintes frontières, le *rouge* et le *violet* ; fusionnés, elles donnent le *pourpre*. Ici, d'ailleurs, le *vert* agit en se dédoublant ; il représente lui-même un mélange de *jaune* et de *bleu*. C'est ce qui m'a fait dire que le *vert* « produit des *moyens* », dans cette espèce de *proportion chromatique*, est égal au produit des extrêmes.

Le *rouge* et le *violet* étant déjà fort saturés, leur mixture atteindra le comble de saturation ; de là, l'excessive opulence du *pourpre*, qui fut choisi par les Romains pour teindre la bordure des toges. La majesté chaude et sombre du rouge s'y mêlant à la sombre et tiède élégance du violet, réalise un accord singulièrement riche et plein. Et cette purpurine harmonie forme le plus frappant contraste avec celle du *vert*, qu'engendrent, inversement, deux teintes très rapprochées, et peu saturées : *jaune verdâtre* et *bleu verdâtre*. Si le *vert* est un fruit des zones tempérées, le *pourpre* est, lui, l'enfant des climats extrêmes. L'un, sagement ombreux, calme, presque impassible, représente un tempérament bien égal entre la chaleur et le froid, l'ombre et la clarté ; l'autre, sombre, ardent, passionné, offre un spécimen admirable des unions les plus contrastantes. Si le *vert* est le *style simple* de la couleur, le *pourpre* en est le *style sublime*.

Et maintenant, résumons en quelques traits rapides ce long voyage à travers les couleurs. On peut dire — poétiquement et scientifiquement à la fois, que le trajet s'est effectué d'une nuit à l'autre, en passant par une *aurore* et par un *crépuscule*, avec, au milieu, le *plein jour*. La première étape s'est accomplie par un temps chaud, mais se rafraîchissant de plus en plus juqu'à midi, c'est-à-dire au *jaune ;* la seconde, par un temps frais, se refroidissant progressivement jusqu'au soir. Et, d'après le degré de lumière et de température, — ajoutons-y la qualité de l'air, acide ou salin, — l'aspect du paysage, aux yeux du voyageur, s'est modifié : d'abord *tropical*, et d'une majesté sombre, orageuse, il s'est égayé peu à peu jusqu'au point où le soleil touchait au zénith. Ce terme franchi, le crépuscule tombait assez vite sur une nature apaisée, rafraîchie ; bientôt même, naissait l'impression d'un pays septentrional, et polaire ; cependant que, vers la fin du trajet, une lueur se laissait soupçonner, un souffle se faisait sentir, annonçant le retour de la chaleur et le progrès de la clarté.

La Terre, les Terrains

*La Terre étudiée comme œuvre d'Art, sa technique et son esthétique.
— Eléments de son architecture. — Trois ouvriers principaux,
le Feu, l'Eau, la Vie. — Le travail du Feu. — De quoi notre
plancher est fondu. — Quelle espèce de voûte est le sol que nous
foulons — Prévoyance et génie divins. — La Terre est un système d'architecture articulée.*

Je me propose d'esquisser l'histoire esthétique de la
Terre, autrement dit de définir l'expression du relief et
du contour terrestres, et les causes de leur beauté.

Ce terme d'*expression*, commode en la pratique, a l'in-
convénient, dans la théorie, de fondre en un seul bloc
deux ordres de faits très divers : l' « objectif » et le
« subjectif », le phénomène du dehors, indépendant de
nous, plus ou moins achevé, plus ou moins parfait en soi,
— et le sentiment intérieur que son aspect éveille en
nous, sentiment plus ou moins profond, plus ou moins
agréable. Par exemple, on dira d'emblée que la cime
fameuse des Alpes, la *Yungfrau*, offre dans son contour
une expression d'élégance et de pureté, qui lui valut son
nom de « *Vierge* ». Mais, disant cela, d'instinct on fait
une synthèse : au profil délicatement sculpté de la mon-

tagne, à sa robe de neige immaculée, à ses flancs drapés
de forêts, — on associe le tableau de ses propres pensées,
de ses états d'esprit personnels.

Et ce sont là, pourtant, deux objets bien distincts,
puisque, vous parti, la Vierge continue de dresser sa tête
en l'espace ; elle existe, indépendamment de tout œil
humain pour la contempler ; — et, d'autre part, elle
absente, vous pouvez évoquer, par le souvenir, son image.
Ainsi, vous et la Yungfrau, vous êtes indépendants l'un
de l'autre ; et cependant, lorsque vous dites que la Yungfrau est expressive, qu'elle est belle, vous vous unissez,
par le langage, l'un à l'autre ; vous faites de la montagne,
qui culmine, et de votre âme, qui s'exalte, un seul « tout »
verbal, homogène. Cela s'explique, au reste, si l'on songe
que ce n'est pas « la montagne » dont il s'agit ici, mais
« l'*image* de la montagne ». Alors, en parlant d'*expression*, de *beauté*, l'homme n'opère, en somme, qu'un
mélange psychique ; il combine deux éléments puisés à
son propre fond.

Ajoutez ceci que, pour un objet servant de spectacle,
il est cent, mille, un million de sujets spectateurs. Que
de touristes ont passé devant la montagne célèbre ! Les
uns, distraits, lui jetant à peine un regard ; les autres

s'arrêtant, plus étonnés que ravis, devant elle ; d'autres
encore cherchant à l'admirer, désirant jouir de sa beauté,
mais n'y pouvant point parvenir ; la plupart s'entraînant
à des enthousiasmes fictifs ; un petit nombre seulement
pénétrés jusqu'au fond, silencieux, vraiment émus ;
enfin, parfois, des sensitifs outrés, que cette masse dressée dans les airs épouvante, et chez qui l'admiration est
refoulée par le vertige... Pas plus belle, en soi, qu'indifférente, ou vertigineuse, mais une, innocente, irresponsable, elle domine, de son attitude impassible et comme
rêveuse, toutes ces visions dissemblables. Née d'un geste
de soulèvement du sous-sol, tissue de calcaire et d'argile,
elle s'étonne des qualités qu'on lui prête, et je l'entends
répondre aux esthétiques litanies de ses admirateurs :
« Partage donc entre nous deux ces épithètes d'expressive, de belle, de suggestive, dont tu m'accables. Je ne
suis qu'élancée ; tu me trouves élégante. Mon manteau
d'eau gelée reflète le soleil, et tu le dis éblouissant. Mon
calcaire nourrit des arbres, et tu parles d' « écharpe
verte ». C'est trop m'accorder. *Rends donc à ton esprit
ce qui est à ton esprit, et à la Nature, ce qui appartient
à la Nature* ».

Vous touchez, n'est-il pas vrai ? dans cet exemple, et
cet apologue, l'illusion *d'unité* que le mot « d'expression », ou de « beauté », manifeste. Nécessaire, même
salutaire en pratique, puisqu'elle transporte notre émotion sur l'objet qui l'a fait naître (fait d'objectivation),
cette illusion devient nuisible dès l'instant qu'on s'attache à la théorie. Faute de réserver, en chaque occasion, la part du *spectacle* — et celle du *spectateur*, les
progrès de l'Esthétique ont été longtemps retardés. Aussi
prendrons-nous soin d'opérer strictement ce partage.
D'un côté, nous mettrons l'objet dit « suggestif », — de
l'autre, le sentiment « suggéré ». Celui-ci, sans doute,
est provoqué par celui-là ; l'idée de grâce, d'élégance,
m'est inspirée par la Yungfrau, par exemple. Mais elle
peut m'être inspirée par d'autres objets, d'autres êtres
que la Yungfrau. C'est une propriété générale de mon
esprit, une faculté psychique ; c'est un *sens* : le sens de
l'élégant, du gracieux ; il peut atteindre son *summum*,
ou manquer ; il peut s'exercer juste ou tomber à faux.
L'objet, là-dehors, n'en est point du tout responsable ;
il a, lui, son mérite — ou son démérite, à part ; ni beau,
ni laid en soi, il est seulement capable de beauté, de lai-

deur. Votre goût, ni le mien, n'y changeront pas un
iota : il est ce qu'il est.

La conclusion ? C'est que l'Esthétique est, en quelque
sorte, une science bilatérale ; je veux dire qu'elle est
réductible à deux ordres de connaissances.

D'abord, une question de physique ou d'histoire naturelle : on étudie la Terre ou la montagne, en elle-même,
dans ses origines, ses manières d'être, et sa fin. Puis
une question de psychologie : l'on pénètre le sentiment
que la montagne inspire, et les idées qu'elle suggère.
Je crois que chercher autre chose, en dehors, est pure
illusion. Mais il ne s'agit pas, vous le concevez, de
refaire une géographie, une géologie déjà faites ; de l'histoire de la Nature, l'esthéticien ne retiendra que les
seuls faits relatifs aux harmonies de l'objet, ce qu'on
peut appeler les éléments *objectifs* de la beauté ; — de la
psychologie, les seuls documents relatifs à l'émotion, au
jugement de goût : ce sont les facteurs humains, *subjectifs*.

Donc, nous étudierons la *Terre* en son relief, et ses
contours ; et l'assimilant à quelque œuvre d'art, usuelle
et décorative à la fois, nous pénétrerons sa genèse, le
secret de sa technique. Passant alors au spectateur, à
l'homme, nous chercherons, par une méthode similaire,
la genèse de son impression, de son appréciation esthétique.

Ainsi, pour bien juger de la beauté d'une sculpture,
je vous mènerais d'abord en l'atelier, assister au dégros-
sissement de la pierre ou du marbre, à son modelage ;
puis, le travail fini, j'ouvrirais l'atelier ; j'y laisserais
pénétrer la foule, notant les dires de chacun, cotant les
valeurs du goût individuel, prenant les « coefficients de
compétence »..... L'œuvre naturelle offre ce trait spécial, il est vrai, que sa beauté n'est pas expresse, exclusivement faite pour plaire, et que naïvement, elle jaillit
d'un simple parti d'ordre, d'inéluctable et consciencieuse harmonie. Raison de plus pour rechercher les
tenants de cette harmonie, dont l'aboutissant est *beauté*.

_

Je parlais de « sculpture ». C'est plutôt à *l'architecture* qu'il faudrait emprunter mes comparaisons. La
Terre est un monument, un édifice. N'allez point voir là

une métaphore plus ou moins littéraire, c'est-à-dire
approximative, et fantaisiste. Quelle est la fonction de
nos architectures humaines ? — Abriter, supporter.
Comment remplissent-elles ce rôle ? — Par une aire, un
plafond, des parois, des étages... Qu'y ajoute-t-on pour
les besoins de la vie ? — L'éclairage, le chauffage, la
distribution commode des pièces, en hauteur comme en
étendue, la tenture, l'ameublement. Lorsque toutes ces
choses sont prêtes, l'habitant arrive, est introduit.

Voilà l'histoire de la Terre, notre planète, séjour,
habitation de l'homme ; maison plus ou moins confortable et spacieuse dont l'homme est locataire forcé, —
locataire, aussi, dont le bail est, au gré de la mort, hélas !
à chaque instant résiliable... Son *aire* ? Le fond rocheux,
glaiseux ou sableux, d'argile ou de granit, de silex ou
de lave, d'où nous tirons, à notre tour, les matériaux de
nos propres édifices, maisons dans la Maison... Son *plafond* ? — L'atmosphère, qui couvre le globe, strictement, en voûte, retarde les déperditions de chaleur, et
se double, le plus souvent, d'un velum protecteur de
nuages... Ses *parois* ? — Les flancs d'Alpe escarpés,
abritant les vallées, les gorges profondes, tels les murs
d'un appartement retiré... Ses *étages* ? — Les gradins
naturels, les terrasses montagneuses échelonnées : sous-
sol ténébreux des cavernes, rez-de-chaussée des plaines,
au niveau presque de l'océan, entresol des premiers
sommets, vosgiens, cévenols, jurassiques ; puis les
hauts paliers alpins, pyrénéens, altaïens, (le *toit* du
monde). Puis, cette « *machine ronde* », étrange maison
sphérique qui nous porte, en nous transportant dans
l'espace, a sa source éclairante et chauffante en l'astre,
justement, dont l'attraction la retient suspendue, et la
guide... Ses *fenêtres* ? — Elles sont largement ouvertes sur
l'infini. Nous avons, dans les monts, un balcon sur le
ciel, sur les terrains, — un balcon sur la mer, dans les
falaises.

Admirez avec moi la distribution du logis. La simple
inclinaison du globe terrestre sur le plan d'écliptique
organise un cycle alternant de saisons, dont les divers
pays profitent tour à tour. La Nature aménage à tous, —
à presque tous, — un palais d'hiver, un palais d'été ;
car l'océan, ce températeur des climats, en pénétrant
dans tous les golfes, fait bénéficier les régions froides
de l'excès de chaleur dégagée dans les autres ; le cou-

rant tiède du Mexique, le *Gulf-Stream,* est la conduite de chauffage qui, se ramifiant dans nos mers, atténue la rigueur des climats privés de soleil.

Ai-je besoin de citer ce que les savants eux-mêmes appellent *tapis végétal ?* Tapis des mousses, des graminées, comme roulé du mont au val, en verdure courte et drue ; tapis des fougères, et des bruyères ; puis ces tentures merveilleusement festonnées, ajourées, des futaies, des *rideaux* d'arbres. Le langage usuel me dicte les termes... il avait pressenti le rôle de la flore ; il justifie mes parallèles.

Je pourrais l'invoquer, encore, pour le *mobilier ;* car la nomenclature géographique, qu'on accuse de sécheresse, est, au contraire, pénétrée du sens intuitif des affinités ; elle est très souvent pittoresque, en son réalisme naïf ; ce n'est pas elle qui est pédante ; ainsi. la montagne de la *Table,* au Cap de Bonne-Espérance, et bien d'autres noms analogues.

Souvent d'ailleurs, nous promenant dans la rase et franche campagne, un tertre de gazon, affouillé par les eaux, nous présente son banc naturel ; ou bien c'est un pan de roche en corniche, capitonné de mousse, et taillé comme un gradin d'amphithéâtre ; si bien orienté vers la plaine, si confortable et reposant, qu'on le dirait placé là tout exprès pour nous arrêter au spectacle.

Le long des murailles calcaires qui font face à l'océan, des niches sont creusées, commodes, où les oiseaux de mer trouvent des nids tout faits ; de jolis petits lacs limpides, étagés sur les sommets montagneux, ont l'air de *miroirs* posés là, à cette seule fin que les milans, les aigles, les chamois lissent leurs plumes, ou se lèchent à loisir le poil, en buvant. Enfin des prismes de basalte, chanfrenés par le temps, et se dégageant d'un buffet de roches homogène, imitent de loin, comme à Bort, en Corrèze, les tuyaux d'orgue.

La Nature a l'air, quelquefois, de se reposer des labeurs utiles, en créant pour nos yeux de curieux décors.

Mais je n'insiste pas sur ces faits de détail, si capables soient-ils d'arrêter le penseur, ou l'artiste. Il me faut donner, du relief, un tableau d'ensemble. Ce relief, qui fait l'ossature, et la solidité de la planète, est à la fois l'élément fondamental de sa beauté ; la Terre, habitat pratique de l'homme, a pour l'homme, en surcroît, un aspect esthétique d'architecture. D'où provient cet aspect ? — De la nature des matériaux, d'une part, et de leur association, d'autre part, en systèmes variés de terrains. Ces matériaux eux-mêmes, trois sortes d'ouvriers, d'artistes, pour mieux dire, les ont façonnés de concert : ce sont le *feu*, l'*eau* et la *vie*.

Le travail du Feu

Etrange architecte, direz-vous, que la Nature, dont le procédé consiste (les géologues vous l'ont appris) à fondre le sol qui nous porte en un bain de flamme, pour le laisser ensuite refroidir... Car tout témoigne que ce sol, où s'appuient nos pas, fut autrefois lave coulante et brûlante ; que notre *humus*, si meuble, si plastique, d'où la sève et la vie s'essorent, n'est que la poussière de ces laves.

Mais cette technique est la nôtre, souvent : l'asphalte, qui, sous nos pieds, s'étend en tapis ferme et froid, ne la voyons-nous pas étaler d'abord, toute brûlante et molle du feu ? L'argile réfractaire, avant de composer un damier rouge et blanc de briques, a subi l'épreuve du four. Le verre de nos vitres est du sable rendu diaphane en brûlant. L'émail de nos carreaux doit son glacis calme à l'incandescence. Enfin l'acier, celui des lames d'épées, des canons, des vaisseaux cuirassés modernes, l'acier dur, cohérent, fit, dans le *thalweg* de l'usine, un beau fleuve ardent, d'un éclat impossible à fixer.

Ainsi fut réalisé ce plancher admirable, à la fois ferme et souple, où les plantes enfoncent leurs racines, et les maisons, leurs fondations. Ce terrain moite d'eau fut organisé par le feu.... L'on dirait, en vérité, que la Nature met sa gloire à faire disparaître la trace de ses labeurs.... Entrez dans un champ que vient de retourner la charrue, prenez dans le creux de votre main une parcelle de la *glèbe* : devineriez-vous, — si vous ne le saviez pas, — que cet *humus* brun, homogène, est un suprême résidu des roches plutoniques ? Du granit ou du schiste éruptif morcelé, porphyrisé, réduit en poussière impalpable...? Sans doute, cette terre dite « végétale » doit beaucoup aux débris de la *flore* ; mais songez que les cendres mêmes qu'elle contient, si elles ont traversé la vie, le règne organique, remontent, en der-

...nière origine, au règne inorganique et lapidaire. Linné, faisant allusion au rôle constructeur des coquillages, a pu dire que les pierres provenaient des êtres animés, et non l'inverse, et que, passant pour primitives, elles étaient plutôt ultérieures (1). Il n'en est pas moins vrai que ces coquilles mêmes, maçonnes de continents tout entiers, ont pris leur calcaire au rocher. Par conséquent, à la base de tout, il faut placer le minéral, et le minéral primitif, père de nos argiles, de nos silex neptuniens, a passé d'abord par le feu : il fut incandescent.

Oh ! la belle atmosphère primitive, qui roulait dans ses vagues torrides le sodium, le magnésium, le potassium, le fer, tous ces métaux oxydés aujourd'hui, ternis par la rouille de l'air, — métaux que l'analyse spectrale nous fait retrouver, jeunes et vierges, dans le soleil, et qui persistent, là-haut, à brûler, pour nous envoyer chaleur et lumière... Car notre globe eut, lui, son heure rayonnante ; ces éruptions solaires dont nos astronomes ont le lointain spectacle, elles eurent la Terre, jadis, pour théâtre. Avant d'être une sphère opaque, enfermant son foyer sous de noires scories, la Terre donnait elle-même la représentation de taches, de facules, de « protubérances roses ».

Mais, passant sur cette phase « *splendide* » de l'évolution planétaire, j'atteins l'heure où le froid des immensités éteignit ces flammes métalliques, et condensa leurs vapeurs en une lourde nuée, précipitée bientôt en pluie rutilante.

Un jour vint où le jeune océan, saturé, déposa comme un limon ses trésors oxydés, ternis en des combinaisons alcalines, ou bien ayant revêtu de neuves robes cristallines, devenus gemmes de quartz, paillettes de mica, aiguilles d'amphibole, octaèdres de grenat, émeraudes ou diamants.

Je ne vous conte point de fables. La Nature a ses fééries, — et combien supérieures aux nôtres ! Elle dépasse tous nos romans, les rend mesquins et méprisables. Voici d'ailleurs un témoignage irrévocable... que dis-je ? — un témoin de tous ces phénomènes du feu : c'est un échantillon de ces roches que les géologues appellent *cristallophylliennes*, — mot double signalant une double nature. Parente, en effet, des granits, des

(1) Voir le texte latin plus loin, au « *travail de la vie* ».

porphyres, ayant comme eux l'éclat pur et glacial des gemmes, cette pierre presque précieuse est stratifiée par lits, elle mime ainsi les roches sédimentaires, les ardoises ; *ardoises rutilantes*, les nomme-t-on parfois ; et voyant les toitures, en certains pays pauvres, les étaler en cuirasses d'or au soleil, on se sent touché de ce luxe, prodigué par la Nature aux plus humbles.

De ces schistes précieux, le sous-sol de notre planète est construit ; ils forment le premier *cintre* de la voûte sphérique qui nous sert de plancher, nous sépare des laves centrales ; en même temps, ils constituent le premier noyau des montagnes. En effet, la voûte parfaite, homogène, obtenue par la précipitation des sels métalliques, auparavant sublimés ou dissous, cette voûte perdit, par degrés, sa correction architecturale : des rides s'y formèrent en réseau ; l'immense coupole terrestre se couvrit, dans son étendue, de crevasses... ; effet du refroidissement continu, de cette contraction qui, séchant un fruit, gerce sa surface unie, veloutée. Et comme une pêche mûre, de ses plaies, laisse écouler le jus qui la gonfle, l'épiderme terrestre, entr'ouvert, fit jaillir son trop plein de laves. Alors se produisirent ces éruptions que personne n'a vues, mais dont tous peuvent toucher la trace. A la grandeur des effets subsistants, vous pouvez mesurer la sublimité du spectacle, perdu dans le lointain du passé ; vous pouvez admirer aussi la hardiesse du procédé qu'adopta le grand Architecte... Vous n'ignorez point, n'est-ce pas, que, dans une voûte en plein cintre, le point faible, le plus menacé de rupture, est *au sommet*, là justement où, pour consolider l'appareil, on met la « clef de voûte ». Or, représentez-vous, au-dessous des berceaux soulevés par le plissement de l'écorce, la lave impatiente des profondeurs pressant de tout son poids pour s'échapper... Une fracture est imminente, et son lieu d'élection sera fatalement le point de moindre résistance, à savoir le sommet du pli.

C'est l'accident qui se reproduisit, à presque toutes latitudes, sur ce globe. Heureux accident, peut-on dire, puisqu'il dressa les belles montagnes que nous admirons. L'épanchement des laves tout au long des plis ainsi déchirés, jeta sur leur trou béant un manteau d'abord fluide, pâteux, puis se solidifiant en obturateur hermétique. Ainsi furent formés les alignements du granit, le squelette des monts d'Armorique, la base des *puys* du Cantal, toutes les bandes de terre qui, sur la carte géologique de France, sont teintées de rose. Ce *granit*, appareil de soutien, est fait des mêmes éléments que les « ardoises rutilantes », non plus stratifiés en lits, mais dans un amalgame confus attestant la violence du choc qui les mit au jour.

Ces sorties de la lave centrale furent d'ailleurs plus ou moins formidables, suivant que l'épaisseur de la voûte leur opposait un obstacle plus ou moins sérieux et prolongé. Or, cette épaisseur augmentant d'une façon continue, grâce au refroidissement, la masse à soulever devint, avec le temps, plus énorme ; l'effort s'accrut en proportion, et de ce conflit grandiose jaillit une gamme toujours ascendante de sommets : la *Maladetta* (3.432 mètres) ; après, la *Yungfrau* (4.167 mètres) ; — après encore, le *Chimborazo* (6.530 mètres) ; puis le *Gaurisankar* (8.840 mètres) ; non tels, assurément, qu'on les voit aujourd'hui dominer ; plus tard, en effet, ce premier jet sculptural s'achèvera, accomplira ses formes ; la chair des sédiments neptuniens, charriée par l'eau comme une « lymphe plastique », viendra se mouler sur les bords du squelette rocheux, en épouser les contours, combler le fossé trop profond ouvert entre deux éminences... Ainsi, la beauté des montagnes est le fruit de l'universel *devenir*.

*
* *

Pour résumer, un noyau de laves refroidies, contrebuté par les tronçons de la voûte terrestre rompue, tel est le *schéma* général de l'architecture montagneuse. Certes, dans vos visites aux Alpes, aux Pyrénées, aux monts d'Armorique ou d'Auvergne, vous aurez peine à retrouver ce schéma si simple ; avant de pénétrer le procédé naturel, le dégager d'une foule de causes qui le masquent, et qui le compliquent au dehors, ah ! combien de tâtonnements, d'analyses isolées, de détail infini, patient..., et quel effort de synthèse, ensuite, pour retrouver le tour de main du grand Artiste !

Le problème se posait ainsi : étant donné un globe de feu, étoile ou soleil, où tous les métaux brûlent, liquéfiés ou volatilisés, le rendre progressivement habitable et propice au développement de la vie ; cela, par un relief ferme et plastique à la fois, ordonné selon certains rythmes, sans inflexible symétrie, partageant l'aire totale en domaines distincts, abrités, favorisant les diversités de forme et de régime, sans empêcher les communications, les passages.

Et le génie divin adopta, — cela va sans dire, — le seul plan parfait, entre mille ; ainsi notre génie humain, son étincelle fugitive, sait choisir, parmi cent traits très voisins, celui qui fera juste et correct le contour.

Ce plan de Dieu ? Le voici. Les feux de l'étoile qui s'appellera « Terre » baisseraient, puis s'éteindraient d'eux-mêmes, à la surface, et cela par la seule influence du temps, le lent *rallentendo* des vibrations thermiques. Puis l'enveloppe opaque et cristalline, écume refroidie du bain métallique profond, se plisserait, par la même cause. Ainsi naîtraient les premiers contrastes de terrain : antithèse initiale de sommets et de dépressions, de monts et de vallées, de surplombs et de précipices. Ainsi se séparerait la terre ferme d'avec les eaux, suivant l'Ecriture.

Mais, la charpente une fois dressée, que de labeur encore ! Il fallait accentuer ces reliefs, leur donner plus d'ampleur et plus de saillie. Sans chercher, comme nous autres hommes, des moyens exprès et nouveaux, des forces *extérieures à l'obstacle*, l'Architecte éternel des mondes laisse les énergies, qu'au premier jour il déploya, poursuivre l'œuvre. Et le feu, prisonnier sous ses propres voûtes, s'obstina dans sa volonté d'évasion ; à plusieurs reprises, il perça de grands jours dans son plafond, — notre parquet, et les jours se comblèrent, bien vite, des mêmes matériaux qui les avaient creusés ; le remblai suivait le déblai, coup sur coup ; le projectile destructeur fermait lui-même la brèche par lui pratiquée. A force de se meurtrir, et de se réparer, ces cicatrices de l'écorce terrestre acquirent une fermeté de tissu qui réduisait toujours davantage l'orifice ; il se formait sur ces plaies un *cal* invulnérable. Alors Vulcain, pour ainsi dire, partagea ses forces : la poussée *verticale*, de bas en haut, fit jaillir les dômes granitiques du Morvan, les aiguilles phonolitiques du Mont-Dore, les terrasses basaltiques du Cantal ; *latéralement* exercée, par contre-coup, elle plissa les roches les plus dures comme des feuillets de papier, créa les vagues de pierre du Jura, les dislocations du terrain houiller.

Ce qui s'opère en grand dans le corps montagneux, se répète, en diminutif, dans ses organes, son tissu : la roche qui le forme, éruptive ou sédimentaire, porte les traces de ces secousses telluriques : pas un schiste, pas un calcaire, pas un cristal même, qui ne soit coupé de fissures, traversé de fentes, étoilé, fêlé, — telle une vitre après la commotion d'un tremblement de terre. Et ces accidents reproduisent, à petite échelle, la disposition si frappante *en réseau* dont Elie de Beaumont dégagea son « système pentagonal ». L'illustre savant, à vue large, avait fait le globe naïf, ce globe *terraqué* de Montaigne, un peu trop entaché de géométrique superstition. Simplifiant, en un schéma, la complexité du relief, il avait fini par concevoir la planète comme un cristal... Mais ici s'offre un nouvel exemple du parti merveilleux suivi par la Nature. *Parti*, je dis bien, non *parti-pris*. L'uniformité rigide de plan dans la direction des chaînes, des massifs, n'eût pas seulement frappé le paysage d'un cachet de monotonie désespérant ; elle n'aurait point, encore, satisfait aux exigences multiples et variées de la vie. L'on n'y saurait trop insister : la soi-disant perfection des figures symétriques, — d'une symétrie du moins élémentaire, est un leurre ; pas plus au point de vue *beauté* qu'au point de vue *utilité*, le simplisme géométrique n'est supérieur. Sans doute, la forme étoilée — cristalline ou végétale — est charmante ; le plan, aisément ici saisissable, est comme un plaisir de paresse à l'esprit ; celui-ci n'a pas la déception d'un long calcul à faire : quatre, six, ou huit rayons tous égaux, même également espacés, s'apprécient d'un clin d'œil ; et sans doute que cette promptitude d'opération mentale influe sur le caractère primesautier, vif, léger, de l'impression. Ainsi plaît une fleur de glace, une étoile, l'une émergeant de l'infini microscopique, l'autre émanant, sous cette forme rayonnante, de l'infini télescopique. Ainsi plaisent les marguerites, les stellaires, les crucifères ; aussi les astéries, ces étoiles vivantes, ces *marguerites sensitives*.

Mais songez que l'œil, dans tous ces objets, ou ces êtres, embrasse un horizon très réduit. Et puis, combien la froide, égalitaire perfection est corrigée, le plus souvent, par la gaucherie sincère et vivante des forces ; cette gaucherie qui, par un destin vraiment singulier, produit la grâce ! Ces cinq pétales d'églantine n'obéis-

sent, pour ainsi parler, qu'en *flânant,* à l'injonction du
plan géométral : il les veut rigoureusement jumeaux, ce
plan, — définis, strictement, de taille comme de nombre ;
et voici que, la concession faite de donner un chiffre for-
mel, les pétales d'églantine s'insurgent, joliment. Chacun
répugne au communisme bête, et s'oriente, à sa guise,
vers un méridien préféré ; satisfait de s'imbriquer sur les
autres, en entrelacs fraternel, il garde sa liberté de
geste, d'attitude, étend sa lame droite, ou l'ondule en la
festonnant sur les bords ; et c'est cette indépendance
dans la solidarité, cette diversification dans l'unité, qui
font, justement, la vie, le mouvement, la beauté dans la
fleur.

Ainsi nous attachent les spectacles majeurs de la
Nature, par cette même loi qui surgit des mineurs, loi de
transcendance en la grâce. Les paysages sont « vivants »,
à l'œil, comme les fleurs, par une complexité de mobiles
et de directions excluant toute idée de force isolée, tyran-
nique par conséquent, réfrénatrice des individuelles ini-
tiatives. Sans doute, l'écorce terrestre n'a pas orienté ses
plis au hasard... ; il n'y a point de *hasard,* au reste, et
c'est un mot vide que celui-là. Mais si des causes très
nombreuses concourent au même acte, la rigueur des effets
partiels s'atténue, se fond en un total de souple élégance.
C'est là ce qui nous frappe, et nous charme, déjà, sur
la carte orographique du globe. Dans le trajet mollement
onduleux des Cordillères d'Amérique, dans les contours
fuyants, serpentins, de la chaîne des monts d'Europe ou
d'Asie, l'on entrevoit, sous l'apparente et vive liberté des
lignes, un parti d'ordre et de symétrie rassurant. *On
l'entrevoit ;* il ne s'impose pas, pédantesquement, à la
vue ; de là, le charme. En cela, l'architecture du globe
évoque celle du corps humain ; comme lui, le globe terrestre est un composé supérieur, très complexe ; il a,
comme lui, des fonctions multiples et diverses. Sa forme
d'ensemble, déjà, se pique d'éluder les règles étroites
d'Euclide : non point sphère, mais *sphéroïde ;* aussi sa
trajectoire : *ellipse,* et non point cercle. Enfin, dans sa
structure propre, relief ou contour, la planète sait concilier son rôle astronomique et son rôle vital : les arêtes de
son ossature suivent, très largement, les bandes méri-
diennes, ou celles parallèles à la ceinture équatoriale :
intention de fidélité cosmographique qui se dérobe secrè-
tement sous un désir plus marqué de servir la *vie.*

Ce rôle « biologique » de la Terre, qui ne vit pas elle-même, mais qui doit porter les vivants, communique donc à son corps un certain caractère organique. Il a fallu passer un contrat d'harmonie entre l'organisme brut et le vif. Aussi peut-on concevoir la planète, à certains égards, comme un être primitif et géant, doué de chaleur interne et de mouvement, revêtu d'un test crustacé que percent deux rangs d'orifices, — être se nourrissant par l'atmosphère qui l'imbibe, et par l'eau qui circule en cycle perpétuel en son sein, — secrétant son trop-plein de sève par les volcans, — enfin se reproduisant, si l'on veut, puisque son satellite, la lune, détachée de sa substance, autrefois, gravite dans l'orbite maternel.

Mais ne nous laissons pas entraîner à de trop lointaines analogies. La seule comparaison raisonnable, et qui « soit raison », est d'évoquer l'*architecture* ; — encore avec cette réserve, que la Terre est un édifice à part, d'une technique toute spéciale ; d'après les descriptions précédentes, on pourrait la définir : *une ruine systématique*, ou, si vous aimez mieux, *un système de construction articulée.*

Prise en bloc ou dans ses fragments, la Terre est, effectivement, une *ruine ;* ruine, encore, Dieu merci, suffisamment résistante, en dépit de certains symptômes alarmants. Fissuré de partout, le sol que nous foulons peut être pris comme une *voûte,* dont les éléments, les *voussoirs,* découpés suivant les lignes de fracture, jouent les uns sur les autres avec une aisance relative. Ces « lignes de fracture » dont les bords ne sont plus, généralement, de niveau, les géologues les nomment des *failles.* Quand le jeu s'exerce entre deux failles éloignées, il se produit un « tremblement de terre » ; le glissement des voussoirs entre failles voisines a des effets moins dramatiques ; mais il modifie plus profondément, parfois, l'aspect architectural de la région.

Ici, permettez-moi d'attirer votre attention sur une prévoyance admirable de la Nature — expression, je m'en aperçois, bien païenne, et qu'il faut traduire, bien vite, par cette autre : *un acte de la Providence divine.*

Si la Terre, — ainsi la doit-on concevoir, — est une *ruine,* il ne faudrait pas que le mot évoque idée de décadence : au contraire, idée de *progrès.* Remarquez, en effet, le bénéfice actuel de ce système ruiniforme, que je nommerais plutôt : *système d'architecture articulée.*

Sur ces voûtes homogènes, d'un seul bloc, qu'avait conformées le plissement des schistes cristallins (ardoises rutilantes), point de sécurité ; les longues et larges crevasses qui livrèrent passage aux coulées de lave primitive, en témoignent. Ce furent de véritables *cataclysmes...* ; mais, notez-le, l'homme n'étant pas là, ce ne furent point des *catastrophes*. Bien au contraire, ces crevasses, obturées par les matériaux, justement, qui les avaient faites, fondèrent la stabilité de l'axe montagneux. Son imperméabilité relative, et, de plus, l'état fragmenté de ces couvertures rocheuses eurent ce résultat opportun de rendre l'appareil plus souple, plus élastique. La résistance opposée par un cintre rigide aux pressions d'en bas, était, en dépit des apparences, un péril, car plus cette résistance croissait, plus le soulèvement montagneux menaçait d'être formidable.

Aujourd'hui, pareil danger n'est plus à craindre ; pareil danger *n'était* plus à craindre, déjà, lorsque l'homme fut introduit. Cela, pour deux motifs : d'abord, la structure spéciale de l'écorce, dans les « hauts•pays », cette fragmentation d'une voûte, auparavant *monolithe*, en voussoirs indépendants, « ayant du jeu », glissant l'un sur l'autre au moindre tressaut souterrain, faisant enfin l'office du levier qui, dans nos soupapes, entr'ouve la porte à l'explosion, de peur que l'explosion ne la force.

Une autre sûreté, ce sont les volcans. Ces cônes si réguliers qu'ils construisent, en cendres et scories, au sommet des hauts plateaux éruptifs, rompent le paysage d'un accident très pittoresque ; ils ne doivent point masquer, aux yeux de l'esprit, les orifices essentiels, ouverts *à fleur de sol*, et que la lave ancienne a percés, de distance en distance, au travers de coulées plus anciennes encore. Pour fixer vos idées par une image vive, je citerai l'assimilation classique des lignes éruptives à des *plaies*, et celles des points volcaniques à des *pustules*. La comparaison n'est sans doute pas élégante ; elle est au moins fort claire.

Si j'insiste sur le contraste entre les deux genres d'orifices, c'est qu'il confirme notre idée d'un bienfait prémédité de la Providence. En effet le grand Architecte, économe de procédés, se montre en même temps prodigue en résultats. Le feu central, âme de son édifice, en menace à la fois l'existence. On peut dire ici, juste-

ment, que « la lame use le fourreau ». Déjà l'interposition d'une croûte opaque avait reculé son domaine ; mais, débris d'un soleil ancien, qu'une jeune planète emprisonne, il luttait pour reconquérir l'espace, détendre ses rayons repliés. L'histoire de ce conflit, c'est le récit des éruptions granitiques, porphyriques, puis trachytiques, basaltiques ; les laves issues des profondeurs se sont succédé dans cet ordre. Mais chaque nouvel effort de l'étoile captive aboutissait à des épanchements plus réduits. Au moment où l'homme apparaît, l'ère des cataclysmes se ferme ; c'est un fait. Et depuis, les efforts souterrains, localisés, portant sur les seules bouches volcaniques, se bornent à couvrir de lave les champs d'alentour.

Construite avec les matériaux du feu, l'habitation humaine est préservée du feu par les jours nombreux, mais étroits, ménagés entre ces matériaux. Encore une fois, si l'écorce terrestre est une ruine, cette ruine est intentionnelle et voulue : c'est un système d'architecture efficace, et, du même coup, admirable.

Le travail de l'Eau

L'antithèse éternelle du *feu* et de l'*eau* se vivifiait, chez les anciens, d'un antagonisme idéal, celui des dieux Pluton et Neptune. Au siècle dernier, les savants gardaient encore la trace de ces beaux mythes : on qualifiait de *plutoniens* les terrains érigés par le feu central, de *neptuniens* ceux qu'on jugeait avoir été formés par les eaux. Ainsi, le langage est traditionnel autant que la science est novatrice ; nous avons constaté, déjà, cette tendance à propos du ciel : les étoiles ont des noms divins : *Andromède* (1), *Aldébaran*, *Véga*... Et qui leur a laissé ou donné ces noms esthétiques ? — Les astronomes, si positifs, de *notre temps*, ceux qui tracent les « parallaxes », calculent les « ascensions droites » et les « déclinaisons », prennent du firmament des clichés photographiques.

Mais la poésie n'est pas moins obstinément adhérente aux choses qu'à leurs noms, et si, derrière un massif de granit, nous n'apercevons plus la face de Pluton, ni celle de Neptune sous un bloc de calcaire marin, la notion des travaux accomplis ici par l'*eau*, là par le *feu*, porte avec elle le sublime. Il est une façon de considérer la Nature, ni scientifique, étroitement, ni jalousement artistique, et qui, fusionnant les deux points de vue, peut se définir *esthétique ;* divine, pourrait-on l'appeler ; puisque Dieu voit sa création sous tous les angles à la fois, dans une indivisible unité.

*
* *

Lorsqu'on prononce ce vocable, *l'eau,* chacun se figure d'emblée la matière fluide et coulante qui glisse entre deux rives ou deux berges, ou se précipite, en bouillonnant, d'un rocher, ou se déverse, en gouttes pressées, d'un nuage, ou bien se gonfle, sur une immense étendue, de vagues écumeuses... Mais ce n'est là qu'un des aspects de l'élément primordial, une des *robes* que la mystérieuse *Ydor* sait revêtir, suivant les temps et les climats : avant d'étaler sur l'abîme cette tunique à mille plis, — qu'elle échange sur les sommets pour une tunique de glace, — Ydor emplissait l'espace de son corps diaphane, invisible ; elle était « vapeur ». C'était au moment où le règne du *Feu*, que nous avons décrit, déclinait : le rayonnement du foyer central, étoile pri-

(1) Personnage féminin que Neptune fit attacher à un rocher sous la menace d'un dragon, et qu'on voit, dans le tableau d'Ingres, prêt d'être délivré par Persée.

sonnière de sa propre écorce, était encore efficace à tenir volatils bien des corps... Alors, tous les fleuves, les lacs, et les océans d'aujourd'hui flottaient, suspendus entre ciel et terre ; la mer était atmosphérique, l'atmosphère avait les salures et les amertumes de la mer... Il n'y avait, en réalité, ni l'une ni l'autre de ces choses, mais une buée pesante, saturée, comme un bain chimique prodigieux, riche de résidus métalliques; ainsi la photosphère, aujourd'hui rayonnante, du soleil.

Ah ! l'étonnant spectacle ce dût être, la première pluie..., *déluge antédiluvien*, peut-on dire, qui dut être universel, s'étendre à toute la planète... Et cette condensation gigantesque qui créa les réservoirs actuels, atlantiques et pacifiques, n'aurait pas encore permis, sans doute, une arche de Noë ; cela devait se passer, aussi bien, avant l'*homme*,.. Mais, à partir de ce moment, la planète changea d'aspect, et se prépara pour la vie. La délimitation était opérée, désormais, entre l'élément liquide et le gazeux : celui-ci recouvrait celui-là, le comprimait, le maintenait ; il y avait, superposés, le domaine *liquide* et le domaine *aérien*. Il y avait aussi, juxtaposés, le domaine liquide, et l' « *aride* ».

Une fois installée dans son royaume océanique, et, plus tard, occupant les postes fortifiés des glaciers, où elle se tient en réserve, comme en puissance, l'*Eau* commence aussitôt son œuvre. Cette œuvre est immense ; elle est double : d'une part, il lui faut sculpter, graver l'écorce terrestre, comme au burin, dégrossir l'informe haut relief, déblayer : c'est l'*érosion* ; de l'autre, elle doit, des matériaux qu'elle aura pétris, modeler de nouvelles assises, et compenser ses déblais par un remblai : cela, c'est la *sédimentation*, travail d'ingénieur, d'architecte et de sculpteur tout à la fois... Vous savez si le résultat, qu'on appelle le « *paysage* », n'est pas une réussite d'Art, autant qu'un succès technique ; à ce point que nous, enfants de la Terre, qui vivons d'elle, et devons coucher, un jour, dans son sein, nous avons le loisir, encore, de l'admirer, de faire comme ces nourrissons, qui, entre deux sucées de lait, se retournent pour sourire au visage de leur nourrice.

L'*érosion*, c'est le travail de l'eau qui démolit la montagne. Cette œuvre de déblai, vous la trouverez partout décrite, parce qu'elle est à la fois facile à comprendre et facile à exposer, et qu'elle se prête, en outre, aux développements littéraires ; nous en ferons, toutefois, le tableau.

L'eau descend, on le sait, des monts à la plaine, et, durant ce trajet, son travail peut se diviser en trois temps successifs : elle entraîne, elle brise, elle étale ; ce qui était *bloc* au départ, devient, à mi-côte, *gravier*, et *limon* au bas de la pente. L'eau n'agit pas toujours ouvertement, avec la franchise du torrent qui ravine les flancs d'un massif, ou de la vague océanique qui bat le pied des falaises ; en maintes occasions, son attaque est silencieuse, et sournoise ; elle s'opère sans mise en scène, passe inaperçue ; cette eau perfide s'insinue dans les fentes, s'infiltre dans les interstices du sol, profite des joints, des trous, des milliers de fissures dont nous savons la terre étoilée... Cette ruine qu'est l'écorce terrestre, elle l'enlace de sa trame fluide et s'y ramifie comme une plante. Aucun obstacle, sauf l'argile, n'arrête longtemps sa coulée, vraie poussée de racines dans l'humus ; souple, elle sait tourner ce qu'elle n'a pu franchir ; la masse, elle en a raison par le temps ; la dureté, elle en vient à bout par les moyens chimiques ; impuissante à renverser, elle affouille, et, quand elle ne peut entasser, elle dissout.

Monuments de l'homme ou de Dieu, l'eau ne respecte et n'épargne rien ; aiguisée par l'acide carbonique de l'air, elle devient l'outil qui burine la montagne, ou sillonne de rides précoces nos statues, nos édifices. Les roches les plus dures, tel le granit, s'égrènent sous le fouet des averses ; le *feldspath*, en effet, à cause de la chaux qu'il contient, représente, en l'association granitique, l'élément faible ; sa défection entraîne celle du *quartz* et du *mica*, ses associés ; autour des monts d'Armorique, aux sommités polies en dômes, on ramasse des gemmes quartzeuses cristallines, des paillettes micacées, à l'éclat métallique. Cette poussière précieuse est le résidu de l'exfoliation de la roche ; ce sont les débris de son épiderme : on l'appelle « arène granitique ». Et cette arène se retrouve au pied des murs d'église, lorsque la proximité du gisement a décidé du choix de tels matériaux. Qu'il demeure brut en ses carrières, ou qu'il ait la gloire d'être ouvré pour l'architecture d'un temple, le granit, *l'indestructible* granit des poètes, perd ainsi, couche par couche, son tissu, — chute d'un épiderme qui ne se régénère jamais... ; la cathédrale de Limoges a perdu, depuis quatre siècles, un centimètre d'épaisseur, et l'on peut fixer le moment où sa face nord, la plus exposée, sera mince comme un feuillet de missel.

Si le granit se laisse entamer ainsi, que dire du fragile calcaire, dont la base alcaline est une proie toute offerte à l'excès d'acide extérieur ?... Ruisselant des escarpements monumentaux — ou des corniches montagneuses (1), cette eau gazeuse naturelle, issue du grand réservoir supérieur, accomplit sûrement son œuvre. Œuvre mécanique et chimique à la fois : les entablements sont rongés, les frontons, les acrotères s'effritent, les pinacles et les fleurons s'émiettent ; tous les motifs nus du décor subissent une dégradation qui déshonore l'édifice. Peu à peu, ses traits spécifiques se font méconnaissables ; et, mutilé de ses membres saillants, le temple, la cathédrale, la tour isolée surtout, emprunte insensiblement au rocher sa physionomie. De là, l'idée de *ruine*, s'imposant à la fois aux deux genres d'architecture, prêtant un aspect naturel à l'édifice humain, — un air artificiel aux constructions de la Nature. Ainsi la vieille tour, à distance, avec sa robe de mousse, et de lierre, mime, à s'y méprendre, un bloc de calcaire, ou de grès : et, réciproquement, tel site rupestre, affouillé, sculpté par les eaux, prend un cachet monumental (2).

Cette analogie que je signale, vous en trouverez, du reste, la trace en le langage et dans la nomenclature des merveilles, ou curiosités naturelles. Les noms ici, sont aussi pittoresques que les sites : « cabane des fées », « tour du diable », « chaussée des géants », etc.; — vocables, assurément, mensongers, et dont le tort est de jeter une ombre sur celui de l'Architecte authentique ; vocables poétiques, cependant, et témoins, précieux pour nous, d'une analogie remarquable.

Nous autres modernes, en effet, dégagés des superstitions, et des craintes, — nous n'en restons pas moins impressionnés par ce décor qui semble intentionnel et voulu. L'auréole esthétique sublime, dont ces paysages à nos yeux s'enveloppent, — n'est-elle point le subtil

______

(1) Au lieu d'« *escarpements montagneux* » — et de « *corniches monumentales* »... artifice de « transposition réciproque » destiné, dans la pensée de l'auteur, à souligner l'analogie.

(2) Par exemple, *Montpellier-le-Vieux*, dans les « Causses ».

résidu des terreurs surnaturelles d'antan, un reste de frisson de nos pères ? Nous traiterons ce point en détail, quand il sera temps, c'est-à-dire au chapitre psychologique de la Terre. — En attendant, je vais énumérer devant vous les principaux types montagneux de manière à faire ressortir le lien qui rattache leur caractère artistique, à leur texture, à leur trait géologique dominant.

On connait des monts *cristallins*, des monts *calcaires*, des monts *grèseux*, des monts *schisteux*, des monts *basaltiques*, — enfin des types mixtes, ou plus ou moins complexes, comme les *Alpes*, les *Pyrénées*.

Les monts « *cristallins* » proprement dits se composent d'une espèce de roche très résistante, à grain serré, que les minéralogistes appellent *gneiss*, et qui se différencie du granit par la disposition *stratifiée* de ses éléments. Aussi, tandis que les monts granitiques s'usent de la manière qu'on a dit, réalisent des formes bombées, font des *dômes* ou des *ballons*, les montagnes cristallines, ou gneissiques, présentent des sommets pointus, des crêtes tranchantes ; les cols dont leur massif s'échancre, sont peu profonds ; leur altitude est souvent considérable. Tous ces traits réunis, expression manifeste d'une structure à la fois fine et forte, prêtent à ce type orographique un aspect pur, sévère, d'une majestueuse distinction. On peut en admirer des spécimens au Nord de la Hongrie (massif du *Tatra*).

Comme échantillon de cimes *calcaires*, je citerai les Alpes du Tyrol. Ravinées par les intempéries, gelée, pluie, ruissellement des « eaux sauvages », ces montagnes offrent un aspect tourmenté, qui fait contraste avec le précédent. On n'y voit que sommets coupés, déchiquetés, pentes abruptes, presque verticales, corniches anguleuses taillées en bastions..., physionomie de fort demantelé, ravagé par le feu d'une artillerie de siège... ; et, tous ces magnifiques dégâts, c'est l'eau qui les a causés — l'eau douce, l'eau des nuages légers.

Cette eau sculpte ainsi différemment, suivant la matière ; elle a ses tailles très distinctes. N'étant point fantaisiste, en somme, mais rigoureuse, et déterminée dans son art, elle ne fait pas, comme nos sculpteurs, ou nos architectes, des fautes d'harmonie. Aveuglément soumise au concert des forces extérieures, elle se déverse, se répand *selon des lois*, et l'harmonieux système de ruine qu'elle réalise, s'accorde, impeccablement, avec la nature des matériaux : c'est ainsi que les *grès* de Saxe ou des Vosges, fouillés du même burin que les *calcaires* de Bohême, nous présentent un autre décor : les blocs rocheux, mieux équarris, simulent, de loin, une cité presque moderne, et rectiligne. Etrange préjugé que de croire au succès du fantaisisme, à la nécessité du vouloir esthétique pour le *beau !* L'averse a-t-elle un parti-pris, une aspiration plastique quelconque ?... Et vous voyez pourtant qu'en ravinant, aveugle, les flancs de la montagne, elle crée ce haut-relief accompli, si ponctuel, si satisfaisant dans ses lignes, qu'un artiste voudrait l'avoir fait.

Avec quelle majesté sereine il coule, le vieux Rhin, dans la nette coupure des *schistes !* aucun décorateur n'eut trouvé pareil effet d'un seul coup ; car le propre du génie humain, c'est de tâtonner ; et, s'il va, une fois par hasard, droit au but, c'est grâce à *l'instinct,* au *génie,* — force semblable à celles de la Nature, aveugle comme elle, et par conséquent infaillible.

Au célèbre îlot de Staffa, dans les froides Hébrides, elle expose, la Nature, peut-être, son « chef-d'œuvre ». Ici, le paysage est pour ainsi dire improbable, et l'on a peine à chasser l'idée de préméditation qui vous hante. Est-ce bien le labeur fatal des éléments qui l'a fait pousser, cette colonnade inouïe de Fingal ? — Ces prismes si corrects sont-ils le résultat d'un simple retrait du basalte ? Cette immense percée de nef, où passe à tout instant la solennelle procession des vagues, — le seul effort de l'océan l'a-t-il réalisé ?

Après tout, que trouve donc là de surprenant la fourmi humaine ? et quel est cet athéisme esthétique qui ne croit pas la Raison divine absolue capable d'enfanter la beauté ?

Dieu n'est pas, d'ailleurs, qu'architecte et sculpteur, il est en même temps coloriste; et la couleur qu'il étend sur les roches n'est pas plus *quelconque* que la forme, et la structure de celles-ci. Oh ! la misère d'une palette où le pinceau de nos artistes s'attarde à choisir le ton qui convient ! Ici, la moindre nuance est fatale ; elle dépend des accords cachés de structure. Le coloris si diversifié des terrains n'est jamais ce quelque chose d'ajouté, d'indépendant, qu'on appelle *frottis, empâtement, glacis ;* telle la texture de la pierre, tels sa couleur, et son

éclat. — Parcourons cette gamme intégrale et logique,
et chaque teinte de l'iris sous nos yeux, suivons sa trace
sur le sol... Il est des granits *roses*, des porphyres d'un
rouge opulent ; rouges aussi, les calcaires ou les sables
ferrugineux, les argiles tinctoriales, les *ocres*, — *orangés, jaunes* ou *dorés*, les sables fins des plages, les
limons de deltas, les ocres, les paillettes micacées, les
silex blonds de la craie ; *vertes* sont les amphibolites,
les roches magnésiennes, talqueuses, les serpentines
tachetées comme peaux de vipères, les sables glauco-
nieux, les argiles, les marnes qui couronnent la formation jurassique.

D'autres marnes sont d'un *bleu* pur, plus ou moins
foncé ; certains calcaires à bâtir, teints de cette couleur, forment les *Blau Treppen*, l'escalier aux marches
bleues de Hollande. Le *violet* est la livrée sombre et
superbe des schistes cristallins, des ardoises de l'Est, de
certaines marnes encore, qui sur la ceinture de Paris,
déroulent d'ailleurs toute la gamme.

Enfin le *blanc*, d'un côté, le *noir* de l'autre, dans les
roches, éclaire plus d'un site — ou l'assombrit. Il est
des paysages de deuil, où règnent le basalte, les laves ;
il est des paysages de fête, où la craie, resplendissant au
soleil, aveugle les yeux de son éclat... Et pourtant, qu'ils
sont mornes, parfois, ces plateaux éternellement blancs
de Champagne ! tandis que les noirs piliers de basalte
ont des reflets de jais si vifs et si captivants.

Des monts, jetez un regard sur la plaine. Là, moins
solennels et plus calmes, les champs s'étendent en largeur, les cultures font un tapis mosaïque diversifié, —
« des échantillons de tailleur placés bout à bout »,
disait Walter Scott... — De loin, à la seule couleur, vous
pouvez estimer la valeur du sol. Les tons rouges indiquent le *fer*, une terre dure et sèche, *martiale ;* les tons
jaunâtres, — un fond plutôt marneux, ou sableux, des
terres « légères » ; — la teinte brune, classique, de la
glèbe, celle que peint Millet et que chante Zola, est la
livrée des terres « fortes », argileuses ; noire est la
« terre de bruyère », humus riche, condensé, tandisque
dans sa blancheur crue, monotone, la Champagne
« pouilleuse » annonce la stérilité.

Plus ou moins fertile, — ou stérile, la terre *arable*, celle où mord le soc des charrues, — est un produit de *sédiment*. Son histoire se rattache donc au travail de remblai par lequel l'eau compense celui, déjà décrit, d'*érosion*, de déblai naturel. Les matériaux arrachés par l'érosion aux sommets, sont restitués par *sédimentation* aux parties déclives ; au contraste violent et sublime de cimes altières et de plats pays, tend à se substituer, peu à peu, un régime plus égalitaire, et démocratique, en quelque sorte. Et si le paysage y perd en grandeur, il gagne en douceur, en grâce, en facilité Grâce au ruissellement de l'eau qui burine la montagne à grands traits, l'homme peut pénétrer jusqu'au centre de sa masse, et l'habiter. Plus tard, à travers les dépôts d'alluvion formés de ces débris pulvérisés, modelés comme à la spatule, — elle fera, cette eau, des percées nouvelles ; aux vallées de *plissement*, de *fracture*, vient dès lors s'ajouter le système des vallées d'*érosion*. Pour saisir la différence entre ces deux types, il suffit de passer, avec la rapidité que permet aujourd'hui le chemin de fer, du Jura dans la Côte-d'Or. Partant de Pontarlier un matin, vous verrez, en panorama, de votre wagon, les fameuses *combes* jurassiennes, — longs plis parallèles d'un terrain dont les couches ont ondulé de concert, telles des vagues ; — et, coupant ces plis en travers, les *cluses*, vallées de fracture, qui laissent un passage latéral. — Arrivé dans l'après-midi à Dijon, — le tableau de ces vallées primitives encore en vos yeux, vous trouvez ce contraste de vallées modernes, au contour flexueux, peu profondes, vallées sculptées, littéralement, dans le limon tertiaire, vallées d'*érosion*.

Notre beau pays de France est sillonné de ces vallées ; ce sont les plus récentes, et les plus nombreuses. Les dépôts successifs qui s'étagent, régulièrement, sur leurs flancs, et se correspondent d'un bord à l'autre, nous forcent d'y reconnaître le *lit* même du fleuve qui les a creusées ; car du sommet de ces coteaux, aujourd'hui surplombant à sec, on extrait des coquilles parentes de celles qui vivent, aujourd'hui, sous les eaux. Le fleuve torrentiel et gigantesque de jadis a réduit ainsi son débit, est devenu rivière tranquille et modeste. Son rôle de « tranche-montagne » est fini ; c'est à présent, pour notre utilité, — le « chemin qui marche ».

Ainsi, vous le reconnaissez ; la Géologie n'est plus
l'étude aride, et fermée, dont le cycle se clôt sur lui-
même, une science de spécialiste, inutile aux autres...
Non, c'est la préface indispensable et superbe de l'Histoire, de la Sociologie, — de l'*Esthétique*. Le creuse-
ment des vallées, c'est l'effort suprême d'une œuvre qui
commence par le *feu*, finit par *l'eau* ; — d'une œuvre
qui, suivant une évolution logique, bienfaisante, a préparé le séjour de l'*homme*, a permis la civilisation, le
progrès. Sans les ravinements de la période diluvienne,
où serions-nous ? Confinés sur des plateaux aux climats extrêmes, il nous faudrait lutter encore pour la
conservation de la vie, passer notre existence à nous
empêcher de mourir. Aurions-nous pu bâtir ces immenses cités, où le luxe, — et le vice, hélas ! ont refuge, mais
aussi qui donnent asile au dévouement, à l'intelligence ?
Paris, sorti tout entier des carrières qui l'environnent
aurait-il son site exceptionnel, et ses monuments ;
existerait-il ? — Sans vallées, point de communications
faciles, ni routes, ni canaux, ni chemins de fer. Les
produits même qui créent, en les nécessitant, ces
moyens de transport, — n'auraient pu, vraisemblablement prospérer : aux céréales, aux fourrages, à la vigne,
il faut le calme et fécond abri des coteaux. — La vie
sociale a donc été, de longue main, préparée par les
combinaisons telluriques ; comme en nos théâtres, la
scène a précédé les acteurs, et le drame n'a commencé
qu'à l'achèvement des décors.

Ces derniers sont assez beaux, du reste, assez
« réussis », pour que l'on tourne sa pensée vers l'Artiste qui les a conçus. « *Artiste* » est-il bien le nom qui
convient ? La Nature est-elle œuvre d'Art — ou de
Science ? Est-ce la *belle* Nature — ou la *bonne* Nature ?...
Au fond, — *là-haut*, veux-je dire, ces distinctions ne
doivent point exister ; elles sont nôtres, elles sont
humaines ; et nous, êtres finis, divisons, d'instinct, tout
travail ; — nous morcelons l'unité. — Le Dieu qui sou-
leva l'écorce du globe en sommets, et qui fit trancher
ces cimes par les fleuves, — on peut lui laisser, si l'on
veut, son nom d' « *Architecte de l'univers* », mais à
condition que l'on voie, sous cette dénomination d'Architecte, un unique souci d'*harmonie*, d'où le beau surgit, par surcroît... Le pont que l'on a voulu seulement
stable et solide, léger, sobre, et de longue *flèche*, — si,

dans les plus minces détails, il répond à son programme essentiel, — est un *beau* pont. C'est de cette façon que la Nature est belle, et qu'elle nous enchante ; car rien, dans un paysage, *absolument rien*, n'est oiseux ; tout a son office précis, tout est utile.

** **

En tous les tableaux qui précèdent, notre regard s'est circonscrit à la terre que nous habitons, à la *terre ferme*. Vous avez eu le panorama d'un continent, tel que l'Europe, arrosé par un système de fleuves, de canaux naturels ramifiés ; cette eau courante « arborescente », pour ainsi dire, emplit partout les rides qu'elle a creusées, comme on le voit en miniature, en quelque allée de parc, après un orage : et s'étalant, gagnant toujours du terrain, elle épuise par degrés son élan, divise les cantons sans les inonder, et laisse, au-dessus d'elle, les forêts verdir et la vigne mûrir son raisin.

Mais ce régime si calme, et si rassurant, d'un continent exhaussé au niveau voulu, qui s'incline commodément sur des eaux captives, et les boit sans être submergé par elles (1), ce régime n'a pas existé de tout temps, il s'en faut ; c'est un stade récent, en somme, dans une longue évolution tellurique. Le sol, aujourd'hui ferme sous nos pieds, fut longtemps un lit d'océan. Ce qu'on appelle la *Stratigraphie* est l'histoire des *immersions* et des *émergences* alternées de ce sol. Rappelez-vous les vers du poète :

« La Terre encore humide et molle du déluge ».

Laissant intacte, ici, la question biblique, nous évoquerons le tableau, restitué par la Science, du grand travail *sédimentaire*.

Cette fonction de remblai, la *sédimentation*, ne s'est pas opérée d'un seul coup, — ni continûment, mais avec

---

(1) L'évasion de ces eaux n'est qu'un accident, et souvent la faute de l'homme. C'est l'homme qui rompant par ses fols déboisements, une harmonie naturelle, incite l'onde à la révolte, et la déchaîne aveuglément sur ses domaines.

des pauses et des reprises, suivant un *rythme*. Ainsi se fait toute œuvre d'Art. Ce rythme a des périodes, il est vrai, prodigieuses, et dont l'ampleur est pour confondre notre brève et vive imagination. Pour un organisme tel que le nôtre, dont le pouls bat soixante et douze fois par minute, quel effort de s'adapter à des phases de plusieurs siècles ! Car c'est là l'espace de temps que les géologues réclament pour la construction d'assises aussi denses, aussi puissantes, que celles dont l'écorce terrestre est formée.

La sèche nomenclature de ces couches ne saurait trouver place ici, dans une « Histoire de la beauté ». Les noms même ne s'y prêtent point : la terre n'a pas, comme avait fait le ciel, inspiré nos savants : *Silurien, Cambrien, Dévonien, Jurassique, Rhétien*, n'évoquent que des régions, des lieux géographiques. Même au point de vue « savant », ils sont peu scientifiques, étant la constatation pure et simple — et c'est le cas de dire « *superficielle* », du point d'affleurement favori. — De même, en effet, qu'une carte céleste n'apprend rien, absolument rien, sur les rapports des astres entre eux, leurs distances respectives, leur ordre, — une carte géologique est inapte à nous révéler la succession verticale des sédiments, l'épaisseur comparative du dépôt, et son rythme. L'une est utile, certes, au capitaine de navire ; et l'autre, à l'ingénieur des mines ; mais leur office à toutes deux est de pratique pure ; et quant au fond même des choses, à la notion pure des faits, — ces calques de surface ne servent qu'à tromper : il a fallu de longs calculs, *en dehors* d'eux, pour avoir une exacte idée du monde sidéral. déformé, faussé par la perspective ; au prix de quels efforts aussi, sommes-nous parvenus à reconstituer l'échelle des strates ! Il semblerait, en vérité, que la Nature ait caché, malicieusement, le secret de ses procédés, sous la splendeur d'un ciel étoilé, d'un paysage.

En dégageant l'essentiel de l'accidentel, et le plan profond de structure des contingences de surface, la Stratigraphie, comme l'Astronomie, dessert l'Esthétique pour la mieux servir. On perd, il est vrai, de vue, l'essaim capricieux des étoiles, mais on gagne la vision mentale, et sublime, des mouvements planétaires, stellaires. — Si l'enchevêtrement pittoresque des roches, à fleur de terre, disparaît, voici qu'une échelle se dresse, idéale et pourtant certaine, de ces roches, une gamme harmonique fondée sur la superposition des terrains.

Mais nous ne prendrons, de cette échelle harmonique, que l'esprit, laissant la *lettre* aux spécialistes. L'enthousiasme professionnel de ceux-ci, toujours respectable, ne laisse pas d'être quelquefois puéril, lorsqu'un géologue, par exemple (j'en fus témoin), envie tel paysan dont la cabane repose, directement, sur le gîte le plus fossilifère du *Trias*.

O fortunatos nimium…

Nous autres, esthéticiens, ne pouvons nous montrer aussi minutieux. Ce qui nous importe surtout, c'est le plan, c'est le procédé général unitaire auquel l'œuvre doit sa perfection technique, sa *beauté*.

Le problème à résoudre, avons-nous dit ailleurs, était tel : étant donné le globe de feu primitif, formé de gaz incandescents, de métaux fondus, inhabitable, le rendre, par degrés, propice au développement de la vie ; cela, par un relief résistant et suffisamment plastique à la fois, offrant des alignements réguliers, sans symétrie rigide, apte à favoriser les variations de forme, et de régime, sans empêcher les communications, les mélanges de races.

Le *feu* central, vous le savez, a rempli la première partie du programme ; l'*eau* s'est chargée de la seconde. D'abord, par les fentes longitudinales de l'écorce, le granit, en pâte brûlante, fit éruption : cette première lave une fois refroidie, figée sur place, constitue le noyau des chaînes de montagnes. Précipitée, vers la même époque, de l'atmosphère, la vapeur aqueuse emplit les vides interjacents, fit, des vallées primitives, ses réservoirs. Ceux-ci devinrent des océans très vastes, ou plutôt formèrent un seul océan continu, sur toute la rondeur du globe, avec, çà et là, des pointes ou tranchants granitiques, en îlots. Il faut se figurer l'Europe, à ce stade, comme un archipel ; et si ces îles éparses se sont réunies par endroits de manière à réaliser l'ancien continent, ç'a été par un *soulèvement* de l'écorce, qui fit émerger les portions d'abord inondées par la mer.

Ce soulèvement qui, d'une espèce de Polynésie, fit l'Europe actuelle, il ne fut point lui-même continu, mais:

s'effectua par saccades. Là, sur la scène inaccessible, et sans spectateurs, du passé, la Science a décélé le rythme sismique initial, celui des *oscillations lentes* du sol. Les faits ne manquent point pour l'attester : vingt, trente, cinquante fois de suite, et davantage, à des intervalles séculaires, le relief encore fruste de la planète parut, — puis disparut sous les eaux : et chaque fois, en plongeant, il s'enrichissait de nouveaux sédiments, et ceux-ci, lorsqu'il émergeait, venaient sécher, durcir à l'air. C'est par conséquent d'une alternance périodique entre le *soulèvement* et l'*affaissement* que sortit le relief actuel, — et, doit-on ajouter le *contour*. L'onde superficielle, comme le feu profond, s'est reprise, pour accomplir sa tâche, à plusieurs fois Le procédé de la Nature, en cette occurrence, est curieux : celui d'un sculpteur, ou d'un céramiste plutôt, qui plongerait et retirerait du bain tour à tour, la pièce à fignoler, à vernir, ; à chaque immersion, une couche neuve se superpose à l'ancienne, et le dépôt se faisant seulement *par places*, il en résulte un relief varié.

La carte d'Europe, qu'on met sous les yeux de nos écoliers comme absolue, n'est, en définitive que le dernier feuillet d'un atlas, où le continent, pas à pas, se forme et parachève sa figure. Ce parti de contours familier, où l'Espagne est carré parfait, la France, pentagone, et la Grande-Bretagne, triangle, où la presqu'île scandinave reste suspendue sur le Jutland, comme une grappe énorme, — où la botte péninsulaire italique à l'air de pousser la Sicile, antique Trinacrie, sur Tunis, - il suffirait d'un affaissement de quelques mètres pour changer ce dessin classique de fond en comble. Or la carte qui fut dressée sur ces données tout idéales, se trouve coïncider assez bien avec celles qu'on a tracées par déduction, de l'Europe *secondaire*, ou *tertiaire*.

Nous n'insistons pas. Ce que l'on a dit, déjà, doit suffire à rendre l'idée d'*évolution manifeste* : et comme la beauté, sur ce globe, accompagne tout effort d'achèvement, il s'ensuit qu'elle est elle-même, la beauté, résultat d'un « *perpétuel devenir* »... Et je ne veux point dire par là qu'elle cesse d'être, avec l'usure du temps, qu'elle se *démode* ; non : seulement ceci, qu'elle n'atteint son point culminant qu'après une patiente et laborieuse trajectoire.

Le travail de la Vie

A ces deux ouvriers de l'architecture terrestre, le *Feu* et l'*Eau*, vous savez qu'il faut en ajouter un troisième : la *Vie*.

Ce n'est pas le trait le moins curieux de cette architecture, qu'elle doive la plus grande part, peut-être, de ses matériaux à des êtres vivants, — ayant vécu. Vraiment, quand on y réfléchit, la sublime originalité du procédé déconcerte... Le maître-d'œuvre qui, dans ces temps de piété du Moyen-Age, taillait le calcaire à bâtir à la gloire de Dieu, faisait-il attention, parfois, à ces vermiculures dont la pierre, à son état naturel, est ornée ?

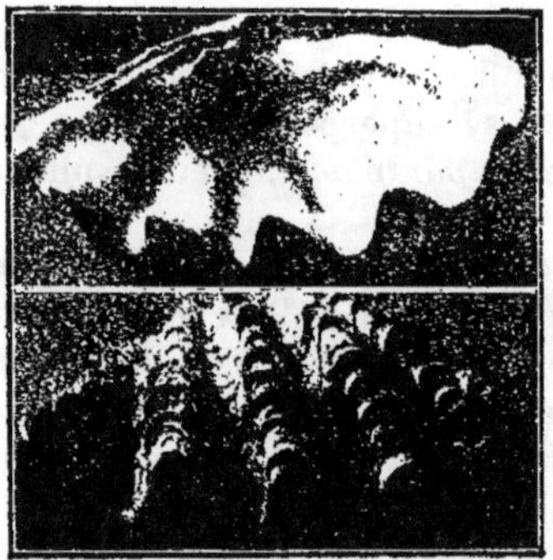

Cliché Valéry.

Rapprochait-il, en son esprit, de ces fossiles, — alors des « jeux de la Nature », la coquille géante encastrée, pour servir de bénitier dans la muraille ? (1) — Non, sans doute, car Bernard Palissy, le premier, devait trouver le mot de ces pétrifications minuscules... Il fallait un génie tout différent de celui de ces constructeurs pour deviner ce fait incroyable, imprévu : l'Architecte de l'univers faisant pétrir ses matériaux prodigieux par des légions d'êtres ténus, à peine perceptibles !... La tâche d'édifier des milliards de mètres cubes aux plus infimes, aux plus nonchalants des animaux. Ce qu'il y a de plus dur, et de plus compact, commandé à de petits mollusques fragiles... ; voilà qui dépassait, en merveilleux, les *légendes* et les *fééries*... Et cependant cela existe, cela fut. Ce pouvoir transcendant de donner la vie, que l'homme, au Moyen-Age, rêva, qui n'aboutit, chez les modernes, qu'au cauchemar *d'Homunculus*, — Dieu l'a magnifiquement prodigué, — l'a gâché, si j'ose parler ainsi, d'une

(1) Voir le développement de cette idée dans cet autre livre de l'auteur : « *Histoires d'Art* » (*le Bénitier*), chez Lemerre.

sublime insouciance. Il l'a donnée, la vie, sans compter,
à des myriades de corps minuscules, et pendant des siècles... Pourquoi ? — Simplement pour nous faire, à *nous*,
un sol plus ferme et plus commode... Oh ! je sais bien,
cela s'apprend dans des traités, qu'ils nomment *paléon-
tologiques*... ; mais combien froidement, — et même in-
complètement, j'ose dire. Les noms de ces minuscules ouvriers sont connus, — *donnés* plutôt — car ils n'en portaient point, avant l'homme. Ce sont des *Mollusques testa-
cés*, c'est-à-dire vêtus de coquilles, ou des *Encrines*, des
Oursins, des *Foraminifères*. Au microscope, la *craie*, le
tripoli n'en sont pas bourrés, mais pétris. Ces roches,
qu'on sait couvrir des milliers d'hectares en surface, et
remplir des centaines de mètres en profondeur, — songez-y bien, elles ne sont pas formées d'autre chose...
Partout, d'un pôle à l'autre pôle, et de l'orient à l'occident terrestres, c'est la *Vie* qui a dressé ces montagnes
mortes ; les massifs rocheux sont les immenses nécro-
poles, les ossuaires infinis de ce qui vécut, palpita quelques heures... Cette houille, ce charbon fruste, que nous
jetons par blocs à la bouche de nos machines, — ne ren-
ferme-t-il pas la plus élégante des flores... ? Dans ces
galeries de mines souterraines, — catacombes du monde
végétal, les fougères
finement découpées
reposent sur leur
couche de deuil,
côte-à-côte avec les
troncs géants des
prêles primitifs, des
sigillaires, des es-
sences du pays
noir... En sorte qu'il
triomphe, le célèbre
paradoxe de Linné :
« Petrefacta non a

« calce, sed calx a petrefactis. Sic lapides ab animalibus,
« nec vice versa. Sic rupes saxei non primaevi, sed tem-
« poris filiæ ».

Ce que je traduis de la sorte : « Les pétrifications ne
viennent pas du calcaire ; c'est le calcaire qui vient des
pétrifications. Ainsi l'animal a produit la pierre — et non
l'inverse. Ainsi les roches, que nous croyions primor-
diales, sont au contraire filles du temps ».

Le relief terrestre est, en résumé, la résultante harmonique de deux groupes de forces : — forces *édificatrices* ou « *plastiques* », d'où dérivent les plissements, les soulèvements, la sédimentation ; — forces *destructives* ou « *niveleuses* », donnant lieu à ce seul phénomène : l'*érosion*. L'ordre chronologique des travaux est celui-ci : le sol s'est plissé ; puis, se soulevant, et crevant, a fait s'épancher le granit ; alors l'eau, complétant l'œuvre du feu, nivela l'architecture encore fruste, usa, polit les roches, accumula les débris au fond des bassins. A ces premiers sédiments vinrent s'ajouter d'autres formés par la vie, par la dépouille d'êtres végétaux, ou animaux ayant vécu. Comme nous l'avions naguère fait observer, la chair des dépôts « neptuniens », chair coulante, sorte de *lymphe plastique*, a pu se mouler sur les bords du squelette rocheux, « plutonien », en épouser les contours, adoucir le passage entre deux saillies. Tel, dans un crâne humain, le creux qui s'ouvre, si terrible, entre la pommette et le maxillaire, de chaque côté, est comblé par la plénitude harmonieuse des joues.

Mais, vous l'avez appris, ce travail de revêtement, pour la Terre, ne s'est pas opéré d'un mouvement continu. La *sédimentation*, périodiquement, s'interrompait, par l'effet d'un soulèvement, et les dépôts neufs, émergeant, se découvraient à l'air, au soleil ; la vie fermentait un instant, — quelques siècles, — sur ce sol longtemps inondé. Puis un affaissement survenait, replongeant sous les eaux l' « aride » déjà fécondé, couvert de plantes et de coquilles. Et grâce à ce jeu de bascule, solennel par son incommensurable lenteur, le globe tout entier se fertilisa, fit en grand ce que fait l'Egypte, enrichie par l'inondation périodique du Nil, et son limon d'or. De plus, chaque émersion s'effectuant sous des ciels nouveaux, en des conditions différentes, la *flore* et la *faune* se modifiaient. Aux raides *Sigillaires*, aux *Equisétacées* simplistes, aux *Araucaria* fastidieusement géométriques des premiers âges, succédèrent des tiges plus souples, des cimes végétales plus joliment ramifiées, — enfin cet épanouissement final et somptueux : la *fleur*.

Ainsi le fait fondamental, celui qui règle l'évolution, est, en somme, un fait esthétique : le *rythme*. Il a, par son ampleur, échappé, semble-t-il, aux savants. Depuis Darwin, leur attention s'est concentrée sur les facteurs « climatériques » ou « biologiques » de la variation, sur ces forces un peu « métaphoriques », inexplicatives, d'*Adaptation*, de *Sélection*... Il faut qu'un esthéticien leur rappelle que cette *vie*, qui varie dans ses modes et dans ses formes, est l'ensemble de rythmes très fins, — et que ceux-ci sont dépendants, plus ou moins, de rythmes plus larges. En me représentant la pulsation des êtres si vive, si fragile, rattachée par des liens rigoureux aux oscillations géantes et séculaires de l'écorce, — je vois une horloge bien faite, où les rouages les plus ténus ont leur jeu réglé par l'énorme et lourd balancier, d'allure cependant si disproportionnée à la leur.

Mais ces oscillations pour ainsi dire « *pendulaires* » du sol terrestre ont elles-mêmes leur origine dans un fait plus général : le CALORIQUE... Un refroidissement continu, c'est-à-dire une déperdition de chaleur, — de la chaleur devenant de plus en plus négative, telle est la cause initiale de phénomènes si variés, même antagonistes.

Gagnant, de proche en proche, de la surface du globe à son centre, il a déterminé successivement :

1° La formation d'une première écorce, à l'aide de ces matériaux, les *schistes cristallins* ;

2° La contraction de cette écorce, qui s'est plissée, même rompue par endroits, laissant s'épancher les *granits et les porphyres* ;

3° La précipitation de la vapeur d'eau, condensée, dans les grands creux, désormais bassins maritimes, océans ; puis le double travail de cette eau, devenue, d'atmosphérique, tellurique : l'*érosion*, la *sédimentation*.

Vous touchez maintenant le lien harmonique admirable, unissant tous les chapitres de notre histoire planétaire, en composant un livre plein d'unité. Cette planète qui nous porte, en nous transportant dans l'espace, offre, en son évolution, par rapport au temps, trois périodes ; et celles-ci représentent respectivement son *passé*, son *présent*, et son *avenir*.

La première est caractérisée par l'édification lente, méthodique, du *monument*, assise par assise, — genèse du *relief*, et du *contour* actuels : c'est le *passé*.

La seconde est marquée de ce trait supérieur : le développement de la *vie*. Les flores et les faunes se succèdent à la surface du globe, aménagé pour elles de longue main. L'Humanité paraît à son tour. Cette période est le *présent,* — déjà loin de nous, quand je parle.

La troisième, vraisemblablement la dernière, est entamée, déjà : c'est l'*avenir.* Qu'il serait sombre, si notre existence si brève ne nous y faisait échapper, bien avant ! Par la « force des choses », en effet, c'est à savoir le déroulement logique, rigoureux, du drame commencé, la phase de déclin doit succéder à celle de progrès, la décadence à l'apogée. Les astronomes, pas à pas, surprennent l'insensible mais sûr obscurcissement du soleil. Il semble se préparer, lui aussi, à changer de rôle, menace d'éteindre un jour ses beaux feux, de les voiler du moins sous une croûte opaque. Aura-t-il alors, d'étoile fait planète, — une autre étoile pour foyer ? — Qui peut le dire? En attendant, les mêmes causes qui permirent l'essor de la vie sur le globe, — en dicteront, un jour, la déchéance, la disparition ; c'est inéluctable. Qu'est-ce qui fit lever les premiers germes, et qui déploie, chaque printemps, un manteau de verdure sur la terre ? Qu'est-ce qui fait pulluler encore à sa surface des millions et des myriades d'êtres, et de toute espèce ?... La *chaleur.* Or, cette chaleur, dès la naissance du globe, diminuait ; le moment où la Terre, radieuse, éclairait d'autres mondes de son feu central, alors à nu, rayonnant, ce moment même inaugurait le refroidissement dans l'espace... Et depuis, ce refroidissement n'a pu que s'accentuer davantage. Même sans invoquer des causes futures accessoires, — nouvelle période glaciaire produite par exhaussement continental, absorption de l'atmosphère par les roches, obturation du soleil, etc..., ce seul fait que la chaleur du globe va se perdant, assigne donc un terme à la vie.

Déjà resserrée, pour chaque organisme, en les bornes de température que l'on sait, la *vie,* prise dans son ensemble, est circonscrite entre deux limites implacables : l'une, l'initiale, de *feu ;* l'autre, la finale, de *glace.*

*
* *

Nous resterons sur cette idée, qui peut servir de conclusion à l'histoire esthétique — et providentielle — de la Terre. N'est-ce pas un très beau sujet de méditation que cette préexistence, en l'univers, de la MESURE, et du RYTHME, les deux bases de tous nos Arts ?... Ce qui fait, effectivement, dans le détail des choses, la condition du *beau*, détermine, en grand, dans l'ensemble, l'*utile* et le *logique*. Tel un drame, un ballet grandiose, une symphonie — l'évolution vitale est soumise aux lois de limite et d'alternance mesurée ; elle est réglée dans son essor autant que l'œuvre d'Art.

Et si vous vous étonnez que cette musique de la vie, si complexe, si transcendante, ait pour régulateur un fait aussi banal que celui-ci : le *calorique*, — je vous rappellerai que ce « calorique » en soi, — toute sensation mise à part, — est un rythme infiniment délicat de l'éther, — mouvement muet en vérité, mais qui contient en lui l'ordre et le nombre musical.

Les pythagoriciens enseignaient l'*harmonie des sphères*. Nous ne saurons jamais, ici bas, si le globe terrestre, en roulant, fait un accord de quinte, ou de septième avec le globe de Mars, ou de Mercure. Mais en revanche nous savons ce que les anciens ignoraient ; et n'est-il pas beau de compter les oscillations séculaires du sol comme celles, infinitésimales, de l'éther ?

En déroulant à vos yeux l'histoire du globe, — de *notre* globe terrestre, j'ai pu vous convaincre de sa perfection ; je ne vous ai pas instruits, encore, de sa *beauté*. Ce dernier mot, en effet, ne peut être dit, tant qu'un être vivant et sentant n'est pas survenu, qui réalise les pures virtualités du monde extérieur. Déjà la lumière et le coloris, en puissance dans le rayonnement solaire, exigent un œil pour se manifester ; à plus forte raison cette lumière abstraite, tout idéale, et nuancée de mille manières, qui s'appelle le *beau*, demande pour se révéler quelque chose de plus que l'organe de la vision, — même que le cerveau, trop fruste encore, de l'animal. En puissance, lui-même, dans la *Nature*, il lui faut, à ce germe sublime, un terrain de choix pour se développer ; et ce terrain, c'est la *nature humaine*.

Or, la *Terre*, achevée dans ses linéaments, et peuplée déjà d'une flore et d'une faune accomplies, la Terre attendait l'homme, son hôte suprême... Et l'homme, à son tour, est venu. Vous allez voir comment cet habitant nouveau, doué comme il est d'intelligence et d'instinct artistique, sait apprécier — et goûter — son habitation. Mais auparavant, on peut se demander quel est le sentiment, à ce sujet, de ses prédécesseurs... L'aigle, pour nous oiseau sublime, a-t-il quelque soupçon de la sublimité de son haut séjour ?... Sans doute, il jouit des sommets que ses ailes lui font dépasser encore en hauteur ; mais, en cette tête qui nous paraît si noble, en ces prunelles si fières, peut-on soupçonner autre chose que le plaisir d'exercice et de liberté, l'ivresse d'un air pur, et l'orgueilleuse conscience de sa force ?... Les passereaux gracieux qui, plus bas, s'ébattent et chantent sous l'abri des vallées, reçoivent-ils eux-mêmes un reflet de la *grâce* ? Un rayon leur est-il renvoyé de ce charme qui, pour nous, émane de leur plumage et de leur ramage, comme il émane du feuillage qui les encadre ? Leur gazouillement expressif exprime-t-il une ombre de ce bonheur reconnaissant et désintéressé que nous autres appelons l'*admiration* ?... Enfin le léger, l'élégant chamois, qui gravit les cimes alpestres, plus beau, certes, plus harmonieux de forme et d'allure que le touriste, — a-t-il ce don, qu'a le touriste, de s'émerveiller ?

Qui peut le dire ? Et qui prétend poser, à l'intelligence des bêtes, une limite rigoureuse ? Très vraisemblablement, ni l'aigle, ni l'oiseau des vallées, ni le chamois des précipices, — n'éprouvent, à la lettre, le sentiment du *beau*. Au moins a-t-on le droit d'imaginer qu'il leur en parvient une lueur, qu'un subtil arôme de ce *beau* parfume leur petite âme. Si même l'admiration, ainsi que je l'avançais, n'est qu' « un bonheur reconnaissant et désintéressé », quel motif aurions-nous d'en priver absolument l'animal ?... Alors, me direz-vous, où gît la supériorité de l'homme ? — Je répondrai : dans le degré, d'abord ; le degré infiniment plus haut de finesse et de profondeur ; puis dans la pensée réfléchie, qui revient sur le bonheur trouble des sens, l'espère longuement et, perdu, longtemps le regrette, qui l'organise, en quelque sorte, lui fait faire cent tours et détours au labyrinthe cérébral, — enfin qui l'exprime... N'est-ce pas suffisant à sa gloire ?

Car enfin, il faut bien l'avouer, certains représentants de cette noble race humaine se montrent, en esthétique capacité, bien au-dessous de l'oiseau chanteur... Seulement, il y a un germe ; s'il avorte, ou se flétrit chez ceux-là, quel développement il atteint, en compensation, chez tels de leurs congénères, — de ceux qu'on nomme leurs « *semblables* » ! Ce n'est donc pas l'individu qu'on doit ici considérer, c'est l'*espèce*. Or l'espèce humaine, c'est indéniable, a l'instinct esthétique, comme elle a l'instinct moral, et le religieux. Dépourvue de pelage ou de plu-

mage, elle sait — elle a su se faire de beaux costumes ;
privée d'ailes physiques, son génie lui en crée d'idéales,
qui l'élèvent et la bercent à des altitudes que l'aigle
n'atteint pas (1).

Il est vrai, ce vol dont je parle reste bien souvent à
l'état virtuel ; c'est un pouvoir précaire, inégalement
distribué ; l'*aile idéale*, à qui je fais allusion, ne pousse
pas à toutes les épaules ; et combien, même, la possèdent, qui ne savent pas s'en servir ! Rappelez-vous cette
parole de Lacordaire : « l'homme est un animal ensei-
gné ». C'est dire que, suivant l'éducation qu'il reçoit, il
peut rester au rang voisin de l'animal — ou se hausser
très fort au-dessus. — Et même, d'autre part, à ce niveau
très supérieur, quelle diversité ! Les hommes aperçoivent
ou n'aperçoivent pas clairement la beauté du monde ;
— et quand ils l'aperçoivent, c'est sous des angles fort
divers.

Mais, justement, cette diversité témoigne de la précel-
lence de notre nature. En effet, comme je l'indiquais
tout-à-l'heure, l'instinct esthétique, en elle, se manifeste
simultanément à l'instinct religieux, à l'instinct moral,
— et j'ajoute ici : à l'instinct de curiosité scientifique.
Bien plus, cet instinct de beauté se confond à tel point,
chez les primitifs, avec celui de mysticité, qu'on ne saurait dire si les Anciens voyaient plutôt la Nature en admirateurs — ou plutôt en adorateurs. Et le caractère nettement hiératique de l'Art, à ses débuts, est là pour démontrer que la vénération devait alors l'emporter sur l'admiration.

Imaginez plutôt, dans la Grèce du temps d'Homère, une
de ces vallées profondes, au fond desquelles bondit —
et mugit sourdement — un torrent. Les parois, d'un beau
calcaire-marbre couleur de chair, et drapés en écharpe
d'un bois d'oliviers, se dressent escarpés, polis par le
ruissellement. Un pâtre, jeune ou vieux, escorté de son
troupeau de chèvres, traverse l'étroit défilé. Ses oreilles
sont exaltées par la musique des eaux vives, où l'on entend comme une voix surnaturelle, impétueuse; ses yeux,
dilatés par l'ombre qui s'épand en nappes. Au-dessus, un
pan de ciel bleu flotte comme un étendard de sérénité...
Quoi d'étonnant, si cet homme naïf, tout imbu de mer-

____

(1) Je ne fais pas allusion, ici, aux ailes mécaniques de l'*avion*.

veilleuses traditions, croit apercevoir sous ce massif qui dresse ses reins et porte sa tête jusqu'aux nues, l'ébauche d'une statue gigantesque, l'image prodigieuse de *Méter Oreia*, dont on l'a bercé, de la déesse des montagnes, *Rhéa-cybèle*, mère de Zeus ? — Pourquoi « mère de Zeus ? » — Parce qu'au regard d'un habitant des vallées, les monts paraissent des flancs colossaux supportant la voûte, le front du ciel... Et le ciel, personnifié par l'anthropomorphisme païen, c'est *Zeus*, ou *Jupiter*...

Ce panthéisme assez enfantin, où l'effet et la cause se confondent, nous surprend, nous autres modernes. Et pourtant, ne disons-nous pas « les flancs de la montagne » ? Métaphore, sans doute ; mais la métaphore n'est pas si loin du symbole ; et le symbole n'est-il pas un minimum d'hallucination ? Chez le poète qui parle en figures, la raison, c'est vrai, ne se livre pas ; mais l'imagination capitule. L'Art, en définitive, ne nous touche à tel point que parce qu'il crée en nous une demi-illusion ; il nous fait faire, tout éveillés, un beau rêve... Songez donc comme il faut peu de chose pour aiguillonner — je pourrais dire : pour aiguiser — l'imagination ! Rappelez-vous que Léonard de Vinci, sur les crevasses d'un vieux mur, recomposait des groupes, des scènes de bataille, des mêlées... Pensez aussi que la Musique, avec une succession si simple de lignes sonores, évoque tout un monde. Ne nous étonnons plus, dès lors, que — n'ayant ni notre science positive, ni notre art romantique, et qu'ayant corrompu la notion première d'un Créateur indépendant de sa création, — les Anciens aient vu *Cybèle* dans la cime, comme ils voyaient Vulcain dans l'éclair, et Neptune dans la cascade.

Prise en son acception plutôt agronomique, la Terre avait son symbole en *Gaïa*, la déesse génératrice, la matrice universelle et bienfaisante. Il nous reste aujourd'hui des traces de ce nom dans les termes bien positifs de *géographie*, de *géologie*, de *géomancie*. N'oublions pas ce fait que Gaïa, par surcroît, présidait aux funérailles. En effet, la terre, qui soutient les pas des vivants, est aussi la gardienne, et l'ensevelisseuse des morts.

****

Aux clartés douteuses du crépuscule, les formes devenaient indécises ; les silhouettes d'arbres et de

rochers, estompées par l'ombre, prenaient des aspects
inquiétants. Dans le mystère des fourrés, on devinait
les jambes velues et le pied fourchu des *Satyres* ;
on épiait le babil énigmatique des *Silènes*, ces faunes de
la Grèce antique, à l'entour des sources... On savait
qu'aux plis obscurs et retirés de la montagne se cachaient
les nymphes orogéniques, les *Oréades* ; comme, aux coins
perdus de forêt, les *Hamadryades*... On ne pouvait croire
la solitude inhabitée... Les voyageurs attardés le soir
dans le Taygète, s'épouvantaient d'une apparition cornue,
courant sur deux sabots fendus de Ruminant. Ils l'implo-
raient pour se rassurer ; ainsi l'on essaie, enfant, d'at-
tendrir le « *monstre* » qui fait peur ; ils l'intronisaient
pâtre par excellence, grand *Berger* ; lui confiaient leur
troupeau, lui recommandaient leur personne ; ils le
nommaient *Pan*, c'est-à-dire « celui qui fait paître » ;
ils éprouvaient des terreurs *paniques*.

Puis, quand ce sol, que broutaient les troupeaux, fut
cultivé, semé, planté, l'homme antique, devenu de pas-
teur, agriculteur, eut d'autres soucis. Ces coteaux que
nous avons vus s'édifier par l'effet combiné des feux et
des eaux, la vigne, maintenant, les couvrait de ses pampres ; et pour que, la saison venue, ils se couvrissent de
belles grappes, le Grec invoquait *Dionysios*. Déchiré par
les Titans, et renaissant bientôt à la vie, Dionysios, le
Bacchus romain, symbolisait l'histoire naturelle, agronomique, de la vigne... Suivez-le, l'homme primitif, dans
ses travaux en plein champ, en pleine Nature. Que voit-
il, quand il taille les ceps, tout en levant ses yeux vers
le ciel ? — C'est alors le printemps, et ses averses orageuses. Les gouttes de pluie, fouettées par le vent, se dispersent dans tous les sens. C'est Dionysios que les Titans pulvérisent, dont ils jettent les membres aux quatre
coins de l'horizon. Mais ces membres épars du dieu, ces
gouttes divines, le vigneron grec les suit, par la pensée,
dans le sous-sol ; quand l'automne est venu, quel émerveillement, et quelle allégresse, de les retrouver, transformées en gouttes de sève, en jus de raisin ! Mystère
discret et subtil, sorte de miracle naturel et bienfaisant,
dont notre esprit usé ne s'étonne plus...

Aussi bien comprenons-nous mal cet enthousiasme et
cette foi — déviés, certes, et détournés de la vraie source,
mais religieux encore, et franchement idéalistes ; et ce
qui vint spontanément en l'imagination des simples. —

nous, les compliqués, le qualifions de subtil, et d'alambiqué. Tant l'homme est différent de l'homme, à travers les âges !

*
* *

Mais franchissons l'espace, et les siècles... Loin, bien loin des ciels clairs de Grèce, elle s'étend, l'Armorique, brumeuse et pensive, entre deux bandes granitiques qu'égayent les bouquets d'or de l'ajonc. Les feux follets, le soir, dansent sur les étangs, et l'on entend le flot qui bat la côte.

Le Celte l'a peuplée, cette autre solitude sublime, à sa manière. Encore ici, toutefois, l'âme primitive est dominée par l'apparence de vie des choses mortes, et le semblant de sensibilité, de volonté, chez des êtres sourds, aveugles, au geste irresponsable. Mais comment se dégager de cette obsession, que l'eau se plaint, gémit, que la flamme se tord, tourmentée, que l'arbre frissonne ?... Nous-mêmes, désabusés, parlons toujours ce beau langage illusoire.

Ainsi, notre ancêtre le Celte a fait, très naïvement, des songes que la poésie savante continue. N'étant mûre encore, ni pour la vision scientifique, qui rassure, ni pour la vision artistique, qui transporte, son âme de chrétien un peu trouble entremêla les croyances religieuses des rêveries de la superstition. Comme je le faisais entendre tout au début, il y avait là, peut-être, moins un défaut de foi qu'une tendance obscure à la poésie. Dire que les vieux Bretons *croyaient* aux fées, aux gnômes, aux kobolds, c'est bien sommaire. N'est-il pas plus juste de dire qu'ils vivaient ce « folk-lore » que notre froide érudition commente, et qu'exploite notre Art affecté ? Lorsque le jeune chat, ou le petit enfant, se sauve devant les familiers de la maison, pour revenir ensuite à la charge, qu'il fait une menace, ou quête une caresse, — y voyons-nous autre chose qu'un jeu dramatique et puéril, illusionniste plutôt que convaincu ?... Probablement, l'état d'âme de ces peuples enfants était tel. La conception des *fées* a pu leur venir de très loin ; on en fait remonter l'origine au culte païen des « *Fata* », plus connus, chez les auteurs classiques, sous le nom de *Parques*. A leur exemple, effectivement, les fées présidaient aux destins ; elles planaient sur les berceaux comme des oiseaux de bon — ou

de mauvais augure ; elles étaient prophétesses et magi-
ciennes. Pour certains auteurs, ç'auraient été des prê-
tresses gauloises vouées à la proscription par l'avènement
du Christianisme. Druidesses exilées, elles auraient mené,
dans la solitude, une existence mystérieuse, ne se montrant que par intervalles, en robes blanches et couronnées de fleurs, — ou bien travesties en sorcières, la bouche pleine de malédictions ; — jetant tantôt un rayon de
joie et de beauté, tantôt une ombre d'horreur et d'épouvante.

Partout, d'ailleurs, sur notre vieux sol granitique, elles
ont laissé des traces de leur existence ; car, vivre dans
l'imagination des hommes, c'est une manière d'exister.
Grotte des fées, en Indre-et-Loire ; Cabane des fées, dans
la Creuse ; la Motte aux fées, en Maine-et-Loire ; la
Roche des fées, dans l'Ille-et-Vilaine ; la « *Tioula de las
fadas* », dans le Cantal, et tant d'autres vocables évoca-
teurs...

Poëtes inconscients plutôt qu'âmes crédules, peut-être,
quel parfum nos ancêtres ont laissé dans la nomenclature ! Incapables d'interpréter positivement l'effort prodigieux, séculaire, qui dressa ces roches debout, les roula,
leur imposa des formes ou des attitudes étranges, ils eurent plus tôt fait d'en attribuer l'honneur à des êtres
exceptionnels, à des créatures ayant forme humaine,
avec un pouvoir surhumain. Car si le mythe prend naissance, c'est par la surprise d'un contraste entre la grandeur des effets et la petitesse des causes. La Science nous
révèle aujourd'hui, dans le banc crayeux gigantesque qui
s'allonge de Tours à Rouen, l'ouvrage d'organismes microscopiques. C'est ce qui a fait dire à Linné « *que l'animal avait produit la pierre et non la pierre, l'animal...* »
Mais l'antithèse est trop paradoxale pour avoir été soup-
çonnée par avance. Aussi n'est-il pas étonnant que nos
pères, à l'aspect de blocs suspendus, par un miracle
d'équilibre, ou de fissures profondes, de chaos, de grot-
tes merveilleusement incrustées, — n'aient point sus-
pecté l'eau, le feu caché, les intempéries, les causes lentes, lointaines, ou latentes, et qu'ils aient cru saisir, sous
l'œuvre gigantesque, une main de géant, sous l'œuvre
ingénieuse, une main de génie.

Ce géant — ou ce génie, en définitive, il existe, bien
que nous y voyions plutôt, nous autres modernes, un
Artiste, — un *Génie,* dans l'acception esthétique du mot :

c'est le Créateur, c'est Dieu lui-même, — moins, à notre œil chrétien, manœuvre surhumain accomplissant sa tâche de ses bras — qu'architecte éternel élaborant un plan et faisant travailler les forces naturelles.

A cet égard, nous renouons la chaîne, si longtemps rompue, de la tradition, de la révélation biblique primitive. Mais si la Nature s'offre à présent comme un document de monothéisme, est-ce que nous cherchons notre Dieu derrière le paysage aussi vivement, aussi passionnément que le Celte superstitieux épiait ses fées ?... N'avons-nous point, d'ailleurs, à notre tour, certaine superstition positive, certain fétichisme laïque ? La Science n'a-t-elle pas son symbolisme d'expression, sa langue métaphorique et païenne ? Ne met-on pas une majuscule au mot d'*Energie* ? De ce mot, ne fait-on pas un nom ? Ne confère-t-on pas à l'électricité le titre de *fée* ?... La célèbre *Sélection* darwinienne ne laisse-t-elle point comme une odeur de mythologie ?

Mais laissons cela. Je voudrais souligner plutôt le changement que la persistance des états d'âme. Or, ce changement consiste en ceci, surtout, que *le travail mental s'est divisé :* tandis qu'au temps que j'évoquais, le point de vue *mystique* et l'*esthétique* coïncidaient, — à l'époque moderne, ce sont pour ainsi dire deux tracés ayant glissé l'un sur l'autre, et devenus distincts, étrangers l'un à l'autre. Et que dis-je là ?... deux tracés ?... toute une série d'images divergentes. Placez, en effet, devant un site montagneux, un géographe, — un géologue. — un ingénieur, — un militaire, — un diplomate, — puis un simple cultivateur, — enfin un artiste ; alors, écoutez leurs définitions.

La montagne, — dira le *géographe*, c'est le relief terrestre individualisé sous forme de *massif* ou de *chaîne*. Et il admirera la répartition de ces chaînes, de ces massifs, à la surface du globe, prendra plus d'intérêt au *plan* qu'à l'élévation, jugera cette architecture « *à vol d'oiseau* ». Ce qui le séduira surtout, c'est le dessin, ce sont les lignes superficielles : le Jura l'intéressera par son parallélisme, — le plateau d'Astarac par ses côtes en éventail ; il verra, dans les sommités alpines, de jolies *courbes de niveau*, des lignes de partage des eaux dans les crêtes ; car, ce qui se dresse, il le projette, et ce qui monte continûment, il le morcèle en cercles concentriques. Ces dômes de terre éboulée que les torrents façon-

nent, à leur embouchure, il les nomme « *cônes de déjec-*
tions », — de *beaux* cônes de déjections.

Le *géologue*, lui, lira le passé dans ces formes présentes. Toutes les forces de son esprit vont se concentrer
sur l'origine de ces monuments naturels, et sur leur histoire. La montagne, vous dira-t-il à son tour, est le fruit
d'un soulèvement, d'une expansion de roches éruptives,
d'une accumulation de sédiments stratifiés d'abord, puis
redressés. Sous l'immobilité du paysage, il entreverra des
mouvements prodigieux, des efforts, des gestes grandioses. Son admiration sera *dynamique*. Et son imagination
animera les stratifications inertes, « *concordantes* » ou
« *discordantes* », les *failles* qu'a tranchées, jadis, comme
un coup d'épée souterrain ; les *moraines*, ces convois de
pierre que le glacier charrie dans sa descente. — Il lui
échappera d'esthétiques exclamations : la belle coupe !
le superbe bloc erratique ! la jolie vallée d'érosion !

Est-il besoin de noter que l'*ingénieur*, descendu dans
un vallon délicieux, parlera de *thalweg*, qu'il indiquera,
dans les deux versants gazonnés, des appuis pour les cu-
lées d'un viaduc ; qu'il sondera la prairie du fond, bien
vainement fleurie de pâquerettes, de boutons d'or, pour
s'assurer si les piles auront de l'assiette..... ? — Que
l'*officier* garnira les crêtes pittoresques d'une ceinture de
gabions et de fascines, qu'il bastionnera les caps avancés
et répandra, par la pensée, sur les berges du fleuve solitaire, tout un monde de pontonniers ; que l'escarpement
lui suggérera l'idée d'un assaut, et qu'il ira rêver, dans le
silence des gorges ombreuses, au tonnerre d'une artillerie de montagne... — Que le *diplomate*, apercevant la
chaîne des Pyrénées, songera tout de suite au traité de
Mazarin avec l'Espagne ; qu'à ses regards, un fleuve majestueux comme le Rhin revêtira le prestige d'une fron-
tière naturelle... Le granit des côtes armoricaines lui rap-
pellera l'apport d'Anne de Bretagne, comme la falaise
d'Alise-Sainte-Reine, l'échec de Vercingétorix.

Interrogez à son tour le paysan, le cultivateur. — Les
deux mains appuyées sur l'outil dont il tranche la terre,
en cette attitude que Millet a si bien saisie, il déclarera
que pour lui, cette terre est l'enfermeuse de grains, et la
leveuse de semence ; que cette montagne énorme, barrant
l'horizon, est une bosse, une tumeur, presqu'une monstruosité naturelle, qui rompt la belle horizontalité de la

plaine, et laisse l'eau des orages couler sur les pentes, pour venir inonder ses cultures.

Écoutez, en revanche, ce que dit l'*artiste* ; épiez, plutôt, ce qu'il fait... Car, selon la spécialité de sa muse, il dressera son chevalet en face du panorama montagneux, et son regard, alternativement, ira des sommets blancs ou roses, et des verdoyants pâturages en pente, — à l'arc-en-ciel de sa palette... ; ou bien, tenant en ses doigts un papier rayé de traits parallèles, il s'efforcera de transcrire, l'oreille tendue, les émotions que lui cause un si beau spectacle. Les grandes lignes, hardîment ascendantes, de la montagne, les saillies, les méplats, les creux de ce noble et fruste visage, les reflets qu'y projette le soleil en sa course, — il tentera de les transcrire en traits mélodiques puissants, en nuances de mouvement, en tonalités progressives, en perspectives instrumentales.

Il me resterait à noter, pour être complet, l'impression du simple touriste, de l'*amateur*, de celui qui, n'étant ni géologue, ni ingénieur, ni militaire, ni diplomate et pas plus artiste que cultivateur, voyage pour « *voir du pays* ». — Celui-là, nous devons le reconnaître, a fait des progrès... Ces pics « *hautains* et *sourcilleux* » de nos grands-pères, ces eaux sauvages, assourdissantes, ces linceuls de neige aveuglants, ces « *affreux déserts* », auxquels le 17ᵉ siècle opposait, comme une leçon de tenue, les allées droites du parc français, ses plates-bandes bien en ordre et ses eaux sages, — toutes ces horreurs de la Nature vierge ont été mises, par les romantiques, à la mode. Aujourd'hui, l'on vante le *sublime* de ces sites ; on apprécie ces irrégularités éloquentes, ces désordres superbes, harmonieux quand même ; et plus le lieu se montre sauvage, plus l'âme du civilisé se délecte.

Il est vrai que, portant avec lui la civilisation dans ces solitudes, il ne tarde pas à les peupler, à les bâtir, à les « *citadiniser* ». Ainsi, par une étrange fatalité, sa passion pour le paysage finit par être funeste au paysage. En recherchant la solitude, on la déforme, on la bouleverse ; on fait en sorte qu'elle ne soit plus solitude.

****

Me verrez-vous tirer, de cette suite de portraits, la conclusion sceptique attendue ? Vais-je inférer de cette grande diversité de points de vue, que chacun voit, en somme, dans le paysage, ce qu'il veut y voir ; que ce paysage n'est, comme on l'a dit, qu'un pur *état d'âme*, et qu'enfin, le *beau* n'a point d'unité, ni de fixité...? — Mais autant dire que la *Vénus de Milo*, par exemple, ne possède aucune personnalité artistique, — et cela, parce que tel la verra de face, tel autre de côté, tel autre encore par derrière... Toute espèce de beauté, en définitive, est faite pour qu'on en fasse le tour, comme d'une statue. Toutefois, il existe, pour le chef-d'œuvre naturel comme pour l'œuvre d'Art, un point de vue typique, essentiel, auquel tous peuvent — et doivent se rallier. Ce sera, proprement, pour la figure de pierre sculptée, la position *de face*, où toujours, de préférence, on la représente ; et figurément, ce sera, pour toute espèce de beauté, son aspect direct, immédiat, c'est-à-dire le plan d'*expressivité, d'harmonie* ; tous les autres plans, positifs, utilitaires, ou trop éloignés, doivent rentrer dans l'ombre. Vous vous souvenez du rôle perturbateur que jouait l'*association des idées* dans l'impression de *coloris* ; et vous savez quelle méthode j'ai suivie pour dégager les éléments essentiels de chaque couleur, ce qu'on pourrait nommer les *facteurs premiers* de son expression... Eh bien ! je vais tenter un effort semblable pour la forme, et la forme terrestre par excellence : la *montagne*. Mais cette fois, renversant le sens de mon analyse, — au lieu d'examiner l'objet lui-même, ou sa représentation dans l'esprit, — c'est le fond même de cet esprit que je scruterai, pour y découvrir les ressorts secrets, immédiats, de son émotion. En deux mots, je ferai la psychologie du sens des montagnes.

Il fut un temps, pas très éloigné de nous, où le philosophe spiritualiste aurait cru déroger, en mettant l'œil au microscope, en examinant la structure du cerveau, des muscles et des nerfs, en cherchant, dans le mécanisme vital, quelques lumières au problème de la pensée. Sans doute, un tel parti eût été périlleux, au moment où le matérialisme, en plein crédit, forçait, pour ainsi dire, les croyants à sauver l'âme, l'âme immortelle, à la dérober sous un manteau couleur d'idéal... Aujourd'hui, le matérialisme a vécu ; l'existence, au moins, de l'immatériel ne fait plus question. Nous, croyants, sommes donc à l'aise. Et voici que la doctrine de Saint Thomas, retrouvée, redonne au corps matériel, — à la « vile matière », un rôle honorable, et parallèle à celui de l'âme. « La science contemporaine, — a dit le P. Monsabré, — constate la merveilleuse correspondance du développement des organes — et du développement des facultés de l'âme, la concomitance normale et invariable des fonctions organiques et des fonctions psychiques ; elle agit par des injections, des ligatures, des vivisections, sur les forces de l'intelligence et de la volonté ; elle produit artificiellement la paralysie ou l'imbécillité, et ainsi elle prouve expérimentalement cette vérité, que proclamaient les vieilles écoles catholiques : l'homme est un seul être, une seule vie, car l'âme est la forme du corps (*anima est forma corporis*), c'est-à-dire qu'elle fait être le corps, et devient une seule chose avec lui, de telle sorte que l'être du composé humain n'est pas autre que l'être même de l'âme ».

Traduisons la formule théologique en langage ordinaire : — le principe impérissable, échappant à nos sens, qu'on appelle *âme*, est à la fois le modeleur du corps, son moteur, et son ressort intellectuel : il conforme le corps périssable, lui communique la vie pour un temps; en fait, pour ce temps relativement si court, le siège et l'instrument de la pensée.

Dès l'instant qu'on conçoit le cerveau, siège de la pensée, *lui-même issu d'une pensée*, l'immatériel se place en deçà comme au delà ; l'illusion matérialiste se dissipe. Alors, plus de scandale, si le psychologue ou l'esthéticien invoque, pour justifier l'émotion, fût-ce la plus idéale, — et surtout pour en définir le rythme, — ces gestes organiques qu'on nomme les « *reflexes* ». Il n'est pas de fonction, si misérable qu'elle soit, qui ne coopère à l'essor du plus pur sentiment esthétique ; et pour rendre raison de cette fleur noble, somptueuse, et si délicate qu'est l'amour du beau, il ne faut pas craindre d'en mettre à nu les racines.

Ces racines du sentiment esthétique, on doit en suivre le trajet très profondément, jusque dans le sous-sol de la vie végétative. De là nous nous élèverons, par degrés, jusqu'à la vie de relation, aux sens extérieurs ; puis à la vie cérébrale et psychique. Le tableau que nous allons tracer des états d'âme s'applique à l'impression provoquée par toute espèce de spectacle ; mais nous aurons ici surtout en vue la *montagne*. Ce sera comme une monographie du sens de l'espace, et des altitudes.

.*.

Rousseau, dans un passage célèbre, énumère les bien-faits à la fois physiques et moraux de la montagne...

« C'est, dit-il, une impression générale qu'éprouvent
« tous les hommes, que sur les hautes montagnes, où
« l'air est pur et subtil, on sent plus de facilité dans la
« respiration, plus de légèreté dans le corps, plus de
« sérénité dans l'esprit... »
« Je suis surpris, — ajoute-t-il, — que des bains de
« l'air salutaire et bienfaisant des montagnes ne soient
« pas un des grands remèdes de la médecine et de la
« morale..... »

Il ne reste qu'à développer cette espèce de pro-gramme, à l'approfondir ; hygiène du corps et de l'âme, (*mens sana in corpore sano*), disaient les Anciens... Mais si le simple exercice physique d'une ascension, dans un air de plus en plus pur, accélère la digestion, la respi-ration, la circulation du sang, facilite les sécrétions, exalte en nous la vie, le besoin d'agir, — toutes ces fonc-tions organiques, en s'exaltant, provoquent un autre résultat : celui de suggérer des impressions, voire même des idées.

Les idées d'origine viscérale !... On va se récrier. — Ne sont-elles point quantité négligeable ? — Non pas ; rien n'est ici négligeable, et pas plus ici, dans l'esprit, que dans la Nature, au dehors. Otez donc à ce plant d'iris que voilà, les poils infimes, insignifiants, qui garnissent la pointe des radicelles..... Les fleurs somptueuses que vous admirez, qui sont tout pour vous, vont pencher leur tête, et périr.

Ainsi des émotions superbes qui vous emplissent, épanouissent en quelque sorte leurs corolles de luxe en votre âme ; elles n'écloraient point, certainement, si vous n'aviez, dans votre poitrine, un cœur qui bat, des poumons qui se gonflent d'air, même un estomac qui divise l'aliment réparateur de votre être et l'élabore en secret pour le réchauffer. Et cela non pas seulement parce que, pour sentir, il faut vivre, — mais parce que pour sentir à fond, être ému, il faut que la vie soit doublée.

Ce redoublement de vie, ce coup de fouet que donnent à l'organisme un oxygène abondant, un air léger, exempt de miasmes, on l'appelle, en physiologie, l'action *dynamogène* : disons, pour simplifier, accroissement d'énergie nerveuse et musculaire. On se sent plus souple et plus fort ; les jarrets se font d'acier, la vue s'éclaircit ; on a, comme dirait Topffer, bon pied, bon œil. Et, par une loi d'inversion très curieuse, ce gain de force active est balancé par une perte, — une atténuation, plutôt, de sensibilité. Je ne parle pas ici, bien entendu, de la sensibilité normale, esthétique, qui, justement, est un facteur essentiel de l'admiration, du plaisir, — mais de cette sensibilité physique, viscérale, qui ne s'éveille qu'en dehors de l'état normal, et pour la douleur.

Car c'est un fait, aussi peu connu qu'important, ce mutisme habituel de nos viscères. Par une harmonie providentielle admirable, l'homme en pleine santé n'entend jamais le bruit de sa propre machine ; et plus le jeu de ses rouages est puissant, actif, plus il est silencieux. Ce silence du cœur qui bat d'un rythme pourtant énergique, des poumons qui se meuvent en vrais soufflets de forge, d'entrailles à chaque instant soulevées d'une onde large, vermiculaire, — c'est grâce à lui que vous pouvez vivre en paix, jouir du monde extérieur sans être troublé par l'intérieur. — Bien mieux : ce jeu profond des rouages vitaux, assez insensible déjà pour vous épargner toute gêne, il garde encore une perceptibilité suffisante à vous donner le sentiment positif de bien-être : ce n'est pas un état négatif, une anesthésie ; c'est ce vague et doux plaisir de vivre que les savants ont baptisé de ce nom : la *cénesthésie* (ou *euphorie*).

De sorte que cette saine volupté qui vous pénètre, en l'atmosphère pure des montagnes, et suffirait au bonheur, déjà, tient au redoublement interne de vos énergies : ce qui est vigueur au dedans, se traduit extérieurement par douceur ; et Dieu forgea si bien votre machine, que plus fort et plus vite elle marche, — plus doux, et plus discret est son bourdonnement. Comparez maintenant nos engins à celui-là...

Les faits journaliers les plus banals mettent en évidence cette loi : ce qu'on gagne en force nerveuse, on le

perd en excitabilité, et réciproquement. Les enfants, les
peuples jeunes, les plébéiens, les « entraînés » dans
quelque exercice que ce soit, sentent d'autant moins la
gêne, la douleur, que leur énergie disponible s'accroît.
Inversement, les ultra-sensitifs sont des « ralentis de la
nutrition », comme disent les médecins ; la nervosité,
la facilité fâcheuse de souffrir, vont de pair avec un
retard de vie, l'anémie, la consomption, ou la fatigue.
Or l'air des sommets stimulant, de concert avec l'exercice, les fonctions vitales, étouffe la sensibilité viscérale,
et, du même coup, nous apaise.

Nous retrouverons tout à l'heure ce même dispositif
dans les sens, celui de la *vue* par exemple, où l'anesthésie partielle de l'organe est la condition du plaisir, et
fixe la valeur esthétique de telle ou telle teinte, pour
notre esprit. Mais ce n'est pas tout : sur cette basse
fondamentale qu'est la *cénesthésie*, la « pure joie de
vivre », s'étage une orchestration complexe, délicate,
formée d'impulsions et d'instincts réflexes, de sensations particulières, de sentiments, de pensées. — Nous
n'examinerons tout d'abord ici que celles qui dérivent
de la vie végétative.

* *

On sait que toute fonction, pour s'accomplir, doit
être précédée d'un besoin, c'est-à-dire d'une sensation
d'activité locale commençante, comme une mise en train
de l'organe, agréable au début, et devenant pénible, non
satisfaite. Ainsi l'ascension d'une cime, quand il fait
beau et que l'on est jeune, et que l'effort n'est pas trop
rude, éveille agréablement l'appétit, la soif ; lesquels,
prolongés, tournent au supplice... A première vue, les
fonctions de respiration, de circulation, ne se comportent
pas à l'instar de la nutrition. Il est vrai que, devant
s'exercer d'une manière continue, sous peine de mort,
elles ne dépendent guère de la volonté, et ne sont pas
précédées d'un besoin plus ou moins patient, telle la
faim, la soif, et qui peut attendre. Et pourtant, il existe
au fond, ce besoin : besoin de respirer pour les poumons, besoin du sang de circuler. Et quand l'air se raréfie, nous avons soif d'air ; notre prise d'oxygène se fait
plus fréquente : nous « haletons » ; et lorsqu'un arrêt
passager se produit dans le cours du sang, l'angoisse

nous étreint ; nous agitons violemment nos membres, nous serrons les poings, nous crions, afin que le fleuve, le torrent de vie s'accélère, franchisse l'obstacle.

Toutes ces impulsions, purs réflexes organiques, sont des rouages mineurs, immédiats, qui mettent en action, à leur tour, des rouages majeurs, les *instincts*. Le premier, et le plus général de tous, est l'instinct de *conservation*. Il joue, quoiqu'on en aie, dans le sentiment esthétique, un très grand rôle.

Il ne faut pas se le figurer, cet instinct, « unilatéral », sous sa forme normale, et coutumière : la *crainte de la mort :* tel un fléau de balance à deux bras, il oscille ; il peut osciller de ce pôle positif au pôle opposé, négatif : *l'horreur de la vie...* Le suicide, fait anormal sans doute, mais hélas ! trop fréquent, est là pour nous convaincre que la tendance à la conservation de notre être peut se renverser, et le fléau changer de sens (1).

Cette sorte de *polarité* d'un instinct primordial, chez l'homme, explique bien des divergences de goût, des contrastes de sentiment d'une personne à l'autre, devant la montagne. En effet, l'instinct de *conservation*, ou de *destruction* ne se manifeste à son degré fort que par exception, lorsqu'il y a danger, ou torture morale. J'avance, le premier, ceci, qu'hors ces cas extrêmes, l'un et l'autre se manifestent, en l'ordinaire de l'existence, à leur degré faible ; — si faible, en général, qu'on ne les connaît plus sous ces noms, et que la racine de l'émotion alors ressentie, reste méconnue. — C'est ainsi que, sans nous en rendre compte (car il est bien superficiel, le regard que nous jetons sur notre propre fond), nous apportons, dans notre admiration des montagnes, des préoccupations personnelles et, en dépit que nous en ayons, intéressées. La « peur de mourir » — qui, poussée jusqu'à l'obsession, prend un nom médical, la *nécrophobie*, — ne forme-t-elle point, à son minimum, l'essence de bien des impressions esthétiques : idée de grandeur *écrasante*, d'inquiétante et *vertigineuse* altitude, soupçon de danger, ombre de malaise, même chez les plus braves, en constatant la disproportion du mas-

(1) Le lecteur qui cherchera des précisions au sujet de ce jeu si curieux de balance, pourra consulter mon livre : « *Les éléments du beau* » (Alcan), page 113, — ou, encore, ma « *Sphère de Beauté* », (ibid), p. 151.

sif à notre faible corps... ? Je dirai plus : une nuance,
aussi légère qu'on voudra, d'appréhension, est l'appoint
indispensable de ce sentiment : le *sublime*. Le frisson
d'épiderme qu'on a devant le Mont Cervin, pour sa seule
grandeur, est bien le germe de celui qui surprend le touriste dans un éboulement de rochers ; la cime en sur-
plomb ne tombe pas, mais elle pèse, et l'idée de chute,
à son état pour ainsi dire potentiel, hante notre cerveau.
L'impression du grandiose est souvent l'inconscient souci
d'un aléa, d'une menace... ; la flamme nous paraîtrait-
elle aussi magnifique, si nous y remarquions purement
l'ondulation de contour, la ligne serpentine vivante, et
l'éclat ? — Non, charmante, seulement... Mais nous savons qu'elle consume.

Ce désir de vivre — ou crainte de mourir — est une
source écartée, mais féconde, d'admirations. La pureté
salubre de l'air ne rafraîchit pas seulement nos poumons; elle nous rassure, inconsciemment... L'oiseau, sous
la cloche d'où l'oxygène est soutiré peu à peu, commence
par montrer de l'inquiétude. Et nous, plus nous montons, plus nous nous sentons dilatés de gaz frais, et plus
nous montrons d'entrain, de *sérénité* ; c'est la preuve
inverse. Chacun peut en faire sur soi l'épreuve : le
simple exercice du corps, la réaction, la sueur, l'appétit naissant, suffisent à rasséréner, souvent, l'âme la
plus inquiète. Réciproquement, un jeûne prolongé, un
obstacle à la transpiration naturelle, un refroidissement
lent de la peau, la langueur des muscles oisifs sont
capables de provoquer l'angoisse, sans cause morale.

En tous ces exemples, un ressort secret et puissant
agit, à notre insu : c'est *l'instinct de conservation*. Devant
les grands phénomènes de la Nature, il nous fait mesurer notre petitesse, et de là vient cette terreur atténuée,
esthéticisée, si je puis m'exprimer ainsi, qu'on nomme
l'impression du sublime. Mais, en dehors de tout regard
sur l'objet, et sans même que notre œil, fasciné, sonde
les précipices, ce ressort de vie, par la seule accélération, — ou le seul refrènement des fonctions, entre en
jeu, nous rend braves ou peureux, gais ou mélancoliques, malgré nous.

Vous avez observé sans doute, dans les Alpes, au
milieu de ces compagnies joyeuses, souvent téméraires,
qui se grisent du danger et n'écoutent plus les guides,
des personnes attristées, frissonnantes, moins épeurées,

moralement, que matériellement *fascinées* par l'abîme.
Ici l'instinct de conservation, exalté, peut se renverser,
d'une façon très périlleuse : le *vertige* détruit, au début,
tout plaisir ; à la fin, il peut entraîner au suicide.
L'abîme, qui repoussait, alors attire ; il peut d'ailleurs,
comme un aimant, attirer et repousser alternativement,
dans la même seconde. Cette oscillation, qu'on peut
observer dans toute espèce de péril, est une preuve que
l'instinct dit *de conservation*, est réversible, et peut,
changeant de pôle, devenir instinct de *destruction*. En
ce dernier cas, toutes les causes organiques, au lieu
d'agir dans le sens positif, fonctionnent négativement :
le sang circule avec peine, la poitrine s'essouffle, la
sueur se sèche, le rythme vital s'affaiblit. Et, trait frappant, ces troubles que la peur d'un danger réel ou possible, engendre, ils sont, à leur tour, opérants, en l'absence de tout danger, pour jeter une appréhension instinctive dans l'âme; car chacun sait qu'une constitu-
tion affaiblie, ralentissant la nutrition, abaisse à la fois
le ton vital et le courage, et met simultanément en mauvais état de défense, l'organisme physique, et le moral.

Sans aller à ces cas extrêmes, on constate habituellement, chez les visiteurs de montagnes, ou bien la joie,
l'expansion, l'audace, toutes les émotions « exaltantes » ; ou bien les émotions contraires, dépressives :
la mélancolie, la taciturnité, la défiance. Il est évident
qu'atténuées, ces passions, pour opposées qu'elles soient
l'une à l'autre, se peuvent également concilier avec le
sentiment, et même avec le plaisir esthétique. La
sombre verdure des pins, tapissant une pente abrupte,
pourra sembler sinistre à celui-ci, rassérénante plutôt,
à celui-là, mais tous deux en jouiront au même degré.
Car le secret, en somme, de la jouissance esthétique, et
vis-à-vis surtout du *sublime*, est un mouvement de
l'âme accompli, soit d'un côté, soit de l'autre du point
central d'indifférence (1). Le drame, qui est l'aléa de

(1) J'ai surabondamment prouvé, dans mes « *Eléments du beau* »,
et ma « *Sphère de beauté* », que la gamme des états d'âme ne formait
pas une ligne continue, mais se partageait en deux moitiés, droite
et gauche, de sens inverse, et symétriques. Partant d'un point
central d'indifférence (*point mort*), le sentiment tend également, et
suivant les cas, à se porter vers les deux pôles opposés, représentant l'excès en + ou en —. Ce schéma, d'application générale,
domine la Psychologie tout entière.

la souffrance et de la mort, ne repousse-t-il pas, pour attirer, et repousser ensuite, même dans la réalité ? On dirait que l'*oscillation* est la loi suprême du *beau*, comme elle est la loi de la vie, et que l'idéal, pour nous autres humains, est fonction du *rythme* et de la *mesure*.

** **

A l'appui de cette origine en partie *physiologique* de l'admiration, une preuve assez piquante nous est fournie par le langage. J'ai rassemblé les principaux adjectifs qualificatifs qui traduisent l'impression ressentie par une allusion au *réflexe*. Chacun de ces mouvements spontanés, infinitésimaux souvent, chez l'organisme qui réagit vis-à-vis d'une excitation, se trouve représenté par une épithète. J'appelle ces expressions « *mimo-réflexes* », et je les classe d'après la fonction correspondante. Ainsi je distingue des mimo-réflexes « digestifs », comme *alléchant, indigeste, nauséabond, joli à croquer, appétissant, estomaquant* ; — d'autres « circulatoires » comme *palpitant, fiévreux,* qui *glace le sang dans les veines*, — d'autres « respiratoires » : *étouffant, époumonnant, suffoquant, qui ne laisse pas respirer ;* d'autres sécrétoires, tels que *larmoyant, désopilant, à faire suer, flegmatique, mélancolique, à mettre l'eau à la bouche ;* — d'autres enfin, « locomoteurs » ou « préhensiles », « sensoriels » ou « nerveux », qui trouveront leur place plus loin.

** **

Le tableau que je place ici sous vos yeux réunit à la fois mes exemples, et ceux que M. le Dr Féré cite dans son très remarquable article sur « *la physiologie dans les métaphores* » (*Revue philosophique*, numéro d'Octobre 1895).

EXPRESSIONS « à cumul »	SENS propre, physiologique, initial	SENS figuré, psychique, dérivé
Serrement	La poitrine serrée.	Le cœur serré de tristesse.
Dilatation	Dilatation pathologique du cœur. Bouffissure d'épiderme	Le cœur dilaté de joie. Bouffi d'orgueil.
Horripilation	Cheveux dressés (chez les fous).	Les cheveux se dressent sur ma tête. — Un bavard horripilant.
Chatouillement	Chatouiller la peau.	Chatouiller l'amour-propre. — Chatouilleux sur le point d'honneur.
Brisure	Brisure des membres	Le cœur brisé. — Une nouvelle qui vous casse bras et jambes.
Amollissement	Ramollissement cérébral	Le courage qui mollit.
Chaleur	Echauffement du corps (ou son refroidissement).	Un cœur chaud. — Une chaude alerte. — Accueil glacial. — Refroidissement d'amitié.
Aspiration	Aspirer l'air vital.	Aspirer à la gloire.
Expiration	Acte de rendre l'air aspiré ; de rendre l'âme.	Voix expirante. — Parole expirant sur les lèvres. — Une passion expirante.
Amertume	de bouche.	De cœur, de pensée.
Onction	Saveur onctueuse ; peau onctueuse.	L'onction d'une parole. — Parole mielleuse.
Sécheresse	de peau.	Sécheresse de cœur. — Style sec.
Couleur	Fait pathologique d' « érythropsie », etc.	Voir rouge. — Voir tout en rose. — Nager dans le bleu. — Rire jaune. — Une verte semonce.
Ton	Baisser de ton.	Baisser de ton (au figuré).
Poids	Lourdeur, pesanteur (d'estomac). Légèreté dans l'allure.	Tâche lourde. — Lourdeur d'esprit. Légèreté d'esprit, de mœurs.
Paralysie	Membre paralysé.	Effort paralysé par des obstacles, etc., etc.

Il est impossible, vraiment, devant des faits si nombreux, d'en appeler à je ne sais quelles coïncidences. Il est, au fond de cela, un rapport constant, une *loi*... Mais laquelle ? On a peu discuté la question jusqu'ici. Toujours est-il qu'en la plupart des faits moraux, abstraits, notés par une *métaphore*, on retrouve en sous-œuvre le fait « organique » qui la justifie. La tristesse *serre* littéralement le thorax, la joie lui donne de l'ampleur. L'orgueil, hypertrophie du *moi*, ne va point sans un gonflement appréciable, et l'on sait que l'envie, l'orgueil non satisfait, rongent et dépriment les tissus. Des expériences établissent que dans les passions *exaltantes*, la tension des vaisseaux s'exagère, qu'elle s'amoindrit dans les passions *dépressives*. Le langage instinctif, ici divinateur, enregistre ces faits vécus, sinon perçus ; quand il qualifie la parole de *sèche*, ou d'*onctueuse*, il fait allusion inconsciente au jeu des « vaso-moteurs », aux frêles canaux élastiques qui règlent le débit d'huile lubréfiant nos rouages intimes. L'épithète *littéraire* se révèle ainsi *littérale*.

En résumé, l'émotion qui nous étreint dans un défilé solitaire, au pied d'un pic sourcilleux, ou nous dilate au découvert de lointains profonds, cette émotion n'a point, comme on est porté à le croire, sa source en l'imagination exclusive ; ce n'est pas une fonction psychique immédiate, et de génération spontanée dans l'intelligence ; c'est, plutôt, un retentissement de la sphère *organique* sur la sphère intellectuelle et sentimentale. Sans doute, la notion, antérieurement acquise, de péril ou de sécurité, intervient pour colorer l'expression objective, *blanche* pour ainsi dire, du paysage, — pour l' « orchestrer », si l'on veut, de timbres solennels et stridents — ou de timbres doux, familiers. Mais, en dehors de toute information, de toute expérience, un site abrupt ou plat nous en impose par la répétition machinale que nous faisons au dedans de nous du geste accompli au dehors. La ligne nous menace ou nous apaise, de soi-même ; elle est suggestive d'emblée. Nous sommes attirés ou repoussés par elle, malgré nous... Et c'est justement cette hypnose des lignes, des dimensions, des proportions, comme celle des couleurs et des sons qui, surprenant notre sensibilité, bien avant que la raison ne s'éveille, explique l'éblouissement esthétique ; elle en justifie le caractère irréfléchi, primesautier. Le premier cri d'éloge — et le plus vrai — devant la montagne, n'est-il point : *C'est écrasant... ?*

LA PART DE CHACUN DES CINQ SENS

DANS L'APPRÉCIATION D'UN BEAU SITE

Quelqu'un a dit que nos cinq sens, — le *toucher*, le *goût*, l'*odorat*, l'*ouïe*, et la *vue*, — étaient autant de fenêtres ouvertes sur le monde extérieur. Rigoureusement, la comparaison n'est pas juste ; car, au moyen de l'œil, ou de l'oreille, ou même de la main, nous croyons « toucher » le dehors ; nous n'en saisissons pas le tableau direct, immédiat : ce que nous voyons du ciel bleu, des nuages, des verdures, c'est *l'image de ces objets reflétée dans nous-mêmes*, comme en un miroir. Ce miroir, il est, suivant l'homme, ou les circonstances, clair ou terni, lisse ou bosselé, de cristal ou de verre commun. D'où l'étonnante diversité des images, des *impressions*, en face de l'original, un, solitaire. Ainsi que nous le disions naguère, il n'y a qu'une *Yungfrau* dans le monde ; mais il en existe cent, mille, un milliard de copies, autant que de touristes ayant passé devant la fameuse montagne. Ce que chacun appelle *la* Yungfrau, c'est proprement *sa* Yungfrau ; c'est le cliché cérébral et mental qu'il en a pris, net ou confus, total ou tronqué, lumineux ou sombre, bon ou mauvais ; au profil délicatement sculpté de la *Vierge*, à sa robe immaculée, à son écharpe de forêts, on associe le tableau de ses propres pensées, de ses états d'âme.

Il ne faudrait pas, cependant, pousser ce subjectivisme trop loin : pour individuelles que soient ces images, — en dépit des conformations, ou déformations que la diversité des tempéraments, — des miroirs — leur fait subir, toutes sont, dans leurs traits essentiels, identiques. Et, laissant ici de côté des infirmités organiques, d'ailleurs rares (tel le *daltonisme*), il faut reconnaître ce fait : tous les yeux normaux voient de même ; et clair obscur, contour, coloris, sont suffisamment égaux devant tous, pour que le sentiment résultant soit partagé. Si le sentiment n'est pas partagé, c'est moins à cause de la variation des sensations elles-mêmes, qu'à cause de celle des idées associées à ces sensations.

Or, en Esthétique, proclamons-le très haut, ce sont ces idées-là — souvent artificielles, parasites, qui offrent le moins de valeur ; la pierre de touche du sentiment *vrai*, c'est la base physiologique, inconsciente, sur quoi ce sentiment, à son insu, s'appuie. Par exemple, la couleur verte est la préférée des Turcs, parce que c'est la couleur du Prophète : esthétique toute contingente, et sans portée... Mais le *vert* est la teinte médiane dans le spectre; elle forme la transition de sa moitié froide à sa moitié chaude ; d'où mélange et tempérament de deux groupes opposés, contrastants, fusion des tons extrêmes; effet mixte, plutôt reposant, expression d'indifférence et de calme. Voilà l'esthétique directe, absolue.

Parmi, donc, les idées associées à la sensation, seules doivent être pesées celles qui sont *continues*, et non simplement *contiguës*. C'est, par conséquent, une entreprise légitime, de rechercher les origines *sensorielles* de nos émotions ; car si nous parvenons à établir ces fondations en sous-sol, notre science du beau n'aura pas été bâtie sur le sable.

**

Le sens du *tact*, pour commencer, comprend la *température* et la *pression*. Le rôle esthétique de la température, en un paysage, est loin d'être aussi réduit qu'on le pense : en dilatant la peau, mettant l'organisme à l'aise, un climat doux et tiède prédispose aux impressions poétiques ; et combien un vent glacial attriste, au printemps, le plus joli site, même si le soleil brille, et si l'azur est clair ! La lumière de l'astre ne nous suffit pas : il nous faut aussi sa chaleur. Et la chaleur anime, même objectivement, le paysage, puisqu'elle gonfle les feuilles et les écorces, excite l'arôme des fleurs et réveille les passereaux engourdis. Et puis la température prête parfois au site un *caractère :* les blocs éboulés dans la plaine ont l'air de *suer* sous un ciel de plomb. J'ai ressenti cette impression dans la forêt de Fontainebleau, bien souvent... Une émotion tout autre se dégage des coins de bois humides, à l'automne ; et la moite fraîcheur qui fait foncer alors les verdures, et mollir les

tiges, imprègne votre épiderme, et vous met à l'unisson
de mélancolie. Le passage, en pays montagneux, de la
touffeur lourde des vals, à l'air vif des cols, est déjà, par
lui-même, expressif ; il concourt à l'effet sublime.

Et si l'on se reporte au langage, n'est-il point encore
ici des métaphores instructives : la *froideur* d'un
ensemble de lignes, d'une attitude ; la *chaleur* d'enthousiasme ; la *fraîcheur* d'imagination, de souvenir ?

Les sensations, si primitives, de *pression*, ou de
contact, ne sont pas moins concertantes dans l'effet de
beauté ; elles font, pour ainsi dire, une instrumentation,
plus ou moins riche de timbres, à cette mélodie qu'est la
ligne. La pesanteur d'une atmosphère orageuse habille la
Nature d'appréhension ; mais surtout, le contre-coup de
la vue sur l'appareil tactile est une source d'impressions
féconde et peu connue : la texture lâche ou serrée des
roches pourtant lointaines, influence inconsciemment
notre peau, par la notion que l'expérience nous donne
de tel ou tel grain connexe avec tel ou tel reflet coloré ;
c'est comme un *toucher à distance*. La barrière de
schistes aigus, dressés sur leur tranche, apparaît,

rugueuse, à l'horizon ; et nos regards caressent le poli
des lointaines montagnes de marbre. Ainsi l'ardoise ou
la tuile des toitures ne parle pas seulement à l'œil par
l'éclat ou la matité de sa teinte, mais *à la main*, par le
« lisse », ou le « rugueux » pressenti des surfaces. Ainsi

déchirons-nous d'avance nos doigts aux ronces qui ferment l'allée, devant nous, et l'oiseau duveteux qui passe sous nos regards, à tire d'aile, nous laisse-t-il, à la paume des mains, une vague impression de caresse.

On a pu souvent remarquer que l'*odeur* est un puissant véhicule d'idées. Le seul parfum d'herbe humide évoque ces prairies d'émeraude où les vaches flamandes, blanches et noires de robe, se couchent nonchalamment ; — une bonne senteur de terre, en mars, venant du lointain, ouvre à nos regards intérieurs les champs où le blé germe, et la charrue dans les sillons, et toute la plaine fraîchement remuée et rayée ; — des étangs monte un arôme moite, indéfinissable, et qui définit, isolé, le site où stagne l'eau, le reconstitue, parc ou lande, avec ses ajoncs, ses genêts d'or, ses roseaux de la Passion lourds et flexibles ; — avant que vous revoyiez l'océan de vos yeux, son émanation saline et salubre achève déjà le tableau d'une grève lavée d'écume, ou des falaises porteuses de phares, ou du port, aux bassins végétant d'une futaie de mâts ; — enfin, pour vous faire retrouver la montagne, ses cimes prodigieuses, ses précipices, il vous suffit, parfois, de respirer une petite fleur de thym ou de lavande.

Mais c'est là le pouvoir de l'imagination, une fonction *psychique*, en somme, et, peut-on ajouter, une fonction connue : chacun sait ce que la musique des parfums ajoute aux plaisirs plus intellectuels, et mieux définis. Il me faut plutôt insister sur l'association d'idées que je nommerais *organique*. Ainsi, l'on a peu remarqué jusqu'ici la connexion de l'*arôme*, chez les plantes, avec ce qu'on appelle leur *vertu* ; c'est toute une science inédite. Il est certain que l'odeur pure, douce, des *Labiées* et leur saveur assez molle, et mucilagineuse en tisane, révèlent, *a priori*, des propriétés émollientes, « béchiques », respiratoires. Les *Rosacées*, souvent styptiques aux narines, à la langue, sont des astringents. L'amertume de la *petite-centaurée* révèle sa fonction d'apéritif ; l'espèce d'âcreté, point désagréable, du *cresson*, est liée, vraisemblablement, à sa vertu dépurative. — Ainsi l'odeur est une avant-courrière : balsamique, elle annonce les

fleurs inoffensives, ou bienfaisantes ; vireuse, — les
suspectes, ou les malfaisantes. Déjà, les plantes *cépha-
liques*, ou *cordiales*, de la montagne, dégagent le cerveau, fortifient le cœur, à les respirer ; l'émanation souvent nauséabonde des vénéneuses est comme un début
d'intoxication.

La conclusion que je tire de ces faits, pour l'Esthétique, est que les sens, dits inférieurs, du *toucher*, du
goût, de l'*odorat*, sont des chemins tracés à l'intelligence
du beau ; — non pas, certes, des routes royales, de larges et nobles avenues ; tels seront ces sens supérieurs,
l'*ouïe*, la *vue*, accédant droit à l'idéal, — mais de jolis
sentiers, familiers et charmeurs, dont on suit le détour
en rêvant, sans s'en douter. Avant l'initiation au « beau »
par le regard tout un monde, déjà, se révèle, ou se
pressent, dans la caresse de la brise, la tiédeur de l'air
ambiant, l'effluve embaumée qui se lève des fleurs,
même en cet arôme des fruits où la nécessité positive
de l'aliment disparaît sous le délice du *goût*... Est-ce
que ce dernier mot, à tout prendre, n'est pas une espèce
roturière anoblie ?

D'ailleurs, en l'impression donnée par la Nature, il
n'est point de degrés, point de hiérarchie. Comment
subordonner les valeurs sonores dans un concert, où
leur fusion harmonique donne le sentiment d'unité ?
L'effet esthétique d'un paysage est un effet simultané.
L'odeur des bois s'attache indissolublement à leur ver-
doyance, à leur clair-obscur, aux formes, aux attitudes
du feuillage, à son murmure ; couleur, éclat, contour,
parfum, sonorité, tout est fondu, tout ne fait qu'un. Tel
un doux visage de femme qui rayonne des yeux, et rougit, dont la bouche parle et sourit, dans un « moment »
de beauté non décomposable.

Aussi notre analyse, en séparant les éléments de
l'idéal, avoue-t-elle son rôle provisoire, et nous ne la
poursuivons que pour une synthèse finale plus sûre.
Arrêtons-nous, en attendant, sur l'élément sonore, — je
dirais volontiers *musical*, du paysage. Sur cette symphonie des vents, des arbres, et des eaux, après tant de
poètes, il est malaisé d'être neuf. Les bruits de la montagne ?... — plutôt ses voix... Vous les connaissez ; mais
peut-être n'avez-vous pas bien démêlé, dans vos extases,
le nœud qui rattache le plaisir immédiat de l'oreille à la
délectation plus abstraite de la pensée.

Pourquoi, le long de cette gorge étroite, solitaire, êtes-vous tant ému du torrent dont le bouillonnement vous accompagne, obstiné, vous assourdit de sa rumeur, et vous grise ? Cette ivresse, à la fois douce et troublante, je l'éprouvai moi-même, un jour d'hiver, explorant la route serpentine que je ne savais pas aboutir aux bains d'Uriage. Au sortir de l'ample vallée de l'Isère, ce chemin resserré me parut mystérieux, et j'entrai... Contournant sur ma droite un mur de schiste noir, où pendaient, dans les fentes, des lustres de glace en stalactites, j'avais, à gauche, croisant perpétuellement ma route, le flot tumultueux du *Sonnant*. Je me rappelle nettement, à plus de cinquante années de distance, l'impression que j'éprouvai là. Profondément engagé dans ce défilé solitaire, dont je ne prévoyais pas l'autre issue, ma tête s'emplissait du tumulte ininterrompu du torrent ; je me sentais étourdi, presqu'effrayé de voix implorantes, surnaturelles, — perdu dans un rêve... Et j'allais toujours devant moi, toisant des yeux le mur de schiste, épiant, au pan de ciel ouvert, des orages impossibles — et c'était le tonnerre des eaux. Il me semblait par instants marcher dans la clameur d'une foule, et par moments aussi, passer devant des orgues extraordinaires... Mon oreille, éblouie de sublime, accordait peu à peu ces sonorités discordantes ; de ces bruits d'eau sauvage elle s'accoutumait à faire des sons, discernait bientôt dans ce chaos d'ondes un parti d'instrumentation, comme des timbres encore inconnus d'orchestre. Sûrement, si j'eusse été musicien, — un Beethoven, — je serais sorti de l'harmonieux défilé, le plan d'une symphonie dans ma tête. Mais, simple oreille résonnante, il me venait seulement, à l'audition de cette eau, de splendides réminiscences.

Et lorsqu'enfin, — *déjà*, plutôt, la gorge déboucha dans le cirque tranquille où dorment, en cette saison, les bains d'Uriage, il me parut que je m'éveillais d'un songe à la fois épeurant et charmeur.

Au moment calme où j'écris ces pages d'Esthétique, il me revient, ce souvenir, du lointain de mes dix-neuf ans. Alors, comme depuis j'ai parcouru les mille chemins de l'esprit, que j'ai concentré mes explorations sur le territoire psychique, le « microcosme », — les sensations étranges et douces que j'eus là, m'apparaissent, — comme la fleur au botaniste — un couronnement merveilleux d'édifice en soi fruste, ou dissimulé. Je vois les racines de mon enthousiasme à la loupe ; mais je ne les vois point vulgaires, et désenchantées pour cela. Le grossissement des choses de Nature a ceci de particulier, que loin de diminuer leur finesse, il l'augmente : une fronde bien découpée de fougère est d'une suprême élégance ; allez-vous gâter le spectacle en la mettant sous le microscope ? — Non pas, car le tissu vivant, sorti des manufactures divines, n'a pas, comme les nôtres, une limite à sa structure, une fin à sa beauté. Vous n'admirez plus, sans doute, la grâce abandonnée des festons, les ramifications savamment graduées, la variété des parties dans l'unité du tout ; mais vous admirez la broderie délicate et si consciencieuse des cellules, la spirale infiniment légère des trachées, — tout cet appareil histologique minutieux, trame dissimulée d'une étoffe dont le luxe se manifeste au dehors.

Mon émotion sublime, ainsi détaillée, laissa percer mille circonstances psychiques, alors insoupçonnées, de précieuse indication pour le problème. Cet état d'âme où la musique du *Sonnant* m'avait mis, — je le compare à ces étoiles de forêt, où, d'une éminence centrale, on prend vue, simultanément, de tous les chemins y venant aboutir. Le regard embrasse l'étendue tout entière, mais sans détailler ; et les six ou sept voies du carrefour où vous êtes parvenu, noient presqu'immédiatement leur perspective dans une mer de verdure. Ainsi, du sentiment très général de bonheur où le beau vous place, et vous hausse, vous ne pouvez plus distinguer les sensations élémentaires et les idées partielles, qui, pourtant, en sont les aboutissants nécessaires.

A cette heure, je refais, patient, le trajet, mais en sens inverse. De l'étoile, — ou du centre du labyrinthe, si vous voulez, je suis les détours compliqués qui m'avaient conduit à mon rêve ; et je les suis, cette fois, non d'un œil distrait, mais très attentif... Alors cent détails se retrouvent, qui me rendent à la conscience du *moi*, — du « moi » que j'étais alors : ce sont les musiques entendues, précédemment, dans un amphithéâtre, à la ville, parmi la foule ; et c'est le contraste, survenant depuis, du concert artiste, défini, populeux, avec celui, solitaire et fruste, d'une eau torrentielle et confuse... Aussi, tant d'eaux tranquilles que j'avais vues, longées dans ma vie, stagnantes ou coulantes, mais silencieuses ; et puis ces eaux artificielles de Versailles, si froides, et correctes

dont la colère est mesurée, qui jaillissent de tuyaux
symétriques, et dont l'ordonnance si magnifique et si
fastidieuse m'étonnait....

Et les clameurs de foule, dans une fête, dans un danger ; ce cri multiple et concentré que je réentendais dans
le torrent. Et puis les souvenirs classiques, la Mythologie,
l'Histoire sainte, — le Styx et le Cédron, la rumeur du
fleuve païen, — celle du flot chrétien ; l'eau lue comme
un mot de trois lettres, écrite, imprimée, cherchée dans
un dictionnaire, et ces phrases-modèles : *l'onde bouil-
lonne, le torrent mugit,* figées dans le poncif des gram-
maires, et la métaphore de Racine :

« Le bonheur des méchants comme un torrent
s'écoule. »

Il y avait de tout cela dans mon impression d'Uriage...,
— mais avant tout, hâtons-nous de le dire, cette tendance primitive, essentielle, indépendante de toute idée
parasite, à refondre harmonieusement dans l'esprit les
éléments du phénomène, lui-même harmonique, au
dehors, éléments dissociés et présentés séparément par
les sens. En un mot, la beauté, dans la Nature extérieure,
est synthèse ; et le sentiment d'enthousiasme pour la
beauté, — synthèse également. La première de ces syn-
thèses s'accomplit sur les éléments matériels, sphérules
d'eau roulante associées, cellules vivantes unies, atomes
composant un parfum ; la seconde s'opère en nous-
mêmes, sur des éléments abstraits et psychiques : perceptions, émotions partielles, — atomes de pensée...

Cette combinaison de nature cérébrale, intellectuelle,
a pour antécédent, et pour modèle, une autre qui s'effectue dès l'organe auditif, et qui rassemble plusieurs sons
partiels, *harmoniques,* autour d'un son fondamental.
C'est ce bouquet sonore qu'on appelle le *timbre ;* il
donne, en Art, son cachet à chaque instrument, et crée,
dans la Nature, l'expression propre à chaque bruit, a
chaque voix vivante. Un orchestre immense, doublé d'un
chœur, anime la Création, et présente, ici, ce trait supérieur, d'une appropriation de la résonnance à la forme :
le chant du hautbois, ou du violoncelle, a son intérêt en
lui-même; il est indépendant, dans sa beauté, de la laideur de l'instrument ; tandis que le bruissement du peuplier est en accord avec son contour : il est la voix

expressive d'une forme expressive elle-même. Ainsi le chant, ou le cri de chaque espèce animale, est harmonique avec sa structure et ses mœurs ; ainsi la parole humaine a son âge, son sexe, sa nationalité. Le succès phonétique et le succès plastique ou dynamique s'unifient.

L'eau du torrent, que je citais, n'a pas un mouvement distinct de sa sonorité. Ce qui nous captive, surtout, en lui, c'est l'union parfaite de la musique et du dessin. C'est, du reste, le privilège de tout être, et de tout objet naturel.

**

Mais le son, dans la Nature, aussi bien qu'en l'Art musical, offre aussi son expression négative ; et ce n'est pas la moindre, bien souvent. On ferait un volume entier sur le rôle euphonique du *silence :* en mainte symphonie de Beethoven, ce néant sonore, habilement ménagé, prend une extraordinaire éloquence ; et, dans le paysage, il joue peut-être un premier rôle.

Il est vrai que, rigoureusement, ce silence est toujours relatif ; les voix parlent tout bas, et discrètement, mais elles parlent ; le feuillage soupire, l'herbe bruisse, l'eau murmure, l'insecte susurre... L'absolue taciturnité du désert, d'ailleurs très rare, n'est pas sublime, mais navrante : nous, vivants, avons horreur de l'absence de vie. Mais le plaisir d'un site qui se tait, sous nos latitudes, offre la valeur de toute sensation atténuée. Il nous plaît de toucher cette limite délicate, où l'attention devient nécessaire pour percevoir ; alors nous ne subissons plus le son, nous le désirons ; *entendre* est une jouissance passive, et vulgaire ; *écouter*, et tendre l'oreille, est un bonheur actif, mystérieux.

Une étude curieuse à faire, serait de déterminer l'orientation favorite que donne chaque type de sensation à la pensée. Par exemple, le « toucher » développe la prudence : on dit que telle personne a du *tact* ; le « goût » semble porter en germe le sens esthétique : on dit que telle personne a du *goût* ; « l'odorat » prédestine au tempérament rusé : cet homme a du *flair* ; l'exaltation du sens de l'ouïe fait une âme pusillanime : on reproche aux poltrons de trop *s'écouter* ; si, d'ailleurs, *Goupil*, le

renard, a museau pointu, Jean Lapin porte oreilles longues... Enfin le sens supérieur de la « vue » se perfectionne au bénéfice de la sagesse, et de la raison : « il a
de l'œil », dit-on d'un expert ; si l'âme artiste *sent* et
goûte le beau, si l'esprit pratique *touche* juste, — le
logicien *entend* la vérité qu'on lui propose, il *voit clair*,
il est *clairvoyant*.

*
* *

Ceci nous amène aux *facteurs optiques de l'admiration*,
— en particulier, de l'admiration des montagnes (1). En
celles-ci, comme en toute la Nature, d'ailleurs, la vue dis-
cerne trois éléments : le *clair-obscur*, le *coloris*, la *forme*.
La forme elle-même embrasse ces trois choses : la « grandeur », la « direction », le « contour » ; — on peut ajouter encore un quatrième facteur expressif : le *mouvement* ; en effet, si les cimes restent immuables au regard,
les roches s'éboulent, les avalanches glissent, l'eau ruisselle ; l'impassible masse elle-même est mobile, par l'évolution du jour autour d'elle, et les reflets changeants de
sa surface.

Fidèles à notre méthode, nous chercherons la cause
provocatrice de l'émotion finale — dans le mécanisme de
la sensation initiale. On n'est pas assez instruit de ce fait,
que le seul exercice d'un sens suffit déjà pour orienter la
pensée, le sentiment dans telle ou telle direction. Le jugement de goût se forme plus tôt, et plus près de l'épiderme
qu'on ne croît. Nous avions jadis démontré, pour la *couleur*, ce paradoxe apparent : l'expression, le caractère
esthétique de chaque teinte, en rapport immédiat avec ses
propriétés physiologiques. Ainsi pour les arômes, où le
charme et la *vertu* spécifique sont connexes. Le rouge est
d'effet somptueux, parce que c'est une teinte chaude, et
quelque peu sombre à l'œil, — tout comme le tannin est
astringent, — et styptique à la langue, par la même
cause. Ainsi le sentiment se règle, à son insu, sur une
réaction intérieure.

A plus forte raison la vision des formes, des contours,
exigeant des gestes étendus de l'œil, un véritable par-

____

(1) Voir l'opuscule ancien sous ce titre.

cours de l'objet, ne sera pas sans influence sur le plaisir — ou le désappointement du spectacle. Nous sommes
étonnés, bien souvent, de nous sentir tristes, déprimés,
ou bien dispos, allègres devant des choses sans vie,
comme la montagne, un ciel d'automne ou de printemps,
une eau dormante ou fluente. Ces choses mortes, je sais
bien, la métaphore des poètes les fait vivre : les rochers
prennent des attitudes animales, les ramures d'arbres
centenaires se tendent en bras de géants ; les feuilles
tremblent, l'eau mur-
mure, l'ombre marche
dans la plaine ; le pic,
drapé de neige pure, se
féminise, devient *Vierge*
(Yungfrau). — Je con-
nais aussi le mot sa-
vant dont on a nommé
ce mirage, l'*anthropo-*
morphisme. — L'homme
se voit partout, c'est
évident ; et c'est pour-
quoi les rochers *pleu-*
rent, le vent *gémit,* le
soleil *rit* à la verdure.

Mais cette tendance
psychique n'est qu'*ulté-*
rieure, et si capital soit
son rôle, reste-t-il su-
bordonné, dans le
temps, à la fonction primitive, et fondamentale du *réflexe.*
Un immense espace qui s'ouvre soudain devant vous,
après un défilé, ou le couvert prolongé d'un bois, — produit l'impression du « sublime ». Or, dans certains cas,
l'impression, au lieu d'être extase, est vertige : on souffre,
quand on devrait exulter, et lorsqu'il faudrait s'avancer
pour mieux voir, on recule, on se cache les yeux.

C'est l'*agoraphobie* des médecins, cette peur irraison-
née, toute maladive, des espaces ; panique qui cloue
l'homme le plus brave au seuil d'une place de Paris, qui
l'empêche, littéralement, d'avancer, le paralyse...

Cas pathologique, direz-vous ; affection nerveuse et
mentale, exception... — Sans doute ; mais, avec la Science,
je répondrai : amplification anormale d'un état qui se
rencontre normalement chez tous, au degré faible. —

La doctrine du « *degré faible* » est une des lumières de
la Psychologie ; il faut qu'elle devienne une lumière de
l'Esthétique. En l'espèce, elle rend bien compte de ce
malaise subtil et passionnant du sublime. Un élargisse-
ment du champ habituel de vision en hauteur, en profondeur, en largeur, oblige d'emblée notre appareil optique à
se mettre au point : l'adaptation étant immédiate, sur-
mène, pour ainsi dire, cet appareil délicat ; et ce qui,
chez le sujet dispos, est simplement contraste exaltant,
devient secousse douloureuse à celui dont le rythme vital
est précaire.

Du degré le plus fort, qui produit l'*agoraphobie,* au
degré le plus faible, qui provoque la sensation du
sublime, une gamme d'états nerveux, possibles ou réels,
se déroule, et l'on peut constater — ou supposer, entre
ces deux extrêmes, tous les intermédiaires. Ainsi se
révèle le lien, paradoxal au prime abord, qui rattache
l'admiration à la crise. — Et, d'autre part, ne voit-on pas
le simple instinct de conservation grandir parfois jusqu'à
cet excès : la *nécrophobie ?* De même que la « nécrophobie », terreur de mourir, se renverse, en de certains
cas, déclanchant l'impulsion contraire au suicide, —
l'agoraphobie, crainte des espaces libres, a son pendant
dans une appréhension des lieux resserrés : la *claustro-
phobie.*

Ce dernier malaise, atténué, prend chez l'homme normal un caractère esthétique ; et de quel nom, alors, l'appeler ? — Je ne sais trop ; mais c'est une impression analogue au « sublime » qu'on éprouve, quand la gorge où
l'on a pénétré se resserre, et qu'on marche entre deux
hauts murs de rochers... Ici les extrêmes se touchent ;
l'antithèse des mots savants mise à part, les petits — et
les grands espaces provoquent également en nous — soit
l'*angoisse,* soit le *plaisir.*

*
* *

Ce principe de « *l'agoraphobie au degré minimum* » est
fécond, car de l'espace vide, il peut s'étendre au plein,
— et de la pure dimension dans les choses, à la *proportion :* celle-ci se réduisant, comme on sait, au contraste
de dimensions des parties.

Par exemple, un vaste horizon découvert nous émeut.
Mais nous sommes émus, à peu près de la même sorte.

devant un énorme massif, tel le Mont Blanc. Puis, la suggestion de ces éléments purement quantitatifs, *longueur, superficie, volume,* se répète, en plus fin, dans le contraste de la longueur avec la largeur, dans la distance respective des plans, dans le balancement des masses entre elles. — Un trait supérieur de l'Art gothique, on l'a souvent redit, est la prédominance très accusée des verticales : les colonnettes de la nef, à la cathédrale d'Amiens, sont 66 fois plus hautes que larges. Cette disproportion, si le terme peut être pris au sens favorable, — fait naître dans l'esprit le sentiment de l'effort prolongé, tendu vers le haut ; l'élévation des murs et des soutiens élève l'âme ; elle se hausse de l'élan prodigieux de la pierre.. Est-ce donc rabaisser ce geste moral et profond, que de le rattacher au geste primesautier de la vie ? L'œil, en beaucoup moins de temps qu'il n'en faut pour l'écrire, toise les lignes, les surfaces ; il suit les colonnettes dans leur trajet vertical et vertigineux ; véritable parcours de l'espace, qui ne coûte aucun labeur apparent, mais s'enregistre, à notre insu, sur l'appareil graphique cérébral... Ainsi d'un téléphone inscripteur qui traduirait la « quantité » des syllabes émises — au moyen de *longues* et de *brèves*. On prévoit que d'un pareil mécanisme naîtra toute une prosodie plastique, façonnant l'imagination à ses lois, la dilatant, la resserrant par une variété perpétuelle de contrastes.

Mais le mètre, ou la quantité, n'est pas tout : comme il s'agit ici, non d'un poème, mais d'un édifice occupant les trois dimensions de l'espace, — un élément reste à déterminer : l'*orientation*. Les lignes ne sont pas seulement longues ou courtes, elles sont *horizontales* ou *verticales*. — En outre, dans les fenêtres, les tympans, les voûtes, les balustrades, elles se brisent ou s'infléchissent, enfermant l'espace partiel en cette limite qu'on nomme le *contour*. Voilà de nouveaux éléments d'expression ; est-ce encore à l'instinct *agoraphobique* — ou *claustrophobique*, d'en rendre compte ?

Peut-être, car il existe un vertige *vertical*, — de haut en bas et de bas en haut, — comme il en existe un horizontal, d'avant en arrière, ou de droite à gauche ; et, quelle que soit la direction du regard, sur le nuage ou sur le précipice, — ou vers les lointains de la plaine, c'est toujours l'excès d'étendue qui l'influence, qui l'émeut d'angoisse, ou d'extase.

Indépendamment, toutefois, de la *grandeur*, il est évident que notre organisme est sensible à l'*orientation* elle-même. Très grand ou très petit, un *carré* prend une physionomie bien différente, suivant qu'il est couché sur un côté ou dressé sur un de ses angles. Même, ce qui parle

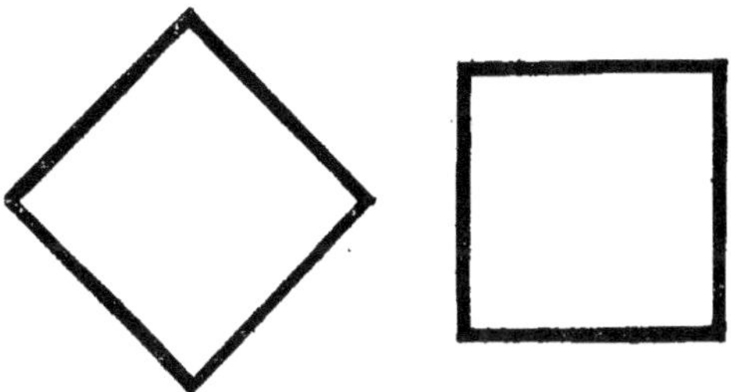

le plus éloquemment à notre âme, dans les figures, c'est la direction : droites, les tiges végétales disent la fermeté, l'assurance, la sécurité ; penchées, — la fragilité, la timidité, l'inquiétude. Le saule babylonien *pleure* sur les étangs ; le peuplier tremble et se courbe au vent qui passe ; tandis que le chêne-*rouvre,* dont le nom signifie *force,* se dresse fièrement, tient tête à l'orage... La flamme qui monte en serpentant exprime un désir impétueux, tourmenté ; la fumée fuit obliquement, telle une âme distraite, et quelle lourde mélancolie pèse, avec la brume stagnante, sur la Nature ! (1).

Un philosophe contemporain, Mr Souriau, a très excellemment formulé la cause de cela. Dans son livre sur *l'esthétique du mouvement,* il montre l'homme soumis moralement, autant que physiquement, aux lois de *pesanteur.* — « L'homme sent d'instinct, dit-il, que de toutes les fatalités auxquelles il est soumis, la plus rigoureuse est cette loi de gravitation qui pèse sur tout le monde matériel... Dans notre lutte contre la pesanteur, la chute, c'est la défaite ; l'équilibre, c'est la défensive ; le mouvement de simple translation, c'est un commencement d'affranchissement ; le mouvement ascensionnel, c'est le triomphe.

Encore n'est-ce là qu'une interprétation du fait *psychique,* et la question demeure intacte : quel est le stimulant physiologique de ces impressions ? Car si la *pesan-*

(1) Voir à ce sujet l'admirable ouvrage du poète Sully Prudhomme : « *L'expression dans les Beaux-Arts* ». (Lemerre, éd.).

teur, victorieuse ou vaincue, suggère notre esprit, — c'est, nécessairement, par l'entremise de quelque acte *vital* ; entre ce fait concret, mécanique, la *pesanteur*, et ce fait abstrait, purement immatériel, l'*émotion*, s'étend une lacune qu'il faut combler.

A mon avis, c'est là qu'il faut placer ce que les savants ont appelé le *sens de l'espace*. Il n'est pas, sans doute, aujourd'hui bien localisé ; mais certains cas pathologiques éclairent son mode d'action et son jeu. Des expériences « *in anima vili* » révèlent une tendance impulsive du corps à se projeter en avant, ou, dans certains cas, sur le côté. Les oiseaux frappés, dans leur vol, à la tête, tournoient avant leur chute verticale ; le vertige le plus commun est, aussi, de nature rotatoire : on sent la tête « qui vous tourne ». — D'autre part, certains réflexes, dits *d'arrêt*, vous font reculer : ainsi des mouvements de défense. Il est une espèce de songe « *lévitatoire* », où l'on se sent élever dans l'espace ; une autre, « *précipitatoire* », où l'on se sent verser dans un abîme... Rien d'instructif comme ces sensations subjectives sans stimulant, — du moins hors du stimulant habituel ; ce sont des « *jeux à vide* » de nos organes ; ils nous révèlent la méthode de leur jeu normal, réactionnel, en réponse à l'excitation définie.

Lors donc que nous gravissons, des *yeux*, les pentes montagneuses, — ou que nous les redescendons des yeux, également, il s'élève, — il s'abaisse quelque chose en nous. Ici, seulement, la sensation reste amphibologique, par ce fait que la montagne étant immobile, ses lignes montent, ou baissent, au gré de notre regard personnel. On dit les « retombées » d'un arc, parce qu'on prend, comme point de repos, les impostes ; autrement, et même avec plus de raison, dans l'arc ogival, on dirait les « remontées ». L'adoption, dans le sens vertical, de la direction ascendante ou de la descendante, sans être arbitraire, dépend de facteurs très nombreux. Toujours est-il que l'orientation « de croissance » commande celle du regard, et la doit fixer, pour les êtres ou les objets qui sont achevés dans leur forme. Ainsi les cimes montagneuses se présentent de bas en haut, étant le résultat d'un soulèvement initial ; les moraines de glacier se voient dans le sens de leur entraînement ; les *stalactites*, issues du gel d'eaux retombantes, et qui « pendent », dirigent nos regards de haut en bas.

Ainsi nous levons notre vue vers les tiges, les cimes d'arbre, suivant le sens de leur évolution, — et l'effort qui toise la flèche d'église en hauteur, n'est-il pas, au fait, homologue à son effort de construction ?

Aussi les métaphores ont-elles raison d'être ; elles sont plus positives qu'elles ne croient. Les hauts édifices *élèvent* l'âme ; la vue du « terre-à-terre » lui communique un sentiment de *platitude* ; un coup d'œil sur l'abîme la déprime ; elle vire à tous les vents, avec le regard ; elle est *droite*, elle *penche* vers le mal, elle *biaise*. Oui, l'âme a ses quatre points cardinaux. Et les expressions de *droiture*, d'*adresse*, de *dextérité* ; celle de *gaucherie*, l'épithète, surtout, de *sinistre*, arrivent à point sous ma plume pour confirmer la relation du sentiment avec le sens organique de l'espace.

* *

Ce que la *proportion* est à la grandeur, la forme du *contour* l'est à l'orientation : c'est l'orientation respective des lignes. Le même mécanisme intérieur qui nous dilate ou nous resserre à la mesure des objets, pris dans leur ensemble, — nous fait apprécier, dans leur plus fin détail, le contraste des dimensions. Notre-Dame embrassée tout entière du regard, et la moindre de ses ogives, examinée de près, c'est un travail métrique inégal, mais de même nature.

Cette loi d'unité, nous la retrouvons au *contour*. Il semble, tout d'abord, y avoir une grande différence entre l'appréciation très simple de l'*élévation*, dans un édifice, et celle, très compliquée, d'un tympan sculpté, d'un chapiteau, d'un trèfle, d'un fleuron. Et pourtant les quatre directions principales qui déterminent les axes de construction, celui, longitudinal, de la nef, comme celui, bilatéral, du transept, enfin celui, vertical, de « l'élévation », comme celui, horizontal, des étages, — on les retrouve en le détail du gros œuvre, et jusque dans l'ornementation ; cette fois dispersées, il est vrai, se prêtant à la fantaisie du décor, variées de tous les intermédiaires imaginables... Mais ce n'est là qu'une différence de degré, non de nature ; et nous devrions avoir toujours à l'esprit que le globe de l'œil, avec ses quatre muscles en croix, est capable de tourner en tous sens. Il n'est plus dès lors étonnant que le même processus organique serve à nous retracer la croix grecque ou latine, — et les motifs de sculpture les plus fouillés (1).

* *

Ces considérations, dont le caractère de nouveauté ne vous échappe pas, sont précieuses pour expliquer les *alea* de notre impression, pour en révéler les ressorts secrets. *Les lignes sont des chemins* qui mènent la pensée droit devant elle, ou la laissent flâner en de jolis détours, ou la font revenir en arrière, quelquefois. Les droites, inflexibles, utilitaires encore, — satisfont à notre besoin de logique ; elles entraînent, aussi, l'imagination vers les lointains, horizontaux ou verticaux, de l'espace. Les courbes, fuyantes et souples, parlent plutôt à nos facultés affectives : elles nous entretiennent de grâce, et d'amour ; elles nous flattent, nous enlacent. Les lignes brisées, nous imposant des changements de direction immédiats, disent la brusquerie, la hâte, ou la discontinuité de l'effort.

La contemplation d'une architecture, en définitive, pour facile et nonchalante qu'elle apparaisse, est un exercice actif, assez compliqué. — Même on peut tirer de là cette règle, que les meilleures lignes sont les plus continues, celles qui nous fatiguent le moins. Le moindre sentiment de lassitude, en une excursion, l'ennui de revenir inutilement sur ses pas, l'absence de plan, de but défini, — ne suffisent-ils pas à gâter le plaisir ?... Or, ces causes de trouble, je les retrouve sur le terrain, moins abstrait qu'on ne pense, de l'Art. Qu'il s'agisse d'une cathédrale ou d'une symphonie, le beau, le parfait, l'attachant ont pour expresse condition le repos — le *ménagement*, tout au moins, des sens et de l'organisme ; il ne faut pas que l'homme entende le bruit de sa propre machine :

(1) Qu'il s'agisse du tracé *sur plan* d'un « rond-point » d'abside, ou du tracé *en élévation* d'un plein-cintre, toute figure, en somme, plane ou saillante, courbe ou rectiligne, se rapporte à deux axes croisés ; et les lignes *courbes* elles-mêmes ne sont que des changements de direction continus.

autrement, il est distrait du spectacle extérieur, et n'en jouit plus.

Fait bien remarquable ! Dans la Nature, on ne court jamais ce danger. L'aveugle jeu des forces, qui se refrènent automatiquement elles-mêmes, ce jeu toujours total (lorsque nos jeux d'Art sont partiels), crée des combinaisons harmoniques, toutes spontanées, qui n'offrent rien d'oiseux, — ni de défectueux, — et n'arrivent point à lasser. Même, cette production colossale, démesurée. qu'est la *montagne*, ne nous apparaît plus comme un monstre ; elle nous touche, plutôt, comme une merveille: c'est que cette masse, soulevée d'un effort naturel, elle fut, des siècles durant, sculptée par l'eau, comme un bijou ; ses flancs, ravinés avec minutie, presque, réalisent un système de lignes aussi varié qu'heureux, tel que les peintres le jalousent, et s'efforcent d'en interpréter l'eurythmie.

Et nous, simples spectateurs, savons-nous que notre œil les parcourt, ces lignes, comme un pinceau ; que notre geste intérieur les redessine, et les recrée pour l'âme ; et qu'enfin, si l'âme vivante participe au travail, et le colore de ses rayons propres, — elle, la montagne morte. impose la tâche à nos yeux, et leur communique l'élan de son propre contour... ?

*
* *

Le rôle de la vie végétative, « viscérale », et celui de la vie des sens dans l'admiration une fois exposés, il est temps de faire entrer en scène le cerveau, la vie de l'*intelligence*.

On divise habituellement le domaine de la pensée comme il suit : facultés « affectives » d'un côté, ce sont l'*imagination*, la *sensibilité* ; de l'autre, facultés « rationnelles » : ce sont la *mémoire*, l'*attention*, la *raison*, la *volonté*. Mais gardez-vous de croire qu'en notre tête humaine, les choses se passent à l'instar des académies, où « Faculté des lettres » et « Faculté des sciences » sont logées dans deux pavillons séparés. L'*imagination*, n'est-il pas vrai ? c'est le pouvoir que nous avons d'évoquer les « images » des choses, leurs représentations mentales ; or, ce pouvoir, vous savez bien qu'il s'exerce sur les faits les plus idéaux comme sur les plus positifs : ie négociant se représente une pièce de cent sous avec autant de vivacité que l'artiste, un bouton de rose... Il n'y a point, d'autre part, une mémoire spéciale aux émotions, une autre exclusive aux notions pratiques : le même levier déclanche, suivant les cas, le souvenir utile, et le souvenir agréable. Ainsi de la *raison*, qui ne gouverne pas, comme on le croit trop souvent, le seul terrain logique, mais étend son empire sur l'esthétique.

Il faut se figurer le monde cérébral comme un réseau, télégraphique ou téléphonique, où, sur les mêmes fils, passent indifféremment dépêches d'affaires — et dépêches de sentiment. Seulement, le réseau cérébral a cette propriété singulière de faciliter la transmission des avis qui lui sont le plus familiers ; plus souvent tel genre de télégramme a passé, déjà, — mieux et plus vite il passera dans l'avenir. C'est en vertu de cette loi que la même montagne, le même arbre, le même oiseau suggère à celui-ci des pensées d'Art, à celui-là des pensées de négoce.

Mais dans la tête de l'artiste, aussi bien qu'en celle du négociant, la vue de l'objet développe, avant tout, une ramification d'idées *positives*. Il pousse là, très vite, un arbre logique touffu, dont les branches restent invisibles, et qui ne se trahit au dehors que par le parfum des fleurs terminales. C'est cet arbre généalogique de l'émotion dont je vais maintenant vous révéler la structure.

Ses *racines*, vous les connaissez : ce sont les perceptions partielles de la *vue*, de *l'ouïe*, du *toucher*. Elles viennent se réunir en un point, sorte de « collet » idéal, de manière à former cette tige indécomposable : *l'image mentale* de l'objet. Notons-le sans tarder : déjà naît, à ce niveau, une fleur, la plus précoce, et qui reste, pour ainsi dire, en bouton : c'est le *sentiment* correspondant à l'image. Ainsi, la première mainmise des sens sur la montagne fait éclore un plaisir général, et dont le trait caractéristique est l'unité.

Mais la végétation psychique ne s'arrête point là, d'ordinaire : au système de convergence des racines, succède un système inverse de divergence, et combien plus riche ! *L'idée mère* fournie par une image totale de l'objet donne d'abord trois grands rameaux : ce sont les « idées-filles » de *causalité*, de *modalité*, de *finalité*. La montagne n'évoque pas seulement son présent, mais son passé, son avenir; de ce qu'elle est aujourd'hui, sous nos yeux, nous tâchons d'en inférer ce qu'elle fut hier, ce que demain elle sera ; l'origine de cette masse minérale n'occupe pas moins notre esprit que sa fin, et la pensée d'évolution, plus ou moins vaguement, nous hante. A ce stade encore s'épanouit une fleur esthétique : le plaisir de remonter les siècles, ou de les devancer.

Le rameau de *modalité*, lui, n'est en somme que la tige-mère, qui se continue, mais pour se ramifier elle-même. L'unité du spectacle, en effet, se fractionne en la diversité des modes, des qualités : la cime est ronde, conique ou pyramidale ; elle fait dôme ou flèche d'église ; l'arête de la chaîne est affilée, telle une lame de sabre, ou bien ébréchée, forme des dents de scie : c'est la *sierra*. Ses flancs s'offrent trapus, ainsi les épaules de d'Atlas, ou s'effacent, d'une élégance Apennine ; ils s'étendent nus, au soleil, ou se drapent d'un manteau vert ; ils se couronnent de glaces éclatantes ou perdent leur front dans la nue.

Le rameau de modalité se ramifie donc à son tour, et de l'unité de *substance*, qui nous fait dire : « la monta gne », se dégage la multiple inflorescence des *qualités*, clair-obscur, coloris, grandeur et forme de contour, mouvement, sonorité, parfum.

Est-ce ici le couronnement ? — Non, pas encore, car l' « abstraction » qui sépare, à ce niveau, la qualité de la substance, mène la pensée jusqu'au point culminant de la *métaphore*.

La métaphore, fleur suprême que le sommet de l'arbre psychique voit éclore, et qui naît, comme les précédentes, d'un rameau solide et logique. — Consciemment ou non, nous comparons l'objet présent à nos yeux, d'abord à ses congénères immédiats, puis aux objets d'ordre différent et de plus en plus différents, jusqu'à cette limite où l'analogie de forme s'efface, ne laissant subsister que l'analogie de *fonction*. La chaîne montagneuse évoque d'autres chaînes semblables, puis le massif, son type opposé ; puis la plaine... ; et, bien vite après, le monument, la statue, enfin la forme humaine approchante... D'où vient qu'on peut, sans choquer le bon sens, qualifier un pic de *hautain*, parler de monts *chauves*, ou *chevelus*, dire la *riante* colline, le sommet *sourcilleux*, le rocher *menaçant,* la grotte *hospitalière* ?... Par le besoin que nous avons d'associer à tout fait moral ou psychique, son signe sensible habituel. Aux lignes, aux mouvements cachés de l'âme, chez autrui, correspondent des lignes, des mouvements corporels évidents : ceux-ci sont comme l'alphabet de ceux-là. L'âme absente, l'alphabet parle néanmoins, il évoque une âme.

Cet *anthropomorphisme,* est-ce pure illusion ? Et la Nature met-elle, à chaque pas, un masque humain pour nous tromper ? — Ou bien nous amusons-nous, sciemment, d'un jeu de parallèles subtil ? — Ni l'un ni l'autre, car la métaphore, d'une part, est vieille comme le monde ; c'est un « instinct », non pas un « parti » ; d'autre part, elle n'est pas tout entière dans nos cerveaux : la comparaison subjective se justifie par une toute objective et vivante *analogie.* Songez donc que les fins possibles sont innombrables, et les moyens de réalisation, très restreints : par exemple, une même force, la Pesanteur, abat les aérolithes, les obus, les gouttes de pluie, les feuilles mortes, les oiseaux blessés, les ballons dégonflés, les membres las, les traits d'un visage attristé ; le geste hélicoïde est commun aux flammes, aux fumées, aux vis, aux plantes volubiles, aux corps de serpents, de félins ; l'homme, pour acquiescer, dire *oui,* n'a pas d'autre procédé que celui du roseau qui cède, et s'incline au vent, ou de l'insecte courbant ses antennes ; et lorsque son cœur est gonflé d'espoir ou d'orgueil, il ne fait pas autre chose, au dehors, que la fleur qui redresse sa tête sous un afflux d'eau, et de sève.

**

Là gît, en résumé, tout le secret de l'*expression,* de la sympathie ; et comme l'expression, dans les choses, est une condition du plaisir esthétique, et de la beauté, nous voici parvenus au faîte de l'arbre.

Immense et touffu, vous le constatez, cet arbre psychique, encore que ses racines et ses premiers rameaux demeurent étrangers à l'esprit, c'est-à-dire au sol même, à l'atmosphère qui les font germer... Mais c'est la loi : notre œil peut-il se contempler lui-même, et pour saisir notre propre figure, ne nous faut-il pas le reflet d'un miroir ?

... Abstrait, inconscient à sa base, l'arbre du Beau et du Laid n'est point toutefois purement idéal ; et ce système ramifié trouve son expression concrète en le cerveau. Que si l'on déroulait en longueur, dans l'espace, les fils nerveux enchevêtrés dans ce labyrinthe, il serait apparemment retrouvé, l'ordre que j'ai décrit : aux conduites, aux connexions de pensées, correspondent des conduites, des connexions de tissus ; l'âme immatérielle a ses routes, ses chemins de traverse, ses carrefours ; *incognito*, pour ainsi dire, elle voyage, elle daigne voyager sur un réseau de fibres pondérables. Ici-bas, au moins, l'âme a besoin du corps pour instrument ; elle ne reçoit pas, en effet, seulement, elle *restitue*. L'impulsion que lui communique le monde extérieur, elle l'irradie sur le monde extérieur à son tour ; l'admiration — ou le dégoût, ne finit point en nous-mêmes, mais se continue, en dehors de nous, par la physionomie, le geste, le langage. Ainsi, l'expression du sentiment suggéré complète le *processus* inauguré par le fait suggestif extérieur : le cycle se ferme ; à la suggestion de l'idée par le mouvement, s'ajoute celle du mouvement par l'idée. Les lignes, fières ou mélancoliques de la *montagne*, affectent mon esprit des passions qu'elles symbolisent ; et les lignes de mon visage, à leur tour, en manifestant ces passions, influencent d'autres esprits, congénères et sympathiques.

Ce véritable transport d'énergie, de l'objet au spectateur, et de ce dernier à ses pairs, a pour véhicule suprême un phénomène idéal en soi, mais matérialisé : le *langage*. En exprimant ses enthousiasmes — ou ses dédains, par des mots, spécialement des « épithètes », la parole humaine croit n'extérioriser que le contenu *conscient* de l'esprit ; même on a coutume de dire que le verbe, dans l'émotion, reste très inférieur à l'idée. — Mais cela, c'est une illusion d'impuissance que la Science peut aujourd'hui dissiper. En vérité, l'homme ne connaît pas ses pouvoirs, et je fus moi-même bien surpris en découvrant la faculté si merveilleusement divinatoire du langage. J'ai montré nettement, en effet, dans l'épithète élogieuse ou critique, un *réflexe*, ou plutôt la synthèse articulée de réflexes organiques inaperçus ; j'ai rassemblé, sous la dénomination de *mimo-réflexes*, tous les qualificatifs de la langue qui peignent l'émotion du beau, non d'un détour abstrait, mais par le mouvement qu'elle provoque en no-

tre organisme ; ce mouvement, ce geste intérieur, il reste
en général inaperçu de nous-mêmes ; et, trait curieux,
c'est justement notre langue qui le dénonce : on parle
couramment d'une peinture *alléchante,* d'un teint de santé
appétissant, d'une musique *indigeste,* d'une littérature
dégoûtante, nauséabonde ; on dit : un enfant *joli à croquer.* Des termes « *circulatoires* » tels que palpitant, fiévreux, *à faire bouillir le sang dans les veines,* s'appliquent
à des stimulants abstraits, comme un drame, une scène de
mœurs. D'autres, baptisés par moi *secrétoires,* expriment
nos émotions morales avec une force plus réaliste encore :
une tragédie *larmoyante,* une *désopilante* comédie ; puis
cette expression populaire : « *faire suer* »... — En
tous ces exemples, il est vrai, la parole est hyperbolique :
on n'a point d'appétit ni de nausée ; la plus entraînante
musique, le ciel le plus mouvementé ne donnent point la
fièvre ; on ne sue point, littéralement, de sa peau (1). —
Mais si le pouls, dans l'émotion du beau, reste normal, il
n'est pas sans s'accélérer ; le sang s'échauffe dans l'enthousiasme ; il se refroidit quelque peu dans ces concerts,
ou ces représentations « qui vous glacent ». Quand on
reproche au touriste insensible de rester *froid* devant le
paysage, on a raison, déjà, physiologiquement. Le rire
désopile, il aide à désobstruer la rate ; au théâtre, une
illusion naïve empêche les bonnes gens de « respirer ».
les étrangle. — Si maintenant l'on quitte le terrain organique, et qu'on s'élève aux centres nerveux, les réflexes se
font supérieurs, mais leur idéalisme ne va pas jusqu'à
supprimer le contre-coup matériel, et son extension « souterraine » au langage. — La liste est longue de ces termes qui traduisent, au lieu de l'abstraite émotion, la modification infinitésimale qui l'accompagne, son empreinte,
pour ainsi dire, sur le système neuro-cérébral. Citons la
couleur *voyante,* l'altitude *vertigineuse,* le bruit *horri-
pilant* ou *ahurissant* (2), *l'affolante* cohue..., locutions
plus scientifiques qu'on ne croit, puisque le coloris trop

(1) Aux gens calmes qui douteraient de la réalité du fait organique, et mettraient ces hyperboles sur le compte de l'imagination
toute pure, je citerai mon propre exemple : nerveux tel que je le
suis, la lecture d'une affiche qni me choque a suffi, parfois, pour
me faire monter la *sueur* au front.

(2) De « *hure* », face hérissée.

vif excite et retient la vue, qu'un précipice vertical fait tourner la tête, qu'un son intense ou prolongé fait les cheveux se hérisser et qu'enfin, dans une foule compacte, on se désoriente, on prend peur.

Il est d'ailleurs à remarquer que ces sensations assourdies, inspiratrices du parler le plus pittoresque, puisqu'il peint la vie, — peuvent se reproduire en nous sans l'intervention d'aucun stimulant extérieur. Telle est la source positive de tant d'aspirations, ou de mélancolies confuses, désirs ou regrets sans cause, amour ou fureur sans objet, de ces élans, de ces défaillances de cœur, que la poésie douillette du dernier siècle exaltait, et qui proviennent, très souvent, d'arrêts, ou d'accélérations dans notre machine. Ce sont moins des incidents de pensée que des incidents de vie. Les savants Lange, William James et Dumas n'ont vraiment pas besoin d'apporter ici le témoignage d'observations médicales ; n'avons-nous pas éprouvé que hors le cas d'un deuil, ou de quelque chagrin motivé, la *tristesse* a son origine dans un état de fatigue, d'épuisement nerveux ? Cette mélancolie sans objet, dont on cherche en vain la cause en un fait moral, c'est, suivant la formule du Dr Maurice de Fleury « *le reflet mental* » d'un désordre physique intérieur ; c'est la conscience vague d'une impuissance de notre organisme, d'un amoindrissement de notre activité vitale. Inversement, sans soleil au dehors, sans verdure et sans liberté, l'oiseau, même l'homme prisonnier peut, s'il possède un excédent de vie, chanter de tout cœur... ; il chante l'hymne de la santé (1).

Mais ici, nous nous arrêterons sur les sentiments *provoqués*, et spécialement sur ceux qu'inspire la Nature. Puisque la langue a cette fortune de mettre au jour à la fois, dans ses épithètes, le tableau plus ou moins secret du dedans, et celui, manifeste, de l'extérieur, — ce chapitre de l'expression ne saurait mieux se fermer que sur un tableau de nomenclature expressive. Les épithètes dont nous qualifions habituellement la montagne prise comme exemple, s'y trouvent réparties suivant cinq catégories générales : la *Forme*, la *Texture*, la *Grandeur*, l'*Orientation*, la *Couleur*... Un résultat précieux s'offre à

____

(1) Voir, pour le détail, mes deux ouvrages fondamentaux : « *Les Eléments du beau* » et « *La Sphère de beauté* » (Alcan).

vos yeux, d'emblée : c'est que les mots, dans chaque catégorie, forment un enchaînement continu : les termes de
pure constatation, comme *grand* ou *petit, fin* ou *grossier,
rugueux* ou *poli, simple* ou *complexe*, se relient par des
anneaux intermédiaires aux termes d'appréciation esthétique : *beau, laid, vilain* ou *joli, sublime* ou *gracieux,
pathétique* ou *idyllique*. Ainsi, dans l'arbre du *langage*,
aussi bien qu'en celui des idées, tout un système ramifié
monte des racines, ou des rameaux frustes, simplistes, à
la grâce, à la magnificence des fleurs.

TABLEAU SYNOPTIQUE

des éléments d'expression de la Montagne transcrits en épithètes

TRAITS EXTÉRIEURS suggestifs		EFFETS INTÉRIEURS suggérés (et rapportés comme *qualités* à l'objet),
Hauteur (élévation)	Montagne.	Imposante, puissante, hardie, fière, orgueilleuse (altière), impressionnante.
	Colline.	Modérée, modeste, humble, riante.
Figure (plan)	Chaîne.	Droite | alignée, tirée au cordeau, rigide, inflexible, indéfinie, interminable. Curviligne tournante | onduleuse, serpentine, flexueuse; définie, fermée (cirque).
	Massif.	Compact, robuste, rayonnant.
Contour (ou profil)	Pente abrupte.	Raide, rapide; élancé, hardi, vertigineux; inaccessible, sévère, âpre, dramatique, sublime.
	Pente douce.	Mol (lentus), doux, facile, familier, gracieux, riant, aimable, abordable.
	Contour carré (table)	Plat, uni, anguleux, compassé.
	Contour brisé, dentelé (Sierra)	Accidenté, varié, tranchant, vif.
	Contour arrondi	Bombé (ballon), lisse, mousse, mou, lourd.
Texture	Unie.	Simple, homogène, poli, doux, monotone.
	Rugueuse.	Complexe, hétérogène, dur, raboteux, âpre, varié.
	Clivée.	(Calcaire) | régulier, en assises, monumental, ruiniforme.
	Feuilletée.	Stratifié, fin, mince, plat, parallèle, en lits.
	Compacte.	Solide, lourd, indestructible, en blocs.
	Délitescente.	Fragile, meuble, léger, caduc, ruiné.

TRAITS EXTÉRIEURS suggestifs		EFFETS INTÉRIEURS suggérés (et rapportés comme *qualités* à l'objet).
Eclat et Coloris	Brillant	Rayonnant (éclat); diapré; chaud, ou frais, immaculé (neige), gai.
	Foncé, sombre	Terne, concentré; ombreux, tacheté, triste, sinistre.
Revêtement	Sans végétation	Nu, chauve, sec, aride, pauvre, triste, désolé, austère, morne.
	Herbu	Vêtu, fourni, touffu, gras, verdoyant, fertile, doux, gai, frais.
	Boisé	Couvert, chevelu, riche, vivant, animé.

L'Eau et les Eaux

*L'océan et les eaux continentales ; eaux précipitées, jaillissantes
et bondissantes, courantes ou dormantes ; glaciers ; courants
marins.*

Le spectacle de l'*eau*, sous toutes les apparences
qu'elle revêt dans la Nature, est assurément plus idéal
que celui de l'élément terrestre. Car la terre était *opaque*, était *immobile ;* tandis qu'à la *transparence*, l'élément liquide unit la *mobilité ;* et le fait de se mouvoir en
l'espace, comme celui de laisser passer la lumière, est un
signe d'affranchissement ; c'est, pour ainsi dire, un pas
vers l'immatériel.

Je trouve donc un grand plaisir, pour mon compte, à
vous amener devant l'*océan*, le *lac* et le *fleuve*, la *cascade*
qui se précipite et le *geyser* qui s'élance, l'*averse* qui
s'égrène en fines gouttelettes, ou bien la *vapeur* qui se
dégage en sphères bouffantes, et la *glace* enfin, qui glisse
lentement de la cime à la base de la montagne... Mais,
avant de faire admirer ces figures diverses de l'Eau, je
voudrais la montrer, cette Eau, dans son essence même,
en cette figure intérieure qui reste impénétrable à nos
sens et ne se dévoile qu'à notre esprit. Même, j'aurais

l'ambition de prouver combien cette figure est, à sa manière, admirable ; car c'est, à mon avis, une infirmité du sens esthétique que de borner la contemplation de l'univers aux surfaces. L'homme, doué d'intelligence, ne peut-il donc jouir directement par l'intelligence ? Ne voit-il point, d'ailleurs, par les yeux de l'esprit, aussi clairement que par ceux du corps ? Ne s'enflamme-t-il pas, constamment, pour une idée pure ?

Aussi bien, il est une beauté de l'eau qui ne se laisse pas toucher du regard, et n'entre pas non plus en contact avec l'oreille ; et c'est sa beauté de *structure*. L'image évoquée par ce dernier terme, il est vrai, s'offre plus savante que poétique ; elle sent moins le plein air que l'atmosphère des laboratoires. Mais c'est un peu, cela, la faute des savants : n'ont-ils pas détaché la Science d'avec la Vie ? N'ont-ils pas morcelé la Nature dans leurs *muséums ?*... Et le « profane », se conformant en cela à l'étymologie de son nom, s'est tenu, depuis, *sur le seuil du temple ;* car il a lu, à son fronton, des vocables sévères : *Physique — Chimie — Biologie ;* et même, il s'est tourné vers le bâtiment opposé, celui des « *Belles-Lettres* »... Pourquoi ne dit-on point : les « *Belles-Sciences ? »*

Que s'il se hasarde à pénétrer dans le clos scientifique, il entend dire que l'eau n'est pas un corps simple, et se compose, chimiquement, de deux gaz : l'un s'appelle *hydrogène* et l'autre *oxygène ;* et le premier, pour former l'eau, fournit 2 volumes contre 1 du second. — Terminologie quelque peu sommaire, et qui n'excite guère l'imagination ; calcul arithmétique trop réticent, qui n'alimente même pas la curiosité... que dis-je ?... qui la surexcite. Cela peut satisfaire, peut-être, un esprit formaliste, ou flatter un vaniteux désir de savoir ; mais cela peut-il exalter notre âme comme les flots de l'océan, l'enchanter comme les remous d'un ruisseau ? Vous me direz : la Science ne peut procéder à l'exemple de la Poésie... — Sans doute ; mais ne saurait-elle, à l'instar de celle-ci, se faire aimer ? Renversez un instant les rôles : est-ce que cette source qui jaillit dans un coin de bois, vous attirerait comme elle vous attire, si dès l'enfance on vous eût habitué à n'y voir, exclusivement, qu'une filtration d'eaux de pluie à travers des terrains perméables ? Et pensez-vous qu'en la définissant de la sorte à tel qui n'en a jamais vu, on lui donnerait l'envie de la voir ?... Pensez-vous inspirer au montagnard l'amour de la *mer,* en la désignant comme une masse d'eau salée qui s'enfle sous le vent, l'action des marées, et qui sépare l'Europe de l'Amérique... ?

Evidemment non. Si vous attirez les indifférents, ou les inattentifs, ce n'est pas en disant : « c'est logique, c'est ordonné, c'est transcendant » ; mais : « c'est *beau,* c'est *délicieux,* c'est *admirable.* Et pour décrire cette chose que vous tenez à faire admirer, vous ne prenez pas un jargon spécial, ésotérique ; vous vous servez du langage que chacun parle, et dont chacun peut être touché.

La Science, au surplus, aurait tout profit à laisser là son parler pédant ; car il n'est point que pédant, en somme ; il est *métaphorique ;* et c'est une métaphore sans charme, qui pis est. Je dirais même, — n'allez pas vous scandaliser ! — que la langue scientifique, en bien des cas, n'est pas *exacte ;* du moins ne traduit-elle point le fond des choses. C'est, même, un fait piquant, inattendu, que le « *fond des choses* » est, en soi, *poétique.* Vous l'avez vu, déjà, pour la réalité de *l'orage,* certes plus expressive, en son évocation d'un éther tumultueux, ondulant, s'échappant d'un effort périodique, que la morne fiction d'un fluide positif et d'un négatif... Vous pouvez le revoir pour la réalité de *l'eau* Qu'on dise, ingénument, aux simples, aux ingénus, — que cette belle matière coulante et transparente qu'on nomme *l'eau,* naît d'une intime union de deux *esprits :* l'un qui, remis en liberté, flambe en feux-follets sur l'étang ; l'autre qui, sans brûler lui-même, active la flamme du foyer, le feu de la forge, et notre propre étincelle de vie.

Puis, ajoutez : — De ces deux esprits qui s'unissent en *l'Eau,* le premier est double de l'autre en grandeur ; il n'est pas un peu plus, ou beaucoup plus grand, — un peu moins ou beaucoup moins grand : il est *double,* entendez-vous bien ; et cela très exactement, et rigoureusement... Quel étudiant en chimie s'arrête donc à un fait pourtant si remarquable ? Et quel professeur, enseignant ce fait, finit sa phrase sur un point de surprise ?

Mais voyez plus loin : cet esprit générateur de l'Eau, qui, pour cela, s'appelle *Hydrogène,* il est *triple,* en l'ammoniaque, de l'*Azote,* ici son conjoint ; il est *quadruple* en le gaz des marais...

Or cette proportion constante, précise, *harmonique,* est la même qui, combinant les ondes sonores — ce qu'on nomme les « *vibrations* », — engendre l'*harmonie musicale.* — Oh ! le chimiste, je le sais, ne pense guère à la Musique... ; environné de tubes, de cornues et d'éprouvettes, et la tête penchée sur ses fourneaux, — tous ces engins lui parlent autrement que des violons, des harpes ou des flûtes. Mais, sans aller jusqu'au Conservatoire, qu'il passe seulement au laboratoire voisin d'*Acoustique.* Là, un savant, positif comme lui, compte les pulsations d'une corde ou d'un tuyau, — de la manière que lui, le chimiste, comptait, tout à l'heure, les poids atomiques ou les volumes ; et pour peu qu'il stationne devant les *sirènes,* les *sonomètres,* un émerveillement le saisira, de constater le pouvoir secret de la *proportion.* Car ce rapport de 1 à 2 qui, dans le cabinet d'Acoustique, crée l'intervalle d'*octave* pour l'oreille, — c'est lui qui, de l'autre côté, fonde l'édifice moléculaire de l'*Eau.* Or la saveur de cette octave — intervalle ou timbre — est justement celle de l'*eau pure ;* c'est, à l'instar de l'eau, quelque chose de fondamental et d'inexpressif à la fois ; c'est un cadre qui veut être rempli. D'autres substances, plus originales, présentent le chiffre de proportion de la *quinte,* à savoir le rapport de 3 à 2 ; tel est le *carbonate de soude,* ce sel qui se retire des plantes marines (CO^3 Na^2). D'autres encore, tel l'*acide du citron,* offrent, en leur formule atomique, un coefficient plus complexe, identique au nombre de vibrations d'où naît la *septième mineure* (C^6 $H8$ O^7). Et ainsi de suite.

Ainsi, sans rien forcer, on peut soutenir cette opinion, que la structure intime des corps est réglée par les mêmes lois que l'allure des ondulations sonores. De même encore qu'au royaume de la sonorité, les éléments plastiques, également infinitésimaux, se fusionnent, de telle sorte que le composé ne rappelle plus aucune des qualités de ses composants : c'est du nouveau fait avec de l'ancien. L'acousticien peut conter au chimiste l'histoire d'un tuyau d'orgue, dont les « harmoniques » faibles ou violents, pris à part, s'uniformisent dans la plénitude paisible d'un son homogène ; et le chimiste, à son tour, peut faire à l'acousticien le récit curieux des acides, absorbant quand ils sont unis à des bases, leur personnalité dans un *sel,* — ou, plus simplement, de ces deux esprits volatils dont l'étroite pénétration engendre l'*Eau*, fluide et tombante.

*
* *

Mais ce n'est pas tout : car cet édifice atomique qu'est l'*Eau*, est, en même temps, un édifice *moléculaire*. On peut comparer ses atomes aux « grains » dont les pierres d'une architecture sont formées, — et ses molécules aux pierres elles-mêmes. Or ces matériaux d'ordre supérieur, bien qu'encore imperceptibles à la vue, peuvent resserrer — ou relâcher — leurs liens. Et l'effet de ce jeu parle à nos yeux, fort clairement ; — si clairement même que sous ses robes *gazeuse* ou *solide,* sous son voile de vapeur ou son manteau de glace, l'*Eau* se transforme au point d'être méconnaissable... Et certes, nous ne la reconnaî· trions jamais sous ce double travestissement, si l'expérience de tous les jours ne la surprenait — de flot se faisant glaçon ou bouffée, puis reprenant son habillement ordinaire. Et, de fait, au point de vue physique — aussi bien qu'optique — la *goutte d'eau*, le *flocon de neige* et la *bouffée de vapeur* — sont bien trois choses très différentes, et comme trois styles d'architecture moléculaire.

Le plectre — ou l'archet — qui met en branle cet édifice, soit pour en rapprocher, soit pour en écarter les matériaux, — c'est ce qu'on appelle très mal la « *chaleur* », — un peu mieux le « *calorique* », et ce qu'on devrait désigner sous ce nom : le *rythme vibratoire extérieur*. Cette musique muette du calorique, qui réchauffe ou refroidit notre épiderme, — dilate seulement — ou contracte la matière, qui réagit, elle, sans ressentir. Se maintient-elle au *médium*, elle laisse à l'eau sa forme fluide et coulante ; ses notes graves la resserrent en bloc cohérent, et l'immobilisent ; ses notes aigües la dilatent, la font s'échapper, légère, presque éthérée, dans le sens exactement opposé à la pesanteur. N'est-ce point là la fable d'Amphion, réalisée quotidiennement sous nos yeux ?... Car, dans la Nature, en dehors, les métamorphoses de l'Eau ne sont pas, ainsi qu'en nos laboratoires, circonstancielles et contingentes ; elles forment, dans le temps comme dans l'espace, un cycle réglé.

Chronologiquement, c'est l'état *vaporeux* qui marque

les débuts de l'eau sur la Terre. Celle-ci, vous vous en souvenez, était d'abord un globe incandescent, un astre ; puis cet astre éteint, — du moins à sa superficie, d'étoile devenu planète, permit à l'eau de prendre sa forme moyenne, en rapport avec un degré de température modéré. Plus tard, un surélèvement des plateaux inaugura, pour quelque temps, le régime glaciaire, extrême, exceptionnel, tout épisodique.

Aujourd'hui, la température se réglant sur la seule distribution des rayons solaires (1), l'*eau*, dans l'espace, se perpétue à l'état solide aux deux pôles, — à l'état de vapeur sur la ceinture équatoriale ; et notre globe roule ainsi dans le champ des espaces célestes, coiffé de ses deux calottes de glace et ceint de son écharpe vaporeuse ; tandis qu'à sa surface, périodiquement, s'accomplit le cycle fermé des trois états, cette série de métamorphoses par lesquelles l'eau des océans, se subtilisant en vapeurs, monte organiser les *nuages* ; puis, retombant en pluies sur le sol, alimente les fleuves ; lesquels, enfin, s'écoulent en l'océan.

De sorte que la *mer* est à la fois point de *départ* et point d'*arrivée* ; c'est le berceau et c'est le lit suprême. Et, d'autre part, c'est le bain de sédimentation, où, par longs intervalles, trempa la terre ferme ; et c'est aussi le foyer de vie primitive. Aussi par elle doit commencer mon histoire esthétique de l'Eau.

Les eaux marines ; l'Océan

Un jour, j'étais assis sur un cabestan, au Tréport, occupé à prendre quelques croquis. Devant moi, le quai de pierre s'étendait, avec sa longue file de bateaux à l'amarre, barques de pêche rebondies, gréées de voiles brunes, goëlettes élégantes aux mâts inclinés, paquebots à vapeur à carène noire et luisante. Tous ces navires si divers croisaient fraternellement leurs manœuvres courantes et dormantes, réalisant pour l'œil un joli réseau, pareil à ces dessins à l'encre de Chine... Au-delà, le phare, d'un blanc de chaux, terminait la jetée ; puis c'était la mer...

(1 Avec cette restriction, que la chaleur des sources *thermales* est dûe, non à l'astre extérieur, mais au foyer central de notre propre planète.

Un groupe de marins m'entourait, me regardant dessiner sans rien dire ; je sentais l'odeur de sel humide de leurs vareuses... Pour rompre le silence, je m'avisai de dire, en désignant — non mes esquisses, bien entendu, mais l'horizon : « N'est-ce pas, mes amis, que c'est beau ?» — Alors une femme, rude pêcheuse au jupon rouge, me répondit, avec l'accent normand : « Oui, Monsieur, c'est beau, mais c'est triste !... »

—« Pourquoi dites-vous cela », demandai-je. — « Cela se dit chez nous », répondit-elle simplement.

Cela se dit chez nous !... Je compris alors que la mer. où nous autres, les intellectuels et les artificiels, allons chercher une distraction, un spectacle, est, aux yeux de ces simples, la *donneuse de pain* et la *mangeuse d'hommes*. La mer les fait vivre, ces marins, — et les fait mourir ; elle alimente le foyer, — et le vide... Voilà comment ils l'aiment, et la détestent à la fois. *C'est beau, l'océan, mais c'est triste !*

**

Si la façon de voir des hommes du métier est forcément trop utilitaire, celle des artistes ou des amateurs est trop « détachée », trop sybaritique. Aucune des deux, prise à part, ne définit cette chose qu'on appelle l'océan. Même, réunis, ces deux « angles » ne suffiraient pas à reconstituer l'angle droit.

Qu'est-ce, en effet, que *l'océan*, en dehors de nos yeux. de notre intelligence humaine, de nos préoccupations poétiques ou commerciales ? — Une vaste étendue d'eau salée, une nappe liquide immense, emplissant les creux de l'écorce terrestre, et que gonflent les marées, que pétrissent les vents, — mais qui ronge les falaises, à son tour, étale les galets ou les sables le long des grèves. La Science la saisit dans ses gestes, en ses traits précis, essentiels ; elle tâche aussi de pénétrer les lois de sa forme, de son mouvement, de ses actions destructives ou constructives.

Mais voici que l'homme intervient, l'homme positif et ingénieux. L'océan était, pour son libre passage, un obstacle ; aussitôt, il en fait un moyen. Alors la *Grande Bleue*, vierge et solitaire, se peuple de voiles. Cet abîme, ce lieu d'asphyxie, devient une *route*, — plutôt un champ indéfini où chaque navire trace sa route. La pêche et la navigation groupent, le long des côtes, des familles dont les traits diffèrent de celles qui vivent au fond des terres, bien qu'elles considèrent, en définitive, ce champ que labourent les rames, comme une culture de poissons.

Puis la guerre arme les navires pour d'autres fins, fatales, sans doute, mais qu'on peut qualifier de funestes; elle déforme, à cet effet, la grâce svelte ou la façon naïve des carènes, et comme pour symboliser son délire, en fait des espèces de monstres.

Il est vrai, comme tout mal, ici-bas, est symétriquement balancé par un bien, l'océan, théâtre de rapine et de meurtre, est aussi scène de dévouement ; et la guerre, « *détestée des mères* », selon le poëte latin, a ce mérite d'exalter l'honneur, l'esprit de sacrifice chez leurs fils. Quoiqu'il en soit, vous le voyez, la mer n'est pas qu'un paysage ; c'est la toile de fond d'un drame qui, d'un moment à l'autre, peut se jouer là. Et sous cet aspect encore, rentrerait-elle dans l'Esthétique.

Que si l'on me demandait, en définitive, une définition intégrale de la *mer*, je dirais que c'est à la fois :

> le berceau de la terre ferme,
> le premier foyer de la vie,
> le températeur des climats ;
> de plus, — un réservoir de sel,
> un vivier prodigieux,
> une route universelle,
> une source minérale immense,
> enfin, — un spectacle sublime.

Et j'aurai réuni, de la sorte, les points de vue si différents du géologue, du biologiste, et du météorologiste, ceux de l'industriel, du pêcheur et du navigateur, — enfin ceux de l'hygiéniste, et de l'artiste, ou de l'esthéticien.

Mais comment, de cette unité qu'est la mer, — a pu surgir une pareille diversité ? Et quel est-il, ce lien mystérieux qui rattache entre elles ces huit fonctions ? — Ce lien, il est encore peu connu ; c'est ce que j'appellerais *la chaîne des nécessités successives*. Et d'abord, n'a-t-il point fallu que l'atmosphère, avec le refroidissement terrestre, se précipitât ?... Et voici que la nappe liquide inaugure son règne de long avenir. — Puis, les oscillations lentes du sol le submergeant, par intervalles, sous ses eaux, l'œuvre de sédimentation se poursuit. — Enfin,

la mer devient foyer de vie ; les poissons, les mollusques,
les crustacés — y pullulent... Et l'homme apparaît, à son
tour, sur ses rivages, avec ses besoins, et ses aspirations.
La mer le fait pêcheur, navigateur, même contemplateur;
il y hasarde ses embarcations, y plonge ses filets, et s'y
baigne. Si le flot adouci, — ou sa faim apaisée, — lui
laisse du répit, il se prend à la regarder, cette mer, comme
un visage, — un visage tour-à-tour riant et menaçant,
enchanteur ou dominateur ; il la note dans ses chansons,
s'essaie à retracer ses lignes, ses couleurs, à raconter les
joies ou les appréhensions qu'elle lui cause... De telle façon, pour conclure, que cette « chaîne de nécessités »,
dont je parlais, devient *chaîne de finalités ;* par ses qualités propres, ou celles des êtres qu'il enferme, il se
trouve que l'élément primitif et si simple tente et sert
à la fois l'être supérieur et dernier venu de la Création,
— lequel, le trouvant sur son chemin, sait l'utiliser, l'ex-
ploiter, et le contempler, par surcroît, soit en curieux,
soit en admirateur... Et c'est ainsi que l'élément simple
se fait si complexe.

Notre rôle, à nous, vous ne l'ignorez pas, est de justifier, — pour la mer comme pour tout le reste, cette admiration ; de la rendre aussi pure et aussi complète, en
même temps, qu'il est possible. Nous ne pouvons, cela va
sans dire, qu'écarter les points de vue positifs, qui cor-
rompraient le sentiment de beauté ; mais c'est un devoir
strict, en revanche, que de rallier le point de vue scientifique, — celui de la science *contemplative.* Car si l'industriel s'oppose diamétralement à l'artiste, ce dernier
rejoint le savant abstrait, désintéressé d'inventions, avide
seulement de découvertes ; il habite avec lui le plan idéal.

⁕

La manière dont on aborde un spectacle naturel, —
ou bien une œuvre d'art, influe beaucoup sur son appréciation. Il faut à certaines architectures des avenues, des
propylées. La cathédrale gothique, au contraire, se présente mieux dans le cadre resserré de vieilles maisons
basses. Lorsqu'au détour d'un chemin sinueux, à Lu-
cerne, on aperçoit soudain le lion de Thorwaldsen émergeant de la roche vive, on le trouve au-dessus de ce qu'il
serait, peut-être, dans une galerie de musée. — Même influence dans la musique : sur les neuf symphonies de

Beethoven, cinq sont précédées d'une introduction ; les quatre autres débutent brusquement, *ex abrupto.* C'est qu'ici, la pensée musicale devait agir par surprise, — et là, plutôt par ménagement. — Ainsi la *mer* fait-elle plus ou moins d'effet et fait-elle un effet différent, suivant qu'on y parvient par telle ou telle route. Les touristes qui vont à pied visiter Etretat, suivent longtemps une jolie vallée normande, où les fermes, encadrées de bosquets, succèdent aux fermes ; puis, vers sa terminaison, entre les deux versants élargis, découpés en falaises, — ils *la* voient scintiller au soleil, — tel un vaste miroir d'argent, légèrement bombé, surplombant les toits...

Vue de la plage, où l'on descend, elle apparaît, grâce à la perspective, comme un plan liquide incliné, qui descendrait de l'horizon par une pente douce. La courbure de cet horizon est ici restreinte, et forme pour l'œil une ligne droite, serrée latéralement dans le cadre rompu que lui font la falaise d'amont, la falaise d'aval ; celle-ci, percée d'une arche en portail d'église ébauché, qu'accom-

pagne, tel un pinacle géant, une haute aiguille rocheuse : — contraste rapproché du vide et du plein, trace double et contraire d'un travail d'érosion qui procédait, là, par-dessous, ici par-dessus, perçant dans la muraille calcaire une porte, puis en détachant une pyramide.

Un plaisir délicat, c'est d'apercevoir la mer par surprise, de l'échancrure d'une valleuse, ou bien par les branchages d'une clairière. Un plaisir sublime, c'est de la découvrir des premiers gradins de montagnes, à mi-côte des Apennins, par exemple ; par un effet d'optique impressionnant, elle a l'air d'être suspendue, de dominer les cimes, — fait comme une cime d'eau menaçante.

Enfin, si vous cherchez des impressions plus rares, interrogez — au moins — les aéronautes qui l'ont vue moutonner, qui l'ont entendue bruire au-dessous d'eux, à quelque cent mètres de leur nacelle.

La *pleine mer* ! Combien cette expression qu'on laisse échapper sans y prendre garde, semble juste et poétique à celui qui sait réfléchir ! Ne paraît-il pas, l'océan, au large, comme une coupe emplie jusqu'aux bords, prête à déborder ? Les marins l'appellent, plus familièrement, « *la grande tasse* ». Oh ! oui, la *pleine mer*... ; ce cercle d'eau bien achevé dont votre navire est le centre, ne vous donne-t-il point, passager du Vieux-Monde au Nouveau, la sensation géométrique du *parfait*, — et, simultanément, l'idée d'*infini* ? Car cette circonférence impeccable qui vous cerne, sans vous enserrer, c'est la limitation de votre regard qui la crée. Votre esprit sait bien qu'au-delà, l'Atlantique roule encore des vagues, puis des vagues, et que s'ouvrant des golfes, ou se brisant aux caps avancés, — sa forme se fait plus flexible, et plus fantaisiste ; elle épouse le contour de la terre.

Voilà donc, en résumé, les deux grands plaisirs du spectacle maritime : l'*échappée de vue*, — le *panorama* ; c'est-à-dire la vue de détail et la vue d'ensemble, le bonheur d'analyse et celui de synthèse.

*
* *

Beaucoup de ceux qui jouissent de la mer, et qui l'admirent, sont incapables de démêler leurs propres sensations. C'est là, d'ailleurs, un trait commun à toute belle chose ; mais il est marqué davantage en ces belles choses où l'*unité* se manifeste avec évidence. Or la *mer*, incontestablement, est de celles-là. Pour peu que vous quittiez une ville ancienne aux rues serpentes, aux maisons à figure diversifiée, aux monuments gothiques bien fouillés, variés de colonnettes, de pinacles et de fleurons, — quel contraste émouvant que cette plaine liquide homogène, et libre jusqu'aux plus lointains horizons ! — Non point, certes, que la vieille cité ogivale n'offre, elle aussi, sa splendide unité. Mais c'est une unité complexe, et — bien que d'ordre supérieur, à certains égards, moins immédiate et moins dominatrice ; celle de l'océan s'impose d'emblée, — même avec tant de force, que l'imagination, éblouie, ne la découvre pas ; et c'est presque un effet d'*hypnose*. — Toutefois, en cette unité, quelle complexité déjà prodigieuse ! Les points, les lignes, les plans, les contours et les perspectives, qui fondent la *forme*, se

marient avec les teintes, les tons, et les nuances du coloris, avec l'allure, l'amplitude, le rythme du mouvement
dans les vagues ; et ces trois choses, *forme, coloris, mouvement*, sont si bien liées, confondues, *harmonisées*, pour
ainsi dire, que notre œil intérieur en fait un seul tableau,
comme un tout de beauté. — Si notre analyse se prépare,
encore une fois, à diviser ce tout, à le décomposer en ses
éléments, c'est, — faut-il le redire ? — afin que l'attention
ne s'engourdisse pas stérilement dans un extase superficiel, hypnotique, et réalise cet effort, qui produit la
satisfaction profonde, véritablement *esthétique*.

**
***

La mer a-t-elle une *forme*, à proprement parler ? —
Non, sans doute, à la manière d'un cristal, d'une plante ou
d'un animal, quoiqu'on puisse dire aussi bien la *Mer*, au
singulier, en personnifiant, que les *mers*, au pluriel, en
dispersant l'individu, pour ainsi dire. Mais ce qu'on nomme *individualité* comporte tous les degrés imaginables :
un nuage est un individu, très fugace, il est vrai ; c'est un
« *individu cosmique* » ; le Mont Cervin, qui se détache
nettement du massif alpin, est un *individu géographique*,
encore qu'il soit enchaîné par le pied aux sommets voisins.
Ainsi la *Mer Noire*, close de tous côtés comme un lac, et
ceinte d'un contour qui se referme sur lui-même, offre un
caractère autonome ; la personnalité de la *Manche*, ou de
la *Mer du Nord*, est déjà plus vague ; enfin le *Grand
Océan*, qui va se perdre à tous les coins du globe, et se
mêler à d'autres mers, qui creuse des golfes étendus et
communie avec la terre ferme sur tant de points, se présente à nous, sinon comme impersonnel, du moins comme
peu déterminé dans sa figure, et mal circonscrit, presque
amorphe.

Mais, là même où n'existe pas de figure bien arrêtée,
notre appareil d'optique intérieur en compose une, *subjective*. Ainsi le cercle de la pleine mer. Il est vrai qu'ici,
la courbure terrestre apporte un élément de limitation
objectif ; mais notre œil humain ne porte pas toujours
jusque là, et son propre pouvoir, — son *impuissance*,
veux-je dire, — suffit à nous forger un horizon nettement
circulaire. D'ailleurs le ciel en voûte, en *coupole* plutôt,
est un effet du même genre, et nulle autre cause n'inter-

vient pour le réaliser, que la perspective. Quelle singulière séduction, quand on y songe, en cette concavité rigoureusement hémisphérique de l'espace supérieur, et qui s'appuie sur la convexité de l'espace au-dessous !... Lorsqu'on est, comme l'on dit, « *entre le ciel et l'eau* », se rend-on bien compte du sortilège de la Nature, qui, pour nous enchanter, dessine des figures géométriques, simplement ?...

*
* *

Mais, faut-il que j'ajoute, elle ne se borne pas à les dessiner, ces figures ; elle les *peint*. A la forme de l'*océan* se joint, indissolublement, son *coloris*. Inutile de rappeler son existence foncièrement subjective, et qui date de la naissance de l'œil. Aussi bien était-ce, pour nous, une pure manière de parler, que de faire descendre sur la terre les sept teintes de *l'arc-en-ciel*. Toutefois cette métaphore avait son côté scientifique, puisque la couleur des objets n'a pas d'autre source, en définitive, que la lumière.

Dans cette répartition de l'*iris*, quelle est la part de l'océan ? — Très large, et dans le même temps, très variable. Car l'océan puise les tons de sa palette, à la fois dans le ciel — et dans la profondeur de son propre lit. Mais tous ces tons, avec leurs nuances presqu'infinies, dérivent exclusivement de la région *froide* du spectre ; ils se ramènent toujours au *vert*, au *bleu*, à l'*indigo* ; même le *violet* ne s'y montre pas. — Que deviennent, alors, les rayons *rouges*, les rayons *jaunes*, les *orangés* ? — D'après la loi d'élection lumineuse que vous connaissez, ils échappent au phénomène de réflexion ; ils pénètrent dans l'épaisseur des eaux ; ils sont *absorbés*. Et là, joignant leur action occulte à celle des rayons thermiques invisibles, ils concourent, sans doute, au réchauffement de la mer. Car la mer est chaude, relativement ; parmi ses huit fonctions, vous avez noté celle de températeur des climats. Partout, en effet, son voisinage *relève les isothermes*, c'est-à-dire les lignes d'égale température, et les stations maritimes plus proches des pôles souffrent bien moins du froid que les localités sises au fond des terres, fussent-elles beaucoup plus éloignées de ces pôles... Mais cette chaleur ne rayonne pas pour nos yeux ;

ceux-ci sont affectés par les seuls *reflets* qui font la mer
froide — ou *fraîche* au regard, de la fraîcheur toute vir-
tuelle de l'*indigo*, du *bleu*, du *vert bleuâtre*.

⁂

Aussi le nom de « *Grande-Bleue* », qu'on lui donne
souvent, après Loti, la peint-il très fidèlement ; encore
que cette couleur d'adoption, elle sait en varier, merveilleusement, la monotonie. Un jour, un matin donnés, à
telle heure, à telle minute, vous la trouvez d'un bleu verdâtre, presque d'un vert de pré ; le lendemain, — ou
l'instant d'après, elle est bleu d'ardoise, ou d'azur sombre ; elle passe au lapis-lazuli, puis à l'émeraude, et du
saphir, parfois, à l'améthyste. Au gré de la lumière solaire — ou lunaire, elle prend des aspects de gemme ou
de métal, ayant tantôt l'éclat et le chatoiement du diamant, et tantôt la splendeur massive de l'or ou de l'argent en fusion. On dirait que le soleil, certains soirs, s'y
dissout ; que la lune, en certaines nuits, s'égoutte à sa
surface en paillettes incandescentes... Et quand on songe
que tout ce luxe a pour seule origine, au dehors, des variantes infinitésimales de la réflexion, ou dispersion lumineuse, de très subtiles différences dans le rythme vibratoire des rayons, ou l'angle de leur incidence ! C'est toujours la surprenante disproportion entre l'insignifiance
des causes — et la haute signification des effets... Et
rien, en définitive, n'est plus efficace pour démontrer les
pouvoirs de l'âme.

⁂

Si la mer n'a souvent que des couleurs d'emprunt, et
ne possède pas de figure propre, *objectivement* tout au
moins, son *mouvement* est bien personnel. Il peut se
décomposer ainsi : l'*onde*, et le *flot* ; c'est-à-dire un mouvement d'oscillation sur place, qui crée les *vagues*, — un
mouvement de transport qui produit l'alternative des
marées. Le flux et le reflux, à tout prendre, n'est-ce pas
également une oscillation, — comme une vague unique
et gigantesque ? — Il est vrai, sa période est trop large
pour être saisie de nos yeux ; elle ne peut parler qu'à
l'esprit Comme tous les grands rythmes de la Nature, le

phénomène des *marées* ne nous émeut que par réflexion
Mais l'imagination humaine est si prompte, qu'une fois
avertis que l'océan s'avance — ou qu'il se retire, c'est
avec un intérêt singulier que nous suivons les phases de
ce spectacle, tout abstrait, en somme, tout idéal. Cette
eau vivante, dirait-on, qui *marche* vers vous, vous poursuit lentement, mais persévéramment, — puis, comme
rappelée par un ordre secret, impérieux, a l'air de vous
fuir, mais sans plus de hâte, abandonnant patiemment
le terrain patiemment conquis, — n'est-ce point quelque
chose de sublime — et de fantastique tout à la fois ? On
ne voit pas, c'est vrai, monter ou descendre le flot ; mais
on le *sait* monter ou descendre... Et ces sortes de mouvements, que seule l'intelligence, aidée de la mémoire, peut
embrasser, gagnent, par là même, une expression *psychique* et supérieure. Il semble que l'énergie du dehors
montre moins d'automatisme, et plus de vouloir... La
tendance de l'homme à trouver partout l'homme, même
en les jeux de la matière inerte, se donne ici libre carrière... Michelet ne pouvait s'empêcher de voir, en la vague, une pulsation, — en le flux et reflux, une respiration
colossale.

Mais laissons là le *flot ;* arrêtons-nous sur l'*onde,* —
sur les *vagues.* Celles-ci, par les grands calmes, sont faibles et molles, à peine indiquées ; et la ténuité de ces
rides, qui viennent expirer sur la grève avec un bruissement doux de satin, forme un contraste original avec
l'incommensurable étendue ; c'est la curieuse combinaison du fin et du vaste, du subtil et du majestueux, de
l'élégance et de la grandeur. Ajoutez maintenant la *couleur :* sous un ciel bleu, sans nuages, une mer bleue, sans
vagues... ; effet de riante et rassérénante unité ; tenue
tranquille et prolongée de l'accord parfait par les timbres les plus doux de l'orchestre ; étonnant point d'orgue
de pureté... — Un nouvel effet, analogue par un côté, très
différent par l'autre, est celui d'un ciel plombé, calme,
mais orageux, sur une mer d'huile ; cela donne l'impression de milieu trouble qui fermente... On éprouve l'ap
préhension de ce calme insolite, que ne viennent justifier
ni la pureté de la lumière, ni la transparence du coloris.

Le vent se lève en effet ; il arrive en scène comme un
tyran dont le retard faisait peser une crainte sourde.
Alors l'océan, comme frôlé dans sa crinière, en secoue
les ondes opulentes ; et, dans sa fureur, il bave l'écume.

De longues et hautes lames, ainsi qu'on les nomme, à
cause, sans doute, de leur aspect gris d'acier et tranchant, — s'élèvent, puis s'abaissent... On dirait d'un serpent idéal dont les anneaux, se déroulant, seraient toujours suivis d'autres anneaux .Et tous viennent, à leur
tour, se dénouer, mourir sur la plage.

Combien de fois veut-on la voir, la *vague*, arriver sur
soi, se redresser, se courber en volute presque sculpturale, puis retomber, sonore, sur le galet...? Encore celleci, qui s'approche en se balançant ; et puis une autre ;
et une autre encore... A chaque retombée, c'est comme un
désir qui s'écroule, appelant un nouveau désir. On attend
là, longtemps, un dénoûment qui ne vient jamais ; et
cette image d'un anéantissement perpétuel, que suit de
près la régénération, ne lasse point notre imagination,
mais l'irrite. En ce geste fruste et grandiose, on pressent peut-être le germe d'une multitude de mouvements
expressifs, — comme, dans cette puissante et confuse
sonorité, l'on croit surprendre des soupirs, des sanglots,
des murmures de foule et des clapotements d'étendards...
Musique sombre, pathétique, et par conséquent, — bien
qu'inarticulée et toute *en puissance*, musique sublime.
Aussi, reprenant le mot du début, mais renversant ses
termes, je dirai : « *L'océan, c'est triste, — mais que c'est
beau !* »

Ainsi, des *formes*, des *mouvements*, des *couleurs*, des
sonorités, voilà de quels éléments, pour nos yeux, et
pour nos oreilles, se compose le spectacle de la *mer*. Ces
formes, elles se distinguent, en détail, par un parallélisme assez régulier, une ondulation tranchante dans les

vagues, — et dans l'ensemble, par un contour circulaire
qui n'a d'autre limite que l'horizon, c'est-à-dire que la
courbure terrestre, et la portée de nos regards. — Ces
couleurs, elles oscillent dans une gamme très variée,
mais excluant les teintes chaudes. — Ces *mouvements*,
ils sont rythmiques, et leur épuisement sur un lit de sables ou de galets, ou leur brisement sur le mur des falaises, les rend sonores. Et ces *sonorités*, vous venez de le
voir (plutôt de l'entendre), elles sont musicales ; au
moins, contiennent-elles en puissance les accents les plus
profonds, les plus émouvants de notre musique.

Mais tout cela, est-ce bien l'océan ? — Non, seulement
ses membres épars. Et qui va recueillir ces membres
dispersés par mon analyse ? — L'*esprit*, par l'entremise
des sens et du cerveau. Car l'œil, pour sa part, élabore les
perceptions séparées de points, de lignes et de plans ; et
l'oreille, de son côté, par les fibres du limaçon, fournit
les sons élémentaires. Même, d'après les curieuses recher-
ches de M. de Cyon, elle ne remplirait pas que cette fonction acoustique, et par les canaux semi-circulaires,
collaborerait avec l'œil en introduisant le *sens de l'espace*.

Tel est le rôle des appareils nerveux périphériques ;
il n'est en quelque sorte que *préhenseur* ; les organes des
sens ne sont guère autre chose, en somme, que des mains,
des mains très subtiles qui saisissent au dehors la proie
idéale, et comme par morceaux. C'est aux centres nerveux profonds que revient l'office de rassembler tous ces
aliments, de les digérer, d'en faire ce mélange homogène
que nous appelons sensation de *forme*, ou de *sonorité*.

Par une fusion d'ordre supérieur, mais tout analogue, ces sensations distinctes s'unissent à leur tour. Le *sensorium commune*, mystérieux et suprême intermédiaire de l'âme, opère la synthèse finale ; aux documents qu'on vient de citer, il joint encore ceux que lui communiquent l'*Odorat*, le *Goût*, le *Toucher*. Au coloris glauque, azuré, grisâtre ou métallique s'allient d'abord l'étendue, la rondeur d'horizon, le parallélisme des flots, l'alternance des chutes sonores et des silences ; puis, — ou plutôt en même temps, viennent participer le *parfum*, austère et salubre, du sel, la saveur amère, alcaline, la fraîcheur des eaux onctueuses ; enfin, je ne sais quelle sensation magnétique qui rafraîchit la tête et réchauffe le cœur.

De ces multiples impressions confondues, — mais non pas brouillées, — notre âme compose un accord : l'idée d'*océan*... Retrancher l'une ou l'autre de ces impressions, c'est retrancher une note de cet accord ; c'est rendre l'orchestration incomplète.

Ce qu'il doit éprouver de la mer, le débile et flasque *mollusque* qu'inonde, à chaque lame, une montagne d'eau, je vous le demande... Oui, de cette eau qu'il ne voit point, sans doute, dont il ne goûte même pas, vraisemblablement, l'amertume, mais qui le baigne, et pénètre son corps mucilagineux de son mucilage. — Et quant au *poisson*, libre et mobile en ce milieu qu'il parcourt à l'aise en tous sens, il doit se composer déjà, dans un cerveau très inférieur encore, une image plus vive et plus variée de la mer. N'a-t-il pas, même, sous les yeux, des tableaux qui nous échappent, à nous autres hommes ? Et si ces yeux inexpressifs ont quelque lueur sur l'expression des choses, — quel spectacle doit être le leur ! Joie d'un scaphandrier libéré de tout appareil encombrant, et de toute arrière-pensée d'asphyxie, et qui descendrait, doucement, au paradis curieux des profondeurs... Là flottent, dans le vert translucide et demi-transparent des eaux, les annélides écarlates ; là, les astéries, pareilles à des fleurs, et les anémones vivantes, tordent leurs pétales de chair, — leurs pétales avides de chair, *carnivores* ; là se meuvent pesamment, dans leurs cuirasses violettes, les crustacés...

Amenez à présent l'*homme* devant la mer, — mais l'homme privé d'un de ses sens, aveugle ou sourd. Dépeignez-vous l'idée qu'il s'en peindra lui-même en son es-

prit. — Pour celui qui n'a jamais connu ni la lumière.
ni la forme, l'océan n'est qu'une série de mesures musicales très amples : cadre intermittent de sonorités que
remplissent seuls des silences... C'est, encore, la fraîcheur
moite des brises du large, et la saine amertume de l'em-
brun qui fouette sa joue... Mais ce n'est que cela.

Quel tableau, maintenant, que la mer, pour celui qui
la voit mouvante, — et *muette* au même instant ! — Plus
mélancolique, peut-être, que l'autre, le tableau purement
sonore ; car l'homme est ainsi fait, que le signe le plus
manifeste de vie, pour son imagination, c'est *la voix*.
Faites-en l'expérience, et sur la grève, par un gros temps,
bouchez-vous les oreilles ; rendez-vous sourd une minute :
...qu'ils vous sembleront mornes, et languissants, ces
flots succédant à des flots, tumultueux et taciturnes ! --
Aussi bien félicitons-nous de posséder l'océan tout entier,
dans la plénitude de ses énergies ; d'en saisir simultanément les colorations, les sonorités, les configurations et
les arômes. Soyons reconnaissants d'avoir tout à la fois
le plaisir des surfaces et le soupçon des profondeurs, la
saine volupté du parfum et l'extase du coloris, l'entraînement du rythme, et même le délice du bain... Mais
remercions surtout le Créateur des mers de ce qu'il nous
fit hommes, et non mollusques ou poissons, puisqu'une
puissance nouvelle est en nous, qui, de tous ces éléments
de plaisir, fait beaucoup plus et mieux encore qu'un plaisir, et suscite *l'admiration* !

—L'*admiration* ! Mot bien répandu dans le monde...
Mais la chose qu'il exprime l'est si peu... Sait-on où va
l'admiration, d'où elle vient? Au moment où l'on se ré-
crie le plus fort devant la beauté d'une mer unie, la sublimité d'une mer orageuse, — songe-t-on que cette beauté,
cette sublimité, ne sont pas dans les flots eux-mêmes.
calmes ou courroucés, — mais *en nous*, en la pensée toute
immatérielle qui les interprète...? et qu'ainsi notre propre
pre *nature humaine* est une merveille plus étonnante
encore que la Nature même ?... Si la Nature, effectivement, est un produit de l'intelligence de Dieu, notre âme
en est, elle, un reflet. Aussi bien, dire qu'on *admire la
mer*, c'est, en quelque manière, de l'athéisme inconscient
— ou de l'idolâtrie ; ce qu'il faudrait dire, c'est « *qu'on
admire Dieu dans la mer* ». La véritable admiration est
nécessairement religieuse ; car c'est la jouissance qui

s'oublie dans la contemplation de sa cause, et qui, de l'harmonieuse perfection de l'œuvre, s'élève à la gloire de son Auteur.

Mais, si le monde est négligent à faire le geste en hauteur, il ne l'est pas moins pour pénétrer dans la profondeur. Il jouit de la beauté comme il l'admire, c'est-à-dire sans plus s'inquiéter de savoir d'où elle vient que où elle tend. Qu'est-ce que le *beau* ? demande-t-il parfois, il est vrai, mais distraitement, et prêt à se dérober à la première tentative d'explication... Qu'est-ce que le *beau* ? — Mais, répondrai-je par une métaphore : c'est la fleur terminale, brillante et délicate, d'une tige feuillue ramifiée, qui tient fortement au sol par ses racines. Est-ce que, dans ces corolles concentrées, si vives de couleur, aux tissus tendres et veloutés, aux attitudes épanouies, on démêle une parenté légitime avec les feuilles dispersées sur l'axe, au-dessous, toutes d'un vert modeste, uniforme, fermes souvent de consistance et ne forçant pas l'attention ? Et cependant, elle existe, cette parenté ; c'est un lien très étroit, une consanguinité de sève entre la corolle princesse et la lignée de feuilles paysannes. *Gœthe* n'a pas cru déroger à sa fonction de poète, en nous montrant le pétale rose rejeton illustre, mais rejeton légitime, du limbe vert. — Ainsi cette floraison, qui nous paraît spontanée, du sens esthétique, cet épanouissement d'une fleur abstraite dont l'âme est toute parfumée, — ce n'est que le dernier terme d'une évolution, d'un déroulement d'images et d'idées simples et sans éclat, à l'exemple des feuilles, mais, à la manière de celles-ci, préparatrices et nourricières.

Que vous aperceviez de la plaine la ligne fière des montagnes, — ou, du navire qui vous porte, le cercle harmonieux de la mer, cette fleur merveilleuse éclot en vous, et, plus ou moins librement, s'épanouit. En combien d'âmes, il faut le dire, elle demeure à l'état de germe, de bouton, obstinément close, resserrant ses pétales, retenant ses parfums ! En combien d'autres, à peine entr'ouverte, elle se referme et se flétrit !... C'est que cette fleur d'enthousiasme et d'admiration a besoin, comme toute chose vivante et fragile, de se nourrir ; elle s'alimente par ces feuilles que sont les sens supérieurs, par ces racines, que sont les sens inférieurs, ou les instincts profonds. De plus, étant un fin produit de sélection, elle a besoin d'être cultivée.

La *culture* esthétique... Que cette métaphore est donc juste ! Et quelle étrange aberration la restreint encore à la Littérature, aux Arts libéraux, au lieu de l'étendre sur la Nature, — ce qu'on appelle, — oh ! bien platoni quement « la *belle* Nature »... Et puis, pourquoi ne dit-on presque jamais « la *bonne* Nature » ? Car le beau littéraire ou plastique est, lui, rarement *bon* ; c'est trop souvent, hélas ! une fleur vénéneuse... ! Tandis que dans la Création, tout ce qui est beau est innocent, du moins inoffensif pour l'âme. Le monde végétal nous enchante. sans troubler notre imagination de ses amours secrètes ; le monde même des animaux ne laisse pas d'arrière-pensée, sauf à ceux qui l'approchent de tout près, et l'ont, esclave, sous les yeux, hors de son cadre naturel. La terre est plus chaste encore, étant encore plus *amorale*, en fait, plus irresponsable ; douce ou sévère dans ses lignes, austère ou riante dans ses aspects, elle garde une contenance grave et recueillie, patiente et pensive, apaisante pour les sens et pour l'âme. — La *mer* surtout, si belle, est austère, et *saine*, et *bienfaisante*. Réceptacle de tant de morts, aboutissement de tant de souillures, — le sel qui la sature et l'ondulation qui la berce maintiennent sa fraîcheur et sa pureté ; les larges horizons qu'elle déploie ne peuvent qu'élargir nos pensées ; enfin, sa régularité de contour apparent, comme l'allure mesurée de ses flots, ne sauraient inspirer que l'*ordre* et que l'*harmonie*.

Les eaux douces ou « terrestres »

Nous venons d'admirer, dans la mer, ce que j'appellerais « la forme gigantesque de l'Eau ». Or les *eaux douces* ou « *terrestres* », qu'on oppose, d'habitude, aux eaux *salées*, océaniques, se distinguent par un trait beaucoup plus saillant : c'est la faiblesse relative de leur volume ; il suffit, pour être frappé du contraste, de jeter les yeux sur un planisphère : qu'est-ce que les plus grands lacs d'Afrique ou du Canada, comparés à l'Atlantique, au Pacifique ? Et ces fleuves superbes de l'Amazone ou du Nil, ne se réduisent-ils pas à des lignes ténues, devant ces surfaces immenses ? Ainsi, le cadre se resserre, et les horizons se rapprochent. Si le spectacle est moins grandiose, il est, par compensation, plus varié, plus intime aussi. Mais abordant ici rivières et ruisseaux, cascades et torrents, il ne faut point le perdre de vue, le grand Océan ; car, ne l'oublions pas, — c'est de lui que montent les vapeurs, mères des pluies qui nourrissent ces eaux terrestres ; et c'est à lui que ces eaux terrestres, ayant achevé leur carrière, font retour. Or, ce cycle fermé que je décrivais au début, qui commence par l'océan et se termine par l'océan, il va justement me dicter l'ordre d'exposition. Levez les yeux au ciel qui domine la mer : qu'y voyez-vous ? Des nuages. Et combien de fois, entre ces nuages et la mer, n'apercevez-vous pas l'espace assombri, rayé par les averses, les grains ?... La terre ferme en est arrosée, à son tour, et suivant que l'eau précipitée du ciel s'offre sous forme liquide ou solide, c'est la *pluie*, ou la *neige ;* et si l'orage intervient, c'est la *grêle.*

Quittez maintenant le rivage, et pénétrez au fond des campagnes. Vous y trouvez des sources, des cours d'eau. des lacs, des étangs. Reliez, par la pensée, ces eaux *jaillissantes, courantes,* ou *stagnantes,* aux eaux « *précipitées* » que vous venez de voir. Peut-être que le filet d'argent de cette fontaine, qui sort de terre loin, très loin des côtes maritimes, au fond d'un bocage, — vous l'aviez contemplé, déjà, sous un autre aspect, dans le *nimbus* pluvieux que le couchant teignait d'un reflet rose ; et ces gouttelettes si fraîches, si tranquilles, que vous puisez, pour boire, au creux de votre main, ont bien pu composer la vague amère et tourmentée de là-bas...

L'ordre, ainsi, que nous adoptons, c'est l'ordre même de la Nature. Des eaux *précipitées,* nous irons aux eaux *jaillissantes ;* puis de celles-ci aux eaux *courantes* ou *dormantes.* Chemin faisant, d'autres formes assez singulières et très contrastantes entre elles, nous arrêteront : ce sont, d'une part, les eaux *congelées,* suspendues au flanc des montagnes ; et, de l'autre, ces eaux *brûlantes* qui jaillissent du fond des abîmes. Celles-ci, néanmoins, elles-mêmes, avant de s'imprégner de la chaleur centrale et des sels volcaniques, ont dû vivre de la vie de l'océan, et de la vie du nuage. Etranges vicissitudes de l'eau, qui, d'abord *marine,* se fait *aérienne,* puis *souterraine,* enveloppe les poissons de ses ondes, puis les oiseaux de ses brouillards, pour englober enfin, dans la « *barégine* » des sources thermales, un résidu de matière vivante...

LA PLUIE

Qui n'a pas admiré ce vers de Verlaine :

« *Il pleure dans mon cœur comme il pleut sur la ville* ».

Mais qui l'a compris jusqu'au fond ? On saisit bien le charme du verbe « pleurer », fait impersonnel à dessein afin de balancer le verbe *pleuvoir* ; et c'est, en vérité, une faute de grammaire délicieuse. Mais après ? Aperçoit-on, sous cette symétrie de mots, — et même de pensées, l'expression concise d'une harmonie naturelle ? — Car si la comparaison est possible et même heureuse, entre un phénomène extérieur comme la pluie et un état d'âme intime, tel que la *tristesse*, n'est-ce pas que la tristesse, en nous, se présente sous une figure analogue à celle de la pluie ? Laissons-là l'allusion à cette eau qui découle des yeux ; le poète la réduit d'ailleurs à l'état d'image. « Il pleure *dans mon cœur* »... Mais, ce que la plupart ne voient point, c'est le lien qui rattache ici le petit monde pensant et sentant au grand monde extérieur sans pensée ni sentiment. Ce lien, nous l'avons mis au jour dans l'*Orage*, et dans l'*Océan*. Nous avons montré que l'énergie électrique actionnait nos ressorts cachés, au dedans, au même instant qu'elle déchaînait les éléments au dehors. Nous avons expliqué l'effet sur nous de l'océan par ce diminutif d'océan qui se meut en nous : *l'onde nerveuse,* en somme, est plus ou moins synchrone à l'onde électrique, à l'onde liquide, comme à l'onde lumineuse et sonore. Or il en est ainsi pour ce phénomène, la *pluie,* qui n'est pas ondulatoire en soi, mais qui révèle une *période,* qui est *rythmé.* Pourquoi la pluie qui tombe est-elle triste ? — Mais, d'abord, parce qu'elle tombe, et comme démembrée, en menus fragments. Il est vrai qu'elle voile en même temps, sous son rideau, le ciel bleu, le soleil, qu'elle borne les horizons, et les brouille. Mais notre âme subit aussi l'effet déprimant de cette chute perpétuelle, pressée, et, durât-elle un seul quart d'heure, interminable. Notre âme, littéralement, s'affaisse avec le ciel et se distille avec le nuage. Influencée par le geste continuel du regard que ramène, obstinément, de haut en bas, la déroute des gouttelettes, elle répète, malgré soi, ce geste rabattu qui l'accable. Et puis cette eau si dispersée, qui se précipite du ciel assombri, la trouble vaguement, comme des larmes intarissables coulant d'un visage puissant et mysterieux. Car l'homme voit partout dans la Nature sa propre image, agrandie et fruste. « *Sunt lacrymæ rerum* », a dit Virgile ; et nous disons encore aujourd'hui que le ciel est *triste,* et que le paysage *est en deuil...*

« Il pleure dans mon cœur, comme il pleut sur la ville... »

Sur la ville..., précise Verlaine. Il est vrai que la pluie qui tombe sur la campagne n'est pas moins dépressive pour l'âme. Au moins est-elle bienfaisante, et l'homme des champs se lasse moins que nous, citadins, de la contempler, parce qu'il pense que la terre s'abreuve, et que les plantes se désaltèrent ; c'est donc bien moins, pour lui, l'image d'un pleur pathétique que celle d'un arrosage opportun. L'artiste lui-même, à son tour, ne tire-t-il pas quelque jouissance de l'averse, qui brouille momentanément son spectacle, et délaie les vives couleurs du tableau, mais pour les rafraîchir, en raviver, dans un instant, l'éclat ?

D'ailleurs, si la pluie restaure la beauté, dans le paysage, elle-même est une beauté ; du moins peut-on dire que c'est une chose *expressive,* et revêtant, comme les objets d'art, des aspects variés et caractéristiques. J'avais tort, au début, de montrer la *pluie* toujours triste, tou-

jours accablante pour l'âme... Il y a tant d'espèces de
pluie ! L'on pourrait définir une pluie « *idyllique* », une
pluie « *élégiaque* », une pluie « *épique* ». La première
est une des grâces du mois d'avril, lorsqu'avril veut bien
nous être gracieux, et qu'entre ses larmes, il laisse percer un sourire. Délicieux effet de contraste, qui mouille,
deux minutes, le côteau, pour le dorer, très vite après, de
soleil, et l'encadrer d'un azur tout neuf. Alors les oiseaux
gazouillent de plaisir, et l'homme chante, la joie dans
l'âme. — D'autres jours, le printemps semble renoncer
à son œuvre ; un brouillard humide et stagnant engourdit les bois, les prairies ; il s'élève en nuée grise, uniforme ; et la pluie lente, incessante et fine, s'établit. Les
oiseaux se taisent, ou passent en flèche, avec des cris
brefs, douloureux ; et lorsque la pluie cesse enfin, il
monte une buée lourde ; les nuages pendent sur le côteau
comme une draperie funéraire. Voilà l'élégiaque décor
qu'il plaît au grand metteur en scène qu'est le *Temps*,
de tendre, une ou deux journées de suite, sous nos yeux.

Cette pluie-là peut être belle, aussi, mais d'une beauté
languissante, élégiaque, et plutôt pénible.

Une autre pluie, que je nomme « *épique* », excite au
contraire nos esprits, nous exalte comme un tableau
d'héroïsme. Subitement, l'orage la déchaîne, et sa promptitude raye tout l'horizon de longs traits parallèles, aux
reflets métalliques. On dirait d'une forêt de lances précipitée du ciel devenu hostile, et qui se briserait en atteignant le sol. Si, pendant que se distillait la pluie fine et
lente, vous avez mieux senti les strophes de *Chénier*, —
à présent, sous cette averse tumultueuse et guerrière,
relisez « *la bataille perdue* », de Victor Hugo.

***

La *pluie*, d'ailleurs, sous quelque aspect qu'elle se présente, peut être contemplée successivement, suivie méthodiquement dans ses phases comme une œuvre d'art « dynamique », c'est-à-dire un ouvrage que le temps déroule,
soit dans l'espace réel, soit dans un espace imaginaire,
idéal. C'est moins, alors, au regard de notre esprit, un
tableau — qu'un *poëme*, ou qu'une *symphonie*. Vous
vous rappelez mon analyse de l'*Orage*, cet épisode des-

criptif et si profondément expressif de la *Pastorale*. On pourrait, renversant les termes, analyser l'*orage* lui-même, l'orage réel, comme une suite musicale logique et très artistement composée. Tentons l'épreuve pour la pluie, la pluie toute seule, sans l'accompagnement dramatique de l'éclair et du tonnerre. — Le ciel, d'abord, est pur, et c'est, dans la Nature, comme un silence de l'orchestre ; puis, ainsi qu'en ces *Allegros* qui débutent doucement, d'une allure calme, insinuante, on voit survenir en scène quelques nuages ; puis leur nombre s'accroît, leur blancheur se ternit ; et les premières gouttes viennent piquer la poussière du chemin de points espacés. Cependant l'averse, en quelque sorte, s'enhardit ; telle une instrumentation qui s'entraîne... Regardez-le, ce rideau mouvant qui descend, en toile sans fin, de ciel à terre ; trame de filets liquides qui se tend entre votre œil et le fond du paysage ; mais trame mobile et *passante ;* sa chute continue s'accélère ; c'est un *crescendo* de vitesse et d'intensité... Le paroxysme est entraînant, admirable ; on dirait d'un maître qui veut dépenser, hâtivement, toutes les forces de sa pensée, produire un maximum d'émotion. — Mais bientôt cette ardeur s'épuise, elle tombe ; les épais javelots au reflet d'acier s'amincissent ; ils sont précipités d'une main moins violente ; encore, de temps en temps, un retour offensif, une recrudescence de projectiles ; mais, comme si la main qui les lance était lasse, l'accalmie se fait ; enfin, les hampes liquides (ne dit-on pas qu' « *il pleut des hallebardes ?* ») se morcèlent dans l'air, et des gouttes isolées terminent la « symphonie diluvienne », ainsi qu'elles l'avaient commencée. Est-ce que Beethoven, maintes fois, ne fragmente pas, pour finir, les thèmes si brefs du début, et qui s'étaient allongés dans le cours du développement?

C'est ainsi qu'il faut contempler la Nature, « institutrice de nos Arts », disait Bacon : *Natura Artis magistra*. Non point, ai-je soin d'ajouter, que l'Art doive y chercher un modèle à copier ; non, plutôt un exemple à suivre.

LA NEIGE

Il neige !... Avez-vous remarqué qu'on ne dit point cela
tout-à-fait sur le même ton que « *il pleut ?...* » Il entre
en cette exclamation de voix comme une pointe d'enthousiasme, une nuance admirative. C'est que la neige fait
plus d'effet que la pluie ; elle fait un effet plus décoratif ,
elle est *scénique*, en quelque sorte. C'est, ainsi qu'un ciel
de nuit étoilé, qu'un ciel de jour azuré, qu'une étendue
de mer toute bleue, qu'un coucher de soleil rouge, ou
qu'un arc-en-ciel, — une de ces beautés qui frappent tous
les hommes. Spectacle d'unité parfaite, et de rayonnante
simplicité, capable d'arrêter les simples, de les intéresser
du premier coup, sans effort d'analyse.

Et puis, quel contraste entre cette blancheur opaque,
éblouissante, de la neige, et l'aspect incolore, vitreux, de
la pluie ! Ce n'est plus le blanc négatif des corps translucides, mais un blanc *ayant force de couleur*, aussi
« chromatique », aussi pictural que le jaune d'or, l'azur
ou le vermillon. Mais quelle est, peut-on se demander,
l'expression réelle de cette teinte ? — L'auteur de *Pan-
tagruel* va nous répondre. « Si demandez comment, dit
« Rabelais, par couleur blanche, nature nous induict en·
« tendre joye et liesse, je vous responds, que l'analogie
« et conformité est telle. Car comme le blanc extérieure-
« ment *disgrège et espart* la veüe..., et le voyez par expé-
« rience, quand vous passez les monts couverts de neige..,
« tout ainsi le cueur par joye excellente est interiorement
« espars ».

On est vraiment confondu de trouver déjà, chez un auteur du XVIᵉ siècle, la théorie de l'*irradiation*, et même mieux encore : une explication du *beau* fondée sur la vie. Car c'est une notion moderne, et toute récente, que l'influence de nos sens, en leurs conditions d'exercice physique, sur l'impression purement psychique, idéale. Maintes fois, dans le cours de ce livre, nous avons noté ce retentissement ; et le langage, pris sur le fait, est venu témoigner que le sentiment esthétique est orienté, — je ne dis point par la sensation, mais par la *perception* toute simple. Ainsi le blanc *espart* l'âme, par le fait qu'il *espart* la vue. Rabelais s'est montré là grand intuitif.

Aujourd'hui, nous dirions: le blanc fait *rayonner* l'âme, parce qu'il rayonne ; il dilate le cœur en dilatant la vue. Ajoutons que la gaîté du blanc provient aussi de ce qu'il laisse *toute* la lumière ; on sait que la couleur est une espèce d'ombre.

Mais le *blanc* ne signifie pas seulement *joie*, comme le *noir*, son opposé, deuil et tristesse ; il exprime aussi l'*unité*, la *pureté*, la *simplicité*. D'où les mots de *candeur*, de *candide*, de *candidat*. Un paysage où le vent d'hiver a jeté son tapis de neige est la vision même de l'*homogène*; c'est, également, une vision d'innocence parfaite. La neige *immaculée*... N'avez-vous jamais remarqué combien, devant elle, le *noir* le plus brillant devient terne ? Il n'est pas de velours noir, même le mieux lustré, qui tienne devant ce beau velours blanc naturel.

La neige éclairée de soleil est même d'un tel éblouissement pour nos yeux, que l'âme en peut être accablée. « Vous vous plaignez de ne pouvoir bien regarder », continue Rabelais. Ainsi cette image de joie, par excès, se fait triste. Et si la chute des flocons inspire la mélancolie par le même motif que la pluie, — parce que *c'est une chute*, — l'étalement de ces flocons en nappe bien unie nous déprime par une cause toute différente. Car un paysage de neige, même sous un ciel pur, a quelque chose d'attristant... Peut-être aussi par l'idée d'un *arrêt*, d'une immobilisation de la Nature, qui s'engourdit ; alors la neige ne nous fait plus l'effet d'un tapis de fête, mais d'un « *linceul* ». Tant notre rythme vital, impatient, a besoin de variété, de mouvement, de *vie !*

Vous rappelez-vous ce passage où je plaçais un sourd en face d'une mer démontée ? Je vous disais qu'un tel spectacle était déprimant, à cause du tumulte muet, silencieux. Or ici, que la neige tombe ou qu'elle soit tombée, c'est le silence absolu, solennel ; les flocons sont si moëlleux, — si moëlleux le tapis qu'ils forment en s'entassant ! La neige tombée assourdit encore la neige qui tombe ; on n'entend plus les pas, le roulement des chars ... La neige est belle, en vérité ; mais elle est triste.

*
* *

Sous cette beauté de surface se dissimule une *beauté de structure*, profonde, et qui dépasse notre vue. C'est la Science qui nous la révèle ; mais vous savez bien comme le monde est fait : il ne salue guère, en la Science. une messagère d'idéal. Aussi dois-je prendre ici le détour d'un conte de fées...

Donc, il était une fois un jeune enfant de grand esprit, et très-amoureux de l'été, de son clair soleil. de ses fleurs si variées de forme et de couleur. Un matin d'hiver, bien enveloppé de fourrures, car c'était un enfant riche, il alla jouer dans le parc de ses parents, comme d'habitude. La neige était tombée toute la nuit ; elle couvrait les gazons et le lit de feuilles mortes des bois, d'un grand tapis blanc uniforme. L'enfant s'étonna d'abord, car c'était la première neige qu'il voyait de sa vie ; puis il sentit que cette belle étendue toute blanche, étincelante sous le soleil, éblouissait sa vue, qu'elle engourdissait son âme... Et, au lieu de s'amuser à rouler des boules de neige, ainsi que les autres enfants de son âge, il restait là, frileux et pensif, songeant à l'été qui, sur le gazon d'émeraude, faisait jaillir en foule les pâquerettes, les adonis, les stellaires et tant d'autres fleurettes en forme d'étoile... Et, comme un enfant gâté qu'il était, il gourmandait l'hiver, qui fait mourir les fleurs, fait taire les oiseaux et rend les eaux courantes prisonnières. Pourquoi, se disait-il avec humeur, pourquoi l'été ne dure-t il pas toujours ; ou bien, alors, pourquoi n'y a-t-il pas de *fleurs d'hiver ?*

Or, à ce moment, une jeune et belle dame, vêtue comme une fée, sortit d'un bosquet ; elle tenait à la main une baguette de coudrier, qu'elle venait de cueillir, et dont elle toucha légèrement le front bouclé de l'enfant. Puis, à sa grande stupéfaction, elle le prit par la main, pour le

18

conduire à un pavillon du parc qu'il connaissait bien, mais où son père lui défendait d'entrer... Alors, sur une table, la fée prit un morceau de verre bien transparent, et bombé ; et, puisant quelques flocons qui fondaient déjà dans ses jolis doigts, elle les mit sous le cristal, et dit à l'enfant de lui décrire ce qu'il voyait.

« Mais, ce sont de petites étoiles ! s'écria-t-il... Non, plutôt des fleurs en étoile, et toutes blanches et si jolies ! Et je vois qu'elles ne sont pas toutes pareilles ; il y en a de simples, et d'autres plus compliquées ; mais comptons : *un, deux, trois, quatre, cinq, six...* ; elles ont toujours *6* rayons, quand même... Oh ! qu'elles se défont tôt ! Je n'ai pas le temps de les regarder comme je voudrais. Qu'est-ce qui les fait ainsi mourir aussi vite ? Qu'est-ce qui les fane à vue d'œil? »— Et l'enfant s'attristait à considérer les fleurettes glaciales qui se réduisaient en gouttes d'eau très ordinaires ; leur élégant et harmonieux festonnage se désagrégeait dans un dégel piteux, faisait une sorte de verglas en miniature... Mais la fée remit sous le cristal bombé de nouveaux flocons ; et tandis que l'enfant, curieux, s'émerveillait : — « Tu vois bien, dit-elle doucement, que ta plainte était sans raison. Il est vrai que sans moi, tu n'aurais pas su que l'hiver lui-même a sa flore. Je suis celle que la Nature a désignée pour dévoiler aux hommes ses secrets, et leur montrer, par certains artifices, les détails merveilleux de ses ouvrages. Eux n'aperçoivent que la surface ; moi, je leur fais apercevoir le fond. A présent, tu ne peux plus en vouloir à cette bonne Nature ; elle ne vous laisse pas longtemps souffrir de l'absence de beauté ; l'hiver est pesant, je le sais ; c'est la fin du rayonnement, un deuil en blanc, toutefois, deuil très doux, et rayonnant à sa manière. Et puis, comme ce cristal te l'a révélé, la Nature est généreuse ; elle est prévoyante : en attendant l'éclosion printanière des marguerites, des adonis et des stellaires, ne force-t-elle pas le règne minéral à fleurir ? »

Cela dit, la fée disparut, juste au moment où l'enfant allait l'interroger. Car il n'avait pas tout-à-fait compris.

* *

Que de questions, en effet, elles soulèvent, ces *fleurs de neige !* Ce sont des groupements cristallins, disent les savants ; ce « protoxyde d'hydrogène » qu'est l'eau pure se solidifie par le froid ; il cristallise dans le système rhomboëdrique, et les paillettes ainsi formées se groupent suivant l'angle de 60 degrés. — Sans doute, c'est beaucoup de savoir cela ; mais cela n'explique pas comment les étoiles glacées sont à la fois géométriques et délicieuses ; et pourquoi, même, elles existent ainsi, elles sont ce qu'elles sont... C'est alors qu'il faut consulter ces savants supérieurs dont l'intelligence ne se contente pas d'examiner, d'analyser, de classer et de donner des noms. Ecoutez *Tyndall*, par exemple. « Ce bloc de glace, dit-il, il « ne semble guère présenter en soi plus d'intérêt qu'un « bloc de verre ; mais, pour l'œil du savant, la glace est « au verre ce qu'un oratorio de Haëndel est aux cris de « la rue. Le verre n'est qu'un bruit, la glace est une « musique ; elle représente l'harmonie, tandis que le « verre n'offre qu'un chaos ».

Ce *Tyndall*, direz-vous, parle un peu comme la fée de tout-à-l'heure ; et nous, comme l'enfant, n'avons pas tout-à-fait saisi. Mais comment préciser le travail occulte des forces sans en détruire le prestige ? J'ai peur que l'analyse n'ait l'effet du réchauffement, qui démantèle ces architectures si délicates. Et pourtant, il n'est point si désenchantant de savoir que les particules d'eau congelée, dans une atmosphère tranquille, tendent à s'orienter d'après *la loi du moindre effort*. Si le verre de nos vitres ou de nos vases ne décèle aucune figure sculpturale, et paraît, sous le microscope, aussi homogène qu'à la vue simple, c'est qu'il s'est, au sortir du bain, refroidi trop vite ; et la masse, consolidée *par surprise*, pour ainsi parler, n'a pu suivre les directions naturelles ; elle est restée vitreuse, et stérile, à l'exemple des laves volcaniques. Au contraire, grâce à la lenteur du refroidissement, et au calme dans lequel il s'opère, l'eau congelée, qu'elle soit neige ou glace, se modèle sur les porphyres et les granits ; elle *cristallise*, c'est-à-dire qu'elle groupe ses molécules en ordre géométrique, harmonieux. Vous comprenez mieux, sans doute, à présent, la brillante comparaison de Tyndall. Qu'est-ce que la *musique*, en effet ? — Un agrégat d'éléments sonores s'organisant en figures définies, qu'on peut qualifier directement d'*harmoniques*. Ne dit-on pas « *l'architecture sonore* », comme on dit « l'architecture moléculaire » ? — Au lieu que, dans un bruit confus, les vibrations, interrompues dans leur essor, ne parviennent à *construire*, à constituer aucune figure. C'est ainsi que le verre, ouvrage en vérité merveilleux de notre industrie, reste inférieur, au fond, à cette œuvre du froid qu'on nomme la *glace*. Il est vrai qu'il est, à nos yeux, transparent, et pour nos oreilles, sonore.

*
* *

A ceux qui veulent pénétrer plus profondément ce beau mystère, je dirai : jetez du sable fin sur une plaque de métal ; puis effleurez la plaque d'un archet. Tout naturellement, vous prêterez l'oreille, car vous n'attendez là qu'une *sonorité*. Mais vous pouvez tendre l'œil, au même instant, car vous jouirez aussi d'une *figure*. En effet, éveillé par votre coup d'archet, le métal vibre ; et comme son contour régulier pose, de toutes parts, une limite aux vibrations, celles-ci, d'abord expansives, reviennent sur elles-mêmes. Des *ondes*, que vous ne voyez pas, se déploient là pour se reployer, pareilles aux *cercles d'eau* que provoque, sur un étang, le jet d'un caillou. Ces ondes, forcément, s'entrecoupent, et cela forme ce qu'on appelle des « *lignes nodales* », — traduisez : des alignements réguliers où les ondes, se contrariant, arrêtent le mouvement vibratoire. Or c'est là, sur ces lignes de repos, que le sable, chassé des espaces mouvants, se retire ; il demeure ainsi sous vos yeux comme une trace manifeste de la route invisible des ondes ; et la figure géométrique qu'il réalise est, on peut dire, le témoin oculaire du *timbre*, cette figure abstraite accessible au sens auditif.

Parmi les formes que *Chladni*, le premier, sut faire tracer au corps pulvérulent sur ses plaques vibrantes, une surtout doit arrêter votre attention : c'est une *étoile* très régulière, à 6 branches... Il est impossible de ne pas faire un rapprochement avec la fleur de neige *hexagonale*. — Pure coïncidence, allez-vous objecter. — Mais non pas : examinés de très près, ce sont là deux effets d'une même cause fondamentale ; et cette cause est la *vibration*. Toutes les phases du processus que je viens de décrire pour la plaque sonore, sont applicables au champ de neige silencieux. Ici seulement, au lieu de sable, c'est de l'*eau*, mais de l'eau passant à l'état solide ; et l'archet qui met la matière en branle, c'est ce que nous appelons la *chaleur*, c'est le *calorique* ; — chaleur, à la vérité, décroissante, calorique inversé dans sa marche, et rétrograde : mais, que la gamme soit montée — ou redescendue, l'instrument résonne toujours. Eh oui ! pendant que nous frissonnons de froid, l'eau tressaille ; ses molécules, écartées, sont animées de mouvements rythmiques, mais ralentis ; comme si, de l'*aigu*, la musique moléculaire tournait au *grave*. Alors se réalise la fable d'*Amphion*... Vous savez : ces pierres de taille qui, soulevées aux sons de la lyre, venaient s'assembler d'elles-mêmes pour construire une cité neuve. Ainsi transportés, sans effort apparent, par des ondes muettes, les matériaux de la neige viennent se ranger, tels les grains de sable, au long des lignes de repos ; et le même acte s'opérant sur chaque petit point de la vaste étendue, c'est comme un parterre de fleurs étoilées qui s'organise magiquement, — clandestinement... Nul doute que, le printemps revenu, les fleurs vivantes et colorées, mais de même style géométrique, et de symétrie rayonnante, n'orientent leurs pétales d'après des lois tout analogues. Cette fois, la matière vibrante sera le *protoplasma*, matière animée par la vie. Tout porte à croire, cependant, que l'onde y répétera ses jeux concertants, bien rythmés, et que stellaires ou pâquerettes, adonis, œillets ou nigelles, se révéleront, — avec les astéries, les anémones de mer, de pures variations du thème universel de l'*étoile* (1).

LA GRELE

L'eau qui se congèle dans l'atmosphère ne produit pas toujours de la *neige,* et revêt parfois cette forme assez différente : la *grêle.* Si l'on me demandait une définition de la grêle, je dirais que c'est « une neige *hostile* et *stérile* ». — *Hostile,* car, au lieu de tomber doucement, discrètement, sur la terre qu'il protège de son manteau, le

---

(1) Dans mes « *Histoires d'Art* » (1 vol. Lemerre) j'ai développé cette idée neuve, « ultra-scientifique », sous la forme littéraire d'un Conte, — non féérique, d'ailleurs, mais « vériste » (*le thème de l'étoile*).

flocon, devenu *grêlon*, s'y précipite avec brutalité ; le sol est comme bombardé de ces projectiles ; c'est une blanche mitraille qui, dans ce grand combat d'artillerie qu'est l'*orage*, fauche les moissons, brûle les vignobles et crible le feuillage de blessures. — *Stérile* aussi, la grêle ; et non pas seulement par ce fait, qu'elle fond aussitôt, sans couvrir, mais parce qu'elle reste intérieurement sans structure ; elle ne fleurit point ; il n'y a point de « *fleurs de grêle* ». Examinez le grêlon sous le microscope : sa substance amorphe et vitreuse est composée de couches concentriques serrées comme les bandes d'un obus ; c'est, pour ainsi dire, un *flocon armé* », c'est un projectile ; car la *grêle,* fille de l'éclair et du tourbillon, n'a point le tempérament pacifique de sa sœur flâneuse et brodeuse. Heureusement, son intervention en scène est épisodique ; elle est brève. Portée sur l'aile du nuage orageux, elle repart avec lui ; mais c'est pour porter la guerre sur d'autres points. Quel soulagement lorsqu'on le voit enfin s'éloigner, ce satellite blême du nuage noir, et plus sinistre encore que lui, cet *ascitizo* roulé en serpent, et dont le fluide agite les anneaux... Très vite, alors, l'été se ressaisit, reconquiert son domaine envahi ; le soleil filtre à travers les vapeurs, légères à présent comme des voiles de lin ; le pan d'azur, d'abord étroit, s'étend à vue d'œil ; la sérénité succède au tumulte ; et vous, quittant l'abri, regardez cet hiver prompt, foudroyant, s'enfuir dans le ciel ; puis, abaissant vos yeux, vous contemplez, rêveur, les globules de glace qu'il a semés.

Aujourd'hui, l'homme est moins désarmé devant la Nature guerrière. A l'artillerie formidable du ciel, il oppose son artillerie, bien modeste, mais efficace. Et c'est un spectacle curieux, exaltant, que les grondements du tonnerre auxquels ripostent, avec obstination, les détonations brusques des *paragrêles.*

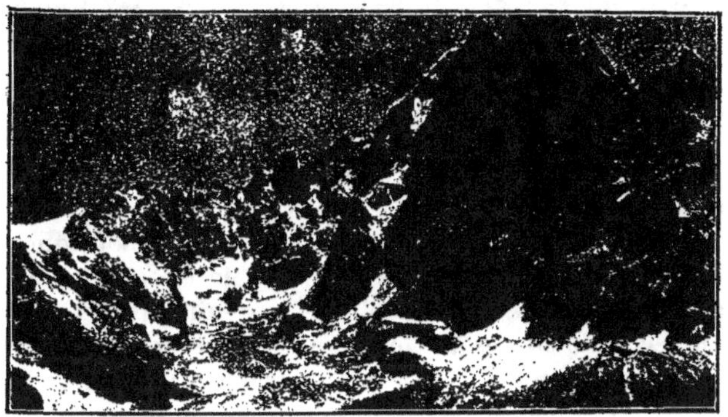

LE GLACIER

Un regret qui me fait souvent soupirer, c'est que les hommes ne voient la Nature que par fragments, et qu'il ne leur vient guères l'idée de relier ces fragments entre eux. Au bord de la mer, ils ne pensent plus à la montagne ; et dans la montagne, ils perdent le souvenir de la mer. Ils me rappellent ces curieux dont l'œil va se coller, tour à tour, aux verres échelonnés d'un   *diorama*. Leur vision de l'univers est *dioramique*, c'est-à-dire discontinue... Je la voudrais plutôt *panoramique*.

Oui, je voudrais qu'un homme très savant, qui serait poëte au surplus, se mêlât aux guides qui font traverser chaque été, la *Mer de Glace* aux touristes. Il serait là pour éclairer leur admiration, un peu pâle, et pour élargir le cercle de leurs idées. D'abord, tandis qu'ils forment la « file indienne » entre deux crevasses, il transporterait leur imagination, un instant, de Chamonix aux *contrées polaires*. S'aviseraient-ils d'eux-mêmes de ce fait, pourtant bien remarquable, que la glace est fonction, à la fois, de l'*altitude* et de la *latitude* ? qu'il y a, pour notre planète, deux échelles de froid simultanées, l'une verticale, en hauteur, — l'autre horizontale, en largeur ? Et qu'enfin cette eau congelée qui craque sous leurs pas, et dont la splendeur au soleil les éblouit, n'est pas différente de celle qu'on voit flotter, en blocs massifs et dentelés, au Nord de l'Atlantique...? — Le langage, d'ailleurs, opère, d'instinct, des rapprochements ingénieux : en pleine Savoie, dans le fond des terres, ne met-il pas une « *mer de glace ?* » et ne met-il pas, en pleine mer, les « *monta-gnes de glace* », les *ice-bergs...?*

Mon guide idéal leur conterait, ensuite, l'histoire de ce glacier qu'ils traversent, et qui n'est pas seulement *fleuve de glace* par sa figure, mais aussi par son *mouvement.* Beaucoup s'étonneraient, à coup sûr, car l'apparence est immobile... Alors il leur dirait qu'un jour d'été très chaud, l'illustre Tyndall entra dans une boutique du Strand. à Londres. Des morceaux de glace étaient déposés là, dans un bassin. Tyndall ne craignit pas de donner une leçon de choses ; et plût au Ciel que nos professeurs voulussent l'imiter ! Puisant un fragment de cette glace dans le récipient, il s'en servit, à la manière d'un aimant. pour attirer les autres ; les personnes qui se trouvaient là n'en pouvaient croire leurs yeux : le thermomètre marquait à ce moment-là 30°. Cependant les fragments de glace *se soudaient* l'un à l'autre comme par enchante-ment.

Les guides ordinaires pourraient intervenir, ici ; rap-porter le procédé qu'ils emploient pour raffermir les *ponts de neige :* sans s'en douter, ils font, avec leurs pieds, ce que les mouleurs de glace, à domicile, font avec leurs mains ; car, de même que ceux-ci, pour sculpter leurs œuvres d'art éphémères, pressent la glace fondante pour la durcir, — eux, pour jeter leurs passerelles volan-tes, tassent la neige dans le même but. Et les uns comme les autres utilisent, sans la connaître, une vertu singu-lière de l'eau congelée : le *regel.*

Si la glace est *plastique,* en effet, c'est par la double propriété qu'elle possède de se ramollir par fusion, et de s'endurcir, l'instant d'après, par régélation. Les frag-ments de glace ou de neige isolés fondent à la surface ; une atmosphère aqueuse les entoure. Mis en contact et fortement pressés l'un contre l'autre, les deux blocs n'en forment plus qu'un ; car leurs faces contiguës n'étant plus exposées à l'air, cessent de couler ; elles se solidi-fient de concert, et la *soudure* s'effectue.

Voilà, — continuerait mon guide, comment ce *fleuve de glace* que nous foulons de nos pas, progresse tout en paraissant immobile. Ne vous fiez pas à sa mine homo-gène ; sans que vous y preniez garde, il se disloque ; et c'est par là que s'ouvrent ces crevasses si périlleuses... Car les neiges qui s'accumulent, là-haut, pèsent d'un

poids considérable, et la masse glacée supérieure pousse
devant elle la masse qui s'étend au-dessous. Irrégulière,
cette poussée, grâce aux résistances partielles, produit
des fêlures ; et celles-ci s'annoncent par des craquements,
qui font dresser l'oreille aux montagnards... « *Le glacier
cède en gémissant* ». Mais sa descente, forcément, comme
elle a provoqué des fractures, opère des contacts ; alors
les portions disjointes et coulantes, déjà, se rejoignent,
et, grâce au *regel,* se ressoudent, --- pour se démembrer
ensuite, et ainsi de suite... Curieuse condition d'un solide
qui se déplace par fractures et liquéfactions successives !

Il est vrai, ce déplacement, d'une lenteur extrême, nous
est insensible ; la vitesse du courant glaciaire est bien
trop faible pour être constatée autrement que par des
repères. Ainsi la *Mer de Glace* ne parcourt, en toute une
journée, que quelques centimètres ; à un plus haut degré
que l'Océan, au flux et reflux insensibles, ce fleuve paradoxal cache son flot sous une apparence immobile (1).

L'apparence ! Ce mot me ramène à l'Esthétique, à la
question d'expressivité, de beauté ; car l'expression
sublime du *glacier* naît de son aspect seul ; et vous venez
d'apprendre que cet aspect est illusoire. Ici, je ne saurais
dissimuler l'abîme qui sépare la connaissance du sentiment, la science de la poésie. Déjà vous l'avez sondé pour
le *ciel.* qui voilait, pour ainsi dire, l'ordre astronomique
des sphères sous un magique éparpillement de points lu
mineux: — aussi pour l'*océan,* dont les ondulations, s'effectuant sur place, nous laissaient l'artistique illusion
de vagues arrivant du lointain... Ainsi pour le *glacier* ;
les traits qui le révèlent au savant ne sont pas ceux-là,
justement, qui le peignent aux yeux de l'artiste. Pour
l'homme de science, c'est un fleuve très lent, mais un
fleuve : sa source est dans les neiges dites « *éternelles* »,
— et même plus en deça, dans les hauteurs de l'atmosphère: son embouchure se confond avec la source même
du vrai fleuve, du fleuve liquide et rapide. Mais, rien de
tout cela n'entre en jeu dans l'impression du simple admirateur : ce qui fait le *glacier,* pour lui, c'est la blancheur,
l'aspect accidenté des surfaces, et l'immobilité. Le premier effet que me fit, jeune encore, la *Mer de glace,* fut
celui d'une route sinueuse et gigantesque, encombrée de

(1) Ce nom de *mer* qu'on lui donne vient de ce que sa surface
est soulevée de vagues solides.

frimas, solitaire.. Et cependant, les forces de la Nature impriment leur cachet, laissent leur trace bien évidente en ces crevasses profondes, ces *séracs*, ces cordons de pierres alignés dans le sens de la descente, et qu'on appelle des *moraines*. Mais la jouissance du spectacle, au moins sa jouissance directe, demeure indépendante de la notion rationnelle des causes ; le spectacle est éloquent par lui-même. Ce n'est pas, en somme, un *glacier* qu'aperçoit l'imagination, dans son élan primitif et tout spontané, — mais un ensemble harmonieux de formes et de couleurs ; et cet ensemble, même, englobe le ciel, au-dessus, et la végétation, tout autour ; ni météorologie, ni botanique, ni géologie ; seulement *peinture* ou *sculpture*. On peut prétendre, enfin, que le sens esthétique tout pur exclut l'idée d'*espèce*, de *fonction*, et s'alimente de la seule expression des lignes, ou de l'*eurythmie*.

Alors, me direz-vous, pourquoi tout ce luxe de science? A quoi riment ces pages nombreuses où, justement, sont détaillées l'espèce et la fonction, où l'action latente des forces prend le pas sur l'organisation manifeste, et perceptible au premier regard? — Je répondrai: pour mieux embrasser le tableau, et rendre la jouissance intégrale. Sans doute, la *Jungfrau* nous impressionne, d'emblée, par un profil élégant, un éclat de blancheur *virginal ;* et c'est même cela qui lui valut son nom, si délicieux. Mais ira-t-on prétendre qu'il est indifférent, au point de vue seulement esthétique, d'y voir une espèce géographique, un accident du relief, une *montagne* ? Et dans l'écharpe éblouissante qui s'enroule au flanc du *Mont Blanc*, est-il superflu de reconnaître un *fleuve de glace* ?

A vrai dire, la question de contraste entre la Science et la Poésie, la *notion* des choses et leur *émotion*, est un problème mal posé. Je crois qu'on accordera tout le monde en formulant la théorie de cette façon : en disant que le sentiment esthétique s'alimente ou *doit* s'alimenter à deux sources : l'*adaptation spécifique*, ou *destination* des choses, — et leur *eurythmie*. Tantôt c'est la première qui prédomine, et tantôt la seconde. Un moment, ce visage de femme nous frappe par l'harmonie de ses lignes ; le moment d'après, c'est son expression qui nous touche ; et jamais, en tout cas, on ne perd de vue ce fait, que c'est un visage féminin. L'oubliât-on, il est certain qu'on y perdrait plus de la moitié du charme.

Concluons : le *glacier,* comme la montagne, qu'il décore, et comme l'océan, comme le ciel, comme la plante et l'animal, se laisse d'autant plus admirer, qu'on le connaît mieux. A l'hypnose extatique de sa blancheur, l'intelligence ajoute déjà la notion de la *pureté :* la neige « *immaculée* », dit-on ; puis vient l'idée de force, de puissance, la conception d'une énergie qui congèle l'eau, la solidifie, la fait en quelque sorte prisonnière ; qui fait aussi refléter sur cette eau, transformée en glace, l'ardeur rayonnante du soleil ; puis qui désagrège ce bloc gigantesque et rigide, le morcèle en fragments, pour le reconstituer bientôt, en masse solidaire ; enfin le pousse, patiemment, par cette perpétuelle alternative, des hauts sommets toujours drapés de neige au niveau des riantes vallées, où, s'écoulant en mille gouttelettes, il meurt dans la douce atmosphère qui fait vivre, au même instant, la verdure.

LE FLEUVE

La pluie, c'était l'eau dispersée, désagrégée, comme pulvérulente ; et, de plus, *précipitée,* courant du ciel au sol, verticalement ; — le champ de *neige* ou le *glacier,* c'était l'eau concentrée, cohérente, mais prisonnière. — Le *fleuve,* c'est l'eau cohérente aussi, mais redevenue libre, et qui ne tombe plus, mais s'écoule ; non plus précipitée, mais *portée...* Portée par qui, par quoi ? — Par une pente. On verra qu'elle tend, en cours de route, à reprendre son premier état ; car elle se précipite souvent en cascade, et dans sa chute, se pulvérise en fines gouttelettes, devient une pluie.

L'eau, donc, prenant une forme mieux définie dans le fleuve, acquiert une sorte de personnalité, qui lui fait donner un nom propre : c'est le *Rhin*, le *Danube*, ou la *Seine*. Le fleuve s'étend trop dans l'espace, il est vrai, pour que notre vue puisse embrasser l'ensemble de sa figure ; mais, sur les cartes géographiques, on voit que, par ses affluents, il offre l'image d'une penne d'oiseau dont les brins seraient assez lâches, ou d'une arête de poisson; ses sinuosités, d'autre part, le font ressembler à un serpent ; on le dit *serpentin*.

Cet individu qu'est le *fleuve* est d'ailleurs d'une espèce très particulière : se régénérant en arrière à mesure qu'il s'épuise en avant, son corps n'est jamais, d'un instant à l'autre, identique à lui-même : c'est un *perpétuel deve-nir*. Le mouvement qui le réalise est un de ceux qu'on appelle indéfini, *sans fin*. Aussi peut-on le prendre comme symbole du temps ; ne dit-on pas que le temps s'*écoule* ? Et les Arts du temps, telle la Musique, lui sont naturelle-ment comparables.

Cet individu qu'est le fleuve a quelque chose comme une *vie ;* — faible, enfantine, pour ainsi dire, à sa source, elle se fortifie dans son cours; et c'est son âge viril, sa ma-turité; enfin, elle s'alanguit, en s'élargissant, à son embou-chure : c'est la vieillesse. Alors le fleuve *meurt*, vérita-blement ; il cesse d'être fleuve ; il se confond avec la mer.

Ainsi, de son origine à sa fin, la carrière qu'il poursuit est pareille à notre propre carrière humaine; à condition, toutefois, qu'on limite son cours ininterrompu, qu'on le considère du même œil que le marinier dont le bateau descend sur une tranche de flot bien définie.

Quel spectacle profond, si l'on y songeait, qu'une des-cente de fleuve en bateau ! Et d'abord, c'est la marche logique, la marche naturelle, entraînante ; c'est la *pro-gression*. Remonter le cours d'eau, c'est, au contraire, un recul, un effort artificiel et pénible, une *régression*. Il est vrai, c'est aussi la représentation vivante du *souvenir*, de la pensée qui suit le cours du temps à rebours, qui rétro-grade, utilement parfois, vers le passé, « *remonte*, comme on dit, le *courant*. Mais j'envie quand même ce batelier qui, laissant sa péniche aller au fil de l'eau, n'a plus qu'à diriger son trajet, la main sur le gouvernail, — ou simplement cet homme qui, debout, sa longue perche tendue, conduit patiemment à leur but

« ces longs serpents de bois qui descendent les fleuves... ».

Il a le temps de méditer ; en a-t-il le goût, la puissance... ? Et pourtant, quelle vie conforme et logique que celle-là, qui suit, sans s'en douter, le schéma même de la vie !... Oui, l'existence du fleuve est la sienne; ce fleuve, il en lit l'histoire, feuillet par feuillet, c'est-à-dire onde par onde ; et les incidents du trajet, qui se réflètent dans ses eaux, sont comme les pensées d'une âme où se *réfléchit* le monde extérieur.

Longtemps, très longtemps, les saules et les joncs passent, et fuient devant le navire, ou le train de bois, qui s'avance ; des arbres, puis des arbres, et des maisons par échappées ; ils se mirent dans l'onde, qui, mouvante, meut leur image, et la fait trembler; mais si doucement ! Puis, les marges se faisant nues, c'est le ciel seul qui, sur le long miroir, vient se peindre. Et que de jolis épisodes ! Une bande de lavandières prend son essor de la berge, et traverse ou suit le sillage. Ces charmantes riveraines, qu'on appelle « bergeronnettes » à cause de cela, font écho, parfois, aux femmes de la rive, aux patientes batteuses de linge... L'homme qui tient la barre les regarde raser les eaux, à l'arrière ; il ne remarque pas que le sillage du bateau représente, idéalement, une queue d'hirondelle ; forme pourtant bien remarquable, et qui montre, en ces ondes liquides, le tableau perceptible aux yeux, agrandi, de deux pénombres lumineuses.

Puis, après une suite, un peu monotone, de verdures, si c'est l'été, de frondaisons, si c'est l'hiver, la scène change, et les constructions, se serrant davantage, se suivent plus nombreuses, plus continues ; à l'image des troncs renversés, projetant leurs cimes vers le bas, succède celle de maisons dont le toit, pareillement, se retourne, et penche sur un ciel inférieur et fluide... C'est un village, un bourg, une grande cité ; c'est, après les méandres, les S répétés décrits par la Seine, *Paris, Mantes*, puis *Rouen...* Les cathédrales, à leur tour, viennent se mirer ; et dans cette eau mouvante, elles miroitent. Aussi, vers les faubourgs, les hautes cheminées, clochers des filatures...

Mais ces individus que sont les fleuves ont une vie, chacun, si différente! Quand on songe que la Seine épuise son existence en quelques jours, — et que l'Amazone n'atteint son terme qu'en un mois... Parmi tant de cours d'eau qui sillonnent le continent, les uns ont un cours paisible, une existence plate, monotone ; d'autres mènent une vie plus accidentée, heurtée par endroits, dramatique. Ainsi notre *Loire* s'écoule, calme et majestueuse, à travers le vaste jardin de Touraine ; elle reflète, sur son passage, des arbres de haut jet, de nobles châteaux ; sur certains points, ses eaux circonscrivent, en s'ensablant, de curieuses plages... Le *Doubs* fait, à Morteau, le saut prodigieux que l'on sait ; à Bellegarde, le *Rhône* se perd, tout bouillonnant d'écume ; il disparaît, s'enfonce, devient un fleuve souterrain. A Schaffhouse, le *Rhin*, en Amérique le *Niagara*, voient tout-à-coup le sol manquer sous leurs pieds ; accident sublime qu'on appelle une *chute*, une *cataracte*. Au Canada, comme au Tonkin, les fleuves ont des emportements de chevaux emballés ; ce sont les *rapides*. Certains cours d'eau, — l'*Ariège*, par exemple, charrient de l'or : fleuves nobles, — si l'on peut dire, à notre époque, que l'or ennoblit... Mais le *Nil* est plus grand, qui prodigue à ses riverains l'or en nature, le vrai, le bon, celui qui ne corrompt pas, et produit du travail.

S'il existe des fleuves inertes, qui ne transportent et ne déposent rien, il en est d'autres qu'on qualifie de « *travailleurs* ». En Italie, le *Pô* exagère sa tâche ; il dépose, en sa route, une si grande quantité de limon, que son lit s'exhausse à vue d'œil ; on est contraint de l'endiguer. Bizarre aspect, et peu décoratif, que ce cours d'eau dominant la campagne, en remblai !

Mais cela, dans la Nature, est une exception. Le fleuve coule, en général, au fond d'un val plus ou moins profond ; même, aux temps actuels, son niveau s'est considérablement abaissé ; témoins ces coquilles d'eau douce que *Palissy*, le premier, découvrit à sec au flanc des côteaux. Les géologues ne peuvent contenir leur admiration — à distance — en face de ces lits géants d'autrefois, prêts à déborder, ainsi que des coupes trop pleines; mais lorsqu'en chemin de fer, je traverse la vallée de la Seine, à Pont-de-l'Arche, elle me semble d'une largeur déconcertante, et pénible ; la supposé-je remplie d'eau, le spectacle ne me charme guère ; il évoque l'inondation... Combien je lui préfère ce long serpent d'eau déroulant ses anneaux dans la plaine, entre deux prairies reconquises ; serpent d'ailleurs inoffensif et si doux d'aspect, dont la figure bien limitée se peut embrasser d'un coup d'œil. Il est curieux, et même, esthétiquement scandaleux, de voir le gigantesque vanté comme *beau*... Mais un objet, comme un être, ne vaut que par sa conformité de grandeur avec le type spécifique : ainsi le *lac de Genève*, à mon sens, n'a point l'attrait de celui des *Quatre-Cantons* ; il excède sa définition, et se tient entre deux espèces : ce n'est plus un lac, et ce n'est pas encore une mer.

Le *fleuve*, ce beau poème coulant (*on peut dire qu'il coule de source*), a son épisode tumultueux, la *cascade*, et son épisode tranquille, le *lac*.

LA CASCADE

La *cascade*... c'est, géographiquement, — vous l'avez vu pour le Rhin, pour le *Niagara*, l'accident ; — on pourrait dire la catastrophe ; mais, nous le répétons, c'est l'*accident sublime*. Pourquoi de l'eau qui tombe en grande masse, au fait, est-elle admirable ? Pourquoi ? — Mais tout le problème esthétique est contenu dans cette question... Arrêtons-nous donc quelques instants devant la *cascade* : ce sera, par exemple, la chute prodigieuse du *Niagara*, ou celle du Rhin à Schaffhouse, ou celle de notre *Gave* de Pau, qui se précipite du Marboré dans le cirque de *Gavarnie*, d'une hauteur de 450 mètres, et d'un seul jet ; ou bien encore, à Chamonix, le délicieux ruissellement du *Dard*. D'où vient donc le plaisir qu'on goûte à contempler ce spectacle ; d'où vient son expression singulière, et sa beauté ?

Tout simplement de quatre choses : l'*éclat*, le *mouvement*, la *forme*, la *sonorité* ; mais, ajoutons bien vite : de ces quatre choses *ensemble*, de ces quatre choses saisies simultanément par un œil, et par une oreille, et *spiritualisées* par une intelligence. Sans l'intelligence, en effet, — et je veux dire ici l'intelligence générale, — que serait l'éclat ? — Un pur signal optique, un trait de signale-

Ruysdael. - La Cascade

ment du phénomène ; le mouvement serait la simple in·
dication d'une force ; et la forme, une froide manifestation des effets dynamiques. Ainsi se présente, sans doute,
la chute d'eau à l'âme d'un ingénieur, qui médite sa cap-
tation, et rêve d'enfermer ses ondes dans des tubes, afin
d'actionner, hélas ! des turbines... Mais en cette âme
d'ingénieur, justement, le flot superbe de l'admiration
s'emprisonne ; il se dérobe lui-même sous les canaux
étroits de la spécialisation. Libre, intégrale et primesau-
tière, l'intelligence laisse, comme la cascade, ses ondes
s'épancher. D'où viennent, à leur tour, ces ondes idéales ?
De la réunion de filets cachés, et souterrains, pour ainsi

dire ; ce sont les idées primitives et subconscientes que fait jaillir en nous l'impression de forme, ou d'éclat, de mobilité, de sonorité. L'éclat des eaux, accélérées dans la cohérence du jet, s'impose comme une touche de lumière, une touche de blanc très brillant, étalée d'un coup de pinceau ; ce n'est plus ici le blanc intangible, insaisissable, de l'incolore, cette teinte négative de l'espace aérien qui laisse voir, et ne se fait point voir ; et ce n'est pas non plus ce blanc mat, opaque et fermé, de la neige. Comment définir cet éclat de l'eau qui retombe, tel un rideau diaphane, et qui cache pourtant le pan de rocher qu'il inonde ?... Aucun objet, ni dans l'Art, ni dans la Nature, n'offre un terme de comparaison adéquat ; le métal le plus argentin, le cristal, ou le verre le plus adamantin, ne sauraient ici nous servir; en son éclat incomparable et rare, l'*eau* ne peut se mettre en parallèle qu'avec elle-même. Aussi l'intelligence est comme confondue ; les éléments de l'impression visuelle sont si fins, si nuancés, si particuliers... Des idées troubles, ou plutôt vaporeuses de *pureté*, d'*unité*, de *douceur* vive et rayonnante, s'élèvent du fond de l'âme ; elles se mêlent, tout en montant, aux idées de *fraîcheur* et de *fluidité* que suggère le tact, à celles de *rapidité*, de *précipitation*, de *déroulement* continu, de souple et svelte *allongement*, données par la vue, — tandis que le sens de l'ouïe porte à l'intelligence un flot de sonorités qui la déconcerte... Oh ! cette musique des eaux, comme elle accompagne harmoniquement leur peinture ! Et comme elle reste, à son exemple, innotable ! — Au fait, pourquoi ce vain désir de fixer ce qui fuit, ce besoin d'incorporer en des mots — ou bien des *motifs*, l'esprit insaisissable des choses ?... N'est-ce point que leur beauté, nous troublant d'une sorte d'amour, excite en nous l'envie d'une espèce de possession ? Or nous ne pouvons les posséder, ces charmes naturels, mais étrangers à notre propre nature, qu'en les faisant nôtres, par une reproduction, — une *interprétation* tout au moins — artistique ou savante. Et c'est pourquoi, devant la cascade qui bondit et brille au soleil, le peintre dresse son chevalet, prépare sa palette, que le musicien ouvre son *skizzen-buch*, et que l'écrivain, préoccupé comme moi de faire la preuve du beau qu'il décrit, tâche d'unir ensemble la science et la poësie du spectacle. Et ce dernier effort, en définitive, peut se résumer dans la formule du début : la cascade est un accident, mais c'est *un accident sublime.*

LE LAC

Si la cascade est l'épisode tumultueux du cours d'eau, — le *lac* en est l'épisode paisible. De même que la cascade, il offre des aspects très-divers : comme celle-là se présentait tantôt en nappe solitaire, homogène, et tantôt en chutes successives, étagées, en *cascatelles,* qu'elle se développait en longueur, ou bien s'étalait en largeur, qu'elle glissait sur un mur de rochers, ou s'insinuait en bouillonnant entre des blocs épars, — le *lac* est immense ou restreint ; il prend la forme ronde d'un bassin, ou s'allonge en fragment de fleuve ; ses bords sont plats ou montagneux, nus ou boisés ; il peut, d'ailleurs, être stagnant, ou bien alimenté par un cours d'eau, n'être qu'un *palier de repos* à l'eau vive. Mais quel qu'il soit, le *lac* forme, avec la cascade, un très fort contraste ; c'est le calme après le tumulte ; c'est, après l'entraînement de la vitesse et du bruit, l'apaisement que donnent le silence et la quiétude. — Toutefois, ni le repos, Dieu merci! ni le silence n'y sont absolus : sauf en certains coins de montagne abrités, où l'eau dort en *étangs,* plutôt en grandes flaques, le *lac* digne de ce nom offre aux yeux de l'artiste une mosaïque de dessins mouvants, et mesurés ; il offre à ses oreilles un entremêlement de sonorités harmonieuses. Et ces ondes *liquides,* que perçoit le sens de la vue, s'enchaînent, curieusement, aux ondes que perçoit le sens de l'ouïe, aux ondes *sonores.* Ce n'est pas une imagination pure, une rêverie : dans le livre du savant *Helm-*

holtz sur la musique, je trouve ce passage : — « Rare-
« ment, dit-il, animé d'un enthousiasme esthétique, rare-
« ment l'œil embrasse une vaste étendue d'eau... sans
« apercevoir des jeux d'ondes qui se superposent et s'en
« trecroisent », et parlant spécialement de la *mer,* il
nous montre les « grandes lames venues du lointain...
« formant des lignes régulières et marchant (ou semblant
« marcher) vers la plage. A chaque incident qui vient
« leur couper le chemin, ces vagues sont rejetées en des
« directions très diverses, de manière à recouper, obli-
« quement, celles qui viennent à la suite. Arrive un
« bateau, qui crée derrière lui un nouveau système d'on-
« des, à forme bifurquée (c'est le *sillage*) ; et l'oiseau qui
« plonge pour prendre un poisson, provoque encore la
« formation de menues vagues circulaires ».

Et l'intelligent physicien, observant que tous ces systèmes divers s'entrecroisent sans se mêler, ne peut retenir son admiration. « Je dois confesser, — poursuit-il, —
« qu'à chaque fois que j'ai pu suivre ce jeu liquide du
« regard, *il m'a fait éprouver une jouissance intellec-*
« *tuelle* singulière : en effet, l'œil physique perçoit
« immédiatement, ici, ce que la vue de notre esprit ne
« saisit qu'indirectement, dans les ondes atmosphéri-
« ques, et de quelle façon pénible ! »

Un autre physicien, *Tyndall,* en son ouvrage sur le
son, décrit ces mêmes jeux d'ondes liquides ; lui les
observe de son bateau, et par réflexion ; car le miroir des
eaux lui renvoie l'image des navires (on est dans un
port) avec leur mâture et leur gréement ; et par les fluc-
tuations de cette image vacillante, il saisit le rythme du
flot ; de longues et larges *moirures* lui révèlent le
passage des grosses vagues ; — des zébrures plus
étroites et fines, celui des rides qu'il appelle, pittoresque-
ment « *des parasites rampant sur le flanc des vagues*
nobles ». Laissait-il échapper quelques gouttes d'eau du
plat de sa rame, à l'instant des vaguelettes s'organi-
saient, et finalement, comme l'avait fait remarquer *Helm-*
holtz, en cette ondulation si compliquée de l'étoffe
liquide, pas un pli qui ne conservât son individualité ;
« chaque vague, chaque ride, écrit-il, prend la place à
« laquelle elle a droit ; elle sait maintenir son existence
« personnelle parmi cette multitude de mouvements qui
« agitent l'eau dans tous les sens ».

En effet, résultat bien inattendu, qu'il s'agisse de ces ondes *liquides* ou des ondes *sonores* et *lumineuses*, la rencontre ne produit pas les effets d'une collision ; les cercles concentriques ou « *ronds d'eau* » ont beau chevaucher l'un sur l'autre, et s'entrecouper, ils ne se détruisent pas l'un l'autre ; il se produit seulement des *renforcements* — ou des *annulations* qu'on nomme « *interférences* », aux points de contact. Or, cette indépendance relative, cette persistance de chaque élément figuré dans le mouvement d'ensemble total, n'évitent pas seulement tout désordre et toute confusion, — elles fondent une séduisante *eurythmie*. D'où ces vers, que je traduis du poëte *Emerson* :

« Le rameur ne peut pas en l'eau plonger sa rame,
« Ni l'oiseau fendre l'air de son corps duveteux,
« Sans tracer un dessin rythmique, harmonieux,
« Visible pour notre œil — ou sensible à notre âme ».

Dans un article aussi plein de poësie que de science technique, *M. Robert de la Sizeranne* étudie les peintres de l'*eau*. J'en tire quelques charmantes citations. — « L'eau, dit-il, se plisse... au moindre souffle d'air, dépliant et repliant les paysages reflétés à sa surface comme la main d'une élégante plie et déplie le paysage peint sur les feuilles de son éventail... ». Et, plus loin, il parle des « broderies que l'eau en mouvement fait et « défait sans cesse et qui la font ressembler souvent à « quelque vieux morceau de point d'Alençon aux mailles « irrégulières ».

** **

Lorsque sur le lac, l'étang ou le bassin, règne un calme parfait, adieu tous ces dessins moirés, et ces losanges, et le mouvement délicat de l'eau, et son joli bruissement de satin... Mais cette eau morte est animée, du moins, par les *jeux de la lumière et de l'ombre*. M. de la Sizeranne les a notés avec une rare précision, une délicatesse infinie. Se reportant des toiles qu'il analyse à la Nature qui leur a servi de modèle, il fait, dans le tableau liquide, la part de la réflexion et de la réfraction ; car si l'onde est un *miroir*, c'est aussi, dans le même temps, un milieu diaphane ; c'est une *vitre*. Or, suivant le degré lumineux

des objets mirés, l'une ou l'autre de ces fonctions prédomine. « Si, continue l'auteur que nous citons, un *étang*
« reflète un paysage et des objets très lumineux et colo-
« rés, par exemple un ciel bleu et des nuages clairs, le
« fond de l'eau sera tout-à-fait invisible, et la couleur
« spécifique de l'eau éteinte. Mais il suffit que l'objet
« reflété soit obscur, comme un massif d'arbres noirs,
« pour qu'aussitôt le fond apparaisse dans le reflet lui-
« même et pour que la couleur de l'eau vienne s'y
« mêler ».

Toutefois, il peut arriver (par suite de quelles circonstances ?) que, les rives restant ombreuses, le fond de l'eau demeure invisible. Alors, sa masse même échappe tout entière au regard ; il n'y a plus pour l'œil de milieu liquide ; on a cette étrange illusion d'un vide qui reflète... « Dans le recueillement d'un bassin de parc, cou-
« vert d'ombre (je cite ici de la Sizeranne), où tout se
« reflète comme dans un *miroir noir* : les statues, les
« vasques, les arbres, les rocailles, les mousses, — on
« n'aurait aucune idée que cette vision renversée est une
« pure image. Alors, montent du fond invisible des eaux
« endormies, les feuilles étranges des nénuphars, des
« sagittaires, des plantains, des myriophylles... qui vien-
« nent nager à la surface comme des ballons captifs rete-
« nus par le fil de leur tige, et coupent, de leurs feuilles
« horizontalement étalées, la vision verticale illusoire des
« reflets... »

On ne saurait exprimer plus exactement, ni plus poëtiquement, ce conflit de l'image directe et de l'image réfléchie, ce problème gracieux que pose à la vision *l'eau* décorée de sa propre flore et réfléchissant, par surcroît, le décor artificiel qui l'entoure.

Mais revenons, pour un instant, à l'eau *courante*. Que son cours ait été paisible — ou coupé d'incidents tumultueux, le *fleuve*, tôt ou tard, arrive à la mer, aussi sûrement que l'homme à la mort. Et cela, non toujours sans *agonie*. Cette sorte d'agonie qui précède la fin du fleuve, c'est le phénomène appelé *barre* ou *mascaret*, suivant les lieux. Spectacle impressionnant, et d'une beauté tragique, puisque de nombreux pélerins font, exprès pour le voir, le voyage de *Caudebec*. Mais, notez-le bien, c'est surtout un spectacle *d'idée*. Que se passe-t-il, en effet, de si remarquable à la vue ? Les spectateurs, massés sur la berge, suivent des yeux une vague au front rectiligne, qui refoule les eaux du fleuve. La Seine atteint là sa plus grande largeur, il est vrai ; la Seine, à son estuaire, est majestueuse ; majestueux aussi, le flot marin qui court au-devant d'elle. Mais l'un et l'autre sont connus, à part : c'est donc moins le tableau que le *drame*, qui retient cette foule et l'exalte : en effet, le fleuve est en conflit avec l'océan, l'eau douce avec l'eau salée, le courant avec la marée. L'on dirait que la *Manche,* avant de recevoir la *Seine* dans son sein, la tient un moment à distance, et lui fait subir l'épreuve de ses vagues... Mais quelques heures encore, et — rappelée par l'attraction des deux astres, la *mer,* qui avait fait reculer le fleuve, recule elle-même, à son tour ; reflux qui semble une retraite... ; en réalité, retraite victorieuse où l'ennemi qui vient de reprendre l'offensive est, littéralement, absorbé par les masses profondes... Alors, suivant l'expression d'Onésime Reclus, « *le fleuve est mort:..* ». « Mais, ajoute-t-il, à l'heure « même, à la seconde même, il naît à la source du plus « lointain de ses *rus* (ruisselets), aux frimas du plus « éloigné de ses *névés* ».

LES COURANTS MARINS

Le voilà donc fermé, — mais pour se rouvrir aussitôt, ce cycle régulier, ininterrompu, qui commence par l'océan et se termine par l'océan... Ai-je ainsi terminé moi-même ma propre tâche ? — Pas tout-à-fait, puisque la *mer,* aussi, possède ses fleuves : fleuves d'eau salée, cette fois, n'ayant pour bords que les ondes mêmes de l'océan, de sorte qu'ici l'eau s'écoule entre deux rivages liquides ; vous avez deviné que ce sont les *courants*. Le plus considérable et le plus bienfaisant de tous, celui qu'on pourrait appeler l'*Amazone* des fleuves maritimes, est le *Gulf-Stream* (courant du golfe). Il prend sa source au golfe du Mexique, et serpente à travers l'Atlantique, pour se ramifier dans les mers du Nord de l'Europe. — Pourquoi *bienfaisant* ? — Parce qu'il transporte la chaleur des régions brûlantes de l'Equateur à nos climats septentrionaux et glacés. Grâce à lui, grâce à ce Nil fécond en tiédeur, l'Ecosse a des hivers presque italiens, notre Breta-

gne, si découverte, voit pousser, à *Roscoff*, par exemple,
un peu de flore méditerranéenne ; même les environs du
Cap Nord sont moins froids que le sud du Danemark. Les
navires qui font la traversée de New-York au Havre, s'ils
peuvent en rallier le cours, échangent, d'un instant à
l'autre, l'hiver contre un printemps ; ils voient fondre la
glace qui pendait aux vergues ; et se penchant, l'équipage
peut mesurer les limites du fleuve marin au degré de
température ; Buffon les décrivait, ces limites, « aussi in-
variables que celles qui bornent les efforts du fleuve de
la terre ».

Ainsi le grand « *courant du Golfe* » n'est pas, notez-le
bien, qu'un fait géographique ; c'est aussi, qu'on me permette de le dire, un fait *providentiel*. Empressons-nous
d'y reconnaître un témoignage de l'Intelligence infinie, de
la *Prévoyance* suprême qui nous ont fait la Terre habitable.

Comme je le montrais tout-à-l'heure devant la *cascade*,
l'homme est de nature trop active pour admirer, et s'en
tenir là. S'il est ingénieur, une ambition le saisira de
dompter cette force vierge, cette forme indépendante
d'énergie, de la plier à des besognes utilitaires ; et l'eau
devient la « *houille blanche* ». Artiste, il sentira, tout au
contraire, l'odieux de ce viol, de cette profanation d'une
si belle chose, et d'un si doux nom ; ne touchant l'eau
libre et bondissante que des yeux, ne la captant que des
oreilles, toute l'activité de son intelligence se concentrera
dans un désir d'interprétation. Nous l'avons dit, la beauté
des choses engendre une sorte d'amour ; — aussi, sans
doute, une émulation qui ne saurait se satisfaire qu'en
créant. Or, puisque toute reproduction de la Nature est
impraticable, — et d'ailleurs oiseuse, l'artiste n'a qu'un
moyen d'apaiser son ardent désir, c'est d'*interpréter*. Il
le fait directement, s'il est *peintre*, en réduisant l'espace
à un seul plan, le plan du tableau, et en choisissant, parmi
tant de détails extérieurs, ceux-là seuls que l'œil nous
signale, et sur lesquels se porte notre attention. S'il est
sculpteur, les trois dimensions de l'espace lui reviennent ; il dispose de la profondeur comme de la longueur
et de la largeur ; mais il lui faut abstraire la couleur (le
peintre abstrayait déjà le mouvement). D'un nouvel et
suprême effort d'abstraction naît le *symbolisme* ; je le
définirais volontiers « un détour pour fuir l'imitation

servile ». Ainsi la Statuaire ne peut — ou ne veut
sculpter une *cascade*, — à plus forte raison une *source...*
Alors, à quoi se résout-elle ? — A ce compromis artistique qu'on appelle un *symbole*, une *allégorie*. De même
pour la Peinture, lorsque, par un scrupule idéaliste peut-
être excessif, elle représente un phénomène naturel sous
les traits d'une personne humaine, — elle *personnifie* la
matière inerte.

INGRES. - La Source

— Devant moi, pendant que j'écris, paraît la *Source*, d'Ingres. Et c'est bien là, en effet, une apparition. L'imagination l'a présentée à l'artiste moderne, comme aux Grecs,
aux Romains de l'antiquité, elle offrait les nymphes des
fontaines ; l'Art s'est donc perpétué jusqu'à nous comme
un magnifique résidu de mythologie. Seulement, nous,
modernes, n'avons plus l'illusion, ni l'idolâtrie ; nous
avons l'extase artistique. Toujours est-il qu'aujourd'hui
comme autrefois, l'artiste vise, plus ou moins consciemment, à ce que j'appellerais « la *réalisation plastique des
métaphores* ». Je m'explique... Quels sont les traits de

beauté qui nous frappent, et nous enchantent dans
la *source* ? (je parle de la source naturelle et liquide). — *L'éclat*, franc et « candide », au sens primitif, de cette eau jaillissante, ou tombante ; — sa
pureté, son *unité*, sa *douceur ;* aussi sa *fraîcheur* et
sa *fluidité ;* son mouvement *homogène, onduleux,* son
moëlleux et svelte *allongement.* — Mais, toutes ces
qualités, pour ainsi dire *féminines,* de la source, — on les
retrouve en cette figure adorable qui, debout, la tête
légèrement inclinée, arrondit un de ses bras pour soutenir l'urne qui penche, et que l'autre bras, replié, retient.
Elle est *nue,* tout en restant pure, à l'image de l'*eau* qui
coule du rocher bien tapissé de mousse, toute *découverte,*
en une sorte de nudité... ; la blancheur demi-mate et
demi-diaphane de l'onde se reflète sur sa peau, tout
immaculée, tout *homogène,* et d'aspect nacré. C'est la
blancheur même du flot, sa fraîcheur, et sa fluidité ; et
c'est en même temps son svelte élan, son *élancement,* —
son geste moëlleux, continu, son contour *onduleux.* — De
telle sorte que cette femme si séduisante de jeunesse et
de beauté, de grâce et d'harmonie, n'est plus, à nos yeux,
qui voient en profondeur, le symbole conventionnel de la
source, c'est son signe naturel et direct, c'est sa « *métaphore plastique* ». Est-ce que, pour la décrire, cette
Source d'Ingres, j'ai dû me servir d'autres termes que
ceux qui peignent la source du bon Dieu ?

La Flore

Le privilège de beauté du règne végétal

Le Jardin des Plantes, comme les Parisiens l'appellent couramment, bien qu'ils y soient attirés surtout par le spectacle des animaux, eut à l'origine une destination exclusivement botanique, même pharmaceutique : on le nommait « Jardin royal des herbes médicinales », et ce qu'on y admirait alors, c'était des médicaments sur pied... Mais Lacépède, Cuvier, Daubenton, qui étaient des zoologistes, introduisirent la faune ; peu à peu la ménagerie fut transportée de Versailles à Paris. A partir de ce moment, les tigres, les éléphants, les rhinocéros, les singes et les perroquets formèrent un théâtre tantôt de drame et tantôt de comédie, dont les acteurs inconscients ont toujours la vogue. Ce succès des bêtes, tenant à ce que (s it dit sans mauvais compliment) elles sont plus rapprochées de l'homme, nuit un peu à leurs idéales voisines, les plantes. Les feuillages, les fleurs et les fruits, c'est plus joli, sans doute, plus coquet, mais c'est moins amusant... Je me permettrai de retourner la proposition et de dire : la flore est moins « amusante » que la faune, mais elle est, en général, plus séduisante.

Avez-vous remarqué que les sécrétions vitales sont généralement, chez les animaux, odeurs répugnantes et malsaines, tandis que chez les plantes, ce sont des parfums, des aromes ? Ainsi le chèvrefeuille que vous cueillez embaume votre main, et l'insecte que vos doigts saisissent, y laisse trop souvent, comme défense, une trace délétère, venimeuse même... Non pas que le règne végétal n'ait ses poisons, mais ils ne blessent ni ne souillent d'ordinaire notre odorat.

On peut en dire autant de la couleur : franche et lumineuse dans la verdure, brillante, pure et variée dans les corolles de fleurs et dans les fruits, elle revêt, chez un très grand nombre de bêtes, des tons neutres ou mêmes obscurs, plutôt inquiétants que charmeurs : pour un coléoptère écarlate ou vert émeraude, que de scarabées vêtus d'un deuil sévère ! Le noir, le gris, le brun, voilà la généralité dans la faune; c'est, dans la flore, l'exception.

Les formes végétales prouvent encore, en bloc, une supériorité de grâce et de beauté pure sur les formes animales. Pour arriver au papillon, il faut passer par la chenille, et plus en grand, par la pieuvre, le ver de terre, la limace ; on ne jouit du chien épagneul, du cheval arabe ou de la gazelle, qu'après avoir souffert de la grenouille, du rhinocéros et du porc. Même dans la famille idéale des oiseaux, nous n'obtenons le passereau, l'aigle ou la colombe qu'au prix du pingouin obèse, du vautour chauve, du perroquet somptueux de ton, mais à l'air vieillot, et jaseur.

Jetez maintenant un regard sur le paysage : il est beau, pur, harmonieux. Ces formes variées jusqu'à l'infini, mais sur un petit nombre de thèmes fondamentaux, gardent tant d'affinités réciproques qu'elles ne semblent à nos yeux composer qu'une seule classe homogène ; telle serait, par exemple, chez les animaux, la classe des zoophytes. A l'élégante simplicité des contours s'ajoute un ensemble de mouvements toujours gracieux, d'une expression rêveuse et rassérénante. Ce sont les jeunes tiges qui s'inclinent, les cimes élevées qui frissonnent, les moissons ondoyantes comme l'océan... La sereine passivité de tous ces êtres qui se meuvent sur place, et seulement sous les sollicitations extérieures, nous impressionne à la façon des voiles de navires ou des toiles de moulins à vent ; elle suggère un état de patience et presque de résignation qui nous calme, et contraste délicieusement avec l'activité chasseresse et la brusquerie souvent farouche des animaux.

Ici, dans ce règne pour ainsi dire féminin de la flore, en ce « beau sexe » du monde vivant, si l'on me permet l'expression, les défenses sont des épines, des aiguillons : ils peuvent nous écorcher au passage, mais ne sont, à la vue, ni disgracieux, ni menaçants... Tout se passe ici si idéalement qu'on n'aperçoit jamais le drame... j'allais dire le crime. L'inconsciente scélératesse de la cuscute étranglant la tige, sa victime, sous des lacets roses, est complètement masquée, pour notre regard, par le charme « enveloppant » des attitudes.

Même la maladie, la monstruosité, la mutilation ne choquent point dans le monde végétal. Que dis-je ? Ces choses horribles n'apparaissent pas, ne sont point, par conséquent, horribles... Pourrions-nous nous imaginer, si nous ne le savions pas, que ces jolies pommes chevelues qui croissent sur la rose naturelle et semblent des fruits, sont des excroissances pathologiques, des tumeurs ? Ouvrez-les, ces *galles* si décoratives et d'un vif carmin, vous y trouverez des parasites, de petits vers assez dégoûtants... Il est vrai qu'un peu plus tard, il en surgira des mouches très fines, les *cynips*, avec de jolies ailes et une tarière pour percer encore l'écorce des rosiers, y pondre des œufs et faire enfler de nouvelles galles.

Vous me demandez pourquoi ce privilège de beauté, de grâce, d'harmonie, qui fait du règne végétal comme un paradis perpétuel, où tout enchante les yeux, les oreilles, les narines, même le sens du toucher, d'où la souffrance et la mort sont exclues, ou si bien atténuées dans leurs signes extérieurs, qu'aucune arrière-pensée ne vient troubler notre plaisir ?

J'ai questionné là-dessus les savants, qui ne répondent pas : les savants en sont demeurés à l'écorce... Mais la *Science*, elle, a pu me répondre. Je sais, par sa consultation directe, pourquoi le monde végétal, inférieur en progrès organique au monde animal, lui est sur tant de points supérieur en beauté.

Ce privilège en apparence assez singulier a deux racines primitives très distinctes : une que les philosophes appelleraient *objective*, c'est-à-dire appartenant au monde extérieur : c'est un ensemble de conditions vitales, botaniques ; l'autre, qu'ils qualifieraient de *subjective*, appartient au monde intérieur de notre pensée : c'est un tissu d'impressions suggérées, de tendances psychiques plus ou moins satisfaites par le spectacle du dehors. Le problème, alors, revient à ceci : quelles sont, d'une part, ces conditions de vie qui font harmonieux à la vue l'arbre ou l'oiseau, discordants le crapaud, l'araignée ? Et quelle est, d'autre part, cette tendance de l'esprit qui nous fait rechercher les uns, fuir les autres ?

Examinons d'abord les causes *objectives* : elles sont de deux ordres : *plastiques* et *dynamiques* : la raison extérieure du beau ou du laid chez l'être vivant, est partie dans sa *forme*, partie dans son *geste* ; et le geste peut être, d'ailleurs, en conformité plus ou moins étroite avec le plan, la configuration du corps.

Nous savons que la forme du corps est en rapport avec les *fonctions* qu'il doit exercer, avec le *milieu* qu'il habite ; d'où le contraste d'expression marqué des plantes et des bêtes, et tant de dissemblances d'aspect, plus ou moins accentuées, entre les classes, les familles, ou les espèces de chaque règne. Nous savons aussi, depuis Lamarck et Darwin, que ces dissemblances ne sont pas toutes au moins originelles, et qu'un très grand nombre est le produit du *temps* et du *lieu* ; c'est là ce qu'on nomme l'*évolution*. Ainsi le règne animal n'est venu que longtemps après le règne végétal ; et dans chacun de ces deux règnes, les formes les plus parfaites, les plus affinées, ont été tardives ; elles ont été précédées, comme annoncées de loin, par toute une série de configurations plus ou moins bien adaptées à des milieux encore plus ou moins imparfaits ; moins des ébauches malhabiles que des travaux bien spécialisés, se réglant sur les besoins du moment, n'anticipant pas.

Dans cette tâche immense et complexe de la Nature, un plan d'organisation se décèle ; il peut se résumer en deux faits : c'est, d'une part, la réalisation de plus en plus nette de l'*individu*, qui se dégage par degrés de l'agglomération homogène, du vague polypier initial ; et c'est, d'autre part, l'extension du pouvoir moteur, allant du simple essor de croissance ou de réaction mécanique, au déplacement dans l'espace, au geste de défense, au geste expressif.

Voyons d'abord l'individualité.

Nette, incontestable chez les animaux supérieurs, tels le cheval, le bœuf, le mouton, le chien ou le chat, elle s'accuse encore, plus bas, chez le mollusque, chez l'insecte, commence à s'obscurcir dans le ver, en l'étoile de mer, et devient tout à fait confuse, ambiguë, en des colonies animales arborescentes comme le corail. De cette faune primitive à la flore, il n'y a qu'un pas. Si nous restreignons nos regards à l'*arbre*, par exemple, ne découvrons-nous pas, sous cet aspect général d'unité, qui en fait presque une personne (j'allais dire un personnage), ne découvrons-nous pas la multiplicité cohérente et peu diversifiée, trait caractéristique de la colonie ? Il faut s'accoutumer à voir, dans un chêne, une sorte de polypier végétal, dont les feuilles, les fleurs et les fruits, n'ont que l'indépendance de leur tâche, et participent d'ailleurs à la vie commune, forment une « communauté »... Là, toutes les petites vies particulières communiquent entre elles, et se fondent pour une vie totale et puissante... Ce régime, il continue d'être pour les représentants les plus élémentaires du règne animal ; le polype marin, à son tour, reproduit le système de ramification aérienne des végétaux ; les individus très sommaires qui le composent y sont encore unis, soudés et solidaires, en attendant qu'ils se séparent en êtres distincts (méduses libres, anémones de mer, astéries), — ou que, restant greffés sur le tronc commun, ils perdent la signification d'individus pour revêtir celle d'organes. Alors s'accomplit un travail de différenciation d'où naissent peu à peu le ver à segments égaux, mais à tête bien dégagée, puis l'insecte, où ces segments concentrés forment un corps proprement dit ; enfin le vertébré, triomphe de la personnalité claire et libre, avec, encore, des traces de vie coloniale...

Or, on conçoit qu'en une évolution si lente, il y ait des transitions désagréables, des passages critiques, des crises. L'individualité supérieure, indivisible, autonome, et réalisant un tout harmonique, ne se tire de l'état primitif arborescent, lui-même incertain, qu'au prix d'efforts successifs, de stades intermédiaires et partant hybrides. Ainsi le thème organique ramifié, peu diversifié de la plante, nous plaît par la simplicité de plan, la fidélité de répétition des parties, leur parallélisme, leur disposition alterne ou symétrique, facile à saisir, ainsi que par leur épanouissement terminal, auquel nous assistons, pour ainsi dire... Tous ces traits de jeunesse nous charment, comme gracieux, comme ingénus ; de même que les syllabes réitérées du langage enfantin, que les notes redoublées du style de Mozart, que les colonnes ou les travées pareilles, les arcades géminées, et toutes les choses jumelles, en général, toutes les choses sœurs.

Ce don de grâce et de séduction disparaît, lorsque les besoins nouveaux de la vie animale modifient la couleur, la forme, le mouvement : c'est un changement de tissu s'adaptant à des conditions de respiration, de nutrition et de perpétuation différentes ; c'est une modification de la palette, qui en dérive; c'est surtout une transformation profonde des appendices, en rapport avec une fonction toute nouvelle, la *locomotion*.

Purement *automatique* chez les plantes, c'est-à-dire au seul gré des forces extérieures, le mouvement, chez les animaux, reconquiert l'*autonomie*, puise son énergie dans lui-même. Impressionnables spectateurs que nous sommes, une telle innovation ne manque pas de nous influencer ; elle nous déplaît d'abord, tant qu'elle demeure incomplète ; puis, atteignant son point de perfection, elle nous cause de plus grands ou de plus hauts plaisirs. Les cimes forestières ou fourragères se courbent sous la brise, sans résister autrement que par l'inertie, et nous leur trouvons de la grâce. Ce même sentiment du gracieux fait retour en notre âme avec le vol du papillon ou de la colombe, avec la démarche désinvolte de la gazelle, avec la mimique du chat.

Et pourtant, quelle différence intervient ici ! L'insecte ailé, l'oiseau, surtout le mammifère agile ne sont plus des êtres passifs, dociles au vent qui souffle, à la main qui les frôle ; la source de leurs mouvements est en eux ; réflexes ou plus ou moins réfléchis, ces mouvements s'appellent des *gestes* ; par cette neuve faculté, la *locomotion*, méduse ou poisson, insecte ailé ou oiseau, reptile ou mammifère, peuvent se transporter dans l'espace. Quel progrès sur la plante, prisonnière du sol, réduite à tâter l'air, ou l'eau, du bout de ses branches, et ne quittant son lieu de naissance que par exception, d'une progression toute mécanique, en s'enracinant à chaque pas, ainsi le fraisier !...

Mais qu'on prenne garde à ceci : le progrès « organique » n'entraîne pas, au moins immédiatement, après lui, le progrès esthétique. Nous le touchons bien de nos yeux, en ces types animaux qui nous répugnent par l'extrême lenteur, la gaucherie, le rythme encore mal pondéré ou trop précipité de leur allure... Alors nous détournons notre vue de la pieuvre, de la limace ou du scorpion, l'arrêtant avec complaisance sur les frondes de la fougère, ou les rameaux de l'aubépine, et si, parmi les roses, nous apercevons soudain l'araignée, noire étoile sinistre, nous la chassons avec dégoût, avec haine. Et pourquoi donc ?

C'est que le privilège acquis par l'animal, de se promouvoir, ne va point sans sacrifier, pour ainsi dire, de vieilles habitudes : du moment que l'être est émancipé, qu'il a le champ libre, qu'il se déracine de l'humus ou du roc, son appareil marcheur, nageur ou volant, se développe en conséquence ; il s'épanouit, tandis que les instruments de la vie végétative, ne pouvant plus rester étalés sans péril, se replient, deviennent latents, s'appellent désormais les *viscères*. L'animal, comparé à la plante, ou l'animal supérieur et libre comparé au polypier, vous représente alors un peuple sédentaire qui, pour émigrer, serrerait ses outils, ses ustensiles indispensables, en un repli de sa tunique. C'est là ce que les anatomistes appellent involution, *invagination*.

Transformation capitale, dont le résultat nous impressionne esthétiquement et produit le contraste entre la flore et la faune ; transformation même qui nous choque, aussi longtemps qu'elle reste incomplète ; car ce qui nous apparaît repoussant chez tels et tels animaux, c'est — ou l'insuffisante dissimulation des viscères, comme chez l'hydatide, le ver aux branchies déployées, — ou l'avortement (normal) des membres marcheurs, comme chez les vers, les serpents. — Quant au développement de ces appendices qui se multiplient sans se diversifier (myriapodes, crustacés), c'est un trait organique qui ne devient suspect qu'en la faune : car en la *flore*, au contraire, c'est un agrément. La raison est évidemment celle-ci : ces appendices, en le mille-pieds, par exemple, sont moteurs ; ils sont même préhenseurs et chasseurs, au voisinage de la tête, en beaucoup de types invertébrés ; ils viennent vers vous ou vous fuient, signifient menace ou défiance, parlent de rapine ou de meurtre ; — au lieu qu'en la branche d'arbre, ou le rameau feuillu, florifère, ils sont purement vitaux, d'une vie « végétative » innocente, qui ne vous atteint pas, ne vous est pas hostile. Chez la plante, les segments s'appellent *entre-nœuds;* ils se nom-

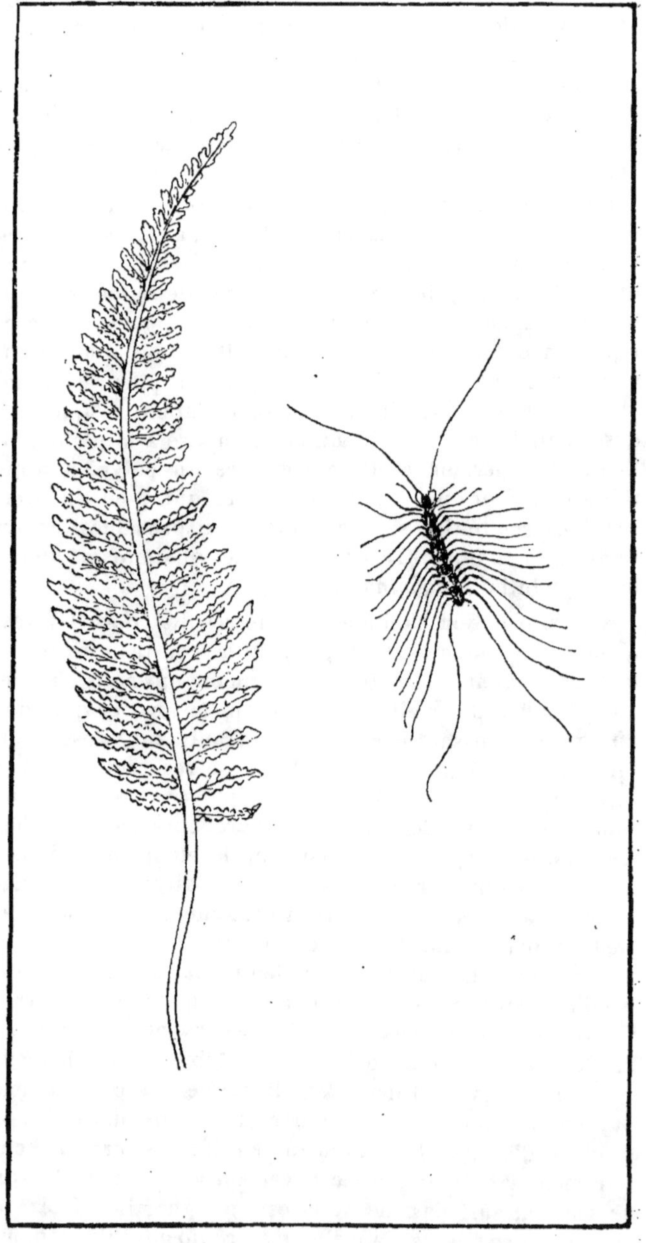

ment, chez l'animal, des *tronçons* : les pétales se font *tentacules*. Quelle horreur nous causerait une feuille « composée » d'acacia qui frétillerait comme un ver, et s'avancerait vers nous en rampant !... On saisit, par cette image, l'influence énorme qu'exerce sur notre sensibilité la différence de rôle des appendices ; aussi nombreux et symétriquement disposés dans le rameau végétal que dans le corps animal, ils sont séducteurs au premier cas, répulsifs au second; c'est que là, ils représentent une vie calme, automatique, sédentaire, — ici, une vie agitée, volontaire, souvent menaçante.

Mais il y a plus encore ; et pourquoi, demanderez-vous, cette manifestation de vie végétative, chez la plante, ne reste pas qu'indifférente, et va jusqu'à nous causer l'émotion la plus idéale ?... Car, en définitive, ces feuilles si tendres et si souples, d'un vert si pur et si riche, **qui** tremblent si poétiquement au moindre souffle — ce sont des organes essentiels de vie, très analogues aux poumons, aux branchies animales. Seulement voici : ce sont des poumons étalés, des branchies qui baignent dans l'atmosphère, à l'air libre. Là gît tout le secret, et le mot de l'énigme est *adaptation*. Il y a une adaptation *sublime*, qui, mettant les instruments de vie dehors, en pleine lumière, les pétrit, les teint et les anime suivant la légèreté, la diaphanéité, la presque immatérialité du milieu ; d'où les feuilles verdoyantes, les fleurs délicates et vives de ton ; d'où aussi les tentacules roses des coraux, les coquilles nacrées des mollusques, les ailes brodées des insectes aériens, et tant de plumages et de pelages. Il y a, par contre, une adaptation *infime*, non plus aérienne, celle-là, mais souterraine, non plus évidente, mais dissimulée : c'est elle qui fait rentrer sous le voile de la peau, des membranes superposées, les instruments vitaux essentiels, en fait des « rouages de vie », des *viscères*. De sorte que l'apparente pudeur qui cache à nos yeux l'horrible, le répugnant, — et la coquetterie, dirait-on, qui fait épanouir, étale à la vue le beau, le séduisant, cela n'est, en réalité, qu'un parti nécessaire, inconscient en soi, mais voulu par le Créateur, de protection, d'accommodation physiologique. Seulement la Nature atteint là deux buts par un seul effort : l'existence de la plante ou de l'animal est assurée, facilitée, dirigée vers ses fins ; et nous spectateurs, du même coup, sommes contentés.

La beauté du règne végétal a donc sa source première, comme toute beauté, d'ailleurs, en le monde extérieur. Ce que nous apprécions, en particulier, dans la flore, c'est l'unité de structure et de teinte, le caractère primitif, innocent encore pour ainsi dire, de la vie, la souplesse en quelque sorte résignée des mouvements, la grâce nonchalante et rêveuse des attitudes. Et nous aimons ces traits d'infériorité organique, par comparaison avec le règne animal, à ses débuts surtout : c'est la sève incolore ou verte, au lieu de sang vermeil ; ce sont des voiles coquets roses ou mauves, des étendards somptueux rouges, jaunes, violets, au lieu de membranes gris terne ; c'est le balancement indolent et gracieux des tiges, et l'ondoiement des chaumes, sur place, au lieu de la reptation, de la préhension des pattes coureuses ou ravisseuses ; c'est, en résumé, le premier stade d'une évolution séculaire, qui, partant des combinaisons les plus simples, et facilement harmoniques, aboutit aux arrangements de vie plus complexes.

Cette complexité se manifeste d'abord sous sa forme précoce et fâcheuse, la *complication;* puis elle s'ordonne, grâce au rythme, à la concentration, à la symétrie ; elle redevient harmonieuse.

Il n'empêche qu'aux âmes contemplatives, éprises de pureté, désireuses de lointain et de mystère, le règne végétal, moins différencié que le règne animal, moins inquiet, moins aventureux, — n'apparaisse, par cela même, plus virginal, plus touchant et plus poétique.

*
* *

Ainsi la flore, homogène comme elle est, passive, épanouie, se résume pour nous en grâce, en harmonie captivantes..., à tel point qu'on songe parfois qu'à la place du Créateur, on eût été tenté de s'en tenir là...

Mais un instant de réflexion vous convainc qu'il a fallu, de toute force, aller de l'avant ; sans quoi cette beauté, sans spectateur, serait comme si elle n'était pas. L'ordre providentiel exige l'évolution, le progrès, fût-ce d'abord au prix de grands sacrifices ; et si le progrès *organique* offre, avec le progrès *esthétique*, certaine différence de marche, n'oublions pas qu'à travers l'animalité, souvent inquiétante et trouble, la Nature est en route vers l'*huma-nité*. Or c'est là, c'est en l'homme, intelligent, sensible, imaginatif, que se réalise, en somme, la *beauté* ; virtuel, en quelque sorte, au dehors, en puissance dans la perfection, dans l'accommodation directe des moyens à la fin, le *beau* ne justifie son nom que dans notre esprit ; c'est un peu comme l'image photographique latente qu'un liquide révélateur rend manifeste.

Aussi bien, quand elle apparaît, cette image a le don de nous fasciner, et son éclat, littéralement, nous hypnotise. Le royaume des végétaux se présente à nos yeux, d'emblée, comme un décor, plutôt que comme un monde organisé pour la vie. Même le paysan, qui voit dans l'arbre un cent de fagots, subit, inconsciemment, cette espèce d'ensorcellement ; il jouit, grossièrement sans doute, mais il jouit quand même de cette Nature qu'il exploite. Ce qu'on appelle la *nostalgie*, le « mal du pays », en est une preuve. Remarquez, au surplus, que si l'homme du peuple a la vision plutôt pratique, utilitaire, du monde végétal, il n'en a guère la vision *positive*, au sens scientifique de ce mot : l'utilité des plantes, ou leur vertu, lui devient vite familière ; le secret de leur organisation, de leur vie, lui demeure à peu près caché.

Les citadins les plus cultivés, il faut bien le dire, ne le cèdent guères à l'homme des champs, sur ce point-là. Même, chez eux, le sens artistique affiné fait tort, trop fréquemment, à la conception « *vitaliste* » ; leur imagination artificielle n'embellit pas seulement le paysage ; elle le *stylise*, en quelque sorte, en fait une œuvre d'art, un tableau de maître. Ce terme de *pittoresque*, dont on abuse, sent vraiment trop la peinture, l'*huile* ; il introduit dans la Nature vivante une atmosphère morte d'atelier... Eh oui ! l'esthétique des amateurs est un peu factice ; elle est imprégnée, plus qu'il ne faudrait, des livres qu'on a lus, des toiles qu'on a vues dans les expositions : elle est à la fois *livresque* et, pour forger un mot opportun : *picturesque*. La *forêt*, par exemple. On y revoit, assez volontiers, la nef de cathédrale, tant ces rameaux courbés, et croisés en ogive, ont l'air de prier, et de protéger à la fois... Mais c'est une cathédrale plus... *originelle*, en quelque manière ; nul architecte humain n'a dressé ces fûts de colonnes encore vêtus de leur écorce, n'a suspendu ces voûtes mobiles et sans ciment ; nul décorateur n'a tendu ces tapisseries sans coutures. Si la forêt, aussi, parle comme un *tableau*, c'est un tableau qui s'ouvre en

profondeur, un tableau qui n'est. pas peint, comme les nôtres, en surface ; car la couleur, ici, adhère à la structure ; c'est même la structure qui renvoie à nos yeux la lumière divisée par son grain en rayons spéciaux. Enfin, le musicien, dans la forêt, entend une symphonie... ; les cimes des « feuillus » susurrent à son oreille, telles des cordes finement effleurées, et les « résineux » chantent, de leurs troncs, comme des tuyaux d'orgue. Mais qui pourra noter ces bruits mélodieux ? Et d'ailleurs, quel profit trouve-t-on à forcer les analogies, à faire une Nature instrumentale, — ou bien, inversement, une instrumentation naturiste ?

Laissons chaque chose à sa place : la Nature n'est pas notre Art, et notre Art n'est pas, — réciproquement, la Nature. Je serais bien payé de tous mes efforts, si je parvenais à changer en cela l'âme des amateurs, à leur communiquer une vision de cette *belle Nature* plus *naturelle*. Peut-être un peu moins de lecture littéraire, un peu plus de lecture savante, rectifierait, sans le rétrécir, leur point de vue.

Que faut-il voir, alors, dans la *forêt* ? — Mais, avant tout, ce qui y est, c'est-à-dire *une association de végétaux pour la vie*, et plus précisément, une *colonie de plantes arborescentes*. Des germes, apportés par le vent, se sont semés sur un vaste espace de terre ; et drus, tels que les

grains que jette, sur les sillons, la main du semeur, à
poignées. Puis, au gré du terrain, ces germes ont percé.
Des essences semblables ou proches parentes ont grandi,
côte-à-côte ; non des chaumes frêles, flexibles, de port
plébéïen, petits de taille et nourriciers, mais des tiges
droites, bientôt ligneuses et fermes, dont le temps, peu à
peu, fait des troncs, des fûts robustes et majestueux :
— peuple de géants qui ne donne point son sang, ni sa
chair, mais ses *os*. Chênes et hêtres, ormes ou châtaigniers, frênes ou platanes, vivent là, toute une longue
existence, à la même place, éclairés de soleil, assombris
de nuages, secoués de vent ou trempés d'averses, et frappés, parfois, de la foudre... Ils se couvrent, ponctuellement, à chaque printemps, de feuillage ; à chaque automne, ils s'en dépouillent ; immobiles et silencieux,
sauf de leurs milliers de feuilles qui frémissent, ils
ramifient leur cime et durcissent leur cœur, attendant
que la vieillesse les ruine, ou que la hache les décapite.
Regardez-les ! leurs longs bras tendus prennent des attitudes à la fois héroïques et désespérées, implorantes et
résistantes. Car, occupés surtout de nous-mêmes, en face
d'eux, nous y contemplons je ne sais quelle race surhumaine, semblable à nous, et différente, cependant, — des
personnages mystérieux, inoffensifs, mais imposants, au
geste fier, parfois douloureux, et qui souffrent, peut-être...
Au lieu que, si nous dépouillions cet *anthropomorphisme*,
et que nous sortions de notre propre nature humaine, —
ce serait des prédécesseurs très lointains, une catégorie de
créatures indemnes de souffrance et sans nerfs, — même
une *colonie de colonies*, car chacun de ces chênes, de ces
ormes ou de ces châtaigniers, qui s'offre à nous comme
un *individu*, — n'est-ce pas, en réalité, une sorte de
corail aérien gigantesque ?... un polypier végétal dont les
éléments nourriciers sont les feuilles, et les éléments
reproducteurs, les chatons de fleurs ? — Je me suis souvent demandé pourquoi notre esprit voit dans un *madrépore* une société animale, et ne voit pas un phalanstère en
l'arbre. Et cependant ce point de vue, — parce qu'il est
le vrai, ne doit causer nul désenchantement à l'artiste.
Aujourd'hui moins que jamais, le sentiment social ne
passe pour ingrat, pour infécond en suggestions poëti-
ques. Or si, perdant de vue la notion d'un individu solitaire, — qui, certes, est grandiose, — je découvre dans

l'arbre une association pour la vie ; si j'y perçois ce qui y est, c'est-à-dire un peuple innombrable, étroitement uni, très actif en son apparent nonchaloir ; — tout de suite, une idée sociale, touchante, unit les verticilles et les rameaux entre eux, plus que d'un lien de solidarité matérielle ; ce ne sont pas seulement de belles palmes, ou de jolies grappes ; mais encore des *frères*, compatriotes et consanguins tout à la fois ; et si je n'ajoute pas ici « *contemporains* », c'est parce que, sur le même rameau, plusieurs générations se succèdent. Et cela même, au reste, ne peut qu'accroître notre intérêt, notre admiration sympathique ; car le spectacle nous est donné là d'une société patriarcale où les ancêtres persistent encore longtemps à côté des nouveaux-venus, où vieillesse et jeunesse demeurent en contiguité dans l'espace comme ils sont en continuité dans le temps.

Une république d'abeilles ou de fourmis nous arrête, et nous philosophons... Mais c'est une leçon d'économique, aussi, que cet orme, ou que cet érable. La *division du travail* qu'on admire chez les insectes sociaux, se manifeste déjà dans ce règne primitif, inférieur : n'y a-t-il point des unités mâles et femelles, les *fleurs*, et des unités neutres, pour ainsi dire, et exclusivement ouvrières, les *feuilles* ? — Il est vrai, ces individus élémentaires et simplistes, vous ne les distinguez pas comme tels, isolément, si bien ils sont unis et continus, confondus dans la même sève. Feuilles et fleurs, en effet, sont solidaires du rameau, comme le rameau lui-même l'est du tronc. Ainsi l'ensemble des petites unités vivantes reconstitue, pour le regard, cette grande unité, cette apparence d'individu qu'on appelle un *arbre*.

J'ai parlé de « *division du travail* » ; les feuilles et les fleurs, effectivement, se partagent le labeur organique : les unes pour conserver, pour accroître la vie, la végétation ; les autres, pour la perpétuer. Mais, fructificateur ou végétatif, ce labeur n'est pas apparent ; la Nature semble le dissimuler, par coquetterie, sous une grâce oisive, nonchalante. Or, tandis que, promeneur insouciant, vous jouissez de ces milliers de palmes qui vous ombragent ou vous éventent, et paraissent n'avoir pas autre chose à faire qu'à vous ombrager, à vous éventer, — un effort ininterrompu leur fait puiser dans l'air les gaz utiles à la nutrition, à la respiration des tissus; comme je l'ai dé-

crit autre part, cette fonction est liée à la substance verte
des feuilles, de sorte que la *verdure*, d'un effet si calme,
et si décoratif, à nos yeux, se trouve être, en réalité, la
livrée du travail de végétation... Si, tel beau jour d'été,
cette verdure est si brillante et si fraîche, — dites-vous
que c'est un signe d'activité singulière, et que, malgré le
silence et l'apaisement, l'atelier de vie est en rumeur,
en effervescence. Le courant de sève, en vérité, vous
échappe ; vous ne pouvez l'apercevoir à travers les écorces sèches, opaques, sous le bois incapable de vie propre, comme l'os ; mais vous le devinez coulant au cœur
du tronc, humectant-les fibres profondes, et montant jusqu'aux cimes afin de faire germer, au bout des branches
dures, rigides, les limbes souples et humides.

Les instruments de vie, éléments de beauté. — Diversité
dans l'unité, principe esthétique et vital

Ainsi la flore est belle ; elle a même un privilège de
beauté ; et cette *beauté*, vous venez de vous en convaincre, est inséparable de la vie. Que la vie faiblisse, et la
beauté s'altèrera ; qu'elle s'exalte, comme en certains climats excessifs, et son luxe l'alourdira. Car, on a beau
dire, c'est dans nos régions tempérées que le règne végétal atteint le plus haut degré d'élégance.

Mais la *vie*, force abstraite, — au moins force cachée,
ne nous dispense la beauté que par l'intermédiaire de
ses instruments ; et ceux-ci, bien qu'adaptés tout expressément aux fonctions, ne nous impressionnent pas, vous
l'avez bien vu, par ces fonctions mêmes, lesquelles restent cachées à nos yeux ; ils nous émeuvent par leur
forme.

La *forme*, ou la figure des instruments de vie se trouve
ainsi, par une fortune assez singulière, un signal expressif, et comme un « *sémaphore de beauté* », de telle sorte
que, variant ou se répétant pour des besoins vitaux,
exclusivement, sa *variété*, comme son *unité*, deviennent
pour nous des caractères artistiques. C'est à ce point de
vue qu'on peut dire : la plante exerce un *cumul* : aux
fonctions positives et personnelles, elle en joint d'autres,
idéales et, pour ainsi dire, altruistes.

L'*unité dans la variété*... Ce principe essentiel en Art, — oh ! bien longtemps avant que l'Art fût né, la Nature l'avait adopté pour tous ses ouvrages ; avant d'être un principe *esthétique*, ce fut un principe *vital* ; et l'homme, encore ici, n'a rien inventé. Je sais bien qu'il est connu, le mot de Bacon : « *Natura Artis magistra* »... Mais combien peu pénètrent sa profondeur ! Or j'aurais l'ambition de montrer, dans la flore, l'application première du principe qui, dans l'Architecture et l'Art ornemental, — même dans l'Art musical, en les Arts littéraires, — assure l'achèvement du chef-d'œuvre. Est-ce que, d'ailleurs, en tous ces Arts divers, le procédé constant n'est pas de « *développer* » un thème initial, de le varier, le « ramifier » en quelque sorte ? Monumental ou décoratif, mélodique, poëtique, oratoire, ce *thème* est, en définitive, analogue au bourgeon, à ce germe déjà conformé, mais très court, et qui, par déroulement ultérieur, donnera toute une longueur de tige, et toute une ampleur de rameaux. Prenons d'abord, comme exemple, la *cathédrale*. Là, le thème dominant est l'*ogive*. Vous voyez celle-ci qui se *développe*, au long de la nef, en se diversifiant, soit en grandeur, soit en ouverture, soit en direction ; les travées successives en répètent le motif intégralement, à chaque arcade, à chaque arc doubleau ; mais aux fenêtres, sa figure change ; avec de nouvelles fonctions à remplir, elle se complique d'autres ogives ; elle inscrit dans son intérieur un trèfle ; elle se croise, au faîte, avec ses pareilles, en formant les nerfs de la voûte. A l'extérieur, elle se double d'une *archivolte* ; enfin, dans la *rose* de pierre et de verre, elle se groupe, harmonieusement, en couronne rayonnante. Et, notez-le bien, dans ce dernier cas comme en tous les autres, l'effet décoratif, *eurythmique*, l'effet de beauté, va de pair avec la fonction, le rôle utilitaire et statique : l'arc, en effet, étaie, « *étrésillonne* », comme il soutient le poids d'un étage, allège le mur, et l'ajoure.

Un autre exemple de *variété dans l'unité*, et sans quitter la cathédrale, c'est la série des *chapiteaux* formant la tête des piliers : tout le long du vaisseau, leur taille et leur contour sont les mêmes ; leur sujet sculpté change d'un fût à l'autre ; un instinct tout droit de génie a répété, là, la forme du cadre, en diversifiant le fond du tableau ; et notre instinct de goût, droitement, l'approuve.

Examinez maintenant les dessins de tapis, de tentures,
les motifs, représentatifs — ou purement géométriques
que l'œil s'amuse à suivre, en une frise, en un listel, en
une ferronnerie ; ou bien en quelque bande de guipure :
observez que l'Art, encore là, s'ingénie pour contenter à
la fois nos besoins d'imagination et de réflexion ; en effet,
si l'une de ces facultés exige du nouveau, l'autre demande
à revenir sur l'ancien ; l'esprit, en somme, n'étant satisfait que s'il voit, simultanément, l'avenir devant lui et le
passé derrière.

Et ces *motifs*, tantôt repris et tantôt variés, de l'étoffe,
m'amènent, naturellement, à ceux qui composent, par
leur succession, le *tissu musical*. Ici le mot de *thème* s'applique à un genre de dessin tout particulier qui, séduisant déjà par ses lignes mêmes, nous atteint, au surplus,
par son sens expressif, au profond de l'âme. Mais comme
l'âme, en définitive, est complexe, et se partage en facultés diverses, chacune d'elles veut avoir sa part en cette
fête que donne la musique ; l'imagination, toujours en
éveil, guette curieusement ce qui va venir ; la mémoire,
à chaque moment, rattache ce qui vient à ce qui est
venu ; vigilante, elle travaille à relier le présent si fugace
au passé, de façon que la raison, à son tour, se tienne
pour satisfaite ; et tandis que la sensibilité *happe*, pour
ainsi dire, le signe expressif au passage, l'attention le
retient. en fait comme sa proie ; elle s'efforce d'en faire
jaillir l'idée supérieure et profonde.

Plus abstraite et plus indirectement émotive, la *Littérature* déroule, cependant, le même tableau. Un poëme,
comme un discours, c'est encore un *thème* qui se varie,
se développe, se ramifie ; et ce dernier mot que j'emploie
vous prouve que nous ne sommes pas si loin de la *Botanique*.

Cette dernière science, à tout prendre, est une préface
opportune à l'Esthétique de nos Arts. Notre temps, qui
se pique d'être encyclopédique, ne paraît pas s'en douter beaucoup... C'est à cause, sans doute, qu'il voit les
choses de ce monde à part, et successivement ; il en a la
vision plutôt *dioramique*. Or, pour saisir ce monde et
pouvoir l'admirer, c'est en *panorama* qu'il le faut contempler. Que si même on restreint son regard à quelque
individu végétal, — les autres règnes de la Nature, aussi
bien que le règne artificiel, artistique, vont s'y refléter.

En effet, la *symétrie* qu'on trouve chez la plante, existe
— plus rigide, en le cristal ; et son système tantôt ramifié, tantôt rayonnant, configure aussi les étoiles cristallines de neige et les « *arborescences* » du givre, ce qu'on
appelle avec tant d'à propos « fleurs de neige — ou de
glace », rameaux de givre. Je n'insisterai pas sur l'analogie plus lointaine, encore que frappante, entre le plan d'un
cours d'eau pourvu d'affluents et le schéma d'un plant
ramifié ; j'ai hâte de vous faire toucher, en ce qu'on nomme l'*architecture végétale*, un exemple précieux de perfection pour nos œuvres d'art ; — je dis *exemple*, et non
modèle, puisqu'il est avéré que notre Art ne doit pas copier la Nature, mais s'en inspirer.

Pour fixer les idées, je
choisis une plante déjà supérieure, et très répandue,
une plante dont la pure et
parfaite beauté n'est pas
toujours suffisamment ap-
préciée, comme étant trop
simple... ; c'est l'*églantier*,
qui donne l'*églantine*, la
rose vraie, la rose naturelle
et fertile.

Parcouru de la base au
sommet, d'un premier coup
d'œil, il laisse distinguer
trois motifs, ou *thèmes de vie*, assez contrastants
de couleur et de forme, et cependant bien accor-
dés entre eux : ce sont : la tige — ou le *rameau*,
— la *feuille*, — puis la *fleur*. Je passe ici sur la *racine*,
qui, dissimulée sous la terre, n'est pas apparente, et ne
compte point, par conséquent, pour l'aspect général. Ainsi
des fondations cachées de l'édifice. Ici, d'ailleurs, comme
en Architecture, c'est la différence de rôle qui détermine
la diversité dans la forme. De même que la fonction de
soutien crée le pilier, la colonnette, — la fonction d'*abri*,
la voûte, la toiture, enfin celle d'*ajourement*, les fenêtres,
— ici, chez notre églantier, cette même fonction de soutien, à qui se joint la *circulation*, réalise la tige, les
rameaux, — celles de *nutrition* et de *respiration*, le feuillage, et celle de *reproduction*, la fleur. Ces trois genres
d'organes, — auxquels je joins maintenant la *racine*, ne

Cliché Pédo.

Rameaux, feuilles et fleurs de *Dielythra*.

sont point seulement des adaptations fonctionnelles ; ce sont aussi, du même coup, des adaptations *au milieu* ; milieu souterrain, infime, pour les racines ; milieu aérien, sublime, pour les rameaux, les feuilles et les fleurs.

Tout de suite, vous voyez que l'adaptation ne crée pas que de pures différences, et qu'elle établit, tout naturellement, une *hiérarchie*. Si le *rameau*, ferme, élancé, montant vers le ciel, a son utilité foncière, et sa beauté, le rôle de la *feuille*, épanouie, souple et verdoyante, et son charme décoratif, sont supérieurs ; enfin, supérieure encore d'un degré, vient la *fleur*, et par sa fonction d'au-delà, et par l'éclat exceptionnel qui la distingue à nos yeux, comme à l'ocelle des insectes.

*

A cette beauté de *différenciation* s'ajoute, chez la plante, une beauté d' « *uniformisation* ». En effet, chaque instrument de vie, se multipliant, réalise un groupe homogène ; ainsi le *rameau*, la *feuille*, la *fleur*, vont se répétant un grand nombre de fois ; et composant la *ramure*. ou frondaison, le *feuillage*, l'*inflorescence*, balancent leur diversité, piquante pour l'esprit, par une uniformité reposante. L'emploi qu'on fait ici d'un nom collectif signale le retour à l'*unité* ; et l'unité, pour le sentiment esthétique, est le but suprême. Ayons soin d'ajouter qu'une unité plus large enveloppe, dans une vue d'ensemble, les trois groupes contrastants de la plante ; car, en cet *églantier*, où les corolles blanches tranchent sur la verdure, et la verdure elle-même sur le bois, nous ne voyons qu'un seul individu; notre jouissance est unitaire. — Ainsi, dans la *cathédrale*, que nous évoquions tout-à-l'heure, arcades, voûtes et fenestrage fusionnent si bien pour nous leurs différences, que la notion d'un tout indivisible, et son émotion, dominent, irrésistiblement, notre âme. Et de même en cette architecture abstraite et qui se meut, la *suite sonore*. Là, les *motifs* ou *thèmes* qui se succèdent, avec la diversité de forme que commande, cette fois, l'adaptation à des fonctions purement expressives, composent un tout harmonieux, et qui paraît également indivisible.

Le succès de l'œuvre artistique, en définitive, est dans

cette prédominance psychique, étonnant privilège de notre nature, de la synthèse sur l'analyse. Encore faut-il, pour qu'elle s'exerce au-dedans de nous, que l'œuvre du dehors soit *propice*, c'est-à-dire que les ressemblances de forme y balancent les différences, et que ces différences elles-mêmes, en s'harmonisant, s'unifient. A ce compte, l'*églantier*, d'un vert si doux, si frais, et dont le bois fleurit de roses, simples, mais délicieuses, n'est pas, tout unîment, qu'une fête pour nos regards ; c'est — ce doit être — une leçon, un exemple vivant de beauté.

*
* *

Je viens de vous montrer l'*unité* sous deux formes : unité de *répétition*, qui multiplie sous nos yeux les parties semblables, — unité de synthèse ou de *coordination*, qui fusionne, pour notre esprit, les différences, au moins normales, et réalise des harmonies de *contraste*. C'est ainsi qu'une plante peut nous séduire, tout à la fois, par ses feuilles — ou ses fleurs jumelles, — et par l'*opposition* du feuillage vert et de l'inflorescence blanche ou rose.

Mais il existe encore une autre sorte d'*unité*. Celle-ci ne se livre pas au regard, du moins immédiat, et la réflexion seule la révèle : c'est l'unité de *filiation*. En quoi consiste-t-elle ? — Vous allez le savoir bientôt.

Retournons à notre églantier ; examinons de près une de ses fleurs. La Botanique élémentaire nous la montre composée de quatre parties concentriques, ou « verticilles ». Retenez, en passant, ce terme technique et pourtant joli, qui dérive d'un mot latin exprimant une chose *qui tourne*.

La suite montrera qu'il est divinateur... Ces quatre *verticilles*, de l'extérieur au centre, s'appellent de noms bien connus : le *calyce*, la *corolle*, les *étamines*, le *pistil*. Ces noms-là ne disent pas grand'chose ; en tout cas, ce ne sont que des mots ; il s'agit d'en tirer des idées, de dégager l'esprit de la lettre...

Or *calyce* et *corolle* sont, en la fleur, des parties accessoires, mais nécessaires ; leur rôle est manifestement protecteur. On se demande alors pourquoi la seconde de ces enveloppes est, par l'ampleur plus généreuse de ses

pans, et la vivacité, surtout, de son coloris, si remarquable (j'emploierais le terme de *voyant,* s'il n'était pris, malheureusement, en mauvaise part...). Car si la fleur, dans
son ensemble, contraste avec le feuillage en dessous, la
corolle tranche sur le calyce. Qu'elle soit blanche de lait,
comme ici, ou bien rose, mauve, écarlate, d'un jaune d'or
ou d'un violet profond, — la grâce, la beauté, éclatent
tout-à-coup ; le somptueux, sans transition, succède au
simple. — Et d'ailleurs, ce luxe est aussi transitoire qu'il
est soudain ; au delà de la corolle comme en-deça, c'est le
vert, simpliste, uniforme ; *étamines* et *pistil* sont vêtus,
insouciamment, de la livrée même des feuilles. Livrée
sérieuse, habit de travail ; c'est en effet à ce niveau que
s'opère le grand œuvre, la tâche délicate de perpétuation
de la vie. — Mais encore pourquoi, dans ce cadre plutôt
austère malgré ses fonctions nuptiales, la corolle se
déploie-t-elle si gaie, si pimpante ? Est-ce justement pour
décorer le *thalamus* trop pauvre, pour l'embellir ?... Mais
nous savons que le *beau,* dans la Nature, n'est jamais
oisif. La corolle, vraisemblablement, n'a point pour seul
rôle de nous plaire ; elle n'est pas coquette, ne pose pas.
D'autre part, sa fonction protectrice ne justifierait point
ce luxe de couleurs, — à moins, comme le pensait Bernar-
din de Saint-Pierre, que ce coloris, par son pouvoir réflecteur — ou bien, au contraire, absorbant, ne serve à raviver, ou tempérer, la chaleur solaire, à réchauffer, suivant
la teinte, — ou rafraîchir le lit nuptial.

Mais l'office principal de la corolle est dans ces deux
mots : c'est une *tente,* et c'est un *pavillon* (pavillon, dans
le sens de *signal*). La couleur, en effet, ne fait pas que
séduire sur place : elle *attire* ; et, de plus, elle *guide.* Le
mot de *charme,* ici, prévaut dans ses deux acceptions :
nous, humains, le prenons au sens *figuré* ; eux, les insectes mellifères, le prennent au sens propre et concret.
Comme le serpent à la flûte, ils vont à la fleur ; préoccupés seulement d'épuiser le nectar, ils emportent sur eux,
à leur insu, des grains de la poussière fécondante. Et
c'est ainsi qu'un règne aide l'autre à se perpétuer, et que
la Nature, par un détour curieux, arrive à ses fins.

*
* *

Mais que cet épisode brillant ne nous détourne pas du
but essentiel. Il s'offrait, il est vrai, cet épisode, irrésis-

fiblement, du moment que nos doigts tournaient les feuillets du livre floral ; et c'était difficile de l'éluder... Ce qu'il faut, dès à présent, mettre au jour, c'est cette troisième *unité* que j'annonçais plus haut : *l'unité de filiation.*

Cette fois-ci, la teinte si tranchée de la corolle, ce contraste si brusque, encore qu'harmonieux, avec l'en-deça comme l'au-delà de verdure, pose un problème d'autre sorte. Puisqu'il est entendu que la Nature ne procède jamais par bonds, et que partout, au règne végétal, on observe des transitions insensibles, — que signifie, dès lors, ce mouvement soudain qui, chez un si grand nombre d'espèces, introduit la fleur d'emblée, sans préparation, la fait jaillir, en quelque sorte, de l'appareil végétatif, telle une gerbe d'artifice, une fusée ; je pourrais dire, sans hyperbole, un *soleil ?*...

Et puis, dans la fleur elle-même, que penser d'un zèle de différenciation si hâtif, survenant tout d'un coup après la longue pause du feuillage, et mettant au jour, coup sur coup, d'abord ces menus sacs suspendus à la pointe d'un filet, les *anthères,* ensuite, cette espèce de fiole, le *pistil,* que surmonte une tige, le *style,* ornée d'un bouton terminal, le *stigmate ?*...

Au lieu de répondre directement, la Nature montra qu'elle pouvait, à l'occasion, procéder d'une toute autre manière. Aux botanistes qui la pressaient, elle découvrit de certaines fleurs, où la succession traditionnelle, « hiératique », des verticilles — ainsi la superposition des trois ordres d'architecture, était dérangée. — « Dérangée », c'est bien le mot juste ; car tantôt le verticille remontait, tantôt il redescendait d'un rang. Ainsi, le calyce du *Grenadier,* celui du *Fuchsia,* s'empourpraient à l'instar d'une corolle ; celui du *Calycanthus,* hésitant, déroulait une gamme du *vert* très franc au *vermillon.* Bien mieux encore chez les *Canna,* belles plantes indiennes, où l'on surprit la métamorphose sournoise de pétales en étamines, — et, chez nos propres *Pavots* français, celle des étamines en *carpelles* (ces « carpelles » sont simplement les valves du pistil).

Les botanistes nommèrent cela : *métamorphose* « ascendante »... — j'aimerais mieux l'épithète d' « anticipée ». — Quant au cas inverse, à la *métamorphose descendante* », et que j'appellerai « *rétrograde* », — l'art des horticulteurs se charge d'en fournir des preuves. En ce qu'ils baptisent « *fleurs doubles* », le dérangement des verticilles marche du centre à la périphérie : ce sont les *étamines* qui, reculant d'un rang, subissent la transformation en *pétales* ; par cette espèce de travestissement, elles embellissent la fleur, mais la stérilisent. Les amateurs de roses diraient plutôt, en renversant les termes, qu'elles rendent la fleur stérile, mais en relèvent la beauté.

⁎

De ces perturbations dans les cercles floraux, les unes spontanées, les autres provoquées, la conclusion suivante se tirait : c'est que l'indépendance des pièces de la fleur n'était pas, vraisemblablement, un fait originel et primordial, mais ultérieur et secondaire, — pas un fait stable, irrémissible, mais, au fond, précaire ; que même dans les cas normaux, il fallait s'accoutumer à voir dans la fleur, au lieu d'un édifice à quatre étages superposés, bien distincts, dont le premier serait d'ordre dorique, le second d'ordre ionien, le troisième corinthien, et celui du sommet, composite, une tour à spirale serrée, mais continue, dont l'ornementation passerait, insensiblement, par tous les styles. Vision, à vrai dire, purement théorique, mais qui se trouve, néanmoins, réalisée parfois dans la flore. Chez le *Camelia*, chez le *Calycanthus*, la fleur est, à la lettre, *spiralée* ; les sépales du calyce y passent, progressivement, aux pétales de la corolle; et ceux-ci se continuent, sans interruption, avec les étamines de l'androcée; pour mieux dire, il n'y a plus, en ce type étrange, ou qui nous semble tel, ni calyce, ni corolle, ni même d'androcée, mais un chemin de feuilles tournant, formant une hélice ascendante.

Un *chemin de feuilles...* Je viens de formuler là, en deux mots, la théorie si chère à *Gœthe*. Ce grand poète a, le premier, approfondi les *métamorphoses florales*, et ses vues ont trouvé, chez les savants de profession, plus de crédit que sa fameuse théorie des *couleurs*, hélas ! Aujourd'hui, l'on admet comme une vérité bien établie *l'origine foliaire* — non seulement des pièces du calyce, — ce qui n'est surprenant pour personne, mais encore des voiles élégants qui forment la corolle, même des étami-

nes, si profondément transformées, — même des valves
du pistil, où la *feuille* devient, en vérité, méconnaissable.
Mais, en somme, à y regarder d'un peu près, la chose
n'est pas plus étonnante pour ces deux derniers verticilles que pour les premiers ; les étamines de rosier qui
tournent lentement au pétale, s'avèrent, par le fait, des
limbes plus ou moins savamment enroulés, et qui, sous
l'empire de je ne sais quel stimulant vital, se déroulent.
Tout pareillement le *pistil*, défaisant ses lés, se prouve
lui-même un assemblage d'autres limbes juxtaposés ;
telle une *robe* si bien cousue, qu'elle paraît tout d'une
pièce, et *robe sans couture.*

Reprenant mes comparaisons architecturales, je dirai
que, chez la fleur régulière, un *escalier secret relie les
étages superposés.* Escalier ou « chemin de feuilles »,
d'abord végétatives, puis protectrices (et signalétiques),
enfin reproductrices, feuilles staminales et feuilles car-
pellaires. C'est ainsi que vous atteignez enfin, par un
long, mais profitable voyage à travers le royaume d'*Anomalie,* cette unité suprême, annoncée par moi de si loin :
l'unité de filiation.

Sans doute, cette nouvelle espèce d'unité ne saisit pas
notre œil physique, et sa jouissance est toute abstraite ;
c'est un effort de réflexion qui nous la dispense. Et
cependant, si les fleurs d'églantier, avec leurs corolles
d'un blanc pur tranchant sur le vert du feuillage, et leurs
étamines piquées là comme les épingles d'un chapeau
printanier, — si ces roses naturelles et fertiles sont si
délicieuses à contempler ; et si, de plus, le rosier qui les
porte, vu dans son ensemble, donne le sentiment d'une
harmonieuse homogénéité, — ne serait-ce point grâce au
lien secret qui rattache entre eux, on l'a vu, les membres
les plus divers du groupe floral, à cette *filiation* dont
nous avons redit les mystères, et les curieuses échappées ? — Au chevet d'une *cathédrale,* les voûtes, forcément contractées afin de se prêter aux lignes du rond-
point, perdent l'ordre processionnel de la nef et, vers le
point central, forment un système *rayonnant.* C'est
l'image en pierre de la fleur, qui, succédant sur l'axe à
la gradation patiente des feuilles, échange, pour notre
vue, l'ordre *spiralé* pour *le concentrique* ; car, serrant
brusquement ses tours, elle termine le ruban volubile et
lâche par une rosette.

Il me reste à citer, comme preuve suprême, et témoignage décisif en faveur de l'*unité de filiation*, la « *rose prolifère* ». C'est, dans l'histoire aimable de la *rose*, le chapitre étrange, paradoxal ; mais il n'en est que plus instructif. — Qu'est-ce qu'une fleur *prolifère* ? — C'est une fleur qui, manquant son pistil, pousse à sa place, au centre, un rameau vert. Comme tous les monstres, elle est rare, et je n'ai pu, certaine année, m'en procurer un seul exemplaire au Jardin des Plantes.

La *rose prolifère*, qu'on ferait mieux d'appeler « *rétrograde* », vient compléter la somme de documents qu'avaient fournis les cas anormaux dont vous vous souvenez. C'est comme une revanche de la Nature sur l'art des horticulteurs, auquel on doit les *fleurs doubles*, et les mille variétés de rosiers... Ou plutôt, la Nature *surenchérit*, là, sur les horticulteurs. En effet, ces derniers, pour un besoin de luxe, multipliaient les pétales à l'envi, lorsque la Providence, jalouse d'assurer la vie de la race, multipliait, au contraire, les étamines. La rose *double*, ainsi frappée par eux de stérilité, pouvait déjà, malgré son faste, passer pour un monstre. Mais la métamorphose régressive s'arrêtait à ce niveau comme sur un palier de grâce ; et, sans arrière-pensée, l'amateur admirait, il se laissait séduire. — Un pas de plus, pourtant, et la *difformité* perçait, à son tour. Cette difformité, la Nature nous la présente, par intervalles, fort ingénûment ; elle nous l'expose en cette corolle encore teintée de rose vif, que surcharge, en son milieu, la superfétation d'une touffe trop verdoyante, et, pour comble, armée d'aiguillons !....

Ne nous plaignons pas. Ce n'est point là, comme on le dit, une « *erreur de la Nature* », mais, bien plutôt, un accès de logique, — outrée, je le veux bien, mais qui pousse un principe imposé, vicieux, jusqu'à ses conséquences extrêmes. — Et d'ailleurs le *laid* nous éclaire, ici, sur les conditions qui réalisent la *beauté*. Tel un acrobate, penchant à droite, puis à gauche, nous livre le secret de son équilibre ; tel encore un navire qui tangue et roule sur les flots, laisse entrevoir la loi de sa stabilité. Ainsi, des écarts de la fleur, nous pouvons dégager le *rythme* et la *mesure* qui la font normale et qui la font *belle*. La *rose double*, d'une part, prouve cette beauté compatible avec un certain degré dans l'oscillation ; la

rose prolifère, d'autre part, vient témoigner à son tour
que cette oscillation vitale a ses limites, au-delà desquelles apparaît l'*excentricité,* la *laideur.* Qu'est-ce que la
rose « double », à tout prendre ? — Une fleur qui sacri-
fie la fonction maternelle au besoin de luxe, au décor ;
elle est belle encore, en dépit de sa régression... Que dis-
je ? Sa régression l'embellit. — Qu'est-ce, maintenant,
que la rose dite « *prolifère* » ?. -- Une superfétation végétale où, l'essentiel se dérobant, l'accessoire usurpe, oiseu-
sement, sa place. En effet, redescendant les degrés à
peine franchis, la fleur rétrograde vers le feuillage, — et
rétrograde en direction ascendante, *à l'envers...* Comble
normal, définitif, de l'architecture herbacée, la voici qui
reprend, au faîte, la tâche de l'infrastructure. Imaginez la
cathédrale de Paris projetant, de sa cime, en excrois-
sance parasite, un édifice similaire en miniature, et
manqué, — une petite Notre-Dame par-dessus la grande...
Si la fleur double, en son développement, suit les lois
d'une prosodie quelque peu révolutionnaire, cette ex-
centrique floraison qu'on nomme « *rose prolifère* »
ne relève plus que d'une doctrine anarchique ; c'est
un *vers faux,* maladroitement allongé d'une cadence, d'un
pied postiche... C'est encore, si l'on veut, un de ces discours mal bâtis, où l'orateur, son sujet épuisé, revient sur
les prémisses, sans conclure.

Un pareil discours, toutefois, peut être profitable, en
démontrant le bon par le mauvais, et la logique par l'absurde ; et son insuccès, justement, nous révèle un élément de beauté, dans l'Art oratoire comme en tous les
autres, essentiel : *l'unité.*

Aussi bien, si vous faites un bouquet que vous désirez
homogène, associez la noble rose de Hollande à la rose
pompon, si coquette ; à la rose mousseuse, encadrée de
verte guipure, juxtaposez la rose blanche ; ajoutez encore
la rose de Francfort, en forme de toupie ; mariez, pour.
faire un contraste, la rose opulente aux cent feuilles à la
toute modeste églantine. Mais n'oubliez pas de placer, au
cœur de votre bouquet, la « *rose prolifère...* ». Eh oui !
la rose monstre, la rose manquée... Ce sera, pour juger
le destinataire, une pierre de touche. En effet, par leur
aspect normal, harmonieux, toutes les variétés dont je
viens de citer les noms seront bienvenues, étant messa-
gères de grâce. Vous jugerez la main qui, d'un geste som-

maire, arrachera la fleur centrale du bouquet : elle aura repoussé la messagère du savoir.

Des thèmes aux styles dans la flore — De la rose au groupe des Rosacées, puis à tout l'ensemble du règne végétal.

Parler de l'Art avant la Nature, c'est renverser, évidemment, l'ordre naturel... Mais, en notre état de civilisation raffinée, toute artificielle, les phénomènes artistiques sont plus familiers ; ceux de la Nature le sont beaucoup moins. Force nous est donc de procéder du bien connu au mal connu.

Or, au *règne artistique*, on considère, tour à tour, et les motifs de *l'œuvre isolée :* monument, statue ou tableau, morceau de musique ou poème, et la *série des œuvres* successives; en deux mots : les *thèmes* et les *styles*. Ces derniers diffèrent des premiers en ce qu'ils ne sont pas *cohérents*, au moins au sens matériel; et leur solidarité, qui en fait un tout, n'est que purement abstraite, idéale. Mais, pareils en ceci aux thèmes d'un morceau de musique ou d'architecture, les *styles* se répètent, ou se diversifient ; on y retrouve, sous une forme agrandie, *l'unité dans la diversité*. Cette similitude n'est pas, au fond, surprenante, puisqu'un *style* peut être défini comme une certaine façon de traiter les thèmes fondamentaux, de les varier, de les reprendre, et de les assembler en un tout.

Si, de l'histoire de nos œuvres, nous remontons à celle de la Création, à ce qu'on nomme *l'histoire naturelle*, la même relation s'offre à nous. La flore présente à notre examen, à notre admiration, une variété prodigieuse de *styles*, et dans ceux-ci comme en les *thèmes de vie* que je vous montrais chez une plante, à part, la *beauté* se dégage de l'éternel principe : *diversité dans l'unité*.

Partons de *l'églantier*, toujours, dont la fleur, ancêtre de tant de roses si raffinées, reste simpliste, avec ses cinq pétales, et son bouquet central de feuilles staminifères et fertiles. De là, nous étendrons notre regard de proche en proche.

L'*églantine* (je prends ici la partie pour le tout) a pour cousines germaines la *rose cotonneuse* (rosa tomentosa), la *rose des haies* (rosa sepium), la *rose à feuilles de pimprenelle* (rosa pimpinellifolia), la *rose de Provins* (rosa gallica). Différentes par quelque détail de costume, ou

I. Fleurs de Cerisier ; II. de Prunier ; III. de Pêcher ;
IV. de Poirier ; V. de Pommier ; VI. de Framboisier.

quelque touche de coloris, ces *espèces* offrent, en leur port et leur physionomie générale, de ces traits qui révèlent la consanguinité, — je devrais dire : la parenté *de sève*. Aussi les classificateurs, ces généalogistes plus ou moins inconscients, les ont-ils groupées dans ce qu'ils nomment un *genre*, le genre *rosa.*

L'instinct des affinités s'étendant au-delà, l'on rapproche par la pensée les genres voisins, comme on avait rapproché les espèces. Les fleurs de pêcher, de cerisier, de prunier, celles du pommier, du poirier, de l'aubépine ; celles aussi du fraisier, du framboisier, de la reine des prés, de la potentille, — sont des roses, encore. Sans doute, l'inflorescence s'est quelque peu modifiée ; le feuillage a pris des coupes nouvelles ; la tige et ses rameaux se sont endurcis, ont fait du bois, et constituent ce qu'on appelle un *arbre.* En outre, le centre de la fleur, se gonflant, s'est rempli de sucs savoureux, nous a gratifiés de fruits comestibles... Ce qui frappe, au premier regard, c'est le contraste du *cerisier,* par exemple, avec la *potentille,* ou de la *pimprenelle* avec le *pêcher.* Mais laissez-là l'aspect arborescent, la différence de taille qui vous en imposent ; rapprochez vous : les feuilles sont ici, comme là, doublées de stipules, et graduées sur le rameau en ordre distique, alternant ; partout, une corolle à 5 lobes distincts s'insère sur les bords d'une coupe assez profondément creusée dans le réceptacle ; les étamines, très nombreuses, entourent le pistil comme d'une gerbe ; enfin, le parfum des fleurs et l'arôme des fruits, comme leur vertu, trahissent encore une parenté. Que si, toutefois, les traits adoptés par les professionnels comme caractéristiques ne vous parlent pas, tentez vous-même cette épreuve : composez un bouquet avec les fleurs de cerisier, d'amandier, de spirée, de ronce, d'églantine et de tous les genres plus haut cités... La science abstraite des affinités se résoudra, d'un coup, dans ce trait définitif, bien qu'indéfinissable : un *air de famille.*

Ce dernier mot, d'ailleurs, est adopté par les botanistes ; de toutes les plantes apparentées de plus ou moins près à la *rose,* eux-mêmes ont formé ce qu'ils appellent « la *famille naturelle des Rosacées* ».

Mais allons plus loin : saisie dans ses caractères les plus généraux, cette dernière offre, avec d'autres familles groupées suivant le même principe, des analogies —

moins apparentes peut-être, et cependant non moins réelles. Ainsi, dans tel hameau de notre Bretagne, les hôtes de vingt chaumières séparées, quoique sans lien de parenté directe, se font reconnaître à leur air de race identique.

Or, cette race de végétaux qui comprend, outre les *Rosacées,* — les *Caryophyllées,* les *Crucifères,* les *Renonculacées,* les *Légumineuses,* et d'autres encore, la Science, qui parle grec, en a fait le groupe des *Polypétales* : mot savant qui veut dire qu'en toutes ces familles, la séparation des lobes corollaires est un signe de ralliement ; et ce signe les fait distinguer d'un groupe de familles rivales, pour ainsi dire : les *Monopétales,* où la corolle ne se divise pas, au moins à sa base, est tout d'une pièce. — A ceux qui jugeront le critérium bien superficiel, je dirai que ce détail de coupe, en le costume, se rattache à d'autres traits plus profonds. Ainsi, chez la race bretonne, la petitesse de taille, la carrure de tête et les cheveux plats, sont des caractères assez insignifiants en eux-mêmes ; mais on les sait en relation avec la qualité du sang, du système nerveux, le tempérament tout entier, les tendances morales.

A partir de ce niveau, les oppositions se font plus frappantes, et priment les analogies. *Polypétales* et *Monopétales* se groupent, à leur tour, alliant, en quelque sorte, leurs forces si diverses en face d'un adversaire commun... Chacun des nouveaux partis en présence adopte comme un nom de guerre : ce sont, d'un côté, les *Dicotylédonées,* — de l'autre, les *Monocotylédonées.* Encore ici, pure différence de nombre dans un organe, mais trait constant, dominateur, entraînant avec lui maintes particularités essentielles. C'est ainsi que 3 paires de pattes, au lieu de 4, servent à distinguer, dans la faune, les *Insectes* des *Araignées.*

A leur tour, *Mono* et *Di-cotylédonées,* si contrastantes, se fusionnent, sous le regard de plus en plus élargi du botaniste, en un groupe très vaste, les *Angiospermes.* Et ceux-ci s'opposent, en masse, aux *Gymnospermes.* Cette fois, c'est l'antithèse organique, sous des noms, hélas ! trop savants, — d'une semence abritée par des enveloppes et d'une semence nue, restant à découvert. L'horizon des profanes s'éclaircira, si je dis qu'au second groupe, « *gymnosperme* », appartiennent les *Conifères,* les « arbres verts », — au premier groupe, « *angiosperme* », ce que nos forestiers appellent les « *feuillus* ». Et tout de suite, vous séparez, en esprit, le Sapin du Chêne, et l'If du Châtaignier.

Enfin, comme deux corps d'armée qui renferment chacun quantité d'uniformes divers, *Feuillus* et *Conifères* (ces derniers devraient porter le nom d' « *Aiguillés* », pour faire le pendant) se massent vis-à-vis d'un troisième corps, plus ou moins tranché de tenue, d'un corps en apparence indépendant, et faisant bande à part : les *Cryptogames*. *Cryptogames* en face de *Phanérogames*, c'est, botaniquement, l'opposition des plantes sans fleurs et des plantes fleuries ; et ce contraste est, en même temps, *esthétique*. Vous apercevez, d'une part, le parasol brunâtre des Champignons, ou la fronde verdoyante et bien découpée des Fougères ; — de l'autre, le tronc majestueux de nos arbres, ou la tige svelte et rameuse de la plupart des plantes herbacées ; enfin, surtout, la grâce de tant de corolles blanches ou roses, écarlates, bleu d'azur ou pourpres, les unes en étoiles rayonnantes, les autres en lèvres entr'ouvertes, en doigt de gant, en cloche, en papillon déployé...

Combien le champ s'est étendu sous nos pas, et que nous sommes loin, à présent, du plant solitaire de l'*églantier !*... Il ne faudrait pas, cependant, le perdre de vue. Les différents « *thèmes de vie* » dont il se compose, *racine,* — *tige* — et *rameau,* — *feuille* — *fleur* — et *fruit,* composent à leur tour, par leur variation, les *styles* végétaux dont vous venez de voir les divergences. — Il en est ici comme au domaine de nos *Arts,* au « *règne artistique* ». Enumérez les éléments d'une architecture : ce sont la *colonne,* l'*entablement* — ou l'*arc,* le *mur,* ses *contreforts,* les *baies* dont il est percé, la *voûte,* la *toiture.* Chacun a sa fonction ; chacun peut avoir sa beauté. Tous concourent à former cet individu de pierre qu'est l'*édifice.* Ainsi que je vous l'ai montré plus haut, leur *diversification* nécessaire, appropriée qu'elle est aux différents rôles, nous cause le plaisir de la *variété* ; leur *répétition,* commandée par la communauté de rôles, nous dispense la jouissance de l'*unité.* Même la solidarité qui rattache entre eux les membres les plus dissemblables, en harmonisant les contrastes pour notre vue, imprime, fatalement, un cachet d'homogénéité à l'ensemble.

Que si vous passez, maintenant, de l'*édifice,* pris à part, à la série totale des édifices, et d'une architecture à l'*Architecture,* — un concert analogue entre ces deux puissances, la *Diversité,* l'*Unité,* s'y manifestera, mais sous une autre forme. — Les *thèmes de structure,* en effet, groupant leurs variétés dans ce qu'on appelle un *style,* formeront un groupe homogène ; — non plus concret, cette fois, et solidaire matériellement, dans l'espace, mais abstrait et tout idéal, ne formant pas un tout monumental, mais formé de monuments congénères. C'est ainsi que la colonne devenant pilier, — l'entablement. arc à plein cintre, et la coupole, voûte ou berceau, réalisent le style *roman.* Or, ce type nouveau tranchant avec le *grec,* son prédécesseur très lointain, contrastant encore avec le *romain,* son prédécesseur immédiat, — il se répète, avec plus ou moins de fidélité, se *reproduit* en des églises très nombreuses ; et voilà l'*unité* rétablie. Dans la suite des temps, une autre variation surviendra : le chapiteau, dans chaque pilier, sera sculpté de feuillages, au lieu de figures ; l'arc plein-cintre entrecroisera ses courbures ; il se fera *arc ogival* ; un style supérieur en naîtra, qui sera baptisé de ce même nom. A son tour, il conformera des églises nombreuses, toutes similaires, et ne différant que dans le détail, — pures *variétés* d'une même « espèce architecturale ».

Ai-je besoin de rappeler que d'une pareille ordonnance l'honneur ne revient pas à notre Art humain ? Ce tableau que je viens d'esquisser n'est qu'une inconsciente copie, comme un reflet du magnifique panorama de la flore. Là, dès l'origine du globe, les *thèmes de vie*, plus ou moins achevés, ont varié de forme, périodiquement, donnant chaque fois, par leur assemblage défini, ce qu'on peut appeler un *style botanique* ; et ce style, en conformant sur le même modèle, à très peu près, d'innombrables individus, ramenait l'*unité* par la fondation d'une *espèce*.

La longue série que nous déroulions tout-à-l'heure, de la *rose* aux *Rosacées*, et des Rosacées aux plantes *phanérogames*, vous a persuadés, au surplus, que *l'unité* prend toutes les valeurs et se manifeste à tous les degrés ; stricte dans l'*espèce* (encore qu'elle admette des « *variétés* ») son acception s'étend avec le *genre*, puis avec la *famille*, encore très homogène ; enfin, dans des groupes plus vastes, et plus mêlés, elle ne se maintient guère que par contraste avec d'autres groupes.

Variations des « thèmes de vie » dans la flore.
Tige et rameaux, feuille et fleur.

Décrire les variations innombrables des « *thèmes de vie* » dans la flore, est une entreprise bien vaste. Chacun de ces thèmes épuise, en effet, toutes les combinaisons imaginables ; et celles-ci, d'ailleurs, pour former les *styles*, se combinent elles-mêmes de tant de manières différentes ! Essayons, toutefois, d'en esquisser, méthodiquement, le tableau.

TIGE.

La *tige*, tout d'abord. Elle peut manquer, par exception, chez les plantes qui croissent en touffe, en rosette ; elle reste *herbacée*, ou devient *ligneuse* ; ses *dimensions* oscillent du brin de lilas au tronc centenaire du chêne ; sa *couleur*, brune ou grise en général, passe au blanc argenté dans le bouleau, au rouge ardent dans le sapin. Quant à sa *forme*, presque toujours ronde, cylindrique, elle se fait parfois anguleuse, à coupe triangulaire chez les *Carex* (ou laîches des sables), à coupe quadrangulaire chez les *Labiées*, la *Scrofulaire* ; enfin, comme chez les *Cierges* du Pérou, se taille à multiples facettes.

Il est intéressant de constater des différences tout analogues en *Architecture* : est-ce que, dans les églises du xvɪᵉ siècle, la rondeur du pilier ne se « chanfrène » point, de manière à réaliser un fût *prismatique ?...* Mais passons. Par l'excès d'une dimension sur les autres, la tige peut s'aplatir en ruban (certaines *Cactées*) ou se gonfler en boule (plantes *grasses... ;* on devrait dire : plantes « *obèses* »).

Mais c'est surtout sa *direction* qui modifie le port du végétal, tout en créant des attitudes expressives : *verticale*, elle dit l'élan, l'effort victorieux contre la pesanteur ; elle exprime, alors, dans les arbres dits « *de haut jet* », les idées de force, de franchise, et de fierté ; *horizontale*, elle traduira, dans les tiges couchées, qualifiées de « *rampantes* », la faiblesse souvent gracieuse ; s'il s'agit d'une liane jetée comme un pont d'une rive à l'autre de la forêt, c'est l'expression de hardiesse qui prévaudra. Quant à l'*obliquité*, favorable à nos yeux, tant qu'elle n'est pas très prononcée, elle apparaît plutôt, dans un tronc d'arbre, comme un défaut, une *déviation*, accidentelle ou maladive.

Nous n'aurons garde, ici, d'oublier l'orientation des *tiges volubiles*. Celles-là, dans leur ascension, ne se montrent ni droites, ni même obliques, continûment tout au moins ; elles décrivent, autour du tronc qui leur sert de point d'appui, le plus séduisant trajet qu'on connaisse : la courbe en *hélice*. On écrirait tout un volume sur la beauté, la grâce singulière de cette courbe. Et d'où viennent, en définitive, cette grâce, et cette beauté ? Peut-être, justement, d'un compromis harmonieux entre deux directions, l'ascendante rectiligne et la gyratoire. Ce qui tourne sur place est déjà captivant ; mais ce qui tourne *en s'élevant* l'est bien davantage. Et puis un trait qui double ici le charme, c'est la forme *arrêtée* du mouvement hélicoïdal ; celui de la fumée, trop fugace, laisse un regret ; ici, le geste se survit dans une attitude ; il ne finit pas dans le temps, justement parce qu'il est achevé, fini dans l'espace ; cet élan de croissance, tout idéal, nous suggère à la fois le repos et la mobilité.

Avant de se diviser en rameaux, de se « *ramifier* », la tige, en certains cas, se dédouble : on voit, non sans plaisir, dans nos forêts, ces jeunes troncs jumeaux qu'on appelle *cépées*. Naissant de souches laissées dans le sol, après une coupe, elles font voir comment la Nature, d'une dévastation de main d'homme, fait une beauté.

De l'axe principal, à présent, passons aux axes secondaires, aux *rameaux*. Comme tout arrive, en la Création,
ces derniers peuvent, très normalement d'ailleurs, faire
défaut : la tige, alors, demeure indivise, et c'est cela qui
contribue à donner aux *palmiers*, aux *fougères arborescentes*, leur cachet spécial. En la flore de nos climats,
au contraire, la *ramification* joue un très grand rôle. Difficile à suivre sur l'*arbre*, où le jeu de la concurrence
vitale introduit, au niveau de la cime, beaucoup d'imprévu, on en peut saisir aisément, sur une tige jeune, le
rythme et la mesure. Car, vous allez le constater aussitôt,
le développement végétal, en fait de méthode et d'ordre
logique, a devancé de loin notre développement artistique ; la flore, bien avant nos poëmes ou nos chants, eut
sa *métrique*, sa *prosodie*. Qu'il s'agisse de *feuilles* ou de
rameaux (puisque leur croissance est, comme on sait, solidaire), l'*ordre*, source éternelle d'harmonie, se manifeste
sous deux aspects : dans l'*insertion*, dans le *groupement*.
Réglé, du reste, comme il est par cette force complexe et
souple qu'est la *Vie*, nulle rigidité n'est à craindre ; et la
Nature, ici, cache si bien son jeu, je veux dire son *travail*, qu'on s'aperçoit à peine de cette ordonnance admirable ; elle est noyée dans une auréole de grâce.

Et d'ailleurs, elle nous distrait d'une telle variété ! Ici,
dans cette plante, feuilles et rameaux sont très *espacés* ;
là, dans cette autre, ils sont, au contraire, très *rapprochés* ; d'où résulte un aspect tantôt *clair* et tantôt *touffu*.
Les *entre-nœuds*, c'est-à-dire les intervalles de tige entre
deux rameaux, sont ainsi comparables aux *longues* et aux
brèves de la Poësie ; même, trait bien curieux, et que
beaucoup ignorent, ces « quantités » se combinent parfois,
deux à deux, formant, par leur alternance périodique,
l'équivalent de *dactyles* ou de *trochées*.

D'autre part, ces deux partis qu'on retrouve en tous
nos Arts, l'*alternance* et l'*opposition*, vous les surprenez
dans le groupement des limbes foliaires, et des rameaux
naissant à leur aisselle. Cueillez dans la campagne une
sauge, une *menthe*, une *lavande*, ou bien, dans les bois,
une branche d'*orme* ou de *noisetier*, vous y verrez les
feuilles alterner, ici, régulièrement, là s'opposer, aussi
ponctuellement, par couples, de la même façon que les
rimes en un poëme, — ou que les *oves*, les *billettes* ou
les *rais-de-cœur* dans un décor.

Mais ce n'est pas tout : soit alternes, soit opposés, les rameaux, axes secondaires, restent subordonnés, en leur croissance, à l'axe principal, ou bien, inversement, prédominent sur lui. D'où ces types variés d'*arborescence* dont les noms ont servi d'abord à désigner les groupements de *fleurs*, à savoir : la *grappe*, l'*épi*, le *corymbe*, la *cyme* et l'*ombelle*. Ces noms-là font tout de suite penser à des *inflorescences* ; mais il faut s'accoutumer à y voir, tout aussi bien, des *frondaisons* ; ainsi celle du Sapin, de l'Epicea, de la plupart des arbres jeunes, est une *grappe*. Prenez une grappe de raisins ; dépouillez-là de ses grains (qu'il vous est permis de goûter, au surplus) ; puis redressez-la : vous aurez, en miniature, l'image de l'arbre. Chez le peuplier d'Italie, des rameaux assez courts sur un tronc allongé changent cette grappe en *épi*. Plantez en terre un épi de blé ; vous reproduirez, en raccourci, le haut peuplier. Ce qu'on appelle une *cyme* est plus compliqué. Là, ce sont les rameaux qui priment la tige. A partir d'un certain niveau, cette dernière cesse de croître ; alors, sur les flancs du bourgeon terminal avorté, poussent deux bourgeons latéraux, dans une position symétrique. Chacun d'eux, se développant, devient un rameau vigoureux ; et de la sorte, une première bifurcation s'établit.

Les choses allant toujours du même pas, les fourches succèdent, régulièrement, aux fourches : c'est la *cyme bipare*. On n'en pourrait citer de meilleur exemple que

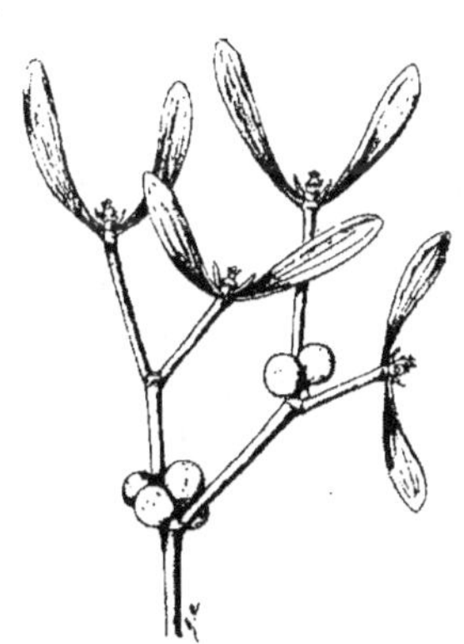

le *Gui*. Les plantes ainsi ramifiées ont un aspect géométrique ; elles présentent comme un schéma de la multiplication continue par 2, de la *dichotomie*. C'est, en quelque manière, un symbole vivant de la loi de progression binaire, du *carré*. Et pourtant cette mathématique en action ne va point sans une certaine grâce.

Que, sur les deux bourgeons latéraux, l'un avorte :

celui de droite, par exemple ; et voilà le système qui perd sa symétrie ; le rameau du bord opposé, ne trouvant plus d'antagoniste, se redresse ; il vient se mettre dans la direction de la tige ; il a l'air de la continuer : c'est le phénomène d'*usurpation*. Si l'avortement du bourgeon se produit constamment à droite, tout le système se projette à gauche, — et *vice-versa* ; l'on se trouve alors en présence d'une *cyme unipare* dite « *scorpioïde* », en forme de scorpion. Mais il est des cas où l'avortement s'effectuant tantôt à droite et tantôt à gauche, alternativement, l'équilibre se rétablit ; on a la cyme *hélicoïde*, en hélice.

Pour l'esthéticien, la *grappe*, l'*épi* et la *cyme* des botanistes constituent le genre de ramification *élancé*. Son opposé, le genre de ramification *étalé*, se trouve représenté par l'*ombelle*. Ici, comme ce mot l'exprime clairement, le système rameux prend l'apparence d'un parasol. Non point que l'axe principal avorte, cette fois ; mais il n'arrive pas à primer les rameaux ; et ceux-ci naissent, par surcroît, à des intervalles très rapprochés ; d'où résulte un cône de feuillage obtus, caractéristique des arbustes et des buissons.

Remarquez-le : toutes ces variétés ont — ou peuvent avoir — leur homologue dans nos Arts (1).

*_**

Il me reste à décrire un dernier élément de diversité, et non, certes, le moins expressif : c'est l'*orientation* des rameaux. Dirigés, presque constamment, vers le ciel, ils font avec la tige un angle plus ou moins aigu ; — fermé dans le Peuplier d'Italie, très ouvert dans l'*Epicea*, dans l'*Araucaria*. Chez certaines espèces, ils prennent une direction opposée, comme s'ils fuyaient les hauteurs, et si le sol — ou l'eau — les attirait ; l'imagination populaire, toujours prompte à la métaphore, a nommé ces arbres « *pleureurs* », et les amateurs de jardins ne songent pas assez à cet esprit, pourtant si remarquable, de

____

(1) Voir la classification que je propose dans ma « *Sphère de Beauté* » (Alcan), p. 403, en « *ordres* » que j'appelle *axial, sérial, dichotome, distique, hélicoïde*

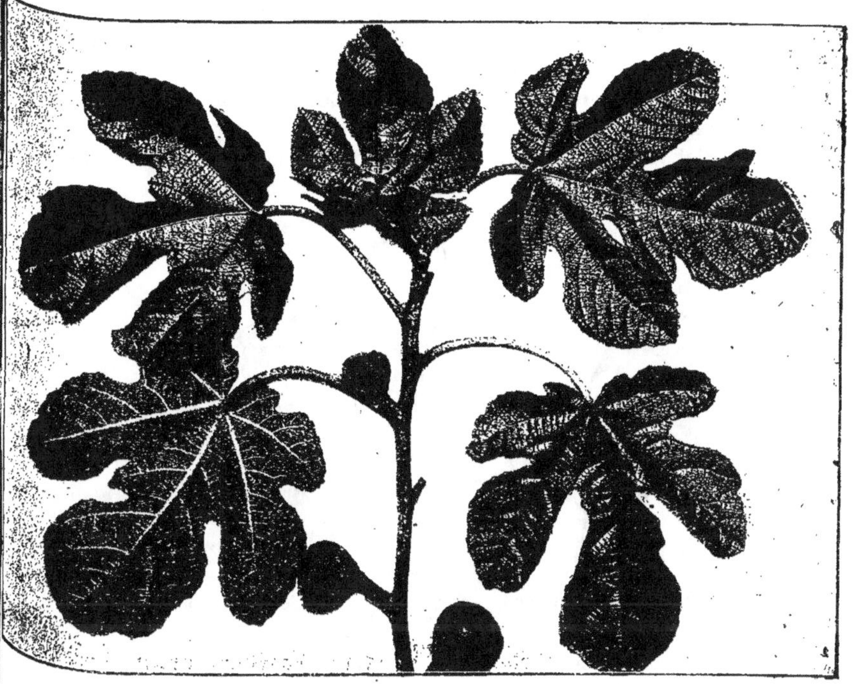

Feuilles « *Palmati-partites* »
à nervation *palmée*, et à limbe profondément *découpé* (Figuier)

divination analogique en le peuple ; il va, sans s'en douter, au plus profond des choses.

FEUILLE

La *feuille*, maintenant, ce thème de vie capital, ce support essentiel et mille fois répété de l'existence végétative.
Par son système de *nervures*, c'est déjà comme un petit
rameau étalé ; mais un rameau dont les digitations sont
reliées par une membrane. La variété portera donc ici,
d'abord, sur la ramification du pétiole à la surface du
limbe ; ensuite, sur le contour du *limbe* lui-même. Sous
le premier de ces deux points de vue, la feuille est qualifiée de *pennée* ou de *palmée*, suivant que les nervures

Feuilles pennées

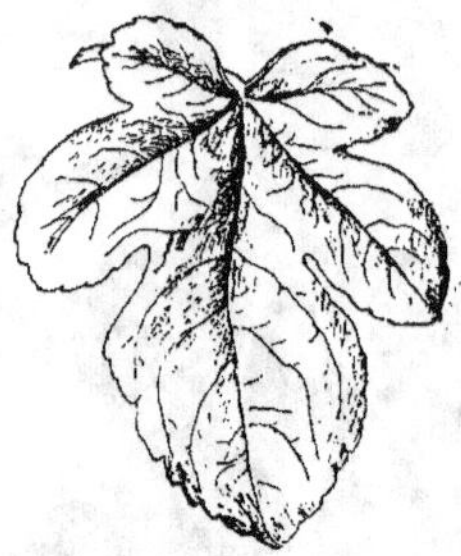

Feuille palmée

s'insèrent, deux par deux, sur un axe médian, ou qu'elles
divergent toutes à la fois, en éventail. Au premier cas
(feuille de *laurier*, d'*orme*, de *châtaignier*), la pensée se
reporte sur une *plume*, et sur la *paume* de notre main
dans le second cas (feuille de *mauve*, de *lierre*, ou de
marronnier). Au fond, c'est la différence, plus haut décrite, d'une *grappe* et d'une *ombelle* ; mais d'une grappe
et d'une ombelle étalée sur un seul plan. Et quant au
contour même du limbe, il peut s'offrir *uni*, comme dans
le laurier, ou découpé de vingt façons diverses ; ainsi la
feuille de châtaignier est *dentée* sur les bords, en scie ;
celle du chêne est *crénelée* ; celle de l'érable est *lobée*.
A force de gagner, toujours, en profondeur, les découpu-
res finissent par abolir l'unité du limbe ; alors les parties
deviennent des *touts* ; les lobes s'individualisent ; ils se
haussent au rang de feuilles. A première vue, l'on ne sau-

rait distinguer, bien souvent, une feuille « composée » —
plutôt *décomposée*, comme on devrait dire, — d'un
rameau garni de feuilles simples. C'est toujours la fameuse question de *limite*. — Quoi qu'il en soit, la Nature
combine, avec beaucoup d'art, le mode de décomposition
en folioles avec chacun des deux types de nervation
penné et *palmé*. Cette combinaison, le langage technique
la reproduit pour mieux l'exprimer : il reconnaît des
feuilles « *composées-pennées* », des feuilles « *composées-
palmées* ». — Le premier de ces thèmes est d'une gra

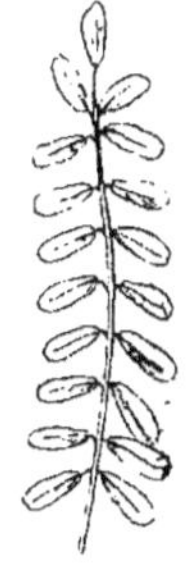

Composée-Palmée   Composée-Pennée

cieuse et souriante légèreté ; voyez plutôt le *pois*, la *sensitive*, l'*acacia* ; — le second apparaît plus riche, plus
solennel, mais se banalise en notre marronnier parisien.
Si vous voulez jouir d'un contraste entre la multiplicité
des folioles, échelonnées en penne d'oiseau, et leur extrême réduction, placez côte-à-côte une branche de *coro-
nille* et une de *trèfle*. En ce dernier, d'ailleurs, l'association d'une paire unique et d'un foliole impair, terminal,
parvient à simuler le type opposé de la *palme* ; et c'est
ainsi qu'un parti décoratif, en s'appauvrissant, rachète
sa décadence en revêtant un sens nouveau.

Que de variétés, encore, ont échappé à ma description !
Feuilles en *cœur*, en *bouclier*, en *fer de lance* (Sagittaire),
en *flabellum* (Dattier), prolongées en *lanières*, en jolis
rubans déployés (Graminées, plantes aquatiques) ; ou
bien, comme en la *Chlora* dite *perfoliée*, cernant la tige,
strictement, de leur limbe, lequel semble percé par elle
de part en part. — Ajoutez à cela les différences de *coloris*, et de *consistance* ; car cette uniformité du feuillage,
de la « *verdure* », elle est rompue, de ci de là, par des

tons partiels, *jaunâtres* ou *bleuâtres* ; et puis, l'étoffe mince et souple dont la feuille, presque partout, est tissée, — qui la reconnaîtrait en les aiguilles de *pin*, rigides et coriaces ?

FLEUR

Une diversité non moins surprenante nous est offerte dans la *fleur*. Dès qu'on prononce ce dernier nom, tout le monde imagine un objet charmant, délicat au toucher, de couleurs vives et fraîches, et qui sent bon. Vous verrez bientôt que c'est là comme une aristocratie — fort nombreuse, il est vrai, mais *aristocratie*. Pour le moment, procédons par ordre. Et tout d'abord, n'oublions pas que la *fleur*, étant un ensemble, ne peut être étudiée globalement ainsi que la feuille ; vous la savez, du reste, groupe de feuilles spécialisées. Or ce groupe foliaire idéal qu'est la fleur se présente sous deux aspects bien tranchés : suivant que ses parties s'étalent sur tous les orients — ou se projettent sur un seul point cardinal, elle appartient au type *rayonnant* — ou bien au type *symétrique* et *bilatéral*. Chacun de ces partis a son charme, et son harmonie propre. La grande *marguerite des prés*, la « reine-marguerite », comme on l'appelle, captive nos regards par l'eurythmie de sa couronne dont les fleurons égaux, immaculés, s'enchâssent sur un centre d'or. Le plaisir qu'on éprouve à la contempler a quelque chose de complet, d'intégral ; c'est celui de l'*étoile,* et de tous les corps étoilés, depuis la « *fleur de neige* » cristalline jusqu'à l'*anémone de mer*, à l'*astérie* mouvante de nos plages ; et d'une simple *roue* de voiture à la *rose* des cathédrales : plaisir, enfin, de toutes les choses qui sont *rayonnantes* et qui sont « *radieuses* ».

Tout différent est l'attrait de la disposition symétrique, dite « *en miroir* ». Il a pour cause, cette fois, le besoin d'une direction définie. Si la fleur qui rayonne exprime un sentiment expansif, mais tranquille, celle qui s'oriente avec décision traduit l'instinct d'effort, et d'activité vers un but... Il est vrai, la projection des corolles dans un sens précis est bien tempérée par la nonchalance aimable des pétales, et leur étalement — ou leur enroulement voluptueux sur eux-mêmes. Dans la famille des *Labiées*, — qui, justement, tire son nom d'une forme de corolle en *lèvres*, ces pétales sont soudés entre eux, et la corolle est d'une seule pièce (*gamo-pétale*) ; mais elle se festonne en deux lobes qui se *baisent*, si j'ose ainsi m'exprimer, pareils aux bourrelets charnus d'une bouche humaine. La disposition, chez les *Papilionacées*, est plus vive, plus dégagée ; c'est le cas de dire qu'elle a plus d'envol. Dans la fleur du *pois*, du *lotier*, du *trèfle*, du *genêt*, les 5 pétales, ici distincts, se distribuent de manière à former 3 groupes : l'inférieur, reployé, qu'on nomme la *carène*, — le moyen, composé de deux pans latéraux, appliqués contre la carène ; ce sont les *ailes* ; enfin, le supérieur, où deux pétales bien unis constituent ce qu'on appelle l'*étendard*... — Terminologie, vraiment, bien incohérente, qui prend ses comparaisons, tour à tour, dans la marine, la faune et l'art vexillaire ! J'aimerais mieux qu'on dise : le *berceau*, — les *lambrequins*, — le *voile*. Ne serait-ce pas, aussi, plus opportun ?

Ces types de fleurs, *labié*, *papilionacé*, sont assez constants pour avoir fait baptiser de leur nom deux familles considérables, l'une qui renferme la sauge, la menthe, la lavande, le thym, l'hyssope, la mélisse, — et l'autre : l'ajonc, le genêt, le trèfle, la luzerne, le robinier-faux acacia, le pois, le haricot. Mais la flore de nos pays offre bien d'autres variétés, et qui n'ont pas eu cet honneur de prêter leur nom à de grands groupes, — exception faite, cependant, pour la corolle *en croix*, marraine des *Crucifères*, et pour celle en forme *de cloche*, d'où les *Campanulacées* tirent leur nom. Parmi l'étonnante diversité des corolles, je recueille quelques exemples : c'est, dans la classe des *régulières*, — la forme en *tube* plus ou moins profond : joli gobelet du *lilas*, doigt de gant curieux de la *digitale*, entonnoir très décoratif du *tabac*, verticille bizarre de l'*hellébore*, où les pétales se referment chacun en cornet ; puis les figures d'instruments sonores : clochette de la *jacinthe des bois* ou de la *campanule*, grelot muet de *l'arbousier*. Ce qui me fait penser que la Nature n'est pas seulement séduisante, et qu'elle est encore amusante...

En contraste avec les corolles en *roue*, dont le faisceau d'étamines serait le moyeu (*bourrache*, *douce-amère*) — ou celles qui parent leur gorge d'une collerette à liseré (*narcisse des poètes*), on rencontre des « *excentriques* », telles que l'*Ancolie*, s'armant, à son pied, d'un

éperon saillant, — ou l'*Orchis*, arborant, sous le nom de
« *labelle* », un tablier ostentatoire. Enfin, dans ce groupe
de fleurs si contracté, qu'on le prendrait pour une fleur

unique, le « *capitule* », les
corolles du pourtour, ou
« *demi-fleurons* » poussent
une languette en dehors :
dans la reine-marguerite,
citée plus haut, ils tranchent, par leur blancheur
nacrée, sur le cœur d'un
jaune de soufre, lequel est
formé par les « *fleurons* »,
les fleurs en tube, très petites et tassées l'une contre
l'autre. Et c'est là le trait qui dépeint la famille des
Composées.

⁂

Après l'histoire des *formes*, ou *Morphologie*, vient celle
des groupements, ou *Syntaxe*. Mais puisque la fleur même
est un groupe, déjà, la Syntaxe s'y subdivise : on étudie
d'abord l'ordre de ses parties, puis celui qui préside à ce
bouquet tout fait : l'*inflorescence*.

Avant de parler d'*ordre*, au surplus, il faut parler d'absence où de présence. Sur les quatre verticilles de la fleur,
il peut en manquer un ou deux, même trois. Quand c'est
la *corolle* qui fait défaut, on pourrait s'attendre à ce que
la fleur perde son éclat ; mais la Nature compensatrice
teint souvent le *calyce* de vives couleurs : pour être, comme on dit, « *apétales* », l'*Anémone*, la *Clématite*, l'*Aris-
toloche*, la *Belle de nuit*, ne font leur deuil d'aucune élégance. C'est le cas d'une coquetté au temps de Louis XV,
qui, faute d'un jupon voyant, reporterait son luxe sur la
jupe. L'absence d'étamines — ou de carpelles, est un cas
plus grave, — *moralement*, car il rend la fleur stérile, —
à moins que les sexes ne soient séparés ,ou répartis sur
deux plants distincts. — Mais, au point de vue *esthétique*, ce qui peut arriver de pis pour la fleur, c'est d'être
privée d'enveloppe. La *robe*, ici, disparaissant, c'en est
fait du charme triomphal de la fleur ; la fleur ne peut
supporter d'être nue...

Enfin, avec le *saule*, on atteint le comble de la simplifi-
cation ; la fleur mâle, en
effet, peut se réduire à
une étamine, la fleur
femelle à un carpelle
unique. Sont-ce là des
fleurs, encore, pour l'esthéticien ?

Mais ce n'est là, par
bonheur pour nos yeux,
qu'une exception. La
grande majorité possède
ses verticilles au com-
plet ; si je dis « *verticil-
les* », c'est que c'est encore la règle, pour elles, de serrer
leurs parties en ordre *concentrique* ; certaines, toutefois,
les échelonnent en ordre *spiral*, et par cette apparente
anomalie, démasquent, vous savez, l'ordonnance primitive profonde.

.•.

A présent, demandons-nous de quelles façons diverses
les fleurs se groupent sur la tige, et sur ses rameaux. Le
grand Ordonnateur de la flore adopte ici deux partis, également décoratifs : il entremêle les fleurs au feuillage, —
ou bien les isole, en fait des sortes de bouquets qui culminent sur le feuillage. Je ne saurais dire, pour ma part,
ce qui me charme davantage, de la *petite centaurée* qui,
de chaque bifurcation de sa tige, émet une corolle, — ou
de l'*angélique*, couronnant sa verte feuillée d'ombelles
définitives. C'est le contraste intéressant pour l'esprit
d'un édifice ornementé de la base au comble — et d'un
autre qui réserve son ornementation pour le faîte.

Le mode d'inflorescence que j'appellerais « *culminant* », reproduit les 5 types déjà décrits à propos de la
frondaison, c'est-à-dire la *grappe*, l'*épi*, le *corymbe*, la
cyme et l'*ombelle*, auxquels il faut ajouter ici le *capitule*,
espèce d'ombelle très contractée, condensée au point de
paraître une fleur unique. Au regard d'un poëte, la *marguerite* est une fleur dont on effeuille les pétales ; mais,
à l'œil rigoureux du botaniste, c'est un groupe floral, une
inflorescence ; c'est un *capitule* aux fleurons en tube, en-

vironnés de demi-fleurons taillés en languette ; c'est, pour le définir en deux mots ; un *verticille de verticilles*.

Pourquoi les gens du peuple — ou les gens du mon·'· lorsqu'ils cueillent, dans la haie, si négligeamment, un rameau fleuri, ou, sur l'arbre, une branche de fruits savoureux, n'arrêtent-ils pas un peu leurs regards ? A la délectation de la vue ou du goût, ils ajouteraient un plaisir d'esprit ; et ce plaisir-là n'est pas éphémère. Malheureusement, chez les ignorants, la Science est discréditée : on lui reproche, et pas toujours à tort, de s'en tenir aux mots techniques, aux sèches analyses. Que j'aimerais à leur faire comprendre que, sous ces mots, il y a des choses très intéressantes, et très séduisantes, et qu'on peut détailler la beauté sans la profaner. Est-ce que le mot de *grappe*, ou celui d'*épi*, par exemple, n'appartient pas au vocabulaire des poètes, comme à celui des botanistes ? Ceux-ci mêmes étaient poètes, lorsqu'ils ont choisi, pour désigner certains genres de grappes, les termes si gracieux de *thyrse*, de *corymbe*... Mais voilà : le respect humain du *savoir*, comme celui du *sentir*, imprègne si fort nos mondains que, dans une partie de campagne, bien hardi l'invité qui se risquerait à dire : « le beau *corymbe* de sorbier !... la magnifique *ombelle* d'angélique !... le radieux *capitule* de marguerite ! » Il serait aussitôt traité de *savant*, euphémisme respectueux pour « *pédant* » ; et ceux même qui l'envieraient, au fond, n'oseraient le suivre. C'est pourtant si facile de mettre des formes et des idées sous tous ces vocables ! Quand il s'agit de modernités industrielles, on sait bien le faire... Dans les *conférences-promenades* que j'inaugurai, jadis, sur la *Science du beau*, je fis admirer cette ingénieuse variété dans le groupement des fleurs et des fruits, les ressources incroyables de ce génie secret qui dispose tout pour la vie, et semble tout disposer pour notre agrément. Je montrai comment notre imagination, toujours en éveil, trouve son compte en passant de la *grappe* bien aérée, ample et retombante, de la glycine ou du lilas à l'*épi* serré, droit et svelte de la verveine, — et de l'*ombelle* des angéliques, rayonnant tel un parasol, à la *cyme* du gui, de la petite centaurée, de la valérianelle, qui grimpe avec constance en étages fleuris successifs... Et mes auditeurs s'étonnaient d'avoir prêté d'abord si peu d'attention à ces contrastes, à ces oppositions ingénûment décoratives. Désormais, m'assurèrent-ils, ils s'étudieraient à chercher les équivalents de ces choses dans l'*Art* ; ils apprécieraient mieux les guirlandes et les rinceaux, les *thyrses* que l'Antiquité met aux mains des bacchantes, la *verge* d'Aaron, soudainement fleurie, telle une inflorescence miraculeuse ; ils découvriraient aussi plus sûrement, les fautes d'harmonie qui pullulent en nos décors.

Ne pouvant tout citer dans ce musée sans fin qu'est la Flore, je laisse au lecteur l'initiative d'autres analyses : par exemple le contraste entre la fleur *isolée* et la fleur *groupée*, *grappe* de la vigne et *thyrse* du lilas ; le *panicule* (ou peloton) de notre marronnier ; puis les inflorescences bizarres, en *plateau* (Dorstenia), celles en *vase clos* (Figuier) ; enfin les inflorescences dites *composées* et la curieuse et comme sournoise « *antidromie* », qui rejette toutes les fleurs d'un seul côté... Ajoutez le cas original, encore que gracieux, des fleurs du *colchique* d'automne, sans aucun feuillage, émergeant du sol comme à l'improviste, émaillant les prés verts de leurs corolles roses.

*

Une remarque encore, avant de terminer : ce qui parachève, pour notre esprit, le charme d'une inflorescence, c'est justement... son état *d'inachèvement*. Ceci semble paradoxal ; et cependant c'est vrai. Sur cette grappe, ou cet épi de fleurs, au moment où vous l'apercevez, rien n'est fini : de la base au sommet, effectivement, tous les degrés d'évolution s'observent ; c'est d'abord le bouton hermétiquement clos ; puis le bouton qui, timidement. entr'ouvre ses langes ; puis la fleur qui déchiffonne ses pétales, la fleur qui va s'épanouir, enfin la fleur épanouie. Sur d'autres grappes, d'autres épis, la gradation est de sens inverse ; elle descend du sommet de l'inflorescence à sa base ; — et parfois l'épanouissement, partant du milieu, se propage aux deux extrémités à la fois. — Mais, quel que soit le mode de ce processus, il intéresse notre esprit par l'idée d'un mouvement latent de croissance. Déjà, vous l'avez vu, la *tige volubile* nous plaisait, en présentant toutes les phases d'un essor hélicoïdal, fixé dans l'espace ; — la *grappe*, qui révèle instantanément, à nos yeux, le travail insensible du temps, nous cause une jouissance analogue. Et puis, comme je le disais à propos de *l'arbre*, le spectacle nous est donné, là, d'une famille unie, au sens strictement littéral, où les anciens persistent à côté des nouveau-venus ; jolie chaîne de vie, tableau de généalogie captivant.

Classification esthétique des Végétaux

Une question se pose, à présent : comment ces 3 thèmes de structure végétale, le *rameau*, la *feuille* et la *fleur*, en variant des mille façons qu'on a vues, ont-ils donné naissance aux *styles*, c'est-à-dire aux formes d'ensemble dont la diversité constitue la *flore* ?

Pour mieux résoudre ce problème, on doit jeter les yeux, encore une fois, sur nos *Arts*. Soit l'*Art monumental*. Vous savez que les thèmes de structure sont ici : la *colonne*, organe de soutien, membre qui correspondrait à la *tige* ; — puis l'*entablement*, ou l'arcade ; ensuite, le *mur* ; ajoutez-y la *baie*, dont le mur est percé, le *contrefort* qui l'équilibre, enfin la *voûte* et la *toiture*. Ainsi l'édifice enraciné d'ailleurs dans le sol, comme la plante (« *planté* », peut-on dire), se développe, comme elle, de la base au sommet ; même on peut ajouter que, par ses ornements, il *fleurit* à sa cime, et latéralement, sur ses marges.

Or, le thème de la *colonne* est aussi fertile en variantes que celui de la *tige*. Tantôt le fût en est court et massif, et tantôt prodigieusement svelte, allongé ; c'est le contraste du *pilier* et de la *colonnette*, très analogue à celui de la jeune tige avec le tronc centenaire. L'*arc*, de son côté, s'arrondit en plein cintre, ou s'aiguise en ce qu'on appelle l'*ogive* ; et le thème de l'ogive, à son tour, se diversifie comme on sait. Le *mur* ? Il est ajouré parcimonieusement, ou généreusement ; les *baies* qui l'éclairent et qui l'allègent à la fois, offrent, — telles des corolles vivantes, la symétrie bilatérale ou rayonnante ; ce sont des fenêtres longues — ou des *roses* — ; le *contrefort* est droit, ou se courbe en « *arc-boutant* » : la *voûte* elle-même est plate ou concave ; elle se prolonge en berceau, se contourne en coupole, ou se contracte en « *croisée d'ogives* ». Enfin la *toiture* se bombe pour former la cou-

pole, ou se plie, en accusant plus ou moins ses deux pen
tes ; elle reste indivise ou « *se ramifie* », pour ainsi parler, dans ce prolongement latéral qu'on nomme la
« *noue* ».

Toutes ces variétés se sont développées, à la fois — -
successivement, dans le temps, et simultanément, dans
l'espace ; et leur combinaison, s'effectuant d'après certaines lois que je ferai connaître plus tard, a formé les
styles. C'est ainsi que les colonnettes, groupées en faisceaux et se continuant en nervures croisées sous la
voûte, constituent, avec les murs hauts, rapprochés, les
galeries à jours tréflés, et les fenêtres à « remplage »,
le *style ogival*. Et ce style ogival lui-même, en taillant ses piliers en prismes, ramifiant ses nerfs diago-
naux, et faisant ses ogives flexueuses, a donné, grâce à
ces transformations combinées, ce qu'on nomme le
« *style flamboyant* ».

*
* *

Si, du « *règne artistique* », comme je l'appelle, on
passe au règne vivant, *végétal*, la détermination devient
difficile ; et pourquoi cela ? — C'est que le pli, depuis
longtemps, est pris de classer les plantes scientifiquement, et qu'on ne songe point à leur classification *esthétique*. Or, en transplantant ce terme de *style* sur le propre terrain botanique, je me force moi-même à créer des
groupes végétaux similaires à ceux qu'on connaît, par
exemple, en Architecture. Pour atteindre ce but, il me
faut déranger quelque peu l'ordre traditionnel des Linné,
des Jussieu, des Adamson ; car quantité de caractères essentiels, mais peu manifestes, échappent par là même à
l'Esthétique ; et celle-ci, de son côté, n'apprécie que les
traits saillants, qui « *tombent sous les yeux* ». — Aussi
bien devrai-je séparer, dans mon classement pittoresque.
les *Liliacées*, aux floraisons superbes, des *Graminées*,
pourtant proches parentes, mais à fleurs très peu discer-
nables. Inversement, les arbres de nos bois, tels que
l'*Orme*, le *Frêne*, le *Hêtre*, etc., seront, pour ce dernier défaut, rapprochés des feuillages d'aspect défleuri, comme
les *Graminées* et les « *arbres verts* ». Toutefois, grâce au
lien secret qui rattache les traits superficiels aux profonds, mon groupement artistique des végétaux concor-

dera, dans ses grandes lignes, avec la classification dite
« naturelle ».

Nomenclature des Styles

Déjà les variations, énumérées plus haut, des trois
« *thèmes de vie* » peuvent constituer ce que j'appellerais
des « *styles de détail* ». S'agit-il de la tige ? On a le style
« *en touffe* », si familier dans notre *chou* domestique ;
ou bien, contrastant avec lui comme le style sublime avec
le vulgaire, le style « *en flèche* » des plantes élancées. On
peut opposer, de la même façon, le style *herbacé* des
tiges éphémères et le style *ligneux* de celles qui persistent en faisant du bois. A noter, aussi, l'antithèse du
style *rectiligne*, en le peuplier, ou le pin, et du style
courbe, infléchi, dans les ronces. Je créerais un style *am-
poulé* pour les « plantes grasses », et pour les troncs qui
partent du sol deux à deux, un style *géminé* ; enfin, le
haricot, le houblon, la bryone, le liseron, le volubilis
fonderaient le style *grimpant* ou *volubile*, j'aimerais
mieux « *hélicoïdal* ».

L'absence ou la présence de rameaux le long de la tige
donne le style *indivis* (palmier) ou le style *rameux*. Ce
dernier se retrouve, mais « *stylisé* », dans l'*Architecture;*
vous en voyez l'image en pierre blanche dans la divergence des arcs naissant du tronc d'un pilier, à ces nœuds
qu'on appelle des « *impostes* ». Puis, chez les plantes ramifiées, je distingue un style *clair* (lin, verveine, gypso-
phile), et un style *touffu* (joubarbe des toits).

Un bel exemple de style *alternant* s'offre en la branche
de laurier, de style *opposite*, en le feuillage du chèvrefeuille : le style *aigu* des frondaisons nous est donné
dans l'if, le peuplier, les rameaux du saule, de la sali-
caire ; le style *obtus*, dans le cèdre, l'araucaria, la sauge,
la mercuriale. Comparez la différence d'écart avec l'axe
du pilier, de l'arc ogival « *en lancette* » et de l'arc ogival
surbaissé. Rien n'est plus attrayant pour un esprit méditatif que ce parallèle entre la Nature et nos Arts.

Le regretté Maurice Maindron le comprenait bien.
Dans son livre sur les *Armes et les Armures*, il cite la
framée des soldats francs, qui figurait une feuille de laurier ; l'*angon*, découpé sur le modèle de la sagittaire (ce

Cliché Pédo.

dernier mot, d'ailleurs, évoque une flèche) ; puis, encore, le javelot en forme de sauge, et l'épée de duel à lame évidée, triangulaire de section, mimant le limbe de certaines Graminées.

L'enfant qui se taille des sabres en une touffe de *glaïeul*, se souviendra-t-il de ce jeu, quand, à l'étude, son professeur lui dira l'étymologie du mot « *glaive* » ? Vous voyez bien que le terme de *style* n'est pas si forcé dans son application à la flore.

Je m'en veux d'être si prolixe. Mais il y a tant à dire sur ce sujet ! Ces deux modèles de nervation qui font la feuille *pennée* ou *palmée*, ne les reconnaissez-vous point, l'une dans la disposition des boiseries en « *feuilles de fougère* », l'autre en ces ornements qu'on nomme des « *palmettes* » ? Si nous nous reportons au *contour* du limbe, le style du feuillage *uni*, ou plus ou moins profondément découpé, passe dans nos modes; la jupe de Folie est dentée sur son bord en scie, telle une feuille de rosier; certains justaucorps, au XVe siècle, sont crénelés du bas, comme une feuille de chêne ; un cas de style *décomposé*, qui rappelle la division du limbe en folioles indépendants, chez les *Papilionacées*, c'est la tunique des soldats romains, dont la ceinture se prolongeait en lanières.

Le *trèfle*... motif heureux entre tous les motifs ! Il lègue sa figure, aussi claire qu'harmonieuse, à l'Art monumental, au Décor. On revoit, dans les fenestrages d'église, son contour agrandi, transfiguré ; le *triforium* en est comme la prolifération idéale.

Je passe sur le style de feuille *aciculaire*, c'est-à-dire en *aiguille*, qui, par la répétition et le groupement, imprime aux *Conifères* un cachet si particulier ; aussi sur le style que je nommerais « *cestoïde*, celui des feuilles aquatiques, en longs rubans ; j'ai hâte d'arriver à la *fleur*.

.•.
•

Au point de vue morphologique, deux partis décoratifs, ici, dominent la scène : le type *rayonnant* et le type *symétrique* ou *bilatéral* ; soit la reine-marguerite et la sauge. Je ne puis m'empêcher de jeter un regard, encore, sur la *cathédrale*. Non contente, en effet, de styliser le règne végétal dans ses chapiteaux, elle le *schématise* en

son fenestrage. Elle ajoure
sa nef, en longueur, de
baies orientées dans un
sens, et transversalement,
d'autres baies qui rayon-
nent sur tous les orients.
Aux fenêtres allongées verticalement, elle ajoute, elle
oppose, plutôt, les *roses*
du grand portail, et du
transept ; et ce nom de
rose, opportunément, vient
prouver que je ne sors
point du sujet.

Toutes les façons de fleurs que nous avons décrites un
peu plus haut constituent, à leur tour, autant de styles
partiels, ou de détail. Ainsi les façons de colonnes ou de
voûtes dans l'édifice. Il y aura, par conséquent, un style
cruciforme ; il définira, botaniquement, la famille des
« Crucifères » ; un style *campaniforme ;* il caractérisera
la famille des « Campanulacées » ; puis un style *bifide,*
servant de marque aux « Labiées » ; un style-*parasol,*
dénommant les « Ombellifères ». Bien remarquables, en
fait, ces groupes de plantes où le type de fleur est constant ; les autres styles, en *vase,* en *collerette,* en *roue,*
sont plus versatiles, et comme des fantaisies particu
lières.

Enfin, le mode de groupement réalise le style fleuri
marginal, et le style fleuri *culminant* ; partis décoratifs
plus capricieux encore, et que rappellent ces variétés
d'ornementation sans connexion forcée, du moins apparente, avec les grandes lignes de l'édifice. On touche là
le nœud du problème qui consiste à savoir comment, et
par quelle secrète harmonie, les « *styles de détail* » se
combinant entre eux, parviennent à reconstituer les
« *styles d'ensemble* ». Mais, avant d'aborder la question,
je dois esquisser un tableau synoptique de ces derniers.

Or, tout de suite, un fait significatif se révèle : voici
que, préoccupé, simplement, de grouper les végétaux
d'après leur aspect, l'idée d'*évolution,* de *progrès organique,* s'impose à mon classement pittoresque. D'elles-
mêmes, pour ainsi dire, les variations de forme des trois
« *thèmes de vie* » viennent se sérier en ordre hiérarchi-

que ; et je trouve, sans les chercher, les stades suivants : du *thalle dichotome* à la *tige rameuse* ; de la *feuille rigide en aiguille*, à la *feuille molle, étalée* ; du *prothalle* découvert, enfin, à ce *thalamus* paré, protégé, qu'est la *fleur*.

Du « thalle » dichotome à la tige rameuse, et de la feuille rigide, en aiguille, à la feuille molle, étalée.

Le premier stade oppose, en ordre successif, ce que je nomme style *plan, dichotome*, et style *en relief, ramifié* ; l'un qui me sert à définir les *Algues* et les *Lichens*, et l'autre à distinguer tout le reste de la flore, à peu près. Ramassez un *varech* sur la plage ; pas de tige encore, là, ni de feuilles, ni de bourgeons, mais une sorte de ruban plat, de teinte brunâtre, et dont le tissu très élastique et cependant gélatineux, s'offre bien découpé, comme par des ciseaux, en fourches successives, géométriques. C'est ce que les botanistes appellent un *thalle*. Style primitif, étroitement lié au milieu liquide et salé, contrastant fort, par sa simplicité de structure, avec la ramification compliquée des plantes terrestres. Là même, cependant, sur la terre ferme, on passe par plusieurs degrés : touffe ou *rosette* des plantes « acaules », puis tige annuelle, herbacée, tige ligneuse et tronc.

L'évolution de la *feuille*, à son tour, introduit deux styles nouveaux, et qui s'opposent également l'un à l'autre ; ce sont : le style *rigide* et le style *souple*. Le premier embrasse, avec plusieurs espèces d'arbres disparues, le groupe encore vivant, et bien vivant, des *Conifères*, pin, sapin, épicéa, if, génevrier, cèdre, cyprès, araucaria, bref, tout ce qu'on appelle couramment « *arbres verts* » (c'est-à-dire arbres à verdure persistante, arbres *toujours* verts). Prédécesseurs lointains des « *feuillus* », c'est-à-dire des arbres à feuillage souple, ils forment avec eux, au sein des forêts, un contraste très pittoresque. Leur verdure sombre et leur port sévère tranchent sur les tons plus clairs et l'attitude plus dégagée du hêtre, de l'orme, du frêne, du bouleau, du platane ; et, l'hiver venu, lorsque tout s'est dépouillé autour d'eux, nos yeux se fixent sur leur feuillage rude, mais consolateur. Même ces aiguilles sèches dont ils jonchent le sol, ne donnent pas l'idée de *fin* : ce ne sont pas, pour nous, des *feuilles mortes...*

Nous décrirons plus tard, à propos de *l'unité de filiation*, les étapes successives du développement de la *fleur*. Ici, nous fondant par avance sur cette évolution si remarquable, nous distinguerons, d'abord, un style *souple non fleuri*, celui des Fougères, — puis un style *herbacé fleuri sommairement* (Graminées), un style arborescent *à fleurs frustes* (les *Apétales*) : enfin un style *élégamment fleuri*, qui comprendra des arbres et des herbes, en nombre immense. Si, curieux de ces styles divers, vous désirez *herboriser en artiste*, le grand musée naturel vous ouvre ses galeries à perte de vue ; ce sont les landes et les champs, les prés et les forêts. Architecte ou décorateur, vous en sortirez, certainement, avec des idées neuves, et des plans inédits de beauté.

Ah ! j'oubliais... Là, dans ce coin de bois très ombragé, humide, sous la fûtaie, dont le feuillage devient bleuàtre, croissent des végétaux singuliers. Ils ne ressemblent, dans le vaste monde des plantes, à personne. De tige, de feuilles ou de fleurs, il ne saurait être question, ici ; une façon de parasol monté sur un pied, et c'est tout. Quelle connexion peut donc exister entre cette forme et toutes les autres ? — On n'en sait rien. C'est la tribu des *Champignons*, qui fait, — permettez le mot, « *bande à part* » ; tribu méprisée pour son port, mais fort estimée pour son goût. Comment la qualifier, artistiquement ?... — J'instituerai pour elle le style « *acharistique* », c'est-à-dire *sans grâce.*

De la diversité de formes à l'unité.

Vous vous rappelez que chez *l'églantier*, pris comme type de *l'individu* végétal, la diversité des « thèmes de vie », rameau, feuille et fleur, se résolvait dans une apaisante *unité*. Cette *unité* s'offrait à nos yeux, et à notre intelligence, sous deux aspects : *répétition* fidèle, à plus ou moins nombreux exemplaires, du type de *rameau*, de *feuille* ou de *fleur*, d'où ces 3 groupes homogènes : la *ramure* (ou frondaison), — le *feuillage*, — l'*inflorescence* ; — puis *coordination* de ces trois groupes homogènes, mais contrastant entre eux, — cela d'une façon moins immédiate, et plus abstraite. Car, je vous le disais, en cet églantier où les corolles blanches tranchent sur la verdure, et la verdure elle-même sur le bois, nous ne voyons qu'un *tout*, un tout harmonieux. Notre jouissance est *unitaire*.

Eh bien ! si de l'individu nous nous étendons sur l'ensemble, les mêmes faits se reproduisent en grand. C'est, en y songeant, une chose admirable que ce parallélisme entre le développement individuel et le développement collectif. Ainsi cette prodigieuse *diversité* que vous venez de constater dans la flore — elle aussi se laisse ramener à l'*unité*, si reposante ; et nous la retrouvons, cette unité, sous son double aspect : *répétition* — *coordination*. Ici, ce ne sont pas précisément les *thèmes* qui se répètent, mais ces ensembles de thèmes solidaires que je nommai des *styles*. Différenciés, d'abord, comme l'étaient les thèmes, ils se répètent, chacun, fidèlement, en ce qu'on appelle une *espèce*. L'espèce, c'est, en quelque sorte, ce qu'on dénomme, en typographie, le *tirage*. L'idée nouvelle, ayant pris forme dans un livre, se répand dans le monde à des centaines ou des milliers d'exemplaires. « *C'est toujours le même ouvrage* », comme l'observait, un jour, un homme de peine opérant le déménagement d'un auteur. Mais faut-il encore ajouter que, par des *éditions* ultérieures, certains changements peuvent se produire. En histoire naturelle, ces éditions « revues et corrigées » prennent le nom de *variétés*. Espèce ou variété, c'est toujours, en définitive, la revanche de l'homogène sur l'hétérogène, de l'*un* sur le *divers*. A la vérité, cette unité n'est plus, ici, *solidaire*, comme elle l'était chez l'individu : c'est un genre d'unité *dispersée* ; tous les plants d'églantier venus de même graine ne forment un groupe que dans la pensée. Mais les chênes, se groupant matériellement, dans la forêt, comme les fougères ou les genêts dans la lande, ou les saules dans l'oseraie, traduisent à nos yeux, directement, le lien spécifique idéal.

Celui qui rattache entre eux les espèces d'un *genre*, puis les genres d'une *famille*, puis les familles d'une *classe*, etc., devient de plus en plus difficile à saisir ; c'est que, la *diversité* prenant là des valeurs croissantes, l'*unité*, naturellement, décroît en proportion inverse. Si la rose de Provins, la rose aux cent feuilles et l'églantine trahissent leur parenté si proche au regard, — des herbes comme le fraisier et la pimprenelle, et des arbres à fruit tels que le pommier, le prunier, — ne s'apparentent pas d'emblée, — du moins pour le profane, — pas plus que des cousins à taille haute ou basse, à cheveux blonds ou bruns, à l'esprit stérile ou fécond. Malgré tout, ces *genres* divers, étant rassemblés, offrent encore un « air de famille » ; et le groupe fondé par les botanistes sous ce nom, se trouve pleinement justifié. La dénomination même de *Rosacées* nous force à voir, en le pommier comme en l'aubépine, et dans la pimprenelle comme dans le fraisier, des parents plus ou moins éloignés ou proches du *rosier*, des sortes de roses. Mais allons plus loin : quels autres yeux que ceux d'un botaniste pourraient grouper ensemble, par exemple, la famille des *Rosacées*, celle des *Géraniacées*, celle des *Légumineuses*, et bien d'autres ? Et cependant, un lien réel les unit ; l'ordre des *Polypétales*, qui les embrasse, peut être comparé à quelque groupe ethnique, à la race basque ou bretonne. Au delà, la diversité l'emporte à tel point sur l'unité, que notre esprit, notre goût esthétique, jugent désormais par *contraste*, et non plus par *analogie* : les *Conifères* se laissent comparer entre eux ; mais, tous ensemble, ils s'opposent aux « *feuillus* », pour parler la langue des forestiers.

Si, toutefois, l'*unité* perd continûment du terrain, — jusqu'au dernier moment, elle s'obstine, et n'entend pas quitter la place. Tant de *styles* divers, vus sous un angle large, se fusionnent, au regard intérieur, en un seul tout : la *Flore* ; et ce tout, en dépit de la différence de ses parties, il apparaît harmonieux, autant qu'une plante examinée à part, — à cette différence près que le sentiment esthétique participe ici, forcément, au caractère abstrait, tout idéal, de la vision. Rassembler tant d'êtres vivants séparés, soit par la dissemblance, soit par la distance, est un effort dont l'intelligence seule est capable ; et de combien la portée de son regard dépasse celle de la vue physique ! Aussi l'*unité* que j'ai nommée « de *coordination* » est-elle d'un ordre supérieur à la première, à l'unité de pure *répétition*. Déjà, c'est un plaisir pour l'artiste que de suivre des yeux, dans une *cathédrale*, les baies gémi-nées, les colonnettes-sœurs, les arcades et les voûtes-ogives pareilles ; mais on ne dira pas que celui d'embrasser la nef d'un coup d'œil, ne soit plus parfait ; plus parfait encore, — au moins dans l'ordre intellectuel, le plaisir de rapprocher, en esprit, les édifices du même style épars sur le globe, — et même, enfin, tous les éléments de cette flore de pierre qu'est l'*Architecture*.

Chez l'*individu* végétal, comme on s'en souvient, la *coordination* réussissait à faire, avec des éléments très dissemblables, un tout homogène, harmonieux à l'œil. Or cette espèce de *tour de force* accompli sous nos yeux par la Nature, la Nature elle-même nous l'expliquait, nous livrait son secret dans la *filiation*. Masquée, normale-ment, par le passage brusque du feuillage à la fleur, et d'un verticille floral au suivant, cette filiation se révélait accidentellement, pour ainsi parler, en des cas singuliers de *transition*, de « *métamorphose* ». Et justement, il se trouvait que ces cas, si singuliers en apparence, étaient des « retours de logique ». On pouvait le prévoir, au sur-plus, puisque la fleur croissait à la suite du feuillage, et que chacun de ses verticilles se reliait au précédent dans l'espace. Aucune solution de continuité n'existant. on pouvait dire, *a priori*, que *ceci descendait de cela.*

Mais en la *Flore,* il n'en va point tout-à-fait de même ; car, si le règne végétal forme un *tout,* il est formé, ce tout, de parties séparées, distinctes, indépendantes. Et c'est là, sans doute, ce qui laisse le *transformisme* à l'état d'hypothèse toujours discutable. Nous autres, qui ne vou-lons, pour étayer notre Esthétique, que des faits, n'avons garde de nous attarder sur cette question. Il nous suffit, — et c'est déjà bien beau, que la loi du détail s'étende fidèlement à l'ensemble. Oui, l'histoire du *règne* repro-duit, en très grand, celle du simple individu : ce qui s'ap-pelait là « *croissance* », ici se nomme « *évolution* » ; ce qu'on nommait « *répétition* » se qualifie d' « *héré-dité* ». La *variabilité,* d'autre part, qui façonnait les thè-mes de vie, façonne désormais les *styles,* à plus vaste échelle. Mais l'on va s'assurer que ces *styles* si différents, qui passent eux-mêmes assez brusquement de l'un à l'autre, se rattachent aussi par un lien secret, manifesté par intervalles au grand jour, comme si la Nature, un moment oublieuse, se laissait surprendre...

De même, en effet qu'on passait, chez telles espèces, du feuillage à l'inflorescence et d'un verticille floral au suivant, — on passera, dans la série totale des espèces, de la *plante feuillue* à la *plante fleurie*, — et de la *fleur fruste*, méritant à peine son nom, à la *fleur parfaite*, élégante de formes et vive de couleurs.

De la plante feuillue à la plante fleurie, étapes de perfectionnement de la fleur

Lorsqu'on remonte aux origines, et qu'on suit, de là, la pente des âges, il est curieux de voir s'organiser, lentement, patiemment, ce type végétal supérieur, le « *Dicotylédone* », si familier pour nous, qu'il paraît avoir été toujours ce qu'il est.

Mais, tout d'abord, ce système d'*axes ramifiés*, idéale charpente constituée par une *tige* et des *rameaux*, à la fois fermes et souples, et parcourus intérieurement par des vaisseaux porteurs de sève, — il ne date, en le calendrier des siècles, que d'hier... La forme primitive est quelque chose d'intermédiaire entre la feuille et l'axe cylindrique, expansion de tissus plus ou moins allongée, plus ou moins divisée, qu'on appelle un *thalle*. Ainsi ces frondes crêpelées de *Laminaires*, ou ces branches de *varech* dont toutes nos plages sont jonchées, si remarquables par leurs bifurcations géométriques, leurs « *dichotomies* » successives.

Il est bien tôt, ici, pour parler de *fleur* ; le bijou vivant qu'on dénomme ainsi n'est encore que caillou grossier... Et cependant, comme instrument de vie, de perpétuation de la vie, son office est irréprochable : appareil reproducteur très élémentaire, échappant d'ailleurs par sa petitesse à la vue, mais parfaitement adapté, justement proportionné au but à remplir ; ne reproduisant pas de brillants végétaux terrestres, mais des plantes submergées, et qui doivent vivre dans l'eau salée des océans.

Assez loin de là, sur la terre ferme, au fond des forêts, vous trouverez des formes parentes, bien que fort dissemblables d'aspect : ce sont les *Champignons* : sujets à part au royaume de Flore, chez qui l'appareil végétatif n'est presque rien, — l'appareil reproducteur, presque tout. Car ce « *chapeau* » monté sur un pied des *Agarics*, des *Oronges*, des *Chanterelles* et des *Bolets* — n'est pas, notez-le bien, l'homologue d'une herbe, mais d'un *fruit*. Et je souligne ce mot de *fruit*, parce que la poussière des *spores* qui s'en dégage n'est pas l'équivalent d'un *pollen*, mais d'une *semence* ; graine, d'ailleurs, qu'on pourrait qualifier de « *vierge* », puisque ces spores de champignons naissent, et mûrissent spontanément, sans aucun hymen préalable.

Cette différence d'ordre mystérieux qu'on nomme le *sexe*, ne se prononce guère que chez les *Mousses*. Végétation mignonne et gazonnante, où percent, de ci, de là, des tiges qu'on peut appeler, par anticipation, « *florifères* » ; ce sont de menus épis, plutôt des sortes d'*involucres*, où se nichent les éléments mâles et femelles. Il faut remarquer qu'à ce stade, berceau pour ainsi dire de la flore, les deux fonctions *végétative* et *reproductrice* se trouvent séparées sur deux pieds distincts ; le progrès consistera, plus tard, à les réunir.

J'arrive aux *Fougères*. Là, par un balancement dont la Nature offre souvent l'exemple, le feuillage devance en

cation ; il se manifeste avec une luxuriance toute gracieuse, s'épanouit en *frondes* élégamment découpées, se rapproche, par sa consistance et sa teinte verte, de celui des végétaux supérieurs qui l'entourent. Retournez une de ces *frondes*, j'allais dire de ces « *feuilles composées* » ; vous en verrez les festons ponctués de boutons jaune d'or. Voilà, chez les Fougères, à quoi se perfectionnement la fructifi-réduit l'appareil de perpétuation (1). Chez la reine du groupe, l'*Osmonde* dite « *royale* », une amusante disso-

---

(1) Je simplifie, ici, pour le lecteur, car, en réalité, la reproduction, chez les Fougères, comporte un élément *mâle* et un élément *femelle*, issus tous deux des spores que disséminent les boutons en question (*prothalles sexués*).

Cliché Pédo.

Feuillage et fructification de « *Conifère* »
(Pommes de pin).

ciation s'effectue, qui détache, pour ainsi dire, ces boutons séminifères des festons, en fait une inflorescence
de jolis épis, aux dépens du *limbe*, qui disparaît. C'est
comme une transition vers les plantes où feuillage et
groupe floral sont distincts.

Laissons de côté les *épis*, d'une ordonnance déjà si parfaite, des *Prêles* et des *Sélaginelles*, et montons jusqu'aux
« arbres verts ». Leur nom savant de « *Gymnospermes* »
indique que leur semence n'est pas protégée par des enveloppes. La *fleur*, — ici l'on peut, décidément, l'appel-
ler ainsi, — la fleur est *mâle* sur un pied — ou sur un
rameau, — *femelle* sur un autre pied, ou un autre rameau.
Elle diffère, en somme, assez profondément, des appareils
précédemment cités, mais cela, par des caractères *intérieurs* et « *techniques* », qui, forcément, échappent à l'esthéticien. Pour lui comme pour le profane, le progrès
organique intime est masqué par l'*insuffisance* d'aspect.
On ne compare pas, savamment, le *pin*, ou le *sapin*,
au *prêle*, au *Calamodendron*, mais, tout ingénûment, aux
plantes à floraison plus parfaite. Alors ces épis assez maigres, à fleurs réduites chacune à une seule *étamine*, ou
à un seul *ovaire*, sans aucune espèce d'enveloppe, — cela
n'attire guère notre attention ; et pour nous rappeler qu'il
existe, même, une *fleur*, il nous faut ces fruits en relief,
sculptés sur bois, sévèrement, mais tournés admirablement en hélice, qu'on appelle des *cônes* (pommes de pin).

Entre temps, un progrès, chez les *Conifères*, ou « porteurs de cônes », s'est réalisé dans l'appareil de végétation. Il y eut bien, sans doute, de grands arbres aux épo-
ques géologiques : les *Equisétacées* (prêles géants), les
Sigillariées, les *Lepidodendrons* ; j'ajoute : les *Fougères
arborescentes*. Mais, sauf le port très élégant de ces dernières, il y a, dans ces troncs « *columnaires* » sans ramification, et couronnés d'un seul bouquet de feuilles, une
raideur sommaire et primitive qui nous fait apprécier
la moderne *pignada*. Les Conifères inaugurent le style
rameux, style de grand avenir...

Le lecteur devra nous rendre cette justice que, dans
l'histoire de la fleur, nous nous efforçons de lui épargner
les épines, c'est-à-dire les termes du vocabulaire spécial.
Il n'a été question, jusqu'ici, ni de *sporogone*, ni de *prothalle*, ni d'*archégones*, d'*anthéridies*, de *sporanges*, de
corpuscules... Tous ces détails arides, sinon stériles, ont

été pour nous l'échafaudage qu'on retire, ou la charpente qui se dissimule sous les voûtes. Aussi bien, parvenus aux sommets de l'arbre de *Flore,* nous n'allons point parler du pas décisif fait par les *Angiospermes,* et qui les éloigne des *Gymnospermes...* Qu'il vous suffise de savoir que

désormais, la *fleur,* encore parfois de bien chétive apparence, gagne ce privilège d'*être enveloppée.* Ce point essentiel une fois acquis, le reste viendra.

* *

La fleur des *Graminées* (et des « *Céréales* »)... Elle passe bien inaperçue, dans ce champ d'*avoine* ou de *blé* qu'embellit l'étendard somptueux du coquelicot ou la douce bannière du bleuet. Etrange, semble-t-il, cette simplicité du groupe important, qu'entremêle un luxe de parasites... Au fait, c'est bien ce que nous présente l'*histoire sociale.* Les *Graminées,* c'est l'image du peuple qui travaille, et dédaigne les « *vains atours* » ; la splendeur du « beau monde », vivant de son labeur, peut bien l'éblouir : mais qu'elle lui cause de dommage !

Ce qui frappe surtout, en la fleur de ces *Graminées,* c'est son groupement ; c'est l'*inflorescence.* Elle s'offre, uniformément, en *épi ;* si bien que prononcer, ici, ce mot, ne m'expose pas au reproche de pédantisme ; le vocable est si familier... : il appartient aux poëtes comme aux botanistes. La teinte plutôt neutre de ces épis (encore que leurs tons dorés, dans le blé mûr, soient bien séduisants) est rachetée par la régularité de leur ordonnance, aussi par l'intéressante diversité de leur port ; si la « *mer des céréales* », comme disait Zola, ondule tout entière sous le vent, l'épi serré du *froment* s'incline, et se relève, simplement, — tandis que l'*avoine*, plus lâche, secoue la chevelure de ses épillets. C'est, d'ailleurs, une inflorescence déjà complexe, une *grappe d'épis*. Ainsi la *Brize*, que la langue populaire a baptisée « *amourette* » ou « *herbe tremblante* ».

Le problème de la corolle (1)

Si les *Palmiers*, ces cousins gigantesques des Graminées, n'ont pas, eux non plus, de fleurs très remarquables, — et si, chez les *Joncs*, proches parents encore, la corolle reste verdâtre, — quel changement, soudain, lorsqu'on vient aux *Iris*, aux *Lys*, aux *Narcisses !* C'est comme un coup de théâtre : on pense à Cendrillon reparaissant en toilette de bal, à Peau-d'Ane revêtant sa robe couleur du temps, de lune ou de soleil... Mais toute cette gloire, en définitive, tient à si peu de chose ! Quelques grains de pigment coloré qui (pour quelle raison ?) viennent se substituer à la chlorophylle banale, et voilà la *fleur* qui se révèle, qui manifeste son existence au profane.

Bientôt, ce luxe de costume, en la fleur proprement dite, devient général ; à chaque printemps, c'est par centaines que l'on compte les corolles blanches ou roses, jaune d'or ou violettes, bleu d'azur, orangées, purpurines. Toutes les herbes paysannes se mettent en habits de fête ; elles nous habituent à la coquetterie dans la flore ; les arbres du verger s'en mêlent à leur tour, et leur tronc sérieux se rajeunit d'un essaim de blanches étoiles. Si bien que, sortant de là pour pénétrer dans la *forêt*, le monde végétal vous paraît défleuri. C'est qu'effectivement, chez le Chêne, le Châtaignier, chez le Charme, le Noisetier, le Bouleau, l'Aulne, le Platane, cette enveloppe de luxe que l'on appelle une *corolle*, fait défaut ; et le calyce, là, n'a plus

(1) Voir ce qui a été dit, déjà, sur ce sujet, p. 283.

souci de se costumer à sa place. Cette sobriété dans la mise, qui distinguait déjà les Graminées, parmi les élégances liliales, amaryllidiennes, voici qu'on la retrouve en les *Amentacées*, famille altière et puritaine, comme isolée parmi tant de brillantes Polypétales ou Monopétales.

Où chercher la raison d'un pareil contraste ? Peut-être en une différence d'adaptation, qui fait transporter le pollen, — ici, par le vent, lorsqu'elle se sert, ailleurs, de l'aile des insectes (1). Or ces derniers, pour atteindre les fleurs à nectar, et sans doute aussi pour mieux discerner leurs espèces, ont besoin d'un point de repère, d'un *signal* ; et ce signal, c'est la corolle. Sa couleur vive et bien déterminée s'ajoute au parfum ; c'est un véritable petit drapeau qui guide l'abeille en son vol ; c'est un *guidon*. Grâce à lui, les inflorescences les plus écartées reçoivent la visite des « melliphages » ; des *croisements* s'opèrent ainsi, sans que l'insecte ingénu songe à mal (ou plutôt *à bien*) ; et la Nature arrive de la sorte, par la participation du règne animal, à son but.

Ainsi, — fait merveilleux et qu'aucun philosophe n'aurait pu prévoir, cette élégance suprême des *corolles*, qui nous fait apprécier la fleur comme une œuvre d'art, en jetant un voile sur sa fonction, est justement un adjuvant de cette fonction essentielle. Et notre Esthétique reste confondue devant un tel génie, une telle *Prévoyance*, qui, tout en colorant l'enveloppe florale dans un but de propagation, en a fait profiter nos yeux, notre sentiment. Au fait, lorsque nous-mêmes teignons nos drapeaux, si décoratifs, de couleurs diverses, n'est-ce pas, tout d'abord, avant de pavoiser, pour *signaler ?*...

.*.

Telle est, en résumé, l'histoire esthétique de la *fleur*, ce qu'on pourrait nommer ses « *stades de beauté* ». D'abord invisible, insignifiante au regard, ou de forme ingrate, elle se perfectionne dans sa structure, puis dans

----

(1) La cime des grands arbres, en effet, est généralement, hors de leur atteinte ; c'est ainsi, vraisemblablement, une question d'*échelle*.

son mode de groupement, enfin dans sa physionomie pittoresque. La *fleur*, à vrai dire, n'est qu'une partie de l'être végétal ; mais c'en est la partie sublime, — et, tout à la fois, la partie caractéristique, celle qui sert, pour les botanistes, à déterminer l'espèce de plante. Aussi l'avons-nous choisie comme le meilleur exemple pour démontrer l'*unité de filiation* dans la flore. Faut-il ajouter encore que cette filiation, ici comme chez l'*individu*, est une révélation de la Science ?... Car, au temps actuel, le contraste des styles la masque plus ou moins à nos yeux. Il en est ici comme chez l'*églantier*, par exemple, où le passage brusque du feuillage à la fleur, et d'un verticille floral au suivant, dissimulait le procédé naturel de *gradation*. La Nature, d'autre part, laissait entrevoir son plan en de certaines anomalies que vous avez vues, et qui n'étaient, au fond, que des retours logiques. La succession *spirale, hélicoïdale* des appendices, tout au long de l'axe, se révélait comme la règle ; et s'il naissait des *verticilles étagés,* c'était par un resserrement énergique des tours de spire; phénomène d'*abréviation* dont vous allez saisir le terme correspondant dans la série totale des végétaux.

Mais, en dehors des *transitions*, qui sont, en somme, des « *déroulements* », je vous montrai des cas que, depuis *Gœthe*, on a coutume d'appeler « *métamorphoses* ». A mon sens, il ne faut voir là que l'inverse des « transitions ». Ces dernières étant l'effet d'un simple *ralentissement* de croissance, les « métamorphoses » gœthiennes le seront d'une *accélération.* Elles ne diffèrent des « passages brusques », en la flore normale, que par une *anticipation*, — je dirais volontiers : une hâte à brûler les étapes intermédiaires. Du moins parlé-je ici des métamorphoses *ascendantes ;* les « descendantes » brûlent aussi les étapes, mais en reculant.

On peut se demander quel est, dans la série totale des végétaux, le fait qui correspond aux passages brusques, comme aux transitions, aux métamorphoses. — Peut-être est-il permis de le voir dans le passage, plus ou moins rapide ou ralenti, à travers les siècles, des plantes simplement *feuillues* aux plantes *fleuries*, et des fleurs à sexes séparés aux fleurs « *hermaphrodites* ».

Les « Coordonnées de croissance » ; axe longitudinal, axe transversal. Loi « cruciale ».

Ainsi, vous le constatez avec moi : le parallélisme entre le développement d'une plante supérieure et celui du règne végétal pris dans son ensemble, se soutient assez fidèlement jusqu'au bout. Nous voici ramenés, par des chemins de plus en plus larges, au grand principe de l'*Unité*. Sous sa forme collective et suprême, elle se résume dans un *schéma*, — lui-même végétal, schéma qu'on peut prendre à la lettre — ou dans un sens purement idéal : l'*arbre généalogique* des espèces.

Je ne voudrais pas que cet « arbre généalogique » tout abstrait vous fasse perdre de vue l'*églantier*, modèle concret et tangible du plant végétal. Je le replace maintenant sous vos yeux, avec sa ramure homogène, son feuillage uniforme et ses fleurs habillées, comme des sœurs jumelles, du même costume rose ou blanc : unité de *répétition* séduisante, autant que facile à concevoir pour l'esprit ; au lieu que cette autre unité, qui de trois thèmes différents fait un tout (l'unité de *coordination*) reste pour l'intelligence un problème... Vous avez vu, toutefois, quelle lumière y projetait l'idée de *filiation*.. De ce feuillage vert, étagé sur la tige, à la *fleur*, riche de coloris et concentrée dans ses verticilles, un lien de parenté se révélait ; et les archives de la floraison venaient confirmer, historiquement, ce parentage déjà révélé par le document contemporain des « *métamorphoses* ».

Cependant mon esprit n'était pas, quand même, satisfait ; il déroulait encore, impatiemment, la chaîne des *pourquoi*... Sans doute, la différence de forme s'expliquait par celle des fonctions à remplir ; car ces éléments de beauté chez la plante, c'étaient en définitive, des instruments de vie ; et, pour une tâche de vie nouvelle, il fallait, forcément, des instruments renouvelés. Certes, l'ingéniosité de la Nature était grande, qui savait tirer ceux-ci des anciens. Mais cette *filiation* ne se révèle qu'aux savants, et l'on n'a pas besoin de percer son mystère pour jouir de l'*harmonie*. Alors, comment l'harmonie, née là de la similitude, se dégageait-elle ici d'une dissemblance ? Et qu'est-ce donc qui *coordonnait*, chez la plante comme dans notre esprit...

Ce mot : « *coordonnait* » venu par hasard sous ma plume, fut comme une illumination soudaine. Reportant mes yeux sur l'*églantier*, j'aperçus, d'un coup, ce que l'harmonie même de sa conformation me dissimulait ; j'eus la vision précise de *deux axes croisés*, de ce qu'on appelle, en science graphique, des « *coordonnées rectangulaires* ».

L'un (t-t') représenté par la tige — ou l'un quelconque des rameaux, — l'autre (e-é) synthétisant chaque couple latéral d'appendices. J'appelai le premier : *axe longitudinal* ou de croissance *successive*, et le second : *axe transversal* ou de croissance *simultanée*. Or, de ces deux alignements, l'un s'offrait comme lieu de la *diversité*, de la *gradation*, — l'autre, comme lieu de l'*unité*, de la *symétrie*. C'est chez les plantes à feuilles opposées qu'un tel partage est surtout sensible ; car si, remontant le cours de la tige, *on trouve toujours du nouveau* : feuilles végétatives, d'abord, puis bractées, puis ces verticilles de feuilles modifiées qui forment la fleur, — sur les côtés droit et gauche, le thème foliaire ou floral se répète, symétriquement, et c'est comme si la feuille, par exemple, *se reflétait dans un miroir*.

Cueillez, d'ailleurs, sur notre églantier, une *feuille à part* : vous verrez que *la loi du tout s'étend à la partie*. De la base à la pointe, en effet, le contour, droit ou gauche, varie à chaque instant ; il décrit une espèce d'onde. Inversement, du bord gauche au bord droit, ces ondes solides, exactement, se répondent. Une des moitiés de la feuille, rabattue, cache l'autre moitié ; il y a « *symétrie bilatérale* », dite par les savants eux-mêmes « *en miroir* ».

⁂

Que si, même, sortant du domaine des êtres naturels et vivants, on passe au « *règne artificiel* », celui de nos *outils*, de nos *instruments*, de nos *ustensiles*, cette loi des *deux axes croisés* s'y retrouve encore. Ici, je donne rendez-vous aux athées de l'analogie. Que d'exemples sont là, tout autour d'eux, pour les confondre ! C'est le *meuble*, d'abord, dressoir ou crédence, table ou chaise, qui, verticalement, change de figure, et, dans le sens horizontal, demeure habituellement symétrique ; c'est le vase, la

Cliché Pédo.

Les *feuilles*, ayant toutes la même fonction,
se succèdent en hauteur, avec la même forme.

lampe, le flambeau, se contournant, à l'instar de la feuille, en hauteur, et présentant, dans sa largeur, une égalité de profil rigoureuse. C'est, parmi les armes, l'arbalète ou le canon, le luth ou le violon, parmi les instruments de musique. C'est encore, dans le costume, la tunique ou la robe ; c'est le manteau, le soulier, le chapeau bicorne ; c'est la couronne, l'écusson, l'éventail déployé... Chacun de ces objets offre, dans un sens, des parties différentes, en *gradation* ; et, dans l'autre sens, une répétition des mêmes parties, en *opposition*, se faisant pendant l'une à l'autre. Suivez le galbe d'une *amphore* : c'est d'abord le *pied*, puis la *panse* ; enfin, c'est le *col*. Longez la marge d'un *violon* : à la caisse sonore succède le manche, puis la crosse.

La *couronne* commence par un bandeau, pour se terminer par des fleurons ou des feuilles d'ache. Mais, fleurons ou feuilles d'ache, moitiés de violon ou d'amphore, se répondent d'un bord à l'autre en écho fidèle. C'est, en somme, la *symétrie*, fait bien connu, mais dont nul ne s'avise de chercher la raison. « Cela doit être ainsi », pense-t-on, et c'est tout. Sans doute, *cela doit être* ; mais *pourquoi ?*... Pourquoi, d'ailleurs, certains objets n'adoptent-ils pas ce parti général ? Ainsi, parmi les vases, le hanap, ou la cafetière ; et, dans le vêtement, la tunique drapée en diagonale, ou le chapeau retroussé de côté, portant, sur un seul bord, coque de rubans ou touffe de fleurs.

Remarquez, d'abord, que ces cas forment l'exception ; puis, cette absence de symétrie (plus ou moins relative) qu'on y relève, est commandée par la destination, soit positive, soit idéale. La *destination*, voilà tout le secret de ce qui semble un parti-pris. Si tel objet se symétrise ou se « désymétrise », pour ainsi dire, c'est afin de remplir plus exactement l'usage auquel on le destine ; le bec d'une *cafetière* est unilatéral, parce qu'on ne verse que d'un côté ; la *hache* n'a qu'un tranchant, parce qu'on ne tranche que d'un côté. Si la hache est à deux tranchants, c'est simplement comme réserve.

Au contraire, la *robe*, ou l'*habit* doit couvrir deux côtés du corps à la fois ; aussi ses lés — ou ses pans, doivent être égaux. La symétrie du vêtement se base, au surplus, sur celle du corps ; est-elle, à l'occasion, rompue ? C'est par un besoin d'*attitude*, qui, fixé par le caprice, devient une *mode* ; ainsi le *manteau* rejeté sur l'une des deux épaules, sous Henri III, — le *chaperon* du 15ᵉ siècle laissant pendre sa queue de côté, le *corsage* bandé gracieusement en biais, la *toque* posée de travers, la *raie de côté*, pour la chevelure. — Nos propres membres ne dérangent-ils pas, pour un geste, leur équilibre ; et les traits mêmes de notre visage, dans le sourire, ou dans la moue ? Alors, c'est l'expression qui triomphe de l'eurythmie, le beau *dynamique* qui domine le beau statique.

Mais que le vif intérêt de ces questions d'Art ne nous éloigne pas de notre sujet. De tous les exemples cités, un principe clair se dégage, principe qui régit nos organes artificiels aussi strictement que les instruments naturels de la vie : c'est l'*Adaptation*. Voilà le grand régulateur de la forme, le ressort qui la meut dans telle ou telle direction. Nous l'avions dit déjà: c'est la différence de fonction qui détermine la différence de figure. A fonction commune, figure égale ; à fonction distincte, figure dissemblable. Sur la *tige* elle-même, lieu d'élection de la variété, la configuration des appendices ne varie pas, tant que leur tâche de vie reste identique ; aussi voit-on les feuilles se succéder assez longtemps de suite sans changement ; les « *bractées* » ne s'y substituent que pour servir de base à la fleur (elles l'annoncent parfois d'assez loin) ; puis surviennent des feuilles plus ou moins profondément modifiées, qui, formant calyce et corolle, étamines et pistil, rappellent ces ouvriers qui, changeant de tâche, changent nécessairement de costume.

Mais si les éléments de vie similaires se répètent, dans le sens longitudinal, en *gradation*, ils se reproduisent, au sens transversal, en *opposition* ; là, les feuilles, groupées par paires, disent plus clairement la communauté de leur tâche ; très manifestement, elles répartissent une seule et même fonction sur les deux moitiés de l'espace, — à la manière, un peu, des *oreilles*, qui recueillent les mêmes ondulations sonores de deux côtés, — ou des deux anses d'une amphore, qui s'offrent, dirait-on, aux mains combinées des porteurs. L'idée de *collaboration* s'impose dès lors à l'esprit ; le *verticille*, et, en plus grand, l'*ombelle*, ou le *capitule*, en réalisent l'aspect intégral ;

qu'ils soient composés de limbes vivants, ou d'éléments artificiels comme dans le *lustre*, leur disposition rayonnante est le signe sensible, *esthétique*, d'une adaptation fonctionnelle uniforme.

* * *

Mais qu'on y fasse bien attention : rien n'est fixé, dans la Nature, de façon rigide ; et la souplesse de jeu de la vie pourrait même donner l'illusion que chez elle, je ne sais quelle fantaisie se met au-dessus des lois... Non, la Vie n'élude point, comme fait notre *Art*, les lois qui la gouvernent, et pour son plus grand bien. Seulement ces lois sont limitées, balancées dans leur exercice par d'autres ; de là ces écarts logiques, dont on se hâte trop de faire des exceptions à la règle. Jugez plutôt : si vous avez pu suivre quelque temps l'*unité* sur l'axe même de la diversité, — vous pourrez, réciproquement, sur l'axe de répétition, constater la *variation* ascendante. C'est le cas, par exemple, des tiges où chaque nœud émet d'un côté une *feuille*, — et de l'autre, une *fleur*. Ici donc, voilà des rôles tout différents qui s'opposent, qui se présentent simultanément au regard. Qu'est-ce à dire ? Est-ce que ma loi des deux axes croisés serait en défaut ? — Nullement, car ce cas n'est, après tout, qu'un trompe-l'œil ; dans la fleur dite *oppositifoliée*, ce qui paraît un axe continu, n'est qu'un assemblage de petits axes embranchés les uns sur les autres, bref : un axe composite, un *sympode* ; et ces fleurs qui s'opposent, paradoxalement, à des feuilles, ne sont pas, en fait, latérales ; elles sont rejetées latéralement, de vive force. Même le rameau qui continue, sournoisement, leur direction, est qualifié par les botanistes d' « *usurpateur* ». Perfidie végétale se couvrant, comme en politique, des apparences de la légalité.

Mais, au principe *des deux axes*, on peut faire une objection plus sérieuse : celle des tiges à feuilles *alternées*, d'abord, — puis des tiges dites « *volubiles* », qui n'en sont qu'un cas particulier, en somme, puisque tout axe

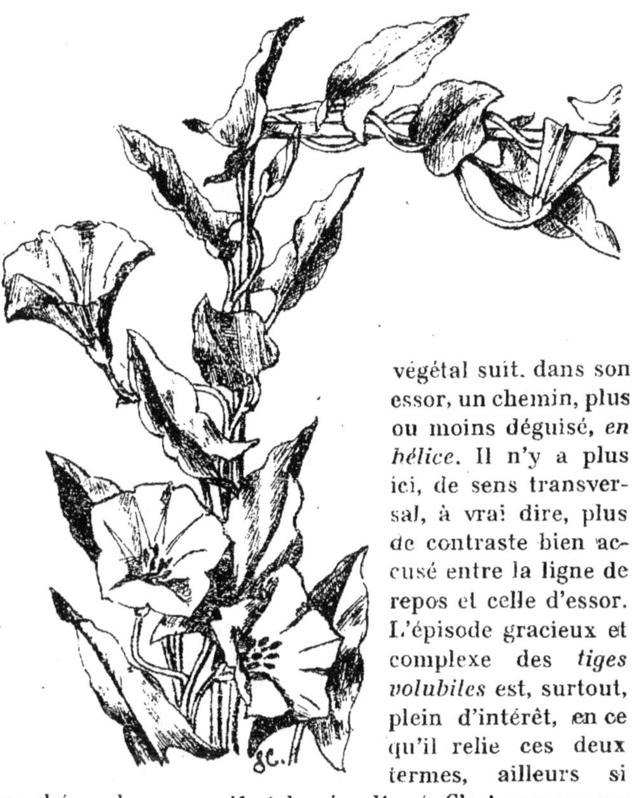

végétal suit, dans son essor, un chemin, plus ou moins déguisé, *en hélice*. Il n'y a plus ici, de sens transversal, à vrai dire, plus de contraste bien accusé entre la ligne de repos et celle d'essor. L'épisode gracieux et complexe des *tiges volubiles* est, surtout, plein d'intérêt, en ce qu'il relie ces deux termes, ailleurs si tranchés : le *successif* et le *simultané*. C'est comme un pont jeté sur l'abîme qui séparait ces deux unités, celle de *répétition* et celle de *coordination*. L'hélice, en thèse générale, qu'elle trace un galbe de tige ou la rampe d'un escalier, c'est l'apaisante conciliation de l'essor et de l'étalement, du besoin de monter et du besoin de se déployer.

Quoi qu'il en soit, l'esprit de ma *loi* reste intact, puisque dans le cas de gradation continue comme en celui de superposition étagée, c'est toujours l'*adaptation* qui règle les ressemblances et les différences de forme. Seulement, dans le cas *gradatif*, cette *adaptation*, au lieu d'agir d'aplomb, procède par transitions ménagées ; elle *biaise*. Vous avez vu, dans la fleur *spiralée*, un exemple de cette méthode : les limbes foliaires s'adaptaient par degrés, et comme à vue d'œil, à leur rôle nouveau : la *fructifica-*

tion ; d'où passage adouci du feuillage à la fleur, et prédominance, au moins pour nos yeux, de l'axe « évolutif » sur le « symétrique ».

* *
*

De l'individu, maintenant, passons à la *race*. Allonsnous retrouver là, sur l'arbre généalogique de la flore, l'homologue de nos deux axes ? — Oui, sans doute, mais à condition qu'on le compare, cet arbre idéal, non pas à l'*églantier*, mais à quelqu'une de nos essences forestières. Effectivement, dans un *chêne*, l'axe longitudinal ou d'évolution se dédouble ; — que dis-je ? il se disperse en vingt directions plus ou moins obliques, représentées par les grosses branches, puis les rameaux, enfin les ramuscules de la cime ; et c'est à ce niveau seulement que transparaît l'axe transversal ou de symétrie. Ce dernier, d'ailleurs, n'est pas moins dispersé que l'autre ; il se manifeste à la fois sur tous les points de la vaste cime, et le feuillage, en son étalement, représente ce lieu d'*élection de l'unité*.

Or, ce qui correspond, sur l'arbre de Flore, à cette unité, c'est l'*espèce*. Groupement idéal des individus aussi semblables entre eux que possible, c'est comme un feuillage sans cohérence, uni dans le temps, mais épars dans l'espace. Quant à la *diversité*, toujours en croissance, elle sera représentée par ces groupes de plus en plus convergents qu'on appelle, en classification, le *genre*, la *famille*, l'*ordre*, la *classe*..., et l'*embranchement*. Ce dernier terme me dispense d'insister sur la justesse de mes métaphores. Le passage des ramuscules aux rameaux, et des rameaux aux branches maîtresses, puis au tronc, figure, d'une façon rationnelle, celui des groupes homogènes aux groupes de plus en plus différenciés.

L'adaptation des plantes au milieu

Ainsi la flore tout entière, à l'exemple du plant isolé, se développe en deux directions, — mais en fonction du *temps*, cette fois, non de l'espace ; elle évolue, suivant le cours des âges, en variant toujours ses formules, — et les répétant, à mesure, — commé faisait, au reste, le plant d'églantier pris à part, — avec cette différence qu'ici, la *variété* et *l'unité* ne dépendent plus de la *fonction*, mais du *milieu*. L'*adaptation* continue bien d'agir, mais elle transpose, pour ainsi dire, son champ d'action, l'étend du centre végétal sur le monde extérieur, environnant, ce qu'on appelle l' « *ambiance* ». — Non point que la fonction cesse de diriger l'essor du contour ; mais, n'ayant plus à « *créer l'organe* », comme on dit, tout son office, désormais, consiste à le perfectionner. La *fleur* une fois introduite, fût-ce à l'état d'ébauche, ne change plus de rôle, en tout le cours des âges ; seulement, ce rôle perpétuel, elle le remplit avec une délicatesse toujours croissante. Vous allez voir, dans peu d'instants, où cette action de *perfectionnement* nous conduit.

Mais c'est l'adaptation de la flore au *milieu* qui, pour le moment, doit nous retenir. Je subdivise ainsi ce milieu : le *sol*, — l'*air*, — l'*eau*, — le *voisinage*, — le *mélange de sèves* ; milieu physique, et milieu social ou sexuel. — Qu'on ne s'attende pas ici, de ma part, à des affirmations pour ou contre *Darwin* ou *Lamarck* ; même pas à la discussion de la fameuse théorie transformiste. Est-ce le milieu qui varie les formes, ou bien sont-ce les formes qui, variées déjà, choisissent le milieu qui leur est propice ?...

La nature argileuse ou calcaire du *sol* admet telle espèce ou l'exclut, mais n'en modifie que peu l'organisation. De même pour le *climat*, qui, variant au cours des âges géologiques, a plutôt favorisé telle semence aux dépens de telle autre. L'action de *voisinage* a-t-elle déterminé l'apparition des plantes volubiles, par exemple ? — Cela demeure très problématique. — Seul, le *mélange de sèves* paraît capable d'entraîner de véritables transformations chez l'espèce ; mais c'est un peu forcer les choses que de le rattacher au *milieu*. — Pour ce qui est des *plantes aquatiques*, on ne peut nier l'action de l'eau sur la forme des feuilles en lanières. Mais ce sont là de ces adaptations que je qualifierais de *fermées*, et qui sont, pour la variation ultérieure, des sortes d'impasses. Je crois que la *variation*, pour obtenir les résultats que nous voyons, a pris d'autres chemins que ceux-là.

Laissant à d'autres un exercice assez infécond, et d'ailleurs bien usé, nous prendrons les choses au point où nous les trouvons aujourd'hui : l'algue dans l'océan, le glaïeul des marais près de son marécage, le gui haut perché sur son arbre, et le lierre grimpant à son mur. Une idée superbe et féconde, et qui, celle-là, n'est pas encore embrouillée par la controverse, celle des *sources de beauté dans la vie*, nous attire, et réclame tous nos efforts. Ce n'est pas une *Histoire naturelle* que nous écrivons : c'est l'*Histoire esthétique de la Nature*.

Dès lors, la notion du *perfectionnement* organique offre pour nous un intérêt singulier. Toute la question de *beauté*, peut-on dire, se réduit là. Que nous importe, au fond, le degré de ressemblance ou de dissemblance ? Notre but suprême n'est-il pas de déterminer le degré d'*harmonie* ou de *désaccord* ?

*
* *

Reconnaissons, en premier lieu, que ni les *fonctions* ni les *milieux* divers ne s'équivalent. Milieux ou fonctions ne sont pas seulement différents de nature ; ils sont, de plus, inégaux en valeur. Nul n'osera, fût-il d'esprit le plus égalitaire, prétendre que la *tige* n'est pas supérieure à la racine, la *feuille* à la tige elle-même, et la *fleur*, enfin, à la feuille. C'est la distance qui sépare, d'un côté, le milieu aérien du milieu souterrain, — de l'autre, la fonction de respiration de celle de soutien, et celle de *perpétuation de l'espèce* de la pure tâche végétative. De même, le nénuphar est au-dessus de l'algue, comme l'eau douce au-dessus de l'eau salée. Et si la plante notoirement fleurie l'emporte, esthétiquement, sur l'*apétale*, n'est-ce point par cette fonction, pour ainsi dire *vexillaire*, dont vous savez que la corolle a le privilège ?

Aussi bien, dans les fonctions comme dans les milieux, devra-t-on distinguer l'*infime* du *sublime*.

Mais ce point ne clôt pas encore la question. Car ces milieux — ou ces fonctions de vie, quels qu'ils soient, l'être vivant peut s'y conformer bien ou mal. L'*adaptation* elle-même a donc ses degrés, *infimes* et *sublimes* : elle est heureuse ou malchanceuse, adroite ou gauche, insuffisante — ou parfois, par excès de zèle, surabondante. La réussite — ou l'insuccès — de nos tentatives d'acclimatation, comme de nos essais de croisement, donne quelque idée de ce qui doit se passer dans la Nature libre. Mais que les aléas, ici, sont nombreux, et qu'ils sont divers !

Pour ce qui est du *milieu*, deux choses peuvent se produire : il s'offre favorable — ou défavorable. Or, en ce dernier cas, la plante a deux alternatives : ou bien résister au milieu contraire, et persister sans compromission; c'est ce que j'appellerais « la *manière forte* » ; ou bien céder aux exigences du sol, du climat, modifier ses instruments de vie pour les mettre au pair, — *biaiser*, en un mot, se transformer pour ne point périr : c'est « *la manière faible* ».

Mais vous avez vu, déjà, que ces transformations attribuables au milieu ne vont pas très loin. Même en ces longues périodes géologiques si tourmentées, elles n'ont pu, vraisemblablement, aller jusqu'à produire des différences aussi tranchées que celles, par exemple, qui séparent les « *feuillus* » des « *résineux* ». Que si l'inaptitude du végétal à se plier au miileu contraire suffit peut-être à justifier les lacunes de la flore, — sa flexibilité — disons mieux : sa *plasticité*, ne saurait rendre compte des différences actuelles de forme. Il faut donc chercher un autre facteur, et c'est le facteur *interne* d'évolution, le même qui, ayant réalisé, dans la faune, successivement, les thèmes distincts de l'*insecte*, du *mollusque*, de l'*oiseau*, du *mammifère*, a livré chacun d'eux, après-coup, à l'action des milieux terrestre, aquatique, aérien, pour en faire des animaux marcheurs, nageurs, ou volant. Là se bornerait le rôle de l'Adaptation, et ce serait déjà bien beau. Mais encore une fois, ce sont moins ces différences qui nous intéressent, que leur signification et que leur valeur *esthétique*. Ce qui nous frappe surtout en l'*adaptation*, c'est qu'en modifiant plus ou moins le thème végétal d'après son milieu, elle introduit l'élément pittoresque et bien personnel, ce que les artistes nomment le « *caractère* ».

La Sélection, et l'idée de progrès esthétique.

Quant à la *Sélection*, qui n'est, en somme, qu'une adaptation au degré le plus favorable, — une adaptation « *sublime* », son plus grand mérite, à nos yeux, est de fonder l'élément *harmonique*, c'est-à-dire la *beauté pure*. C'est à celle-ci, j'en suis convaincu, que doivent aller nos préférences ; d'autant plus que dans la flore, en particulier, sa prodigieuse variété d'aspects la sauve du reproche de monotonie. Parcourez, après quelque séjour en Extrême-Orient, ce qu'on a tant raison d'appeler « *la belle France* ». En ces landes bretonnes, toutes dorées d'ajoncs, en cette Normandie d'une verdure si douce, en ces forêts de hêtres et de chênes aux harmonieuses frondaisons, devant ces fougeraies tapissant les coteaux, ces oseraies garnissant la marge des fleuves, dites : regrettez-vous les *cactus* hérissés d'épines, en raquettes, les figuiers au tronc bas, aux feuilles charnues, et les déserts où pullule l'*alfa* ?... Le *baobab*, le *cyprès chauve*, ou l'*araucaria*,

sont plutôt des choses curieuses que des choses belles. Aussi, lorsque j'écris ce mot de *sélection*, n'allez pas vous méprendre : ce n'est point la sélection des horticulteurs, ce choix systématique qui s'adresse surtout aux singularités, aux « fastuosités » naturelles pour les propager, les rendre plus fastueuses, plus singulières... Mais, me servant du terme, j'y sous-entends le qualificatif d' « esthétique ». Je me souviens d'ailleurs que ce mot « sélection », pris à la langue anglaise, est tout proche parent de notre mot français d'*élégance*. Or, à mon sens, dans la flore, aussi bien qu'en l'art du *costume*, l'opulence des formes et la complexité subtile des façons ne primeront jamais l'élégante simplicité, la pureté, la séduisante jeunesse des thèmes primitifs.

*
* *

Artificielle ou naturelle, dérivée du caprice humain ou du bon vouloir éternel de Dieu, la *sélection* n'est donc pas toujours *idéale*. En nos jardins dits « d'agrément », comme en nos potagers, elle produit trop souvent des monstres. Même en ce grand jardin libre de la Nature, une adaptation trop spéciale (en les *Orchidées,* par exemple) met au jour des formes tellement bizarres, que l'éclat seul du coloris, la seule finesse du tissu, sauvent leurs lignes tourmentées ; fantômes d'insectes ou d'oiseaux. cauchemar brillant et sinistre. Et d'ailleurs, en notre flore elle-même, des types végétaux arriérés sous le rapport de l'évolution, l'emportent fréquemment en grâce, en harmonie, en perfection de formes, sur d'autres types plus avancés C'est l'histoire de la servante mieux favorisée des Grâces que sa maîtresse... Oui, combien la *fougère,* simple cryptogame de naissance, surpasse par l'élégante et souple distinction de son port, le sapin au feuillage coriace et sommaire, et cependant de rang biologique supérieur ! Les *iris,* les *tulipes,* les *lys,* sont, comme « monocotylédones », au-dessous des mercuriales, des oseilles... On a peine, pourtant, à le croire, en leur voyant des fleurs si remarquables. Est-donc que la *beauté* n'irait pas du même pas, toujours, que le progrès organique ?

Eh ! sans doute ; l'observation prouve bien qu'il en est ainsi : suivant la chaîne de Flore, anneau par anneau, l'on saisit une *différence de marche* entre ce progrès organique et le progrès purement *esthétique.* Celui-ci, par instants, anticipe sur celui-là ; et par instants, aussi, le *beau* se laisse distancer par l'*utile.*

* *
*

Je ne puis m'empêcher ici de jeter un coup d'œil sur nos *Arts.* Bien des gens croient encore au *progrès continu,* dans la Musique, par exemple. Mais il faut s'entendre... Est-ce du progrès *technique, organique,* ou du progrès *esthétique,* dont il est question ? Car il faut distinguer entre la *complexité,* qui grandit toujours, et la *perfection,* tout épisodique, des chefs-d'œuvre. Ceux-ci s'échelonnent. en effet, sur l'axe des temps, plutôt qu'ils ne s'y sérient. hiérarchiquement ; basés sur le *génie,* qui ne se transmet guère, ils apparaissent en ordre discontinu, et par intervalles irréguliers ; on ne peut les prévoir. — Ce qui donne le change, c'est que l'idée sonore, nouvelle chaque fois, *inédite,* s'appuie sur un appareil tout monté, modes ou gammes, accords, formules générales, ornements. Mais

il faut se garder de confondre la *formule* avec la *forme*
proprement *artistique*. Pour choisir des exemples précis,
la *fugue* était un cadre aménagé d'avance, et très rigoureux. Un homme de génie, tel que *Bach*, intervient ; il en
fait le canal de pensées caractéristiques, originales, et
libres d'allure. Les *gammes*, ascendantes ou descendantes,
n'ont que l'intérêt d'exercices. *Beethoven*, en le prologue
si curieux de sa septième symphonie, sut en faire des

élans puissamment expressifs. — Qu'est-ce, en soi, que le
gruppetto ? Un bref circuit sonore, dont l'esprit de médiocrité peut faire un élément machinal, un *poncif*.
Or *Haydn*, le prodiguant en telle de ses œuvres, en
a fait une série de gestes gracieux, câlins, enve-
loppants. Ainsi du *podatus*, du *clivus*, du *torculus*, et des
autres « fragments de dessin » mélodiques, qui se retrouvent aux chants grégoriens les plus inspirés. Enfin, citons
l'accord de 7ᵉ de dominante comme une trouvaille ingénieuse, un legs précieux de Monteverde. Voilà, certes, un
élément de progrès ; mais *sans lui*, déjà, de très belles
œuvres avaient vu le jour ; et de très médiocres, *avec lui*,
se sont, dans la suite, réalisées.

Ainsi ces simples matériaux, pierres d'une architecture

encore indécise, ne valent que par *l'ordonnance* qui leur sera, de par le génie, imposée. Sans doute, à l'instar des mots isolés, même des syllabes, ils expriment quelque chose déjà ; mais ce quelque chose est si fragmentaire ! Tel un pétale de rose, une vrille de vigne, une aiguille de pin isolée. La pâle tribu des *imitateurs* en abuse, c'est évident ; et, de son côté, celle des fougueux *novateurs* rêve de s'en passer. Mais ils ne méritent, en définitive, « ni cet excès d'honneur, ni cette indignité ». Et moi, je dirais surtout aux jeunes constructeurs de sonorités : édifiez votre cathédrale nouvelle ; mais, de grâce, ne bouleversez pas le chantier !

*
* *

Qu'on me pardonne cette digression. Elle n'était point tout-à-fait inutile, pour mettre les choses au point, et dissiper cette chimère d'une *évolution progressive* de la beauté. Plus réelle, peut-être, serait son évolution *régressive*, son recul. Nous avons observé celle-ci dans la flore, où les styles végétaux, se succédant à la manière des styles artistiques, glissaient tour-à-tour à la décadence. L'intelligent botaniste qu'est *de Saporta* l'a bien exprimé : « Considéré de haut, écrit-il, le monde végétal ressemble « à un peuple, au sein duquel se seraient succédé plusieurs races, ayant eu chacune leur jour de puissance ». Au lieu de « puissance », mettez : *beauté ;* vous serez toujours dans le vrai : à chaque étape du progrès, la Flore — comme la Musique et l'Art monumental, comme la Peinture et l'Art littéraire, eut ses jours de splendeur, ses « moments de génie ». Me voici donc bien autorisé à conclure que le *beau* n'est pas fonction continue du temps, mais sa fonction *périodique*. Chaque période du cycle de beauté se partagerait en trois stades : un d'*harmonieuse simplicité,* — puis un de *complexité* plus ou moins *discordante,* — enfin, stade suprême, celui de la *complexité* redevenue *harmonieuse.* A vrai dire, cette alternance de moments favorables et de crises n'est bien sensible qu'au *règne animal...* La *flore* est moins contrastée pour nos yeux, d'aspect beaucoup plus homogène. Je vous peignais tout au commencement, son privilège de beauté presque continue. Choisissons donc pour elle des termes atténués :

disons, si vous voulez, que la tendance à la *variation*, qui
complique ses formes, est tempérée, périodiquement, par
la tendance antagoniste à l'*unification*. Ainsi sommes-
nous ramenés, par un long, mais logique circuit, au point
de départ : la Diversité se résolvant dans l'Unité pour
former le beau.

De l'ordre de filiation dans le temps
à celui de répartition dans l'espace

Jusqu'ici, le règne végétal s'est offert à nous dans une
vision successive, et déroulant, au cours du temps, la
riche diversité de ses formes. C'est là l'ordre de *filiation* ;
il nous a révélé le lien d'unité de la flore. Mais cet ordre
est abstrait ; il demeure intellectuel et tout idéal, par la
raison que notre carrière si courte ne nous laisse saisir
qu'un moment de vie dans un cycle de plusieurs milliers
de siècles, peut-être... Au lieu que l'ordre de *répartition*,
se manifestant dans l'*espace*, reste accessible à notre vue,
l'espace étant celui, relativement restreint, de cette planète.

Or, cet ordre de répartition des plantes sur la Terre,
— l'*adaptation au milieu* nous y conduit tout naturellement, puisqu'elle-même l'a déterminé. Cette adaptation,
sans doute, fut passive ; il ne faudrait pas se la figurer
comme une force à part, mais plutôt comme la « *force
des choses* ». Une espèce végétale se sème, et, comme en
la parabole de l'Évangile, une part des graines est dévo-
rée par les oiseaux ; une autre tombe sur un roc stérile,
et se perd ; une troisième lève, et la sécheresse la fait
avorter. Seules persistent les semences qui, par leur propre vertu, ou l'heureux concours des circonstances, sont
capables de vivre et de se développer là où le vent — ou
les insectes les ont portées. Ainsi le vent — ou les insectes, sont ici les agents, bien aveugles, de distribution :
(et je parle aussi bien du *pollen* que du grain, de la
semence reproductrice).

S'ils transportent l'espèce à la bonne place, c'est par
hasard, — avec cette réserve, que la plante-mère ne peut
guères essaimer que dans ses entours. — Les agents *de
fixation* opèrent, au contraire, à coup sûr : ce sont le
sol, l'*air* ou l'*eau*, le *climat*, le *voisinage*, enfin l'alea

sexuel ou *mélange de sèves*. Eux procèdent très simplement, par élimination des faibles, ou, pour adopter le langage darwinien, des « *moins aptes* ». Ainsi le *sol* calcaire rejette telles plantes, retient telles autres ; et le sol argileux suit, pour sa part, la même méthode inconsciente. La nature de l'*air*, vif ou lourd, sec ou moite, agit à son tour ; l'*eau* choisit, de même façon, ses hôtes : ce sont les plantes aquatiques. L'influence du *voisinage*, aussi, se manifeste ; les spores des champignons se développent au pied des chênes ; celles des lichens s'hospitalisent sur les écorces. Le *gui*, grâce aux grives, se fait arboricole. Les tiges volubiles, tâtant l'horizon, trouvent un tuteur. Parlerai-je des grains de bluet, de coquelicot, ou de nielle ? Le vent les dissémine un peu partout ; mais ils prospèrent dans nos champs de blé, parure heureuse pour l'artiste, — et, pour le cultivateur, parasitisme malencontreux.

On voit, par ces exemples, comment la Nature, bien inexpressément, prépare les éléments du paysage. La *Vie* travaille, en somme, pour la *Beauté*, comme une ouvrière qui tisserait, couperait, assemblerait et couderait les pièces sans commande, et de sa propre autorité ; soignant, du reste, son ouvrage, au point de vue purement pratique, pour qu'il soit solide et durable, et le distribuant judicieusement, de manière qu'il soit, dans tous les cas, conforme au destinataire. Et cet ouvrage, venant au jour en bonne place, emporte l'approbation, l'éloge des hommes. On n'y distingue pas, souvent, le « *savoir-faire* » ; on n'a de regard que pour sa beauté. N'est-ce pas là, quand on considère nos *modes*, comme un conte de fées vraiment merveilleux ?

Quoi qu'il en soit, l'ordre *chronologique* ou de filiation des formes dans le temps, trouve son complément dans l'ordre *géographique*, ou de leur répartition sur le globe. Le premier nous avait révélé l'*unité* dans la prodigieuse diversité des formes vivantes — ou ayant vécu ; c'était comme une vision de l'intelligence, étendant son regard très loin dans le passé, pour le rattacher au présent. — Le second limite notre regard à ce présent, dont nous sommes les témoins et les spectateurs éphémères. Il n'est point, cette fois, forcément abstrait, puisque nous avons le pouvoir de nous déplacer, soit que, pour avoir quelque idée des *Calamites*, des *Lépidoden*-

drons, de tous les types éteints de l'époque carbonifère, nous devions descendre en les mines de houille, et feuilleter le « *livre noir* », — soit qu'une traversée d'un mois nous fasse contempler sur place, et sur le vif, les *Fougères arborescentes*, les *Gingkos* aux feuilles en éventail, les lianes géantes, toutes ces flores exotiques dont certains échantillons, même, peuplent nos jardins.

Mais, — je me hasarde à le dire en passant : qu'on se méfie de ces phalanstères appelés *museums*, où la plante, comme l'animal, est détachée de son milieu, déracinée, « *dépaysée* ». Bons pour l'étude botanique, ou zoologique, ils sont, pour l'*Esthétique*, assez fallacieux. Car, en définitive, si l'arbre, l'herbe ou le buisson forme un *tout*, théoriquement, il ne constitue, dans la réalité complexe du monde, qu'une *partie*. C'est si vrai, que le langage, de pur instinct, groupe les êtres similaires dans l'unité d'un mot collectif ; il dit : la *fougeraie*, la *chênaie*, la *saulaye* ; même il rassemble des végétaux assez divers sous les noms de *forêt*, de *prairie*... Juger une plante isolée, c'est risquer, bien souvent, de commettre une erreur, une injustice ; son aspect, ainsi, peut déplaire, comme déplaît, dans une architecture, tel ou tel membre extrait de l'édifice, — en musique, tel ou tel motif détaché, — telle ou telle phrase littéraire privée de son contexte. Vous aurez l'occasion d'éprouver, dans la *faune*, toute la justesse de la remarque. Quant à la *flore*, sans vouloir chagriner l'ouvrière qui soigne, à sa fenêtre, un pot de *dahlias*, je proclame que la seule vision rationnelle qu'on en peut avoir est celle de la libre Nature, — oui, de ce grand Jardin que l'agriculture ne parvient pas à gâter, comme l'*horticulture* gâte les nôtres, et qui, sur de longs espaces, nous console de leur disparate par son *unité*.

C'est dans cet esprit que, pour couronner mon livre de la *Flore*, je me suis donné le plaisir de composer encore un chapitre. On y verra les formes végétales groupées cette fois, non d'après leurs ressemblances, mais suivant leur *adaptation commune au milieu*. De la sorte, on n'aura plus, comme en nos *museums*, le spectacle de végétaux proches parents rapprochés de force, hors de leur lieu de vie, — mais celui de formes végétales souvent éloignées par la sève, et que la communauté de besoins a faites voisines. Traversant le paysage de bout en bout, je peindrai, dans un seul tableau, la variété d'essen-

ces qui fonde la *forêt* ; puis celle des espèces herbacées
dont le *pré* se compose ; puis la tribu grimpante de la
haie ; celle, flottante, de l'*étang,* etc. Autant de groupes
harmoniques dont l'*unité,* d'un tout autre ordre que celle
des classifications, s'explique à la manière d'une *symphe-
nie.* Ne voit-on pas, dans ce tableau sonore, des instruments divers, et des thèmes très contrastés, concourir à
l'effet d'ensemble ?

Tableaux de la Flore

Les plantes groupées suivant leurs milieux

Forêt fossile et forêt moderne. — Bois, landes et prairies. — Champs et cultures. — La haie ; plantes volubiles. — L'étang. — Mur, chaume et fontaine. - La plage, plantes marines.

FORÊT FOSSILE ET FORÊT MODERNE

Est-ce que, visitant quelque musée très calme de peinture ancienne ou d'archéologie, vous avez été frappé, comme moi, d'un contraste ? — Au dehors, sur la place publique, luisante de soleil ou mouillée de pluie, des hommes, des femmes, des enfants passent, vivants, affairés, vêtus comme vous l'êtes, parlant la même langue que vous, familiers, tout en demeurant inconnus, ne vous étonnant pas... Tandis qu'ici, sous le plafond du musée, au dedans, vous contemplez, surpris, d'autres hommes, d'autres femmes, d'autres enfants, qui ne « passent » pas, ne sont plus des *passants*, mais s'offrent en portraits, en tableaux, immobiles, vêtus de costumes démodés, silencieux, figés dans un geste, ayant vécu.

Tout analogue est le contraste, aux yeux savants, entre la flore actuelle et vivante qui verdoie, s'épanouit, frémit sous un ciel, et la flore morte, fossile, dont les attitudes pétrifiées se lisent, en images aussi, sur les feuillets noirs de la houille.

Ici, comme au musée d'Art, il faut que l'imagination se déploie, que notre regard intérieur s'adapte à la distance du passé. L'archéologue, artiste quelque peu, fera cet effort aisément : assemblant mille documents épars, les complétant de ses intuitions ou déductions propres, il rendra le mouvement, la vie, à ces personnages de peinture, fera flotter leurs robes ou leurs manteaux, les

mettra dans le plein air de la rue, besogneux ou somptueux, tels ils furent jadis, les refera « passants »,.
citoyens d'une ville... C'est absolument cela que le naturaliste effectue pour les individus végétaux. Ces em-
preintes de *Fougères* ou de *Lycopodes* sur les schistes
plats du carbonifère ont justement le fort et le faible
des vieilles estampes, des peintures embues, patinées :
et, comme elles, nous gagnent d'une éloquence silencieuse et morne, comme elles, excitent notre curiosité de
connaître et d'aimer. Car il est une soif d'*en deça*, non
pas seulement d' « au delà ». Remontant le fleuve d'évolution en esprit, la Science goûte un plaisir esthétique à
ranimer ces feuillages éteints, à leur redonner la couleur,
le tressaillement à la brise ;..... et quand, à force de
patience et de méthodique ténacité, des hommes tels que
Brongniart, Corda, Schimper, Grand-Eury, parviennent à
reconstituer un coin de la grande forêt primitive, nous
admirons ce résultat comme une œuvre d'art (1).

*
* *

Cette forêt primordiale, aucune des nôtres, — je ne dis
pas seulement de notre pays, mais de notre temps, —
n'en saurait donner une idée. Ni chênes au tronc massif,
aux ramures progressivement décroissantes, ni châtaigniers aux feuilles plates, dentées en scie, ni frênes élégants, ni bouleaux argentés, ni peupliers en pyramides,
ni coudriers, ni charmes, ni platanes ; point même de
palmiers, de cactus ou d'araucarias ; point de cyprès
encore, d'ifs, de sapins, de cèdres. Et surtout, soit à la
cime des arbres, soit à leur pied, nulle fleur, aucune
corolle égayant de rouge, de jaune ou de violet, la verdure.

. Toutes les « essences » qui dominaient alors ont dis-
paru, soit comme espèces, soit comme groupes naturels.
Et quant aux types parvenus jusqu'à nous, ils ont subi
des transformations, en chemin, qui les ont faits méconnaissables. Actuellement, les *Lycopodes* sont connus
pour de jolies petites plantes très délicates, capables
d'être confondues avec les mousses.

(1) La reconstitution d'une flore ou d'une faune éteinte, et fossile,
n'est-elle pas assimilable à celle des antiques monuments, des cités
disparues, enfouies sous la terre ?

Nos jardiniers en font des marges de massifs ; elles encadrent les fleurs de luxe à ravir... A l'époque houillière, c'étaient des arbres de haute taille, formant futaies. Ainsi cette famille des *Lycopodiacées* a dégénéré, comme ont dégénéré du reste, également, celles des *Equisétacées*, des *Fougères*... Des premiers de ces végétaux, il ne nous reste que les *prêles*, vulgairement « queues-de-cheval », curieuses tiges d'un vert glauque, frêles, très allongées, et qu'on reconnaît aisément à leurs verticilles bien étagés de rameaux, raides, géométriques, sans feuilles apparentes. Ils peuplent la lisière des marécages et nous étonnent par leur contraste avec la flore environnante, par un je ne sais quoi de fruste, de primitif. En effet, le prêle est un attardé de l'évolution. Aux temps où je vous ramène en esprit, il était arbre, aussi bien que le lycopode ; et ces *Equisetum* gigantesques, associés aux *Lepidodendrons*, leurs égaux, suffisaient à boiser de larges espaces. Quant aux *Fougères*, leur décadence est moins prononcée ; mais les espèces arborescentes, aujourd'hui l'exception, étaient jadis la règle. Les troncs élevés et robustes qu'on a découverts même sous nos latitudes, et qui portaient un panache de frondes élégamment découpées, témoignent d'une fécondité, d'une expansion de sève incroyable.

A côté de ces trois types cryptogamiques survivants, encore qu'affaiblis, les *Lycopodiacées*, les *Equisétacées*, les *Fougères*, croissaient des races végétales aujourd'hui complètement éteintes : les *Sigillariées* et les *Cordaïtes* (1). Il faut se représenter les « Sigillaires », d'après les restaurations, comme des troncs de 35 à 40 mètres, d'une seule venue, ras jusqu'au voisinage extrême du sommet, mais revêtus d'une écorce admirablement ciselée de losanges, comme des cachets (*sigillum*), avec un plumet terminal de feuilles rigides, en aiguilles, le tout, sans doute, d'un aspect plus étrange que magnifique.

Pareille physionomie ne se rencontre, à présent, nulle part ; sur aucun des deux hémisphères, un végétal quelque peu voisin de celui-là ne fut signalé. Même le type s'en perd assez tôt dans les couches géologiques, et l'on incline à voir en la « Sigillaire » une forme de transition, le trait d'union peut-être, entre les crypto-

(1) Du nom du naturaliste *Corda*.

games à tige et les phanérogames gymnospermes ou *Conifères*.

Pour ce qui est des *Cordaïtes*, ils rappellent assez, par leur port, les *Podocarpus* et les *Dammara*, végétaux encore existants. Leur tronc, aussi droit que celui des lepidodendrons, des fougères arborescentes, des calamites, offrait une surface corticale bien unie ; ramifié par bifurcation successive (ou *dichotomie*), comme le premier de ces arbres, il étalait des feuilles moins élémentaires, approchant davantage des nôtres par leur groupement en épi lâche. Guidés par des caractères de structure, les botanistes hardis en font le terme de passage au groupe de végétaux supérieur : aux *angiospermes*. Les « Cordaïtes », en effet, sans égaler encore, tant s'en faut, les essences forestières modernes, offrent déjà, sur les conifères de la houille, un ensemble de traits supérieurs. Ceux-ci, les *Conifères*, sont représentés largement comme individus, parcimonieusement comme espèces. Aucun, d'ailleurs, qui se soit conservé tel quel jusqu'à nos jours ; mais des formes spéciales à l'époque, les *walchia*, les *ulmannia*, les *arthropicus*, et cette espèce fossile dite *salisburia*, dont les feuilles bilobées, à nervures parallèles, ressemblent à celles du *gingko* de Chine, si curieuses (1).

En résumé, les caractères expressifs de la *flore carbonifère* sont ceux-ci : grande monotonie, causée par le petit nombre d'espèces et l'extrême richesse en individus ; majesté simple, austère, et quelque peu rude de ces milliers de troncs, en colonnes géantes couronnées comme d'un chapiteau de feuillage, — si, du moins, le nom de feuillage convient à ces plumets, à ces panaches raides, à ces pinceaux qui composent la cime des *lepidodendrons*, des *sigillaires* ; hardiesse et régularité dans le port, qui multiplie pour les yeux presque exclusivement les directions verticales, et qui ferait le paysage trop rectiligne et fastidieux de géométrie, si les cimes de fougères ne l'assouplissaient de leurs frondes élégamment découpées, étalées en pennes d'oiseaux, les plus jeunes enroulées en crosses.

(1) Le lecteur trouvera, au Jardin du Luxembourg (côté de la rue de Médicis), un échantillon de cet arbre chinois, rare en France, le *Gingko biloba*, conifère qui simule, à s'y méprendre, un « feuillu ». Sa feuille est très décorative.

A la grâce de ces fougères, espèce esthétiquement si
précoce, joignez celle de végétaux plus modestes, qui,
sous les noms d'*asterophyllites*, d'*annularia*, de *spheno-
phyllum*, étendaient au travers des terrains inondés un
réseau de tiges frêles, allongées indéfiniment, enlaçan-
tes, joliment verticillées à l'instar de nos *galium* ou *croi-
settes*. Toute cette végétation sans fleurs, — puisque
encore aquatique à demi, - n'était donc point, déjà,
sans beauté. La force, l'élégance accomplie des espèces
aujourd'hui vivant sous nos yeux, elles étaient, dès ces
temps reculés, en germe, et, je puis dire sans métaphore,
en le bourgeon. — Bien plus, vous venez de le constater
avec moi : dans la futaie primaire, — ainsi d'une nef
romane, — les fûts les plus sévères risquent un essor
ornemental ; ils se couronnent par endroits de chapiteaux séduisants.

La forêt moderne.

A ceux qui ne jugent pas la Science inutile à l'admiration, je propose ce contraste de nos flores présentes
avec les passées ; et s'il est, par le monde, un botaniste
encore capable de rêver, ou bien un rêveur apte aux
curiosités botaniques, je le convie, au sortir des forêts
fossiles, à fouler les allées de Fontainebleau, de Com-
piègne ou de Chantilly. Un œil encore imbu des fres-
ques byzantines est mieux apte à goûter la grâce des
tableaux florentins. De même, à qui vient de feuilleter
l'album d'esquisses de la flore, avec ses raideurs et ses
insuffisances de dessin, c'est une surprise que nos bois
modernes en leur perfection de structure.

Je ne vais point les décrire, ces bois : le printemps les
expose pour tous chaque année. Chênes et peupliers,
ormes et bouleaux, saules, frênes, platanes et tant d'autres, sont nos voisins, nos amis ; citadins fatigués, nous
allons périodiquement leur rendre visite avec joie ; ils
nous sont chers et familiers, ils nous reposent et nous
rassurent ; leur renaissance nous intéresse en avril ; en
octobre, leur douce fin nous émeut ; je ne sais quel instinct très droit, mais caché, nous avertit que c'est ici la
beauté, l'idéal atteint ; et, par delà nos murs, nos besognes de ville, nos passions, nous les mettons, ces arbres,
comme jalons, sur le chemin qui mène au bonheur.

Non, je n'ai pas besoin de vous raconter la forêt. Et
pourtant il est un aspect sous lequel vous ne la connais-

sez pas bien peut-être, et c'est celui-là que je voudrais vous montrer.

****

En quittant cette terrasse immense et pleinement ouverte sur l'espace, pour pénétrer sous le couvert des grands bois, il vous semble, n'est-il pas vrai ? que vous changez de monde. Il n'y a; qu'un moment, vos yeux planaient comme l'oiseau suspendu de ses ailes au-dessus des prés, des terrains noyés de soleil, au-dessus des bouquets d'arbres, des maisons, des pierres semées parmi l'étendue. Malgré vous, longtemps, très longtemps, votre regard errait aux lointains libres ; il ne pouvait, votre regard, s'en détacher. Vous étiez vous-même surpris qu'un horizon matériel et sans vie captive ainsi votre attention, s'empare de votre être, vous fascine comme un œil vivant, volontaire.

Et voici que soudain, retourné vers la futaie, d'autres sensations vous arrivent. — Elle ouvre ses berceaux verts, la forêt, telle une cathédrale infinie, mobile, découpée, traversée de nefs en tous sens, et, vous engageant dans une de ces nefs, vous vous sentez l'âme émue, presque touchée d'amour, tant ces rameaux croisés en ogive sur vos têtes, en mains jointes, ont l'air de prier et de protéger à la fois... ; l'âme aussi, quelque peu craintive, tant l'allée s'allonge, embue de mystérieuse pénombre, on ne sait où. Des deux côtés du chemin, les feuillages ajourés font un rideau tremblant,

qui, par les trous de sa dentelle, laisse voir d'autres rideaux encore, et des claires-voies étagées en perspective, jusqu'à l'épuisement de la vue, non l'épuisement de la lumière.

Et lentement, très lentement, votre regard erre sur ces verdures, il interroge les panneaux entr'ouverts ; un instant, il croit voir des formes de dryades qui s'enfuient ; puis il se lève sur le pan de ciel laissé libre entre les branches hautes, et regarde flotter les nuages ; il cherche les oiseaux chantants et cachés à leurs balcons de feuilles ; enfin, il plonge vers le trou de lumière terminal où flotte une poussière d'or, et s'y fixe.

**

Mais qu'est-ce donc que cette forêt, pour vous émouvoir à ce point ? Une cathédrale ?

Non pas, puisque nul architecte humain n'a dressé ces colonnes encore habillées d'écorce, suspendu ces voûtes sans ciment, tendu ces tapisseries sans couture. Un tableau ? Non pas encore, puisque la couleur est adhérente ici à la structure même, à la structure profonde, et n'est pas une couche d'huile étalée sur les surfaces. Une symphonie, peut-être? Non plus, car aucun musicien n'a pu noter les bruissements pourtant mélodieux des feuillages à la brise, ni les gazouillis d'oiseaux dits *chanteurs*, ni le murmure plein d'harmonie des sources cachées.

Alors, qu'est-ce que la forêt ? Simplement ceci : *une colonie de végétaux arborescents*. Dans un temps où la vie ne ménageait pas sa sève, comme aujourd'hui, des germes se sont semés sur un vaste espace, drus, tels les grains que jette à poignées la main du semeur sur les sillons. Des essences voisines et parentes ont grandi, — non des chaumes frêles, flexibles, de port plébéien, petits et nourriciers, mais des tiges droites, robustes, des troncs majestueux et nobles, un peuple de géants qui ne donne point son sang, point sa chair, mais ses os. Les chênes rouvres sont là, ramifiant leur cime, durcissant leur cœur, attendant, impassibles, la hache qui doit un jour les frapper comme des rois... Leurs longs bras tordus s'immobilisent dans une attitude héroïque, à la fois implorante et résistante. Occupés surtout de nous-mêmes, dans la Nature, nous trouvons là je ne sais quelle race surhumaine, semblable à nous et différente de nous, dont le geste est fier et douloureux, et qui souffre, peut-être... Au lieu que si nous sortions de notre humanité prévenue, ce seraient des prédécesseurs très lointains, un ordre de créatures indemnes de souffrance et sans nerfs, même une colonie de colonies, car chacun de ces chênes, de ces ormes, de ces châtaigniers, qui nous apparaît comme individu, n'est-ce pas un corail gigantesque, aérien ? Un polypier dont chaque feuille, ou chaque chaton de fleurs est le zoonite ? Je me suis souvent demandé pourquoi notre esprit voit dans un « madrépore » une société animale, et ne voit pas un phalanstère végétal dans l'arbre. Et cependant, ce point de vue si peu répandu, si nouveau, serait fécond en expressions, en poétiques et profitables suggestions. Tout de suite une idée sociale, touchante, unit les verticilles et les rameaux entre eux ; qui ne sont pas seulement de jolies palmes ou de jolies grappes, mais sont des frères, des citoyens associés pour l'existence. Une république de fourmis nous arrête, et nous philosophons. Mais c'est une leçon d'économique, aussi, que ce chêne ou ce châtaignier. La division du travail, qu'on admire chez les insectes sociaux, s'y prononce déjà : n'y a-t-il pas des unités mâles et femelles, les *fleurs*, et des unités neutres exclusivement ouvrières, les *feuilles* ? Ces individus élémentaires et simplistes, vous ne les distinguez pas, tant ils sont unis, confondus dans la même sève, le même travail stationnaire et silencieux : la fleur ou la feuille est prisonnière du rameau ; le rameau lui-même est prisonnier de la tige ; la tige est prisonnière de l'humus .. Et toute l'harmonieuse association, voilée par son harmonie même, offre une vie diversifiée sur ses cimes, une vie concentrée à sa base. Là-haut, les individus feuilles, attachés par le fin cordage du pétiole, peuvent se présenter au soleil, à la brise, de face ou de profil ; esclaves pour le transport dans l'espace, ils sont libres au moins pour le geste ; ils se meuvent sur place, s'agitent, frémissent au vent, boivent l'averse avidement, pâlissent ou se foncent de teint, tremblent devant l'orage qui approche. Et, tandis que vous jouissez, promeneurs, de ces belles palmes d'attitude si paresseuse en l'immobile sieste de plein midi, un labeur ininterrompu leur fait puiser dans l'air le gaz vivifiant pour la plante, et qui, pour nous, n'est qu'un résidu dangereux de la vie. Si, ce jour d'été, la verdure est aussi pleine, aussi calme, et si les fleurs sentent si bon, c'est à cause de ces ouvrières discrètes, qui font leur tâche sans bruit, presque sans geste..., en des conditions idéales, peu coutumières à nos yeux.

La sève, il est vrai, vous ne l'apercevez pas à travers les écorces sèches et ruinées, sous le bois incapable de vie propre, comme l'os ; mais vous la savez là, coulant au cœur du tronc, mouillant les fibres profondes, allant faire germer au bout des branches dures un lacis de limbes humides et souples...

Comment n'y voyez-vous pas, au surplus, un sang fraternel qui circule en toutes les parties de la communauté ?... le trait d'union qui relie les unités vivantes entre elles, rattache la cime baignée de lumière à la souche serpentant dans l'obscur ?

Comment ? Par le divorce entre Science et Poésie. Hélas ! la Science ne sert encore qu'aux savants, et qu'elle serait utile aux artistes ! A présent que le faux dieu Pan n'habite plus ces parages, que les nymphes païennes et peu pudiques ont fui, que tout ce peuple mensonger, d'un charme suspect, a déserté la forêt, est-ce qu'elle est vide et déserte à jamais, la forêt ? — Mais non, vous sentez bien là la présence d'une Bonté, d'une Prévoyance, d'une Ingéniosité supérieures aux nôtres... Et la vie, qui partout se manifeste et s'épand dans la forme, l'éclat, le coloris, la sonorité, se suffit à elle-même et n'a plus besoin de symboles. Elle seule nous touche et nous émeut, nous vivants, et son unité, qui remplit tout de la même essence et du même parfum, annonce l'unité d'un seul Dieu. Cette unité, voilée si longtemps par la superfétation mythologique, rayonne dans la *lumière*, qui se ramifie, s'éparpille dans le feuillage, mais reste en perpétuelle continuité avec elle-même ; dans la *couleur*, qui varie jusqu'à l'infini des nuances une seule espèce chromatique, le vert ; dans la *forme*, se répétant sans monotonie de tige en tige ; enfin dans la *voix* de ces arbres, qui, vibrant sous l'archet du vent, ne rendent qu'une rumeur longue et plaintive, la rumeur de la forêt...

Mais, cette rayonnante unité va plus loin encore, car faisant déjà, des individus, feuilles et rameaux, un seul tout, l'*arbre* d'abord, puis la *forêt*, elle fusionne, à son tour, ce « tout » extérieur avec l'âme, et, de cette communion suprême, fait surgir cette fleur unique : l'*admiration*.

BOIS, LANDES ET PRAIRIES

Bois

Admirable dans son ensemble, et même inquiétante, parfois, lorsque sa masse sombre barre l'horizon au lointain, la forêt se fait séduisante et douce dans le détail. Cette mer monotone de verdure enferme une variété d'êtres et de choses qui, vus de près, divisent l'attention, ramènent sur elle-même l'imagination dilatée. Notre âme, en effet, lasse et comme tendue de synthèse, a besoin de se recréer par des analyses. Aussi, de la forêt embrassée dans son unité majestueuse, allons-nous reporter nos yeux sur les arbres, les arbrisseaux, les herbes, les lianes et les fleurs, sur les éléments de la forêt.

L'herborisation à laquelle je vous convie n'est point tant botanique — rassurez-vous — qu'*esthétique*..., c'est-à-dire que je ne vais point vous désigner des espèces, mais des « formes » ; point des organismes vivants, mais des partis décoratifs naturels. Ne perdez pas de vue, seulement, ce principe que la beauté se dégage ici, partout, d'une utilité.

Votre regard est sollicité, dans un bois, par ces trois niveaux : la *futaie*, le *buisson*, le *tapis végétal*. Elevez vos yeux, d'abord vers les cimes. A la fois, vous y remarquerez passage insensible et contraste. Les chênes, les hêtres, les ormeaux, les charmes, les aulnes et les frênes se présentent comme des êtres tout proches parents, en série : la texture et l'usure de leur écorce, l'angle de leurs rameaux, le contour de leurs feuilles diffèrent, il est vrai ; pourtant, sans être botaniste, vous en faites, dans votre esprit, une grande famille homogène. Au lieu que ces pins, ces ifs, ces cyprès, ces genévriers tranchent par leur port et leur habit ; ils mettent dans le bois une note étrangère ; leur feuillage d'aiguilles, leur ton d'un vert sérieux, l'austère rigidité de leur tenue prouvent une autre race. Restés primitifs, ils font ressortir — accordez-mois ce mot, — la *civilisation* des types essentiels... Et ceux-ci, de leur côté, mis davantage en valeur, font réciproquement apprécier ces formes antiques et simplistes.

Il ne faudrait pas, d'ailleurs, attribuer ce succès de contraste au hasard. Rien de fortuit dans la Nature : et ce bouquet de pins qui pyramide avec tant de bonheur au centre d'un couvert formé par le chêne, le charme, le bouleau, peut trahir une variation bien localisée du terrain, par exemple une sablière coupant des terres plus compactes. En tout cas, le mariage d'arbres apparent répond à quelque juxtaposition latente de sédiments ; la différence des feuillages et la différence des sols sont connexes ; c'est une harmonie d'harmonies.

Il est intéressant d'observer, d'autre part, dans la forêt, la loi d'*association pour la vie :* les plantes faibles, souvent volubiles, s'enroulent autour des troncs droits et robustes, et ce geste, en soi nécessaire — geste de vie, — nous séduit, tel un dessein d'art préconçu. Le fût sécu-

laire du chêne, se laissant enlacer ainsi par la jeune liane, prend un aspect débonnaire vraiment touchant. Et c'est avec la même longani- mité de bon géant qu'il permet au menu peuple des *lichens* et des *cham- pignons* d'habiter ses ra- cines ou son écorce.

L'antithèse horizontale des verdures, des frondai- sons, se complète, en effet, par une antithèse verticale : l'œil passe cu- rieusement du toit de feuilles minces et mobiles au par- quet de cryptogames inertes, charnus, comme il passait des ramures subtiles du tremble aux pyramides coriaces du sapin. Il en est de la *gradation* comme du *contraste* · la transition « mélodique », pour ainsi dire du tremble au saule, et du saule au bouleau, se retrouve de haut en bas, des amples tapisseries de feuillage aux tapis plus serrés de mousse, de gramens. Les frondes basses de fougères continuent, sur une échelle réduite, les hautes ramées forestières ; l'épi d'agrostis ou de flouve répète, en miniature, le système branchu du peuplier.

Et, parmi cette dominante de vert, vert de toutes tonalités, mat ou lustré, profond ou glauque, livide ou joyeux, mais vert toujours, une multitude de points, d'étoiles, de croix diversement colorées, roses, azurées, violettes, en or, en améthyste, en rubis, s'allument, dirait-on, de partout, constellations vivantes du sol : ce sont les *fleurs*.

Si vous entrez, dès le premier printemps, en forêt, les fleurs ont devancé les feuilles. Vos yeux ont la surprise, au-dessous des branches encore endormies, d'une éclosion de vives corolles. L'Anémone-Sylvie (que ce nom, féminin et forestier à la fois, est charmant !) fait, parmi les feuilles mortes, une prairie toute fraîche et de pure blancheur. Et si vous retournez là deux dimanches après, c'est une prairie bleue : de petites jacinthes branlantes, clochettes mates de turquoise, y tintinnabulent silencieusement.

Ces deux avant-courrières, anémone et jacinthe des bois, ne font qu'apparaître, d'ailleurs, jeter leur sourire blanc ou bleu sur l'humus, et disparaître. D'autres, plus prudentes et persistantes, viennent vivre à cette même place tout l'été ; mais beaucoup ne dépassent pas le printemps. Aux mois mouillés d'averses tièdes, entre-coupées de soleils vifs, vous verrez fleurir l'une après l'autre, ou simultanément cent espèces : les renoncules, au nom bizarre, ingrat, n'évoquant pas ces coupes jaunes bien luisantes que les enfants, mieux inspirés, baptisent *bassinets, boutons d'or*, puis les primevères, celles-là mieux nommées, d'un jaune moins lustré, laissant pendre leurs têtes lourdes ; puis le muguet de mai, candide, virginal ; la véronique, couleur de ciel ; la stel-laire, aux rayons d'astre lactés ; la pervenche, nette de contour, découpée comme une croix de Malte ; la méditative ancolie, la violette, au renom de modestie, qui ne cache pas, toutefois, son parfum ; puis la potentille mignonne, semant le gazon de ses croix; la pimprenelle étrange, aux pétales verts, rouge de ses étamines ; le caille-lait, traînant ses tiges longues, verticillées ; — enfin, dans les coins ombreux, à l'écart, des fleurs vénéneuses, le *datura*, la morelle noire, la belladone.

Et lorsque les grands jours d'été sont venus, accumulant lumière et chaleur, on voit surgir de terre des inflorescences nouvelles; ce sont les grappes gaies du *solidago verge d'or*, les ombelles austères de l'angélique, les grandes corolles en doigt de gant de la digitale. Dans les clairières, une marguerite sèche, épineuse comme un chardon, se fait une couronne de demi-fleurons avec ses bractées scarieuses : telle une plébéienne coquette,

suppléant au défaut de toilette par un artifice. Enfin, vous élevant, au travers des taillis, jusqu'à la crête du plateau, sur des terrains plus découverts et qui dominent, vos doigts se penchent avec plaisir sur les tubes mi-fermés des gentianes, semblables d'encolure et de teinte à des fioles vénitiennes précieuses, mais sans aromate.

L'automne arrive cependant, apaise la végétation exaltée, et, quelques jours avant sa fin, la transfigure. L'unité chromatique de la forêt va se dissociant ; elle se délie comme le faisceau solaire traversant un prisme. Alors la forêt, uniformément verte, devient jaune, orange, écarlate ; elle garde au plein midi les reflets du couchant, de l'aurore, — rayonnante consomption qui ravive le teint en minant la vie. Les feuillages mourants prennent la livrée des fleurs, maintenant que les fleurs ne sont plus; les fruits, avant d'essaimer, se font beaux à l'imitation des corolles, et déjà, parmi le réseau de fougères roussies comme au feu, de genêts défleuris, de bruyères décolorées, perce la note rouge ou noire des baies de fusain, d'if, de houx, de sorbier, de troène... Toute une flore de champignons lève du sol humide, égayant la terre sans flore ; bizarres de forme et suspects, ils deviennent, à force de coloris, séduisants. Jusqu'aux écorces qui se parent, en se revêtant de mousses, de lichens, et se font, aux approches du froid, des cuirasses de bronze et d'argent.

Ainsi, le dernier jour de la forêt est aussi radieux que son premier jour ; et, lorsque tout s'y sera flétri sous le vent d'hiver, il suffira d'un rayon de lune ou de soleil pâle, aux gelées, pour la faire encore resplendir de fleurs, les « fleurs de glace ».

Landes

Grise, embrumée, mélancolique, la *lande*, toutefois, s'éclaire du jaune des genêts, du rose léger des bruyères. Les gemmes de ce sol aride sont la topaze et le rubis ; si, du moins, ce n'est pas rabaisser la flore souple et vivante que de la comparer au règne de la pierre... Il est admirable, à ce propos, d'observer que la Nature, en quelque point de l'espace ou du temps qu'on la surprenne, n'est jamais en défaut d'élégance. Une friche est souvent plus décorative qu'un parterre ;

et même le terrain que nos cultures ou nos bâtisses
abandonnent est repris par la Nature et par la vie, bien
souvent avec avantage. Ce coin de glèbe, qui n'a plus
assez de vigueur pour nourrir des arbres, et pas assez
de finesse non plus pour alimenter nos plantes alimentaires ou tisser nos plantes textiles, il trouve encore
moyen de produire des espèces à lasser la patience du
botaniste... ; j'ajouterai même à mettre la patience du
peintre à l'épreuve. La grâce fruste, originale de ces
ajoncs, de ces *molènes*, de ces *vipérines*, de toutes ces
« mauvaises herbes » qui croissent là, fécondes sur le
sol stérile, est une matière aussi vaste pour l'écrivain ;
et si je voulais décrire entièrement les éléments de perfection du désert, je n'aurais plus de pages pour le
reste.

Prairies

Ce dessin, dû à la plume de Mlle de Courlon, représente un pré touffu bien émaillé de fleurs, et, dans
ce pré, quelque fillette attentive à se composer un

bouquet. Sujet toujours charmant, cela va sans dire,
mais j'ajoute : sujet profond, leçon, symbole esthétique.

En effet, dans cette prairie où toutes fleurs éclosent,
la menotte instinctive d'enfant ne les cueillera pas.

toutes, c'est évident. Non, *les plus jolies* seulement.
Aux *marguerites* à rayons blancs de lait, au cœur teinté
de safran, elle juxtaposera les *brunelles* d'un violet
pensif, aux pétales en lèvres, joindra les corolles si doucement bleues des *bluets* à celles des *petites centaurées*
roses comme un couchant ; les tubes de *polygalas* fins
et mauves seront pressés sous ses doigts contre les cra-
tères d'or des *renoncules*, les têtes de *trèfle* incarnat,
contre celles du blanc *lychnis*... Enfin, pour entourage,
les plus pimpantes graminées, l'aire, la flouve, l'agrostis, l'amourette tremblante, la glycérie seront élues.

Voyez avec quel joli geste des doigts elle arrange,
l'enfant, son bouquet, le dérange pour l'arranger encore,
élimine les non-valeurs, les « mauvaises herbes », marie
les couleurs en couples qu'elle ignore complémentaires,
fait, sans esthétique parti pris, contraster les formes,
harmonise les tons et les lignes inconsciemment.

Or, ce que la fillette fait là dans un bouquet, la Nature
l'a fait avant elle en grand dans le pré. Son geste en
quelque sorte féminin, qui choisit et qui coordonne,
c'est la *sélection*. Pourquoi cette prairie, déjà, qui contient cent fois plus d'espèces que le bouquet, est-elle une
beauté? Parce qu'elle ne contient pas *toutes* les espèces,
ni même toutes les familles botaniques. Il n'y a là, de
Graminées, de Labiées, de Caryophyllées, ou de Crucifères que celles tolérées, aimées par le sol, adaptées au
climat ambiant, aux entours. L'humus a laissé perdre
toutes les graines qu'il était inapte à nourrir ; le ciel n'a
point permis l'éclosion de ce qui ne pouvait grandir sous
sa voûte..... Ainsi, rien n'étant forcé, tout est droit, et les
associations végétales, nécessairement harmoniques, ne
montrent point les contresens qui révoltent dans nos
jardins..... Je dis plus et prétends que ce *choix* exercé
sur l'individu pris à part, — même — allons plus loin, sur
chaque ensemble cellulaire — a déterminé l'harmonie
de sa forme, sa beauté. Le doigt caché de la Nature, en
guidant la plante qui germe, écartait tels matériaux de
vie, telles directions oiseuses ou nuisibles de sève, il faisait ainsi converger les parties vers un tout, il compo-
sait. Pourquoi, chez ce *lychnis*, 5 rayons divergeant du
centre, et non 6 ? Pourquoi les pétales de cette *navette*
s'orientent-ils en croix dans l'espace ?..... Une réponse
directe est encore à trouver, en l'état actuel de la
Science, comme on dit ; mais, en attendant, nous pou-

vons surprendre, en l'énergie plastique et modeleuse, un *parti*, un pour chaque type organique ; et, si le rythme *ternaire* ou *quinaire* des verticilles, en dessinant un contour floral décisif, nous agrée, songeons qu'il a sa source en une *alternative résolue*, c'est-à-dire en un choix parmi cent solutions possibles, et davantage.....

Avais-je donc tort d'avancer que la *prairie* nous donne une leçon d'Art très précieuse ? Un bouquet tressé de ses fleurs suppose, s'il est réussi, le geste sélecteur de la main ; celle-ci *ne prend pas tout*, n'effectue pas toute combinaison qui s'offre. Ainsi dut se comporter la Nature. Elle non plus *n'a pas tout pris* ; elle n'a pas réalisé, dans un pré, tous les *aléas*, n'a pas agi comme une rose des vents qui soufflerait sur tous les azimuts à la fois, ou bien, à chaque fois, sur un azimut quelconque, au hasard. Individus, tissus, cellules végétales, ont été triés entre mille. A chaque moment de croissance, une alternative s'est trouvée résolue quant au nombre, à la dimension, à l'orientation, et résolue toujours par le principe *du moindre effort* ; cela, pour la fleur isolée comme pour l'ensemble des fleurs. Voilà, sans aucun doute, le grand secret de la perfection, et partant, pour nos regards humains, de la beauté.

Si j'avais à représenter la Nature par une allégorie, je ne choisirais pas autre chose que cette gravure au sujet si simple : une fillette dans un pré, faisant son bouquet.

CHAMPS ET CULTURES

Le mot de « champ » évoque, avant tout, idée de l'*homogène*. Une prairie, déjà, rassemble, il est vrai, des graminées de même espèce, mais, au point de vue de l'artiste, elle vaut surtout par la variété des fleurs, autrement dit par l'accessoire. Tandis qu'un champ de blé, de seigle ou d'avoine, offre en lui-même un tableau naturel suffisant, que rehaussent çà et là la note éclatante du Coquelicot, ou de l'Adonis-goutte de sang, — celles plus voilées de la Nigelle, du Bleuet. Or il est intéressant de chercher, pour l'esthéticien, ce qui fait la beauté — ou la laideur d'un champ, — pourquoi, par exemple, un champ de blé dit poésie, — un champ de navets, ou de choux, banalité. Le problème n'est pas lui-même si

Cliché Noyer.

banal qu'il en a l'air, et vous allez en mesurer la portée.

Est-ce pure différence dans la *couleur*, ou la *forme* des unités dont l'agglomération constitue le champ ?... Il est évident que la verdure des choux est bien crue, que leur paquet de feuilles manque d'élégance... L'asperge est, à l'opposé, d'aspect grêle, misérable ; les *Ombellifères* cultivées, comme la carotte, tiennent trop peu de place en le décor rustique, — les *Cucurbitacées* en tiennent trop... Tandis que le *froment*, le *seigle*, le *maïs* font les « moissons d'or » des poètes, que le *lin* textile, avant d'ouvrer nos plus fines batistes, étend sur les plaines flamandes son idéal tapis bleu cendré, que le *pavot* déploie mille petits étendards de pourpre, que le *pois* frise et boucle ses vrilles en chevelure insurgée, libre de papillotes...

Le *mouvement*, aussi, joue son rôle : un champ de graminées sous la brise évoque l'océan, — la *mer des Céréales*, a dit Zola ; même, tous ces épis qui courbent leur tête au souffle du vent invisible ont fourni les métaphores qu'on sait pour peindre la foule, — la foule vénératrice en un temple ; moutardes et navets en feront-ils jamais autant ? Le geste volubile, que vous reverrez dans la *haie*, — bien qu'il soit mouvement achevé, pour vos yeux, prête une vie souple et gracieuse au champ de fèves, de lentilles, ou de haricots.

Ce carré banal de légumes est une scène de choix où se donnent carrière toutes les élégances végétales. Il y a quelque chose de spirituel, et de touchant à la fois, dans ces tiges graciles qui s'accrochent à tout, à leur propre corps, au besoin. Citerai-je les champs de *houblon*, — ces houblonnières d'Alsace dont la seule plantation, tout utilitaire, suffit à décorer une province ?

Ainsi, par la couleur, la forme, l'attitude, il est des cultures *ingrates*, et d'autres plutôt esthétiques. — Je ferai même remarquer, en passant, que les types de champ les plus riches offrent souvent un aspect pauvre : il est vrai que les plantes utiles sont comme ceux qui les cultivent, elles sont paysannes...

Mais, laissant de côté les différences de forme, de teinte, les variétés d'attitude, — on trouve en ce seul fait, la *répétition des semblables*, un élément de détermination, d'appréciation artistique important. — Et d'abord, multiplier un être, un objet par 2, par 5, ou par cent, c'est doubler, quintupler, porter son effet au centuple. Un uniforme militaire est, en soi, plus ou moins joli. N'avez-vous jamais noté ce qu'il gagne à se tirer, pour ainsi dire, à quelques milliers d'exemplaires, en un défilé ? — Ajoutons ce fait, bien curieux, qu'à le supposer laid, il s'embellit par la seule répétition. Il semble qu'il y ait, dans ce fait de *répétition*, en général, un élément essentiel de beauté. La *symétrie*, qu'on pourrait définir « une répétition minimum au premier degré » suffit à réaliser, déjà, des figures agréables. Pour s'en convaincre, qu'on étale, comme font les enfants, un pâté d'encre sur une feuille blanche pliée en deux : la maculature, informe et quelconque, en se projetant bien éga-

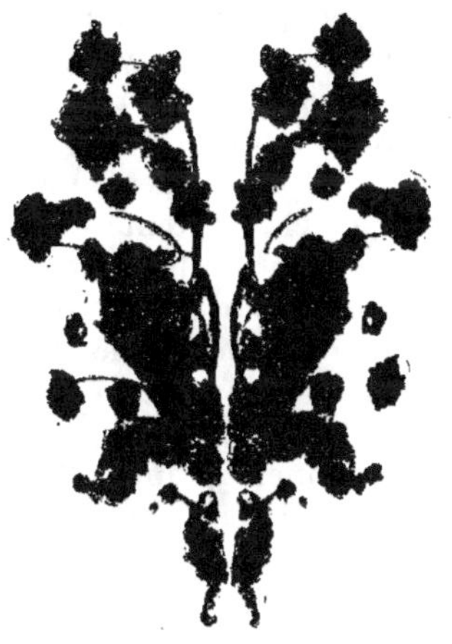

lement sur deux côtés, créera toujours un motif ornemental harmonique. — Est-ce que la parité latérale et si rigoureuse des ailes, chez les oiseaux, les insectes, celle des membres et des traits du visage chez l'homme, — ne fait pas les trois-quarts de la beauté dans ces êtres ? — La plus légère disparité de sens transversal touche vite à la difformité. — La même loi reparaît dans les monuments, le mobilier, les armes, les bijoux... Décidément, le nombre 2 est générateur d'harmonie. Ce qui vaut, d'ailleurs, pour un nombre, vaut pour ses multiples. Une même opération de l'esprit met en balance les deux moitiés d'un individu, et deux individus juxtaposés.

Pour en revenir à la *Flore*, il nous agrée de comparer les deux faces de la corolle, chez un pois, — et de les trouver sœurs jumelles ; il nous agrée également de constater la gémination de deux fleurs ; ainsi, les deux ailes d'un papillon, et deux papillons volant côte à côte.

Si la conformité de parties et d'individus se propage dans le *temps*, elle crée ce qu'on nomme *l'espèce* ; étendue dans *l'espace*, elle réalise une association végétale homogène, une colonie d'unités agronomiques : le *champ*. Le plaisir que nous donne un champ est ainsi fonction d'un rapport d'identité perpétuel ; c'est une équation élémentaire continue : c'est, partant, une satisfaction à notre besoin d'unité... j'allais dire à notre instinct de paresse.

Mais ici faut-il encore distinguer. Plus les éléments de la collectivité restent simples, et plus le sentiment d'unité s'agrandit. C'est là ce qui se produit chez les *Graminées* où l'épi, n'accusant son individualité que fort peu, se laisse fondre aisément, pour le regard, dans la masse. Le champ de blé réalise un *tout* homogène ; la langue en témoigne ; on dit : tout ce froment, tout ce seigle ; l'on ne dirait pas : tout ce choux, toute cette fève (m'appartient)..... C'est que le plant de fève, par son bouquet de fleurs, le plant de choux, par sa rosette de feuilles, constituent des individus complexes, déjà : leur individualisme est trop net, encore, pour que l'œil les fusionne vite en un tout..... Voilà, sans doute, la raison, une des raisons qui font subordonner, quant à l'effet plastique, les champs de *Crucifères* (choux, navet, colza) — ou de *Solanées* (pomme de terre), ou même de *Papilionacées* (pois, fève, haricot) — aux champs de blé et autres

céréales. Ces plantes, les *gramen*, sont, en quelque
sorte, le menu peuple de la Flore ; et ne voit-on pas que
les plus belles foules humaines sont les foules populaires ?

Rien de plus malaisément harmonieux, à la vue,
qu'une foule composée de costumes riches et compliqués,
fûssent-ils uniformes : par exemple, un bataillon d'of-
ficiers. Qu'on étudie les processions, les ballets, les
ensembles de fête, on s'apercevra que la *répétition des
semblables* exige un certain degré de simplicité, sans
quoi l'effet d'unité disparaît ; l'attention se disperse,
l'Art a manqué son but..... En *Architecture*, un motif,
s'il doit se répéter longtemps, reste sobre ; il en est de
même en Musique, en Littérature, partout.

J'avais donc raison de dire, au début, que cette question de l'*unité* dans un ensemble d'éléments similaires
était vaste, et qu'elle dépassait la portée d'un champ de
céréales.

LA HAIE, PLANTES VOLUBILES

Chacun des milieux retracés jusqu'ici nous a fourni
sa leçon : la *forêt* nous apprit la solidarité ; le *pré*, la
sélection ; le *champ*, l'unité. Cette haie vive, où serpentent la *viorne*, le *liseron*, le *chèvrefeuille*, où la *clématite* se dresse, où la *bryone*, le *tamier* jettent leur pont
de lianes, que va-t-elle nous enseigner de nouveau ? La
loi du *rythme*.

Le premier mouvement, — et souvent le seul — devant
ces végétaux *volubiles,* est l'admiration. Nous n'y voyons
d'abord, nous n'y voyons presque toujours que la *grâce*.
En repassant par les chemins fleuris, où nous fîmes,
enfants, l'école buissonnière, c'est comme de l'amour
que nous ressentons pour ces *convolvulus* délicieux, ces
liserons, dont la tige frêle s'enlace aux ronces, et, parmi
les épines, épanouit ses corolles blanches et roses... Au
risque d'ensanglanter nos mains, nous plongeons dans ce
lacis d'herbes et de fleurs, afin de ramener à nous quelque
rameau de chèvrefeuille parfumé... Ainsi qu'on caresse
les bêtes jolies, et timides, on cueille les plantes qui
séduisent : c'est un instinct...

Mais l'homme ne s'en tient pas toujours à cette sorte
de passion romanesque... Que dis-je ?... Il peut y rester
étranger, si telle circonstance, — une enquête bota-

nique, par exemple, lui fait apercevoir dans l'enchanteresse corolle un cas de *gamopétalie*, si son métier
de savant lui présente la verdure fraîche comme un
réceptacle de chlorophylle. Alors, les préoccupations biologiques ou taxinomiques, la manie de disséquer, de
classer, glissent un voile sur la splendeur : ce n'est plus
un décor qu'on voit dans la haie, c'est un épisode de vie,
Bien heureux, si l'on n'y trouve point une collection d'étiquettes...

Faut-il redire ce que j'ai dit tant de fois : que la
Science, entendue de haut, est incapable d'amortir l'enthousiasme ? Tous les botanistes, Dieu merci, ne sont
pas des catalogueurs exclusifs ; et d'ailleurs il n'est pas
besoin d'être savant de profession pour trouver du plaisir à percer le mystère des tiges, des périanthes, et des
gynécées... Cette clôture naturelle, où le treillage est
de scions vivaces et que des tiges tout en sève se chargent
d'orner d'arabesques, elle ne perdra point, soyez sûrs,
son prestige à *s'analyser*. Approchez-vous : si l'étude est
sèche sur les bouquins, qu'elle est suave ici ! Vous n'avez
pas l'esprit si mal fait, j'espère, que songer à l'origine
de ces êtres, à leur mode d'existence, à leur fin logique,
empêche votre vue de savourer leur grâce, votre odorat
de se délecter de leurs fins arômes... Alors, écoutez l'histoire vraie que je vais vous dire :

Il n'était pas une fois, comme aux contes de fées, mais

il fut, il est, il sera toujours, une petite créature ravissante, qui naît mystérieusement, sans magie, se fait prendre sans mot de passe, et sait, sans baguette miraculeuse, se régénérer soi-même, et se reproduire. Ce petit être idéal, mais qu'on peut toucher, s'élève dans l'espace par un escalier spiral invisible. Les degrés en sont établis d'une façon si simple, et si merveilleuse à la fois, que si ces narrateurs véridiques appelés savants ne vous en donnaient leur parole, assurément vous n'y croiriez pas, ou vous attribueriez la tâche à quelqu'enchanteur.

L'acte de marcher — de ramper — ou de voler, chez les animaux, est indépendant de celui qui consiste seulement à grandir. Aussi, la *plante volubile*, à la réflexion, est-elle singulière, qui progresse du même effort qu'elle s'accroît. Figurez-vous un reptile qui gagnerait du terrain, se mouvrait par le seul fait de pousser des membres ou des anneaux... Là, seulement, cette confusion de deux actes physiologiques si différents, serait monstruosité ; tandis que, dans la flore, c'est une perfection de plus, une harmonie. Toujours est-il qu'on peut distinguer, en la Flore comme dans la Faune, des *apodes* et des *appendiculés* : le Liseron des haies, la Clématite, le Smilax grimpent en s'appuyant, comme les serpents, de leur corps ; on a raison de dire qu'ils *serpentent* ; au lieu que la Vigne, la Bryone, le Pois, la Passiflore, usent d'appendices faits exprès — ou venant de brins avortés, — les *vrilles*, pour déplacer leur corps et s'enrouler autour des tuteurs.

Comment, vrilles ou tiges, des organes insensibles et sans volonté, n'ayant rien qui ressemble au muscle, arrivent-ils à s'orienter vers l'appui, puis à le saisir, enfin à l'embrasser d'un geste hélicoïdal ?

En deux mots, voici le secret : des observateurs patients, assez forts pour ne point se laisser endormir dans l'extase, ont pu suivre le geste lent des rameaux. Ces jeunes pousses, encore tendres et blanchâtres, qui pointent à l'envi hors de la claire-voie, leur prison, ils les ont vues tenter, successivement, tous les méridiens, décrire un cercle pareil à celui d'une aiguille sur son cadran... Les Anciens auraient dit qu'elles saluaient à son passage le soleil, père de la vie ; les modernes se contentent de dire qu'elles sont *héliotropes*, et sensibles aux « radiations ». En tout cas, on retrouve ici la loi constante en la Nature : un besoin final satisfait par cette causalité purement automatique, le reflexe.

En effet, il s'agit d'une plante, être inerte et sans mouvement spontané. Toutefois, étant un être vivant, elle grandit par ses propres moyens. Mais, d'abord, son accroissement dépend de la lumière ; et puis il lui faut explorer l'espace pour un appui... Qui réglera chez elle ces deux gestes? Le soleil. Dans sa trajectoire impassible d'Orient en Occident, il atteint, d'un rayon plus ou moins direct, le rameau. Celui-ci, par un effet d'impressionnabilité bien curieux, amplifié dans la sensitive, est, à ce niveau, comme paralysé : la circulation devient, sur ce point, moins active ; et, ralentie, la nutrition entraîne un ralentissement de croissance. La face frappée du soleil, ainsi distancée par son opposite en la tâche de multiplication des cellules, devient concave et, finalement, grâce au simple reflexe d'arrêt, en réponse au stimulant extérieur, le but physiologique est atteint : la plante s'oriente vers l'astre.

Mais cette orientation, dont je viens d'analyser le mécanisme, n'est pas l'acte d'un moment, c'est l'acte de *tous* les moments. A chaque pas nouveau du soleil, la pointe du végétal fait un pas ; manière d'aiguille aimantée qui suivrait un pôle d'attraction mobile, en sa marche, et qui se tordrait, en outre, sous ses effluves. Le premier résultat de ce tour complet d'horizon est l'égale distribution de chaleur sur les différents méridiens de la tige : bénéfice d'ailleurs commun à tout le règne végétal à peu près. Un second résultat, spécial aux tiges *volubiles*, est le transport de leur sommet végétatif dans l'espace. Cette pointe extrême et sensible, comme un index, explore le vide autour d'elle... Un support se trouve-t-il à portée, l'index herbacé s'arrête au contact, se fixe, enlace le tuteur de ses tours. Ce tuteur est une branche d'arbre, un pétiole de feuille, la queue d'un fruit, souvent le propre corps de la volubile..., il n'importe. Une fois son *lazzo* lancé, la plante chasseresse, d'un mouvement automatique, encore, en resserre les spires trop lâches. En la *Bryone*, on voit mieux encore que cela ; cette jolie Cucurbitacée vénéneuse ne s'enroule point sur elle-même, tel un serpent ; elle s'attache et grimpe dans les haies à l'aide de vrilles. Ses longues lianes au feuillage ample, bien découpé, aux baies tentantes comme du beau raisin, armées, par endroits, de ces vrilles en mains spirales, font des rinceaux naturels merveilleux. Je m'étonne qu'un modèle aussi caractéristique — et facile à prendre — n'inspire pas plus souvent nos artistes.

En attendant, le spectacle, au point de vue de la Science, est suggestif. Ce que l'expérience artificielle et le besoin technique nous indiquent, la Nature le réalise ici, dans cette Bryone. L'hélice de sa vrille, en effet, par croissance intercalaire, se propage du point d'accrochement jusqu'au point d'attache ; et la portion libre, tendue entre le tuteur et son pupille, se partage en deux moitiés, inverses quant au sens d'enroulement ; tournant

d'abord de droite' à gauche, les spires se redressent un instant, semblent hésiter, puis adoptent, en l'autre moitié, une marche exactement opposée. Cette vis à deux pas contraires, séparés par un intervalle rigide, nous la retrouvons dans le ressort à spires contrariées, dispositif employé dans l'industrie pour atténuer les excès de tension, et dans la bobine de lacet, dont les aiguillées sont en *huit de chiffre*, afin de ne point fatiguer l'écheveau. Ici, dans

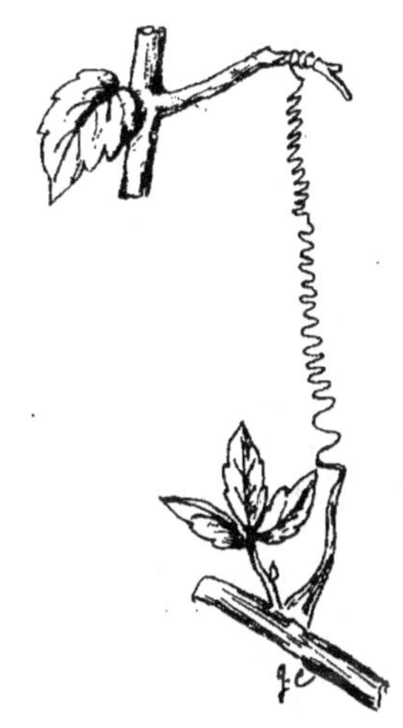

la Nature, comme là, dans nos arts, la raison de ce parti d'alternance est la même : c'est la *résistance* aux ruptures ; il est seulement prodigieux, pour notre technique humaine, de saisir ces chefs-d'œuvre de mécanique, sans apercevoir la main qui les fait.

Est-ce l'absence de cette main, dans tous les ouvrages vivants, qui nous émeut de son mystère ? La Nature, attrayante par son harmonie, n'est-elle pas, aussi, déconcertante par son silence ? Ces Bryones, ces Clématites, ces Chèvrefeuilles de la haie, j'y vois, avec une stupeur délicieuse, des ouvrières muettes, et cachant leurs doigts... Mais, à regarder leur tâche de près, je surprends le secret de ses perfections : ce qui crée la beauté de ces formes, de ces tissus, la grâce de ces attitudes, c'est le mouvement mesuré, c'est le *rythme*.

L'ETANG

Il y a, dans l'épaisseur des forêts, au fond des parcs, un lieu dont le promeneur ordinaire fuit la tristesse, et que recherche le rêveur : c'est l'*étang*. Là, plus de ces buissons gaîment fleuris au franc soleil, de ces feuillages bien aérés, d'un vert tendre, de ces parfums de pré secs et salubres. Un arôme pénétrant, mélancolique, fait du tan mouillé des écorces, et de vase, annonce l'eau stagnante. Ce milieu nouveau détermine un nouveau mode de vie dans la nature végétale et, chez l'homme, de nouveaux courants de pensée. Qui sait si la moite lourdeur d'atmosphère qu'on respire ici n'alanguit pas notre âme du même nonchaloir qui fait pencher la feuille des joncs, et s'étaler en lames dormantes les nénuphars ?... L'humidité tranquille des palus a sa poésie, comme la rayonnante ardeur des pignadas sablonneuses a la sienne..... Détailler cette poésie, c'est faire l'histoire d'une double *adaptation*, celle des végétaux croissant là, et celle de nos états d'âme.

Ces végétaux, qui grandissent là, dans l'étang ou sur ses bords, ils appartiennent à des familles très différentes ; mais le lien de l'accommodation au milieu les unit. L'œil ne voit plus des *Graminées*, des *Cypéracées*, des *Iridées*, des *Renonculacées* ; il voit des plantes aquatiques. Certains types connus ailleurs se retrouvent en cet habitat, modifiés : ainsi, les Renoncules ; d'autres ne se rencontrent qu'en ce lieu : tels les *Prêles*, que nous décrivions à propos de la flore fossile, comme des tiges d'un vert glauque, frêles, très allongées, aux verticilles de rameaux géométriques, sans feuillage ; tels ces *Alisma*, — plantains d'eau — qui, d'un nid de feuilles pressées, font surgir d'élégants candélabres, aux branches multiples, étoilées de rose ; telles encore ces *Sagittaires*, dont les feuilles aériennes font de splendides fers-de-lance, et qui possèdent encore, par surcroît, des feuilles flottantes, à la façon du Nénuphar, et d'autres submergées, en rubans. Combien de fois j'ai songé, devant ces lames foliaires si décoratives, au tort qu'avaient nos architectes de composer leurs dessins de chapiteaux dans la ville — et de ne pas faire une visite à l'étang...

C'est à peine si j'ose citer, à son tour, le *Nénuphar*, tant il est connu, célébré par les versificateurs, devenu — qu'on me passe le mot, — un poncif... C'est pourtant un plaisir toujours neuf, pour celui qui n'a pas trop lu — que de contempler ces amples boucliers vert antique, à l'*apex* fleuri de blancs (1). Les poètes, ici, n'ajoutent pas un *iota* à notre impression. Au moins les hommes de science nous font, eux, entrer plus avant dans les harmonies du chef-d'œuvre, en nous amenant à toucher la *vie* sous la beauté. Cette vie même offre, au cas dont il s'agit, un exceptionnel intérêt : entre les valves imbriquées de ce périanthe, si simplement beau, se cache la démonstration d'une loi, celle des *métamorphoses florales*. En effet, écartez, une à une, les pièces du verticille... ; votre classique distinction d'un *calyce* et d'une *corolle*, apprise au début, comme

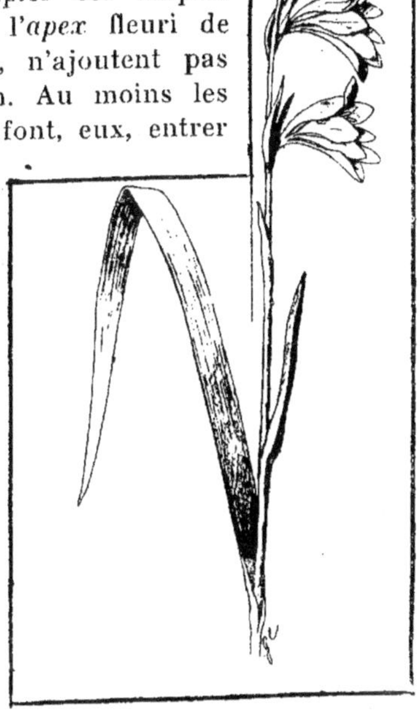

règle, est en défaut et se trouve déjouée... Sont-ce des *sépales* ou des *pétales*, des *pétales* même ou des *étamines*, que vous arrachez ? Cette étrange marguerite, effeuillée sous vos doigts, vous berce, d'une seconde à l'autre, de l'affirmative à la négative... La règle ? — En réalité, c'est elle qui la donne : ni *sépales*, ni *pétales*, ni même *étamines* absolues, définitives, en la fleur. Ainsi que nous l'avions montré dans une rose, ce qu'on appelle de ce nom, la *fleur*, est « une *spirale foliaire contractée* » ; vous pouvez ajouter : « *transformée* ». Chez la plupart des

(1) Le fameux *lotus* des Egyptiens n'est qu'une sorte de nénuphar.

plantes, cette transformation est masquée par des arrêts périodiques dans la spirale, comme des nœuds ; ici, par exception, cette spirale suit librement son chemin. Aussi la nomenclature ponctuelle, exacte, des parties vient-elle se briser contre une transition naturelle insensible : la fleur de Nénuphar est cette ingénue qui, ne sachant mentir, trahit d'un geste spontané le secret que ses sœurs avaient bien gardé.

Chaque habitante de l'étang, interrogée à son tour, nous dirait, aussi, sa leçon (car chacune de ces beautés a son histoire). Mais toutes à la fois révèlent ce principe : l'*Adaptation*. On ne sait pas, sans doute, à cette heure, si c'est l'influence de l'*eau* qui fait l'hélice continue du Nénuphar ; mais l'effet du milieu liquide et stagnant sur la forme des feuilles est hors de doute. — La Sagittaire, vous venez de l'apprendre, en a de trois sortes : des *aériennes*, en flèches aiguës, des *amphibies*, obtuses de contour, enfin de franchement *aquatiques*, celles-ci prolongées en longues lanières. Echelle très régulière d'une accommodation, qui de *zéro* va jusqu'au maximum.

Mais le temps nous presse : le jour se fait bas sur l'étang, où nous laisserons, jusqu'à de nouvelles aurores, flotter ou se pencher dans l'ombre les *Iris*, flambes des marais, les *Scirpes*, qui font une prairie sur l'onde, les *Linaigrettes* à panache, les *Massettes*, appelées aussi Quenouilles, Roseaux de la Passion ; les *Joncs fleuris*, les *Potamots*, les curieuses *Utriculaires*, enfin la plèbe pullulante de la *Lemma*, « lentille d'eau », couvrant d'un réseau vert-de-gris la surface liquide entière, et faisant l'eau de l'étang plus stagnante.

MUR, CHAUME ET FONTAINE

Je ne sais si tout le monde a été touché, comme moi, de cette insistance des plantes à vivre, à s'installer près de l'homme, de la patiente et confiante ténacité que met ce petit peuple des *Graminées*, des *Mousses*, des *Lichens*, à tapisser la marge de nos routes, à varier la monotonie de nos murs, à compléter, enfin, notre habitation. Ce service gratuit, que nous n'estimons pas toujours ce qu'il vaut, la faune, plus ostensiblement, c'est vrai, nous le procure. Le spectacle de pigeons perchés sur un toit, ou d'hirondelles nichées dans un mur, celui du coq debout sur le fumier de ferme, du chien blotti dans sa niche, à l'entrée, du chat, libre mais sédentaire, tapi sur le seuil, et guettant ; cette série de petits tableaux mi-sauvages et mi-familiers nous est suggestive, elle porte avec soi sa leçon. La flore commensale a moins d'éloquence ; — peut-être par ce fait qu'elle parle trop vite aux yeux, comme décor, et qu'elle fait plutôt l'effet d'une collection de *choses* — que d'une réunion *d'êtres*. Ce n'est pas moi, certes, qui détournerai les esprits de ce point de vue, tout esthétique... Je le voudrais, seulement, moins superficiellement esthétique, moins *scénique*, pour ainsi dire. Il me répugne qu'on *s'accoude* aux champs comme en un théâtre, et qu'on suive les évolutions des nuages, et les mouvements du feuillage, du même œil qu'on surveille, en quelque opéra, les jeux de scène et les changements de décors.

La connaissance intime de la Nature, en effet, est bien faite pour dégoûter du théâtre, ce rendez-vous de tous trucages et de tous mensonges possibles. Je l'ai dit souvent, et je ne me fatigue point à le redire : comparer la Nature au décor est une hérésie. Ici, dans cette bonne et consciencieuse Nature, tout séduit et rien ne trompe ; les surfaces brillantes cachent un obscur travail ; au dehors correspond constamment un dedans ; le moindre geste est significatif d'une fonction.

Cette valeur « intellectuelle » des *Fougères* et des *Giroflées de murailles*, de ces *Orpins*, *Iris* et *Saxifrages* qui consolident le chaume, en l'ornant, n'est-ce pas une idée très simple, et très transcendante à la fois ? Sans doute, le paysan sait bien ce qu'il fait en semant des graines d'Iris sur la crête de sa chaumine, en faisant grimper le lierre à son mur, en laissant croître à la base de ses clôtures, l'*églantier* épineux, l'*ortie* brûlante ou la *centaurée chausse-trappe*... Mais joint-il, à la notion d'utilité, la moindre émotion de beauté ? Le philosophe de profession n'est pas, dans son espèce, plus complet : nourri, le plus souvent, d'abstractions, de formules mortes, — vivant de syllogismes, de postulats, — s'il va, l'été, dans sa maison de campagne, c'est pour se reposer, faire autre chose qu'on fait en ville ; il s'instruira peut-être, à l'occasion, des cultures, se distraira de botanique ; c'est miracle s'il lui vient l'idée d'étudier la psychologie des plantes vivant sous son toit, de les introduire dans ses traités, de tirer au clair leur méthode d'être simultanément jolies — et utiles.

Et le poète ? Et le peintre ? Ah ! je voudrais qu'on fasse moins de vers et moins de tableaux sur les fleurs, et qu'on s'occupe davantage de les comprendre, d'approfondir leur histoire. Le jour où l'artiste entendra ceci : *les beautés naturelles sont autant d'actes vitaux*, la Peinture sera probablement plus touchante, et la Poésie s'enrichira de métaphores imprévues. Si, par exemple, je pénètre en esprit sous ces gazons suspendus des vieux chaumes, ou derrière ces tapisseries vivantes, des ruines, j'aperçois la foule habillée grossièrement de brun des racines, enchevêtrée, pressée, alimentant de son travail secret les fleurs bien parées du dehors, opérant, pour les faire briller, une analyse chimique subtile, — incapable d'ailleurs d'une ambition qui lui ferait regretter d'être racines obscures, hors de la vue des passants, au lieu d'exister fières, sous les rayons et les regards... Mais je l'oublie : ces corolles elles-mêmes de *Sedum* ou de *Saxifrages*, si coquettes, elles travaillent ; la robe des *Iris*, tissée plus finement que la tunique d'un Salomon, dans sa gloire, — c'est leur propre ouvrage. — La plante, avant d'être mère, est fileuse : elle se tisse l'habit nuptial, elle *fait son devoir*.

« Faire son devoir », agir selon la volonté de Là-Haut, garder le rang social qu'on occupe, laisser la beauté sortir, par surcroît, de l'utilité, voilà des vertus qui, j'en ai peur, sont plus de la plante que de l'homme.

La fontaine

Eloignons-nous maintenant des habitations ; prenons ce sentier qui fuit, qui s'enfonce dans le val étroit, on ne sait où... Vous n'entendez plus de chiens aboyer, plus de cultivateurs se héler à travers la plaine ; le bourdonnement de la « batteuse », ou le cri des faux qu'on aiguise n'arrive plus à votre oreille. La gorge se rétrécit : vous vous croyez seul... Et pourtant, en ce même instant, des centaines de jeunes tiges se penchent vers vous..., je veux dire vers l'espace ouvert, au milieu ; des milliers d'herbes menues, et perdues, s'occupent à grandir, à respirer, à s'orienter dans ce fouillis. Il y en a là de toute taille et de toute race : des *Mauves* et des *Campanules*, des *Millepertuis* jaunes, des *Marjolaines* carminées ; des

Epilobes aux longs fruits s'ouvrant en gerbe d'artifice, des *Chicorées* sauvages aux fleurs radiées, en languettes, d'un bleu si pur ; puis de ces *Panicauts* arides, épineux, défendant leurs approches, véritables hérissons végétaux ; enfin, dans les fentes du rocher qui déjà se montre à nu, par places, ces fougères si délicates, les *Capillaires*.

Tout le labeur vital qui s'accomplit là, forcément, en ces jolis êtres, vous ne vous en apercevez pas : il est silencieux, et profond, ne trouble pas votre solitude ; et vous ne le percevez, du reste, pas plus que celui de votre pensée qui les aime et les admire, ces êtres. Comme je le disais, en d'autres occasions, c'est la même loi de grâce et d'amour qui vous épargne à la fois le bruit de la Création et celui de votre propre machine.

Aussi ce chemin, si peuplé, reste-t-il pour vous chemin de repos ; dans votre calme rêverie, vous êtes arrivé devant la source, sans vous en douter ; vous ne songez guère aux multitudes bigarrées que vous avez croisées, pendant la route, et dont vous avez foulé, meurtri peut-être, des légions..... Devant vous, baignée d'ombre et d'effluves fraîches, s'ouvre la fontaine. De longs pendentifs de lierre mat et de mousse veloutée couvrent son mur à pic, tranché net, comme d'un coup de hache... Et l'eau, pure et froide, s'écoule, suinte plutôt, en gouttelettes, fait des moires luisantes sur le calcaire.

Poli depuis des années par cette eau, qui, sans trêve, ruisselle, use ses flancs, le roc est devenu mur de marbre; on n'est pas sûr, du premier coup, d'avoir un monument naturel sous les yeux, et l'on cherche, en cette façade, la porte qui doit s'ouvrir sur des nefs, des perspectives immenses... Mais non, rien derrière ce mur, rien d'autre que le banc calcaire dont il est pétri, et qui se prolonge des lieues... Ce n'est pas un mur, à proprement dire, c'est la coupe accidentelle d'un massif...

Ici, que la Géologie, réputée sèche, positive, est évocatrice, au contraire ! Qu'il est donc neuf et piquant de vivifier, au plein air du réel, de la réalité, la lettre morte des bouquins ! Je me suis livré bien des fois à cet exercice. J'ai consulté la Science comme une Sibylle que j'aurais trouvée là, assise, à l'entrée, et que j'aurais interrogée sur le mystère des eaux et des roches. Et, sans trépied, sans phrases, ni convulsions, cette Sibylle sensée qu'est la Science m'a répondu :

« L'onde que tu vois s'épandre en rideau devant ce
« rocher vient de loin et de haut : c'est l'eau du ciel.
« D'abord suspendue dans les nuages, vapeur blanche
« ou grise, elle fut précipitée sur le sol, en brusques
« averses, en pluies fines et pénétrantes.

« Le sol l'a bue, s'en est imbibé, l'a conduite par mille
« petits canaux dans sa profondeur... Véritable plante,
« que cette eau, ramifiée de la sorte, en fluides radi-
« cules, à travers la glèbe ; puis s'unifiant en une tige,
« le ruisseau souterrain ; enfin s'épanouissant en ce bou-
« quet de gouttelettes, la *fontaine*.

« Et cette fleur inorganique de l'eau féconde les
« fleurs organiques vivantes. A peine introduite au grand
« jour, elle éveille, tu vois, les graines endormies : telle
« est sa force nutritive qu'en ce coin de val écarté,
« défendu du soleil, l'hiver ne dégarnit pas encore les
« verdures, et laisse plus longtemps les feuillages *fleurir*.
« Cette eau si pure, cristalline, engraisse pourtant les
« végétaux ; les tissus se saturent de sève ; les limbes
« deviennent charnus ; la *Véronique*, la *Lysimaque*,
« sont, dans cet air moite, des plantes grasses. Les
« mousses, maigres ailleurs, croissent en touffes pres-
« sées, foisonnantes ; les lichens, croûtes sur les écorces,
« pendent ici, telles des stalactites crêpues ; les Scolo-
« pendres, fougères étoffées, sans festons, dardent, des
« fentes du rocher, leurs frondes effilées du bout, comme

« des langues. Mais si l'onde est fertile à ce point, c'est
« qu'elle emprunte au sol qu'elle traverse ses sels. Dia-
« phane et vive comme elle est, on ne la croirait pas
« chargée de corps solides. Il faut, pour se rendre à ce
« fait, l'évidence des feuilles mortes et des menus objets
« rendus pierreux, faits fossiles. Car la plus claire
« des sources réalise ce paradoxe : elle est « pétrifiante ».
« Antithèse bizarre d'une même eau qui, par
« ici, minéralise la vie, fluide et molle, et là, rend
« perméable et viable, par contre, le tissu coriace des
« grains.

« En résumé, la plante doit son aliment à la
« pierre, et c'est l'*eau*, minéral coulant, qui joue le rôle
« d'intermédiaire, sert de véhicule. Un lien rattache donc
« le végétal au minéral ; celui-ci précède de loin, et per-
« met l'existence de celui-là. L'ordre de succession cos-
« mique est ainsi : d'abord l'élément dur, inerte, indé-
« fini, puis le mobile, enfin l'élément plastique, défini.
« Ce rocher, au cours des siècles, a dressé sa masse ; l'eau
« s'est infiltrée peu à peu dans ses veines ; et soudain,
« trouvant son issue par une coupure du terrain, elle
« épanche sa nappe en rideau que fleuronnent aussitôt
« les corolles... ».

Elle dit, — et malgré tout, en voyant la muraille calcaire comme revêtue de cette onde retombante, si bien
frangée, décorée si artistement de rinceaux, je songeais
au mur vertical d'un palais, ferme et taillé d'équerre, d'où
penderait une tenture onduleuse, translucide, au semis de
fleurs.

LA PLAGE
(*flore marine*)

Le passage de la terre ferme à l'eau douce est continu,
fait de transitions ménagées. Celui de la terre ferme à
la *mer* offre le contraste presque immédiat de deux
mondes. — Vous descendez, par exemple, des plateaux
normands à la Seine, par une succession de pentes boi-
sées, de prairies, qui ne vous laissent aucune surprise ;
ormes et peupliers vous accompagnent jusqu'aux berges ; les mêmes feuilles et les mêmes figures de fleurs,
jusqu'au ruban fluide du fleuve, vous font escorte. La
verdure, sans doute, est plus claire avec les saulayes (1);

(1) Le dictionnaire dit « *saussaie* », je sais, pour un lieu planté

les aulnayes, les coudrais, les groupes de roseaux, changent un peu le paysage ; mais c'est toujours, en somme,

à peu près la même flore, la flore *terrestre*. Cet ample et
long serpent qui glisse à travers un pays, vous en avez vu
les enfants, pour ainsi parler, dans les ruisselets qu'un
orage fit ramper, tout à l'heure, courir à fleur de sol, en
rase campagne... En touchant le fleuve, vous ne quittez
pas la région du calme et de la poésie rassurante. L'onde
est si douce, ici, si limitée ! Les arbres riverains s'en
laissent baigner patiemment ; leur cime, même, s'enri-
chit de cet excès humide à leur pied ; cet arrosage per-
manent les désaltère à peine : on dirait que l'inondation ne fait qu'exalter la soif inextinguible des tiges.

Mais si vous poursuivez votre route, au ras des plateaux cultivés, avec des fermes closes de futaies carrées,
en rideaux, des vaches parsemées sur le grand tapis, les
coqs d'or des clochers perchant de distance en distance,
— un étonnement vous saisira, tout d'un coup, à voir
l'horizon, déjà découvert, s'ouvrir à d'incommensurables
lointains... Au delà du vert mat et solide, une ligne se
tend, bleu d'ardoise, inflexible dans son contour.
C'est un monde absolument nouveau, bien tranché. Il
s'annonçait déjà par l'arôme, il s'annonçait aussi par un

de saules ; qu'on me pardonne ce barbarisme de « *saulaye* » en
faveur de l'élégance du vocable.

murmure prodigieux, bien personnel. Oh ! ce passage brusque des parfums subtils, apaisants, à la senteur pénétrante du sel !... Celui des bruissements de rameaux, doux, comme satinés, aux déploiements tumultueux de ce tapis sonore, l'océan...

Que de fois j'ai senti, j'ai goûté ce même contraste, en sens inverse..... L'œil empli de vert glauque et vitreux, l'oreille encore bruissant de clameurs confuses, je sortais de la mer comme d'une foule qui m'aurait menacé ; je me retrouvais sous quelque pli de terrain, tout rassuré de fleurs, et de silence... Alors, à l'abri du sublime, je goûtais le joli plus savoureusement ; j'appréciais, en quittant l'informe, gigantesque harmonie, l'achèvement plastique, et plus à ma portée, des contours. Je découvrais, dans ces verticilles vivants, bien qu'immobiles, dans ces élancements si bien mesurés de tiges, de rameaux, en ces rayonnements de nervures, symétriques, mais non guindés, — un écho mille fois répercuté, pacifié, du rythme colossal de *là-bas*. L'idée d'un progrès obtenu par l'introduction d'unités vivantes, et sensibles, dans le décor, s'offrait à moi, nette, presque touchante. J'avais admiré l'océan, tout à l'heure... Maintenant j'*aimais* les arbres, les corolles, je me sentais plus près, j'avais de l'amour.

Jouissance féminine, sans doute, ou plutôt satisfaction mâle de l'esprit donnée par une présence féminine, intuition d'un ordre supérieur de beauté, — d'une « royauté de grâce », en quelque sorte. Car la Nature terrestre, étant plus affinée, s'offre plus élégante, et sa complexité de flore et de faune atteint, par l'apaisement du milieu, ce degré parfait qui séduit.

Et pourtant, quelle grâce aussi dans la mer, lorsqu'elle même, apaisée, se mettant à l'unisson de calme du ciel, étend sa nappe bleue, robe couleur de miroir... Alors, on l'aime, ainsi que la fleur, la prairie ; l'on se sent ému devant elle ; longtemps on s'arrête à la contempler, tel un pur visage...

Mais l'antithèse, avec la terre ferme, est piquante. L'aviez-vous déjà remarquée ? Certes, on dirait que les deux éléments contigus, l'*aride* et le *fluide*, s'opposent par des qualités exclusives... La terre, opaque et nue, montre sa flore qui la cache. Translucide et voilée pourtant, la mer dissimule la sienne et s'expose. Il est évident que le sol, ingrat par lui-même, a besoin

d'un vêtement ininterrompu de verdure, tandis que la
« Grande Bleue », rejetant son manteau de varechs sur les
plages, est superbe en cette nudité qu'on n'aperçoit pas...

· D'où vient ce départ instinctif de nos goûts ? D'un
parti logique, et nécessaire, dans la Nature. Celle-ci, constamment, procède du simple au complexe. Or, l'eau
marine — on sait — est le berceau de toute vie :
berceau, c'est bien ici l'expression littérale, puisque
les plantes primitives — comme les animaux d'abord
apparus — sont *immergées* ; elles ne vivent pas sur la
mer, mais *dans* son sein; la mer est leur nourrice, comme
la terre est celle des végétaux aériens. Voyez, plutôt,
ces *Algues* : ce sont des tiges ou « *thalles* » sans
racines : ou, si vous les voyez fixées au roc par des cram-
pons, des empattements, ce sont là de purs instruments fixateurs, non des organes de succion. La plante
marine ne demande au sol qu'un appui — quand elle
le demande — ; son aliment, elle sait le prendre au
dehors, en le milieu mobile qui la baigne. Et c'est pourquoi vous surprenez la même espèce d'algue à prospérer sur les types rocheux les plus différents ; l'Algue,
indépendante et nomade, est comme le navire qui, touchant terre, ne fait que mouiller son ancre sur fond et
subsiste exclusivement de sa pêche.

On rencontre, en plein Atlantique, de ces flottes herbacées qui *dérapent*, pour continuer ma comparaison, en
d'autres termes, lèvent l'ancre...

Sargasses enchevêtrées en radeau, qui retardèrent les
caravelles de Colomb, et qu'Oviedo, moins affairé,
nomma « *praderias yerva* » (prairies de varechs).
D'autres prairies, composées de gramens marins invisibles en tant qu'unités, teintent parfois l'océan d'un
écarlate magnifique. Il faut 40.000 individus, paraît-il,
pour couvrir 1 millimètre carré de surface. Et des voyageurs ont compté jusqu'à 15 lieues de ces « mers
rouges » (1). Quel abîme entre nos procédés de coloration si grossiers, et ce parti de peindre l'espace en fresque
avec des cellules vivantes !

En regard de ce presqu'infini dans la petitesse, pla-
çons les algues que cite de Humboldt, le consciencieux

____

(1) Cette algue minuscule est connue des savants sous le nom
de *Trichodesmum erythreum* Comparez la mer *Erythrée* (du mot
grec qui signifie *rouge*).

auteur du « Cosmos », des « Fucus », atteignant un demi-kilomètre de long !

Mais, géantes ou minuscules, les plantes de la mer, après tout, ne se manifestent à nos yeux que par occasion. Il faut que le vent, les vagues, la marée, les détachent du fond, en étalent les débris à fleur d'eau, surtout sur les plages.

Un auteur du xvᵉ siècle, *Crusa,* vante la flore marine en ce vers :

Plasen jardi, plus qu'autre jos lo cél.

Peut-être est-il exagéré de mettre le Paradis terrestre aux abîmes. Et pourtant, au dire de ceux qui se sont risqués dans la profondeur en scaphandre, un spectacle magique vous attend là. Magique, je dis bien, plutôt que céleste et paradisiaque, car les tiges de coraux, rouges, fleuries d'étoiles, les anémones aux tons de chair, semblables à de grasses corolles, coupées trop près, les méduses, gelées tremblantes, les annélides transparentes, les béroës phosphorescents, les raies électriques, et tant d'algues aux frondes lisses ou crêpues, simples ou ramifiées, variées de toutes les teintes du rêve, flottant, serpentant, rayonnant, s'enlaçant dans la lumière trouble, évoquent ces vergers merveilleux où l'enchanteur fit descendre Aladin, naguère.

Les *Algues,* au nombre de quelques milliers d'espèces, forment, à elles seules, toute la population végétale de l'océan. En effet, *Varechs, Fucus, Goémons,* sont de purs synonymes, des dénominations régionales. Aussi, l'on ne s'attend guère à trouver, au milieu d'un pareil groupe homogène, une étrangère, en quelque sorte : cette belle « Naïadée », pourvue de vraies fleurs en épi, submergée toutefois, la « *Zostère* ». On doit s'approcher de très près pour y voir une « Phanérogame » et, par conséquent, une plante supérieure, la seule, en fait, qui, par une étrange fortune, ait pu s'adapter à l'existence rude des flots. A contempler ses longs rubans vert bouteille, à l'aise dans l'onde amère et faits à la vague, on la prendrait d'abord pour une Algue... ; la *Zostère* n'est qu'une plante terrestre hardie.

Dans le groupe des Algues *vraies,* cryptogames et primitives, celles-là adaptées à l'océan, parce que nées dans l'océan, je ne citerai que les plus belles ou les plus aisément récoltables : d'abord, les *Varechs* proprement dits, ou *Fucus*, les uns renflés de vésicules servant de flotteurs, et que nos pas font éclater le long des grèves, les autres porteurs de gousses, à l'instar des pois ; puis ces larges courroies olivâtres, aux efflorescences sucrées, les *Laminaires* ; la *Lessonia fuscescens*, dressant ses panaches, et les courbant alternativement sous les lames ; la jolie *Plocamie* plumeuse, la rutilante *Delessérie*, la *Cladostèphe* verticillée comme nos « *Caille-lait* », puis la *Coralline* et le *Lithophylle*, aux rameaux pierreux, l'étrange *Acétabule* plantant, vrai champignon de mer, ses parasols sur les récifs ; enfin, et par dessus tout, la *Padine* (queue de paon), dont le thalle, en quelque sorte plumeux, formant éventail, prouve que la Nature, d'un règne à l'autre, ne craint pas de se répéter.

Un regard général, d'ailleurs, sur la flore, révèle cette loi qui doit régir aussi, j'en suis convaincu, tous nos Arts : c'est que l'harmonie, la beauté, ne se dégagent point d'une multitude de thèmes, mais d'un petit nombre, au contraire, et susceptibles de variations infinies, de thèmes *féconds*, en un mot. Aussi, l'unité, l'homogénéité, la clarté, que je goûte dans Beethoven, dans Molière, et dans notre architecture anonyme du Moyen-Age, en retrouvé-je la source en la *Forêt*, dans la *Prairie*, aux champs de *Céréales* et sur les *plages*.

Finalité de la Flore

Fins personnelles et fins « altruistes » ; fins positives et fins idéales

A chaque fois que l'enfant aperçoit un objet nouveau, l'on peut s'attendre de sa part à ces trois questions : Qu'est-ce que c'est ? — Comment cela se fait-il ? — Et pourquoi ?... A l'occasion, il ajoutera : Comment est-ce venu là, et depuis combien de temps ? S'il s'agit d'un *pommier*, je suppose, sa mère lui répondra : C'est un *arbre* ; il pousse des feuilles et des fleurs. Quant à savoir comment ? — « Tu l'apprendras plus tard », — ou : c'est par la puissance du bon Dieu. — Et quant au *pourquoi* : Mais c'est pour faire de l'ombre, et donner des pommes à cidre ; et, par-dessus le marché, *pour que ce soit beau...*

Voilà, dans sa claire simplicité, ce que les philosophes obscurcissent de mots savants : *modalité — causalité — finalité. Finalité*, surtout. Que de pages écrites sur ce sujet, *à vide !* Les uns font profession d'y croire : les autres parviennent, à force de subtilité, à la mettre en doute. Je ne m'inquiéterai pas de ceux-ci, pas plus que des « athées de l'analogie, ou de la science du beau » ; et pareil à ce sage qui n'aimait pas perdre son temps en polémiques, je prouverai le mouvement en marchant.

La réponse si simpliste de la mère à l'enfant curieux, me servira de méthode. Déjà, j'ai dit ce que c'était qu'un végétal ; — ou plutôt je vous l'ai montré sur le vif. Vous savez aussi quelles sont ses fonctions, ses « *tâches de vie* », et comment il les accomplit bien ou mal, avec bonheur — ou malchance. — J'ai traité, d'autre part, les questions de *temps* et de *lieu* ; ce furent les chapitres de *l'évolution*, de *l'adaptation*. — A présent, que me reste-t-il ? — A satisfaire, après le « *comment* », le « *pourquoi* ». Le monde végétal étant connu dans ses modes, et ses origines, je dois en décrire les *fins*, — dire à quoi sert la flore, en définitive.

Cela, vous le savez, au fait, aussi bien que moi ; seulement, vous n'y mettez pas toujours la méthode. Or, pour présenter les choses avec ordre, il faut dire : la flore a deux sortes de fins : *fins positives, fins idéales.* — Les fins « positives » sont *personnelles* — ou, permettez le mot : « *altruistes* » ; en effet, la plante vit d'abord pour soi, — puis pour sa progéniture ; ensuite, pour le milieu qu'elle habite, pour les plantes, ses congénères, — pour les animaux, — enfin pour l'homme. Ce dernier, n'ayant pas que des appétits, et manifestant des instincts désintéressés, des tendances esthétiques, — même *artistiques*, la flore trouve là des fins nouvelles, supérieures. Vivante, elle étanche, déjà, très libéralement, cette soif de beauté qui nous presse. Morte, — ou bien absente, hors de nos yeux, l'*Art* la fait revivre d'une vie idéale, dans la pierre des monuments, l'étoffe des costumes, et jusqu'en l'image poétique. Aussi peut-on dire que le monde végétal, en quelque sorte, a son *au-delà*. Ce ne sera point la partie la moins attrayante de notre tâche, que de vous faire pénétrer en cet « *au-delà* », que de vous révéler cette adaptation suprême, et sublime, cette sélection supérieure et d'un ordre nouveau qui, laissant là toute contingence, ne prend dans la feuille, la fleur, ou le rameau, que ses éléments essentiels et « *significatifs* », — conférant, de la sorte, à la plante — éblouissante, mais éphémère, une espèce d'immortalité.

Mais, avant de vivre pour l'homme artiste, botaniste, agriculteur, — avant même de vivre pour l'animal herbivore, la plante vit pour elle-même, et pour sa race. Ici, pour rétablir l'ordre de mutualité, de réciprocité, que masque l'unité du plant végétal, il faut considérer ce dernier moins comme un *individu* que comme une *association*, — très homogène, au reste, d'individus, ce qu'on appelle une *colonie*. Vous vous rappelez que nous avons montré l'*arbre* sous cet aspect. Alors, les diverses parties de la plante, ses divers organes, apparaissent comme des *unités* primaires, en quelque sorte ; ainsi les polypes d'une branche de corail. Toute idée d'*égoïsme* s'efface, pour faire place à la notion très nette de *solidarité* ; ce mot, même, retrouvant en la circonstance son acception toute littérale. On n'a plus, dès lors, sous les yeux, une plante absorbée dans sa personnalité, vivant exclusivement pour soi, — mais une espèce de société fraternelle dont les membres, rattachés entre eux, il est vrai, de force, se rendent des services vitaux réciproques. Chacun, sans doute, se nourrit, et croît, il le faut bien ; chacun accomplit ses fins particulières, et se conserve ; mais chacun apporte à la communauté son tribut. La grande loi de *division du travail* se révèle déjà, dans ce monde aux airs désœuvrés ; c'est une machine à marche silencieuse, et dont les rouages ont un jeu si doux, si bien réglé, que le détail des mouvements se perd dans un effort d'ensemble. Au sous-sol, les *racines* aspirent, par leurs poils absorbants, les sucs qui nourriront, après elles, les fibres de la tige, le limbe des *feuilles*, et les *fleurs*. Les *feuilles*, à leur tour, par leur exhalaison, font un appel de sève qui presse le travail des racines, et qui l'utilise. On sait que ces palmes, ou ces « pennes », si nonchalantes à les voir, sont continuellement occupées à un travail chimique, interrompu seulement la nuit. Leur tâche est celle des branchies ou des poumons chez les animaux ; c'est une *aération de sève*, au lieu de sang, — avec, encore, cette différence que le gaz aérien respiré sert à la nourriture : la plante est, de régime, *aérophage*. — Enfin la *fleur*, qui profite à son tour du travail des racines et de celui des feuilles, rend elle-même un service général, et pour ainsi parler, *posthume*, à l'association : c'est de la *reproduire*. Le rôle de la graine, qu'elle prépare avec des rites solennels et somptueux, est tout analogue à celui de la *méduse* qui se détache du polypier pour fonder ailleurs une colonie du même ordre. On peut la comparer, encore, à l'essaim d'une ruche d'abeilles.

Il est curieux, ici, de constater que la *finalité*, — disons : la *destination*, si vous aimez mieux, — des divers organes, n'est pas apparente. A première vue, les feuilles sont faites pour nous ombrager ; les fleurs, pour nous parfumer, et récréer nos yeux. C'est là, certes, je ne le nierai pas, leur destination suprême ; mais elle ne doit pas cacher à jamais des fins moins « sensationnelles » pour nous, et d'un intérêt immédiat pour la plante. — Toujours est-il que ces fins-là, je le répète, se dissimulent à nos regards, comme si c'était le mot d'ordre pour la flore de céler l'activité sous le nonchaloir, et le travail sérieux sous la grâce coquette. Ainsi la Science est indiscrète, qui trahit le secret des opérations végétales. Il reste, cependant, quelques points réservés, où la Science ne pénètre pas, où elle n'a pas pu pénétrer encore. Si la *tige*, si ferme et si svelte, s'avère un pilier de soutien, un canal de sève ; et le *rameau*, richement feuillu, un appareil d'aération ; si la *fleur* est un groupe d'organes générateurs ; la *vrille*, un *lazzo* ; l'*épine*, un *apex* aigu de bouclier ; et l'*écorce*, une cotte idéale, se régénérant à mesure, et se prêtant à la corpulence croissante du tronc, — on peut se demander quel est le but, ou la raison d'être, de tel ou tel parti de contour, de grandeur, de tel ou tel nombre ou tel ordre déterminé, constant pour chaque espèce — ou chaque famille. Pourquoi, par exemple, les feuilles sont-elles simples dans le chêne, ou le châtaignier, et décomposées chez le frêne ? Pourquoi sont-elles si subtilement découpées chez la plupart des *Fougères*, lorsqu'en la *Scolopendre*, elles restent entières, indivises ? Pourquoi les pièces du verticille floral sont-elles, invariablement au nombre de *3* (ou de *6*) chez les Graminées, les Lys, les Iris, les Glaïculs, les Narcisses, etc ; au nombre de *5* chez les Rosacées, et beaucoup d'autres groupes naturels ?... Une particularité du genre *rosa*, c'est que, sur les 5 sépales du calyce, deux portent une touffe de poils à chacun de leurs bords, tandis que deux autres ne présentent rien de pareil, et que le cinquième n'en porte que d'un seul côté, — ce qui fit composer par un botaniste lettré ce distique célèbre — au Jardin des Plantes tout au moins :

« Quinque sumus fratres ; quorum duo sunt sine barba :
  Barbati duo sumus ; sum semibarbatus ego ».

C'est, à vrai dire, un détail bien subtil, une minutie de la Nature ouvrière. Mais ce qui donne à réfléchir, c'est la constance de ce détail, qui devient par ce fait un moyen de détermination très sûr.

Ce qui confond, surtout, c'est la *fixité du nombre*, dans le plan floral. Car, lorsque la fleur des Rosacées, ou des Myrtacées nous offre un très grand nombre, un nombre indéfini d'étamines, on peut imaginer quelqu'artifice de prévoyance, un moyen d'augmenter les chances de perpétuation. Mais 5 étamines, ni plus ni moins, — ou, chez les Crucifères , 6 étamines « tétradynames », c'est-à-dire dont 4 sont longues, et 2 courtes.... Encore un coup, pourquoi ?...

C'est à la Science de chercher. Mais, en attendant, que notre foi dans la finalité ne se trouble point. On peut affirmer par avance que l'Ouvrier suprême n'a rien fait d'oiseux ; qu'Il ne fait même jamais, comme font trop souvent nos artistes, *de l'Art pour l'Art.* Seulement, qu'on m'entende bien : le mot d'*utilité* n'est pas toujours, en pareil cas, opportun ; c'est le mot de *nécessité* qui doit prendre sa place. Le premier, en effet, suppose un service à rendre ; il voit dans un objet la cause d'où doit jaillir, tôt ou tard, un effet ; — le second, au contraire, laisse entendre un effet ; il comporte le caractère de fatalité des choses accomplies. Par exemple, un homme tout-à-fait étranger à la mécanique pourrait demander, en face d'une balance dite « *romaine* », *à quoi sert* le levier si long, et le poids qu'on y fait glisser pour peser. Le mécanicien, lui, trouvera la question mal posée : c'est une *nécessité d'équilibre*, dira-t-il. — Eh bien ! dans tous les cas où l'utilité des parties nous échappe, en la plante, je suis convaincu qu'il y a, au fond, quelque chose d'analogue : comme un besoin de *pondération*, ou de *contrepoids* ; même, tout simplement, le retentissement d'un acte organique sur un autre, — ce qu'on nomme, en Biologie, la « *corrélation de croissance* ». — Peut-être que la *didynamie* — ou la *tétradynamie*, dans le groupe des étamines, ne sert en rien l'acte reproducteur ; ce serait tout unîment l'effet d'une inégalité de croissance, comme il arrive, en plus grand, pour certaines inflorescences, et certains modes de ramification de la tige. Encore pourrait-on voir, en cet effet même, une cause, et l'épuisement fatal, ici, de la crue, — là, son exaltation non moins obligée, serviraient des desseins précis, bien qu'inconnus de nous.

Et puis, d'ailleurs, assez de *partis*, dans la forme ou l'ordonnance des végétaux, se manifestent comme « *par tis-pris* », pour que, de ceux-là, l'on juge de bien d'autres. C'est ainsi, pour n'en citer qu'un exemple, que l'alternance si régulière des feuilles sur la tige, ou celle des sépales et des pétales dans la fleur, pourrait se justifier comme pur résultat, conséquence naturelle et forcée du *tour de spire.* Et nous savons que, grâce à cet ordre imposé, les limbes, à tous les étages, ont leur part d'air et de soleil ; ils ne se nuisent pas, ne se portent point *ombrage*, au sens propre. J'ajoute que déjà, même à ce stade inférieur de la finalité, l'idéal s'entrelace avec le positif ; l'avantage dont jouit la plante, et qui favorise sa vie, se présente à nos yeux, vivement, sous l'apparence d'un décor. Disons-le par anticipation : N'est-ce pas le fait d'une Providence aimable autant qu'admirable, que cette ordonnance géométrique d'où découlent à la fois deux bienfaits : le salut de la plante — et notre plaisir... ?

Avant que d'être utile à l'humanité, la plante sert aux plantes, ses congénères, puis aux animaux, herbivores ou granivores ; et même, antérieurement à la faune, comme à la flore, elle fait bénéficier de sa vie le *sol*, l'*air*, et l'*eau*, milieux inorganiques qui la font vivre.

D'abord le *sol* ; il est dit « nourricier ». Mais, lui-même, en retour, est nourri par la plante. Après l'avoir épuisé de sa longue végétation, la plante le régénère de ses débris ; morte, elle lui restitue les éléments que, vivante, elle lui soutirait. Cette réciprocité de services est une leçon pratique pour l'agronome ; et devrait être une leçon pour le philosophe. D'ailleurs, elle ne se borne point à ce que je viens de dire ; en effet, vivante déjà, la plante, par ces mêmes racines dont elle épuise le terrain, sert à le fixer. Les suçoirs gourmands qu'elle y plonge, sont en même temps ligatures. Lorsque vous traversez les landes de Gascogne, ou les dunes de Picardie, songez à ce nouvel office du végétal ; il a été, du reste, mis en pleine lumière par ceux qui combattent le déboisement : on est averti maintenant que supprimer les arbres, c'est porter atteinte à la solidité du sol ; c'est préparer l'éboulement, le glissement de l'*humus* sur les pentes. Ainsi cette beauté qu'est l'*arbre*, menacée chaque jour par l'utilitarisme industriel, peut être sauvée par la notion de ses naturelles utilités. Quelle fortune, alors, que le *beau* soit lié à la vie ! Aussi ces pins dont Brémontier a semé nos landes, judicieusement, ne les regardez pas seulement à la tête, mais au pied : jouissez du sévère tableau qu'offrent ces forêts d'arbres verts, à feuilles en aiguille, au tronc résineux ; mais voyez-y, par l'imagination, un immense réseau souterrain qui travaille à serrer la glèbe.

Si la base du plant végétal est en relation avec l'élément terrestre et compact, sa cime communique avec l'élément aérien ; et là, se révèlent encore des harmonies, que dissimulent cette fois la subtilité, la diaphane impénétrabilité du milieu. La Science est vraiment une fée, qui nous permet de voir la plénitude dans le vide, la structure moléculaire en l'amorphe, — qui nous fait assister, dans l'air transparent, immobile, aux évolutions d'atomes gazeux. Faut-il que les noms d'*Oxygène*, d'*Acide carbonique*, et d'*Azote*, viennent alourdir ces choses légères... Mais on peut essayer une traduction libre ; appeler, par exemple, le gaz carbonique « *esprit de diamant noir* », ennoblir l'azote, et l'oxygène par des noms qui traduisent, chez l'un, l'action températrice, et l'action stimulatrice de vie chez l'autre. Vous contemplerez alors la réaction chimique aérienne comme un jeu d'ondes sur le lac ; le milieu qui baigne la flore apparaîtra, comme la flore elle-même, à vos yeux. Vous verrez les bulles gazeuses irrespirables pour nos poumons, se séparer des autres, pour apporter leur molécule infime de charbon à l'édifice végétal en croissance ; puis d'autre part, un courant inverse entraîner l'oxygène au dehors, pour notre usage, et celui de tous les animaux qui respirent. C'est ainsi que la flore, en même temps qu'elle boit l'atmosphère, l'assainit. Elle en fait autant pour l'eau des mares, des étangs, stagnante ou courante. Et, notez-le, ce bénéfice n'entraîne pas, ici, de sacrifice ; les choses sont arrangées de telle sorte, en la Nature irresponsable, que le profit de l'un ne s'obtient pas toujours au détriment d'un autre. Non, le monde n'est pas tout-à-fait cette arène de concurrence féroce, ce théâtre d'égoïsme que se plaisent à décrire les commentateurs de Darwin. A vrai dire, il ne saurait, non plus, passer pour école d'abnégation. Mais, en attendant ces phénomènes humains, qui s'appelleront dévoûment, renoncement de soi, sacrifice, on peut admirer cette balance providentielle, qui sait produire des contrastes sans créer de contradictions et partage si bien l'aliment commun entre les deux règnes, que le déchet de l'un profite à l'autre. Ainsi la plante vit de ce que rejette l'animal, et l'animal de ce dont la plante n'a pas voulu.

Cette loi de *bénéfice bilatéral*, qui lie déjà la plante au sol, à l'atmosphère, rattache aussi la plante à la plante. C'est un chapitre assez neuf, et vraiment curieux, celui des relations sociales des herbes et des arbres avec leurs congénères plus ou moins proches ou lointains. Les végétaux, sous ce rapport, suivent trois partis : ils communiquent entre eux, à distance, — ils voisinent, par groupes plus ou moins nombreux, plus ou moins homogènes, — ils s'associent d'une façon plus étroite. — Parlons, premièrement, de la *communication à distance*. Elle s'opère, vous le savez, aux fins de la reproduction. Le vent, ou les insectes, charrient, sans y songer, la semence mâle d'un pied sur un autre pied. Au premier abord, cet office paraît opportun, puisque les plantes sont enchaînées au sol. Mais, puisque la plupart des fleurs sont pourvues des deux éléments nécessaires à la reproduction, comment, et pourquoi ne se reproduisent-elles pas elles-mêmes, et sur place ? — Comment ? Mais par ce fait, que le moment de maturité n'est pas le même pour les deux ; un sexe est en retard sur l'autre, en sorte que l'habitation sur un même pied, — que dis-je ? dans un même lit, ne se trouve pas, — fait bien inattendu, favoriser l'acte procréateur. Lorsque tout est combiné dans l'espace pour favoriser l'autofécondation, il semble qu'un génie malicieux intervienne, et dérange ces plans, tout exprès, en hâtant ici la maturité, la retardant là. — Et pourquoi, demandez-vous maintenant... Quelle est la raison d'être d'un tel stratagème ? Darwin nous le révèle : c'est pour éviter le péril, bien connu dans notre humanité même, des mariages consanguins (je devrais dire : « *conséveux* »). Ici le croisement, ainsi que dans la faune le métissage (ou, par aventure, l'*hybridité*), retrempe constamment l'espèce ; et d'autre part, grâce à la différence de sèves, un champ libre est ouvert à la *variation*. L'on ne peut guère s'y refuser, ce dernier fait apporte un témoignage important en faveur de la théorie transformiste ; il prouve, en effet, que la variation des espèces n'est pas seulement un phénomène, un cas fortuit ; que c'est une intention, un parti-pris de la Nature... Faut-il voir, toutefois, une restriction à ce principe dans les faits, encore fréquents, d'autofécondation, et surtout dans celui de la fleur dite « *cleistogame* » ? Qu'appelle-t-on ainsi ? — Une petite fleur exactement close, et qui se féconde elle-même, permettez l'expression, « *à rideaux tirés* ». — L'accès du gynécée, cette fois, est interdit aux insectes porteurs du pollen étranger. C'est le système de *protection* qui remplace le libre-échange. Si la Nature joue ce jeu contraire, c'est évidemment pour faire contrepoids ; car, au péril de déchéance issu de rapports consanguins conti-

nus — s'oppose la menace d'un autre péril, celui d'une
variabilité désordonnée, où se perdrait le type spécifique.
— Par la *fécondation croisée,* la finalité du règne animal
vient s'entremêler avec celle de la flore. L'insecte ne cherche en la fleur que ses fins propres, égoïstes ; et, sans
le savoir, il accomplit celles de la plante : venu tout expressément pour son miel, il emporte sur lui, par mé-
garde, la poussière féconde des étamines.

Un fait d'entremise animale, mais d'ordre assez différent, s'offre dans le *gui.* Parasite, et croissant dans la cime
des arbres, il ne peut espérer que sa semence retrouve, à
point nommé, le même chemin. C'est l'oiseau, cette fois,
qui se constitue l'agent de transport. Grives et merles sont
friands des baies blanches visqueuses ; ne songeant qu'à
piller cette sorte de groseille gluante, ils en sèment les
pépins — manière de parler, puisque le fruit du *gui* n'est
que monosperme — sur les arbres qui leur servent de
perchoirs.

*
* *

Si les végétaux communiquent ainsi du lointain pour
cette fin de reproduction, ils voisinent, en s'associant sur
place, pour des fins, plus immédiates, de *nutrition.* Je distingue ici trois cas principaux : *socialisme, commensalisme* et *parasitisme.* Les plantes que j'appelle « sociales »
forment des groupes plus ou moins étendus, plus ou
moins homogènes. Lorsque la colonie se compose d'herbes, de graminées, c'est la *prairie ;* quand elle est constituée par des *arbres,* c'est la *forêt.* Nos champs sont des
agglomérations sociales artificielles, comme des colonies
d'esclaves. Ayant décrit la prairie, la forêt, nous n'avons
pas besoin d'insister. Ajoutons ceci, seulement, que la
juxtaposition quelque peu serrée d'individus de même
espèce — ou d'espèce voisine, pose comme un niveau égalitaire sur l'ensemble ; si, dans une fûtaie, les grands
étouffent les petits, et n'acquièrent leur robustesse qu'au
détriment de voisins plus faibles — un *taillis* n'offre,
en général, que des unités de même force — ou de même
faiblesse. Ici, déjà, perce l'influence de la *concurrence
vitale ;* lorsqu'elle ne crée pas des contrastes extrêmes,
elle produit la plus égale uniformité. Dans ce cas, le gain
obtenu, c'est la *protection ;* les individus faibles séparé-

ment se serrent les uns contre les autres, et résistent
mieux ; le centre est couvert par les ailes ; chaque rang
du bataillon végétal est défendu par celui qui le précède,
et défend celui qui le suit. Ainsi, dans une meule, la paille
de dessus protège la paille de dessous ; l'union fait la
force. Ainsi se soutiennent les algues, les mousses, les
graminées, tapis sur les eaux, gazon sur les terres humides. Dans les forêts du littoral, la première ligne de feuillage qui fait face au vent de mer, est roussie, ce qui permet aux autres de verdir.

Un nouveau parti, qu'on retrouve à la fois dans les
sociétés végétales et les nôtres, est le *commensalisme*.
C'est, comme le mot l'indique, l'état d'un individu qui
partage le toit d'un autre, et vit à sa table. La plante
commensale, notez-le bien, ne se nourrit pas aux dépens
de son hôte, à l'exemple de la *parasite* ; mais, pour user
d'une expression vulgaire, elle ramasse les miettes tom-
bées de sa table. Ainsi en est-il des *champignons*, qui
plantent leur parasol sporifère sous les chênes, — nains
s'abritant à l'ombre de géants ; leur appareil de végétation, fort chétif (le *mycelium*), ne puise au pied de l'arbre
que ses détritus organiques ; en cela même, il se montre
utile, hygiéniquement, tel le porc en nos métairies, le
canard au bord de nos mares, les mouches sarcophages,
les scarabées rouleurs de bouses, enfin tous les animaux
de voirie.

Quant aux plantes *grimpantes* et *volubiles*, elles ne
demandent au végétal étranger qu'un appui ; ce végétal
est moins pour elles un hôte qu'un *tuteur*. Aussi ce geste
qui les enroule en hélice, en traduisant la faiblesse en
quête d'un soutien, nous est-il singulièrement sympathique ; à la beauté de l'attitude, en soi, s'ajoute une beauté
d'expression, — je n'ose dire encore : « une beauté morale... ». Elles sont, en vérité, ravissantes, ces lianes, enlaçant comme elles font les tiges mâles, condescendantes,
de leur serpentine féminité. Clématites à fleurs étoilées, à
fruits retombant en perruques, convolvulus tendant leurs
coupes roses le long des haies, tamiers aux larges feuilles en cœur ; même, bryones aux grappes de raisin véné-
neux, toutes espèces inoffensives (pour la flore) décorent
les troncs sans les altérer, et pourvoient elles-mêmes à
leur nourriture. Une volubile, par exception, suce la sève
du plant qu'elle enlace ; c'est la *cuscute*, vrai parasite :
on en parlera tout-à-l'heure.

Bien plus intime est ce commensalisme appelé par les savants « *consortium* ». Le *lichen* en offre un curieux exemple. Le lichen... Eh ! n'est-ce point une de ces croûtes crespelées qui font de loin, sur les écorces, et les vieux murs, des taches d'argent mat, ou de vert-de-gris ? — Sans doute, mais l'unité de ces crêpes vivants n'est qu'une illusion ; le microscope y découvre deux vies, deux organisations très distinctes ; l'un des associés est une *algue ;* l'autre, une sorte de *champignon ;* l'un et l'autre, ai-je besoin de le dire ? des plus infimes représentants de leur groupe. L'algue est verte, unicellulaire ; elle aspire le gaz carbonique aérien ; le champignon est incolore, en forme de réseau lâche, où se niche l'algue ; comme ses pareils, il vit de déchets organiques ; il fournit donc l'azote, et le point d'appui.

Le mot de « *consortium* », qu'on applique au tout, veut dire « *ménage* ». Et c'est là, peut-on dire, un ménage modèle. Les curieux de la Nature, qui sont naturellement indiscrets, en ont provoqué le divorce ; ils ont dégagé des mailles du réseau les sphérules vertes engagées ; puis, réparant le tort, ils les ont fait réintégrer le foyer commun. Isolés, les conjoints pouvaient vivre, à la vérité ; mais ils prospéraient, réunis. Comment, par quelle force initiale, et quel concours de circonstances. s'est opérée cette singulière association, voilà qui reste encore mystérieux. Mais retenons toujours le fait essentiel : c'est que deux destinées particulières se fusionnent ici dans une destination commune, une fin suprême : l'office de préservation des écorces.

*
* *

Entre la plante *commensale* et la *parasite*, une limite est parfois difficile à poser. Le *gui*, que nous citions tout-à-l'heure, n'épuise pas sensiblement le pommier, ou le chêne, dont il accapare les branches ; de même, le *mélampyre* trouve à subsister dans un champ sans que les graminées dont il suce les racines en paraissent souffrir beaucoup. Le parasitisme proprement dit débute en ces associations que Van Thiegem intitule « *à bénéfice unilatéral* », et qui, pour moi, ne méritent plus ce nom pacifique *d'association*. C'est en effet, ici, une « *plante de proie* », qui soutire la sève de sa victime, et finit par la faire périr.

Les plus connues, et les plus redoutées de ces sortes de sangsues végétales, sont là *cuscute* et l'*orobanche*, l'une vivant aux dépens de nos chanvres ; l'autre, de nos luzernes. L'*Orobanche*, blême et charnue, privée de chlorophylle, offre bien l'image odieuse d'un parasite ; mais la *Cuscute*, au corps svelte, et fleurie de blanc, cache ses menées assassines sous une apparence de grâce.

Je ne saurais mieux résumer ces faits qu'en citant la phrase d'un botaniste de profession ; le philosophe, même l'artiste, n'y verrait pas un mot à changer.

« Dans cette action et réaction mutuelle de deux êtres
« l'un sur l'autre, qui fait la lutte pour l'existence, tantôt
« la plante *reçoit le mal en donnant le bien,* comme la
« plante hospitalière qui meurt en nourrissant son para-
« site, — ou le *bien en donnant le mal,* comme la plante
« parasite qui vit en tuant son hôte. Tantôt aussi elle
« reçoit *le mal pour le mal,* et les deux êtres s'entre-
« tuent, comme un *Lemna* (lentille d'eau) qui, après avoir
« asphyxié les poissons d'un étang, meurt à son tour par
« la fétidité de l'eau ; — ou *le bien pour le bien,* et ils
« s'entraident comme dans cette association si remar-
« quable d'une algue et d'un champignon qu'on appelle un
« lichen » (1). Décidément, tout arrive, dans la Nature.

Utile au *sol*, à l'*atmosphère*, à l'*eau*, profitable à ses congénères, le plus souvent, la plante apporte encore un bénéfice à l'*animal ;* ici, ce bénéfice est double : le végétal sert à la faune d'aliment ; — il lui sert aussi parfois d'*habitat :* « *le vivre et le couvert* », comme dit La Fontaine.

Au point de vue de l'*aliment*, les bêtes se partagent en *herbivores, frugivores, granivores* et *melliphages.* Les premiers, consommateurs de gramens, nous sont familiers, puisque tous appartiennent au groupe des *Mammifères*, autrement dit : des « *Quadrupèdes* ». Et quand on parle d'*herbivores*, c'est en général un *ruminant* dont s'offre l'image, bœuf ou chèvre, mouton ou chameau, cerf ou girafe ; ajoutez un proboscidien : l'éléphant.

Nulle part au monde l'accord de la faune et de la flore n'est plus manifeste qu'en un pâturage. Ce mot de *pâtu-*

____

(1) Van Thiegem, traité de Botanique.

rage lui-même rattache indissolublement, en l'esprit, producteur et consommateur ; au regard de l'artiste, il fond dans un seul tableau deux images : *prairies* et *troupeaux*. C'est un spectacle plein d'unité, et qui satisfait l'imagination, que ces immenses tapis verts où des vaches rousses, noires, ou blanches, sont attablées. L'harmonie de constraste qui marie, là, les tons avec tant de bonheur, ne doit point masquer aux yeux de notre intelligence une harmonie vitale, plus profonde. Quel abîme, pourtant, entre cette herbe si menue, prisonnière du sol, insensible — et l'être libre, détaché, de taille colossale, penché sur elle ! Et cela ne crée pas, pour nous, de disparate ; bien mieux : cela, pour nous, fonde un ensemble consonnant.

Mesurez d'ailleurs, à cette occasion, toute la distance esthétique qui sépare l'*herbivore* du *carnivore:* chez l'animal de proie, vivant de chair, et de chair vive, adieu cette paix, cette sérénité, ce charme d'un accord soutenu, liant l'être végétarien à son aliment idéal. C'est encore une harmonie, si l'on veut, mais brusque et saccadée, brutale, fugitive : à peine l'*Art* peut-il la saisir dans un museau de fauve sournois qui traîne à ses crocs quelque gibier de plume ou de poil, pantelant... Et même, le tableau d'un être humain qui mange, est-il bien facile à faire supporter en Peinture ? — Tandis que l'enfant, greffé sur le sein maternel, est un sujet que l'artiste ne repousse point. — Pourquoi ? — Mais par l'accord parfait, le *point d'orgue,* pour ainsi dire, qui fusionne, en les prolongeant, deux sonorités contrastantes, la note grave et forte — et la note frêle, la puissance condescendante — et la faiblesse ici, quêteuse d'énergie. Deux toiles célèbres, et diverses, serviront d'épreuve à mes dires ; c'est, d'une part, le *Pré,* de Paul Potter, et de l'autre, la *Vierge au coussin vert,* de Raphaël.

Si les animaux dont le régime est *herbivore* sont en même temps, par leur habitat, *agricoles,* — les *frugivores,* à peu d'exceptions près, sont *arboricoles.* Aux premiers le champ, la prairie ; — aux seconds le bois, la forêt. Ceux-ci, les hôtes de la forêt, sont légion ; je ne veux citer ici que deux types, instructifs, justement, par le contraste des physionomies ; ce sont : l'*écureuil* et le *singe.* Tous deux mangent des fruits ; tous deux grimpent aux arbres avec agilité. Mais l'un, dans sa figure, et dans son geste, a cette gentillesse enfantine qui séduit :

la grimace de l'autre amuse, mais répugne ; et même, la brusquerie maligne de ses bonds nous inquiète. Quant à l'harmonie qui se dégage, pour tous deux, du régime alimentaire et de l'habitat, elle apparait d'emblée dans ces images où le singe bondit, de rameaux en rameaux, en pillant, prestement, goyave ou noix de cocotier, — tandis que l'écureuil, aussi bon gymnaste, mais moins clown, gambade en portant, gentiment, à ses incisives, la noisette traditionnelle.

Avec les *granivores*, on change de scène, mais sans quitter les cimes, toutefois. Le granivore, en effet, c'est l'*oiseau*. Or, parler de l'oiseau, c'est évoquer, du même coup, la *verdure* (ou la frondaison, la *ramure*). La renaissance de la flore est le signal de son propre réveil ; et quand la flore décline, lui se meurt avec elle, ou s'en va, ou reste pour souffrir un hiver. Cet être libre, et d'une infatigable mobilité, aime la nonchalance captive des végétaux ; lui, migrateur, se plaît dans la société sédentaire des arbres. Tout le temps qu'il ne passe pas dans les airs, à voler, il le passe sur les buissons, les haies, les branches d'arbres, à percher. S'il part, c'est d'un rameau, et du plus élevé ; s'il revient de son vol, c'est pour percher encore. Pour lui, l'atmosphère est une espèce d'océan, dont les ramures, les cimes feuillues sont les rives. Aussi le spectacle des jeunes rameaux balancés en mesure sous son poids léger, a tant d'harmonie, son *frou-frou* d'ailes est si bien accordé sur les bruissements du feuillage, la promptitude de son essor accompagne si bien la nonchalance des attitudes végétales, que l'arbre et l'oiseau, bien souvent, paraissent ne former qu'un seul tout.

C'est que pour l'être aérien, également arboricole, le feuillage est plus *abri*, moins aliment, que le pâturage pour l'être agricole. Le pré sert aux ruminants, à la fois de table et de tapis. Or ce tapis, si velu qu'il soit, ne couvre l'animal qu'à hauteur du genou, tandis que le feuillage environne le granivore ailé qu'est l'oiseau, l'enferme dans une chambre de verdure. Le seul tribut par lui prélevé sur son habitat, presqu'un espalier, c'est le grain. Encore, en bien des cas, est-ce à l'avantage de l'hôte... Vous avez vu la grive, dans le *gui*, se faire disséminatrice de semence. Ce n'est plus, en définitive, un simple commensal que l'oiseau, et ce n'est pas encore un parasite.

On en peut dire tout autant de cet être également ailé,

véritable oiseau sans vertèbres, et plus minutieux de structure : *l'insecte*. Ce dernier n'est point herbivore, ni frugivore : il est, dans un très grand nombre de cas, *melliphage*. En effet, si les *charançons* dévorent nos grains, et les guêpes gâtent nos fruits, nombreux sont les *Coléoptères* qui sucent, innocemment, le nectar des fleurs. Deux familles : *Hyménoptères* et *Lépidoptères*, ne ravissent au végétal que le superflu de ses sucs.

Ainsi chaque échelon de la flore a sa faune propre, qui lui est justement proportionnée, est à *son échelle* : le petit monde ailé tourbillonne au-dessous du grand ; celui-ci anime les fûtaies ; celui-là, les haies, les buissons. La libellule ou « *demoiselle* » est l'hirondelle des calyces ; la mouche sarcophage a le vol sinistre du corbeau ; la mouche domestique a les familiarités du moineau. Remarquez que les insectes sont classés, comme les oiseaux, en espèces *utiles* ou *nuisibles*... Mais, en dehors de nous, et de nos fins humaines, le peuple ailé mineur favorise plus la vie végétale qu'il ne la compromet. C'est, d'abord, par son entremise que s'opère la fécondation des plantes à distance ; et puis, ne peut-on supposer qu'en aspirant les excédents de sève de sa trompe, en éventant de ses ailes vives les voiles dormants des corolles, en balayant, peut-être, l'épiderme encombré de produits stagnants, il rend encore de menus services, et se libère ainsi, sans s'en douter, à l'égard de son hôtesse, la *Flore* ? L'insecte suceur de nectar, en effet, ne saurait trop fidèlement acquitter sa dette ; car il tient tout du végétal, le *vivre* comme le *couvert*...

> L'insecte *vert* qui rôde,
> Luit, vivante émeraude
> Sous le brin d'herbe *vert*. (1)

Arrêtons-nous un peu sur cette heureuse homophonie : symétrie de sonorités qui traduit, mélodieusement, une symétrie d'idées, dont on n'aperçoit guère la profondeur... Cette strophe du grand poëte exprime en effet, d'un tour pittoresque, un fait scientifique important ; elle peint, d'un joli coup de pinceau, très concis, ce qu'on décrit, plus ou moins sèchement, et d'un style prolixe, sous le nom de « *mimétisme* ».

(1) V. Hugo, *les Orientales*

Vous avez vu, plus haut, la plante parasite de la plante.
Il faut vous la montrer à présent souffrant — ou tolé-
rant le parasitisme de l'*animal*. — Ce nom de *parasite*,
n'est-il pas vrai ? serait dégradant, si l'on n'entrevoyait
au travers une prédestination maternelle. L'insecte est
innocenté par ce fait, qu'il n'est point parasite pour son
propre compte, mais pour celui de sa progéniture (1). Ici,
qu'on me permette une réflexion.

Ceux qui nient la *finalité* prennent une lourde charge,
car il n'est pas qu'une fin dans un être ; il en est deux,
et trois, jusqu'à cinq, parfois même davantage ; et ce
sont toutes ces fins qu'ils se donnent la tâche de démen-
tir. Or, pour épargner un si dur labeur, que ces philosophes consentent à quitter l'atmosphère artificielle de leur
cabinet ; qu'ils sortent au dehors, en plein air ; qu'ils
suivent en flânant les sentiers. Là, sous leur main, des
églantiers tendront leurs tiges gourmandes, bosselées par
places de *tumeurs*... ; — magnifiques tumeurs, à la vérité, rutilantes et chevelues, simulant des fruits tenta-
teurs, et faisant, par leur coloris, une concurrence à la
rose... Ces fausses fructifications, on les désigne d'un
nom persan : « *bédéguars* » ; en bon français, ce sont des
galles. — Faites ce que j'ai fait, jadis, avec tant de plaisir : cueillez-en quelques-unes, et renfermez-les, au retour, dans un tube de verre bien transparent. Au printemps suivant, une surprise vous est ménagée. De ces
galles flétries, décolorées, sans plus d'intérêt pour l'œil,
vous verrez sortir, comme par enchantement, de délicieuses petites mouches au corselet fragile, aux ailes sveltes et
diaphanes, et portant, à l'extrémité de leur abdomen, une
longue aiguille rigide. En pourvoyant vos prisonnières de
miel, dont vous enduirez les parois du tube, vous pourrez jouir assez longtemps du spectacle de leurs ébats ;
vous les verrez grimper, très vivement, le long du mur de
verre ou voleter en rond, se gorger de sucre, se quereller,
s'aimer... Et si, quelque beau jour d'été, vous vous déci-
dez à rendre tout ce peuple captif à l'air libre, choisissez,
pour vider leur prison, un de ces églantiers qui furent
leur berceau. Les femelles porteuses de *tarières* (car ces
longues aiguilles ne sont pas autre chose), s'en serviront

(1) Voir, ici, les remarquables études de Fabre sur la *Vie des
Insectes*.

aussitôt pour piquer les tiges, et, du même coup, introduire leurs œufs dans la place... Alors le cycle de cette évolution sera clos ; partis de la *galle*, vous serez ramenés à la galle, — mais riches, cette fois, d'un document précieux pour la *finalité*.

Cette leçon de choses si gracieuse vous apprendra quelle communion perpétuelle rapproche la flore et la faune. L'idée fâcheuse de *parasitisme*, au surplus, ira s'effaçant sous l'innocente et joyeuse résurrection de ces êtres, hier chenilles dans une tumeur, aujourd'hui mouches légères et pimpantes.

Et si, du *gallinsecte*, — ainsi l'appelle-t-on, — vous détournez vos regards sur la *galle*, celle-ci vous apparaît maintenant comme un chef-d'œuvre de prévoyance. Etrange chose, au fond, quand on y réfléchit, qu'un berceau fait d'une lésion, d'une *hypertrophie* de tissus ! Mais aussi, chose merveilleuse, qu'il se dégage de cette bizarre accommodation, de la *beauté !*... Il y a donc, en ce règne privilégié, — et pourquoi ? — une sorte de *parti-pris pour le beau* ; oui, plus fort que le miasme, et le virus, et le coup de tarière d'un insecte, — *plus fort que la mort !*... Et c'est si vrai, que vous-même prenez de loin ces excroissances maladives pour des fruits, de beaux fruits chevelus, rutilants, tentants pour l'œil, et pour la bouche.

* *
*

Une pareille obstination dans le charme n'a rien, au fond, de fantastique : la plante n'est pas un ouvrage de fées ; c'est une créature de Dieu. Or, sans vouloir faire expressément de théologie, nous pouvons — et devons signaler ici, dans le *beau*, ce grand rôle annoncé dans notre *Introduction*, celui de *stimulant* et d'*avant-goût* pour l'homme. La démonstration d'un Créateur par la création n'est pas une preuve périmée, comme certains le disent ; elle a seulement besoin d'être rajeunie. Or, l'idée de *beauté*, que j'ajoute à celle d'ingéniosité, me paraît atteindre ce but. Cette sorte de *transfiguration* du fait positif extérieur, qui s'opère dans notre esprit, n'est-elle point un témoignage plus éclatant encore du génie divin ? N'est-ce pas une preuve de prévoyance et d'amour ? Car si, créant la galle pour l'insecte, la Providence a travaillé pour le règne animal, — en nous faisant des yeux que réjouit la *couleur,* un cerveau qu'enchantent le mouvement et la forme des ailes, n'a-t-il pas bien œuvré pour l'homme, à son tour ?

L'homme ! Voici qu'il intervient, après tant de facteurs divers, pour élargir la destinée de la plante. Celle-ci, désormais, grâce à lui, verra son existence se compliquer. Elle entre, effectivement, au service d'un maître, qui ne va point se borner à lui demander l'aliment, même un matériel d'industrie, mais poussera l'exigence jusqu'à vouloir d'elle un *plaisir.* — Tout désintéressé, bien qu'il satisfasse, au fond, nos tendances humaines, ce plaisir esthétique si supérieur, n'est pas stérile : il devient, de purement passif qu'il était, actif et créateur ; il engendre le *vouloir artistique.*

Le bénéfice que nous autres hommes tirons de la flore est à deux degrés : *physiologique,* — puis *psychique* ; d'où deux étapes successives : étude des fins positives, — étude des fins idéales.

*
* *

Les Anciens ont bien aperçu ce fait capital : *les fins particulières de la faune détournées au profit de l'homme.* Virgile l'a très heureusement exprimé dans ces vers demeurés célèbres :

> « Sic vos, *non vobis*, mellificatis, apes ;
> « Sic vos, *non vobis*, nidificatis, aves. »

Oui, l'on pourrait dire aux abeilles : « Vous faites le miel pour *vous-mêmes* ; mais ce miel, il ne vous est pas destiné. Vous n'avez pas prévu *l'apiculture.* Or l'éternelle Clairvoyance, elle, l'a prévue, et y a pourvu ».

Mais la *flore,* déjà, donnait de tout temps une leçon de choses pareille. Comment Virgile ne l'a-t-il pas vu ? Nous-mêmes, au fait, devant un champ de blé, songeons-nous que sa substance, réquisitionnée de force pour notre usage, est amassée tout d'abord au sien propre, que c'est la subsistance du végétal ? Ce champ, c'est une « *usine à pain* », sans doute ; mais, c'est, dès le principe, un grenier d'abondance pour la race. N'avez-vous jamais porté quelqu'un de ces milliards de grains à votre bouche ? Imbibé de salive, il prend un goût sucré, ce grain farineux.

— Pourquoi ? - Grâce au ferment que contient votre suc salivaire. Il dissout l'amidon, indigestible en soi, le transforme en sirop, le rend assimilable ; et c'est ainsi remarquez-le, que l'homme peut se nourrir de pain. Car, il est surprenant d'y songer : ni la main qui sème le grain, le rouleau qui l'enterre, ni la faux qui moissonne, le fléau qui bat, la tarare qui purge, ni la meule qui broie, ni les doigts qui pétrissent la pâte, ni même le four qui la cuit, — rien de tout cela, vous entendez bien, ne serait utile, si la Providence n'avait préparé, sur le seuil de notre appareil nutritif, un liquide qui, d'un seul coup, rend tous ces efforts efficaces.

Or, — coïncidence qui confond l'esprit ! *Ce même liquide existe dans le grain de blé* ; et là, — sert au même usage. Egoïstes que nous sommes, absorbés par notre propre vie, il ne nous vient pas à l'idée que ce petit grain, aussi, a le « *vouloir-vivre* » ; au moins la plante-mère l'a pour lui ; la Providence l'a pour la plante-mère. De sorte que déjà, sans faux, ni fléau, ni moulin, la *céréale* qu'on laisserait à l'état libre de *Graminée*, se tirerait d'affaire, et par un geste tout semblable à la *salivation*, résoudrait d'un seul coup le problème de la subsistance.

Encore une fois, je ne veux point poser pour le théologien. Mais, là, vraîment, n'est-ce pas hautement significatif, ce procédé chimique du *ferment soluble*, dont la Nature use à deux reprises — une première fois chez la plante, — une seconde chez l'animal et chez l'homme...? Et ne faut-il pas l'effacer, ce mot de *coïncidence*, plus haut échappé de ma plume, et qui semble indiquer quelque chose de fortuit...?

On voit, par cet exemple du grain de blé, comment — aux fins immédiates et personnelles, en la flore, viennent s'en ajouter d'autres, ses fins *éloignées*, et cette fois au bénéfice de l'*homme*. L'épisode si remarquable du « *ferment soluble* » prouve, au surplus, que ces fins ultérieures sont reliées, par un lien de répétition, aux primitives. Déjà, par les services rendus au *règne animal*, le végétal élargissait ses horizons ; il n'était plus seulement question pour lui de *destinée*, mais aussi de *destination*. Or combien celle-ci s'étend, et s'agrandit avec le règne humain ! Pour en avoir l'idée, traversez de bout en bout le *Jardin des Plantes*. Une fois dépassées les plates-formes botaniques, d'autres se succèdent, sur un long espace, où les végétaux ne se rangent plus en familles naturelles, mais par groupes fondés sur leurs fonctions utiles, leurs « propriétés », leurs *vertus*. Des étiquettes aux couleurs variées, placées en vedette, sont comme des guidons signalant la nature de l'arme..., je veux dire : du groupe utilitaire spécial.

Plantes nourricières

Ce sont d'abord les plantes *nourricières*, — vaste corps d'armée dont les *Céréales* ne constituent, en somme, que l'avant-garde. Après le blé, le seigle, l'orge et l'avoine, après le maïs et le riz, voici ces végétaux qu'on appelle *fourrages*. Ils représentent le contraste des prairies avec les champs. N'étant pas destinés directement à l'homme, l'homme en bénéficie, pourtant, puisqu'il consomme la chair des troupeaux qui s'en sont repus. Au point de vue pittoresque, ils présentent à nos regards un nouveau genre de beauté : quand on s'est rassasié du spectacle des blonds épis, des épis droits, on aime à retrouver la souple fraîcheur des trèfles, des luzernes. Aussi bien, lorsque de ces grandes cultures on passe au *jardin potager,* il semble que l'on quitte la poësie pour la prose, et pour une prose, même, assez vulgaire. Mais ici, ce n'est plus l'épithète de *beau* qu'on s'attend à entendre ; c'est celle de *bon*. — Je voudrais, dans un but « harmonique » autant qu'instructif, que dans un dîner on place, au lieu de bouquets luxueux, et *quelconques*, — les fleurs et les feuillages de ces légumes dont on sert, sur des plats, la substance plus ou moins déguisée. Mais le monde n'éprouve pas encore ce besoin d'assaisonner ses plaisirs ordinaires avec le sel de la sagesse, et de la connaissance.

Que si, toutefois, les *légumes* ne brillent guère, en général, par la grâce et la distinction de leur port, certaines espèces peuvent encore arrêter un regard artiste. Passe pour le chou, le navet, la carotte ; mais le *pois* et le *haricot*, plantes grimpantes ou volubiles, pourraient être classées comme ornementales. La fleur de la *pomme de terre* est originale et jolie, avec ses pétales violets et cette sorte d'*apex* en pointe aiguë, formé par les étamines accolées. La *tomate* est d'un écarlate superbe ; ne la nomme-t-on pas « *pomme d'amour* » ? Et quelle plantureuse géométrie dans la sphère d'une *citrouille*, ou d'un *melon*, exactement divisée par des méridiens !...

Entrons maintenant au *verger*. Les botanistes classent les fruits en *secs* et *charnus*. C'est déjà, pour la classification esthétique, une base. En effet, la châtaigne, la noix, la noisette, sont en dehors du jardin réservé : ce sont, pour ainsi dire, les *bohémiens du pays de Pomone*, et des mains enfantines les cueillent librement, à la lisière des forêts. Ici, dans le clos, c'est comme une exposition de comestibles, comme un musée de friandises. L'élégance doit s'y sacrifier, souvent, à la succulence. Ces pommes et ces poires exquises, on les qualifie, c'est vrai, de « *superbes* »... Eh ! oui ; trop superbes, en vérité ; si le sens du goût s'en délecte, par avance, celui de la vue ne laisse point d'être choqué par ces arbustes étendus de force, les membres en croix, et contraints, pour satisfaire notre gourmandise, d'adopter des attitudes humiliantes... Quel est, je vous le demande, le plus raffiné, — celui qui se choisit un *doyenné* juteux, pris à ce pilori qu'est l'espalier, — ou celui qui ramène à lui la branche fière d'un poirier chargé de fruits moins rares, mais n'ayant pas voulu renoncer à sa dignité d'arbre ?

Quant à l'*oranger*, avec ses classiques « pommes d'or ». au citronnier, son proche parent, au grenadier rutilant de fleurs et de fruits, — nous Parisiens ne les connaissons que prisonniers des caisses du Luxembourg ou des Tuileries. Jadis, je prenais quelqu'intérêt à ces exotiques frileux qu'on rentre, dès Octobre, en leurs serres chaudes. A présent, c'est plus fort que moi, — je trouve cette hospitalisation un peu ridicule : ils me font pitié, ces arbres en boîte...

*
* *

Que de ressources, en la flore, je ne dis pas pour nous alimenter, mais pour satisfaire les moindres caprices de notre palais..., j'ajoute : et de notre *système nerveux*. Car ce roi de la Création est un faible ; il a besoin — ou croit avoir besoin, pour agir, ou penser, de stimulants factices. Or la Nature, aussi bonne que belle, et peut-être trop complaisante, parfois, les lui fournit. L'*arbre à thé* de l'Extrême-Orient, le caféier du Nouveau-Monde, lui dispensent, l'un ses feuilles, et l'autre ses grains. Et pour corriger l'amertume de ces sortes de médicaments, en faire des boissons de plaisir, elle offre par surcroît, la douce Flore, son sucre de canne ou de betterave.

On comprend que je ne veuille pas m'attarder à citer toutes les plantes, en nombre immense, qui, de près ou de loin, touchent à notre table. Ce serait, en un livre tel que celui-ci, un hors-d'œuvre... Mais, insistant toujours sur le trait pittoresque, — ou *finaliste*, — je ne puis m'empêcher de jeter un coup d'œil sur la *Vigne* et sur le *Houblon*. Plus tard, quand un vif besoin de beauté renaîtra dans l'âme moderne, blasée de bien-être, — les brasseries, lasses d'être d'ennuyeuses usines, sculpteront sur leur portail les figures entrelacées de l'orge et du houblon ; et nos établissements vinicoles si banals, deviendront *palais du raisin* ; on refera, pour eux, les grappes et les pampres dont l'hôtel Cluny, il y a quatre siècles, a donné l'ingénieux exemple.

Plantes médicinales

Chez les plantes alimentaires, le rapport entre les fins immédiates et les fins éloignées, entre la *destinée* propre et la *destination* est assez facile à saisir: le *blé*, par exemple, alimente l'homme du produit farineux dont il nourrit — dont il *devrait* nourrir son rejeton. L'agriculture est donc, à ce point de vue, un art *usurpateur*, et son bénéfice, une « *finalité détournée* ».

Mais la question, pour les *plantes médicinales*, est autrement complexe. En effet, les remèdes — plus ou moins efficaces, que nous en tirons, sont, pour la plupart, des produits d'*excrétion*, d'élimination, des *déchets de vie;* et, par surcroît, ce sont pour l'homme, en général, des *poisons*. D'où le philosophe conclura d'abord à l'*inversion* des fins prochaines et des lointaines, — puis à celle des fins lointaines... Expliquons-nous : en extrayant de la *Coloquinte*, je suppose, un principe résineux très amer, l'art pharmaceutique peut commettre un attentat à la vie ; il n'*usurpe* pas ; ce qu'il ravit à l'être vivant, c'est ce que l'être vivant rejette, en définitive. C'est un peu ce qui se passe pour la *respiration*, dont les effets, du règne végétal au règne animal, sont *croisés*.

Mais il y a plus : ce *bénéfice* que trouve l'homme en la plante médicinale, il est fondé, — fait bien paradoxal, — sur une propriété malfaisante en soi, sur un « *maléfice* ». La plupart des médicaments ne sont-ils pas des poisons mortels ? — Oui, mortels à certaine dose ; mais, à dose plus faible, régénérateurs de la vie. Tout notre art médical, en fin de compte, repose sur ce principe : il n'y a pas (ici) de différence de nature, il n'y a qu'une différence *de degré*.

N'allons pas oublier, toutefois, que si le poison ainsi *atténué* se prouve salutaire, c'est *sur un malade*. Oui, sans doute, le mal, ici, se change en un bien ; mais qu'on y prenne garde : ce bien n'est tel que vis-à-vis *d'un autre mal ;* c'est un bien tout relatif. La vérité serait de dire : *le médicament est un mal moindre qui s'oppose à un plus grand mal.* Ce dernier trait n'est pas, je pense, pour déplaire aux partisans de la doctrine homœopathique. La question est, au reste, d'une grande profondeur, et touche de plus près qu'on ne pense à l'Esthétique. Je lui ai consacré quelques pages dans mon ouvrage « *La Sphère de beauté* ». (Voir p. 161).

Mais passons. Une autre loi se déduit de l'étude des « simples » : c'est la connexion de *l'arôme* et de la *vertu*.

Plantes odoriférantes

Par cette question de *l'arôme*, en relation directe avec la *vertu*, nous voici tout naturellement portés sur le terrain des plantes *odoriférantes*. Celles-ci ne sont séparées, en fait, des plantes médicinales dites « *balsamiques* » que par la distance qui s'étend entre le *parfum* et le *baume ;* — différence, après tout, de *destination :* le « baume » a pour fin de guérir ; le « parfum » a pour but de charmer ; l'un est fondé sur la *vertu*, sur la propriété profonde ; l'autre, sur la propriété superficielle et proprement esthétique, sur *l'arôme.*

Or, bien que l'art du *parfumeur* soit, au point de vue social et pratique, bien au-dessous de l'art du *médecin* (ne dit-on pas, en parlant de ce dernier, « l'homme de l'art » ?), il n'en est pas moins vrai qu'avec le *parfum*, nous sommes, nous esthètes, sur le seuil du temple. Evidemment, on n'ose pas encore, pour cet art « mineur », employer l'*A* majuscule. Si loin soit-il, pourtant, de ce qu'on nomme les « *Arts libéraux* », les « *Beaux-Arts* », on le pressent de même famille. Et pourquoi ? — Grâce à ce trait commun, bien distinctif, qu'il ne sert pas une nécessité, mais un besoin de luxe ; qu'il est, en un seul mot, pour un utilitariste, *inutile.*

Nous aurions peut-être à donner ici *l'esthétique des parfums*, comme nous avons donné celle des *couleurs*. Mais, sur ce point, la Science est encore bien peu avancée ; même, un classement rationnel ne semble pas actuellement possible. (Voir Ch. Henry (1).

Quant aux plantes *tinctoriales*, telles que la *gaude*, la *garance*, le *curcuma*, je me contente de les mentionner ; elles paient leur tribut aux *Arts décoratifs*, mais sont concurrencées par les couleurs d'origine minérale.

Plantes textiles

Encore le « *Sic vos, non vobis* », de Virgile. Ici la plante donne son propre vêtement ; elle file et tisse pour notre usage, comme l'abeille récolte le miel, et la cire.

L'enchaînement des fins végétales et des fins humaines s'exprime ici par une identité de termes : en industrie comme en botanique, et dans un magasin de nouveautés comme au Museum, on parle de *tissus*. La seule différence, au fond, c'est qu'après avoir défait les fibres de chanvre et de lin, ou les bourres de cotonnier, nous sommes contraints, pour en faire nos toiles et nos draps, de monter des métiers mécaniques, de nous armer d'aiguilles et de ciseaux, — tandis qu'elle, la plante, en ouvrière silencieuse, aux doigts invisibles, tisse, coud, découpe, assemble, sans aucun attirail extérieur, une étoffe qui, par surcroît, est vivante.

Mais là gît ,justement, notre supériorité ; car nous ne laissons pas tout faire à la Nature ; et si nous n'avons pas son pouvoir plastique immédiat, Dieu nous a doués d'un esprit qui pourvoit à tout, et *crée des outils*. Nos tâches ne sont plus automatiques, mais *autonomes* ; et c'est la machine, dressée par nos mains, qui représente, dorénavant, l'automate. On a dit du péché d'Adam « *Felix culpa* »... Je dirai, dé même : heureuse et noble faiblesse ! Elle nous désarme, pour que nous imaginions des engins de défense ; elle nous met au monde tout nus, afin que nous nous composions nous-mêmes un vêtement.

Et comme cet esprit créateur n'est pas purement pratique, mais a des essors désintéressés, et des envolées

(1) Brochure sur les *Odeurs*, et le moyen de les mesurer (l'*Olfactomètre*).

idéales, l'*arme*, instrument de défense, devient, sous nos
doigts, une œuvre d'art, presqu'un bijou ; le vêtement
tourne au *costume*. Ainsi les Arts somptuaires, en général, ont pour origine une infirmité ; tout luxe artistique
est né d'un besoin. Quand nous écrirons, comme pendant
au présent ouvrage, une « *Histoire naturelle des Arts* », il
faudra prendre les choses par l'autre bout : du chef-
d'œuvre artificiel, on remontera vers le chef-d'œuvre naturel, qui en est la source. Plus loin, on verra comment la
flore revit, dans l'étoffe, d'une vie transfigurée.

Plantes chauffeuses et charpentières

Il est écrit que l'être végétal se dépouillera, en faveur
de l'homme, de toutes ses parties. Après les *sucs*, les
fibres ; après la chair, les os. C'est du *bois* dont je veux
parler. Pour l'*origine*, il vient des *arbres*, c'est-à-dire des
plantes ligneuses, des plantes qui ont beaucoup vécu, et
dont la tige et les rameaux sont durcis. Pour la *destination*, il fournit les bûches et les planches ; « *bois de
feu* », comme on dit, et « *bois d'œuvre* ».

Le passage, encore ici, de la destinée vitale à la destination industrielle, est assez visible ; il se manifeste
avec une évidence harmonieuse en ces fûtaies de pins très
droits, qui ressemblent à des colonnes, sont *columnaires*...
C'est qu'en la Nature, comme en l'Architecture, la fonction de soutien s'impose, et crée son organe ; ainsi la
charpente, avec ses poteaux, ses arbalétriers, imite la
ramure ; et la ramure, de son côté, peut être qualifiée
« *charpente de l'arbre* ».

*
* *

Si l'homme était moins prompt au gain matériel, et plus
réfléchi, le respect de ce géant si beau, si bienfaisant qu'est
l'*arbre*, le saisirait au cœur, et ferait reculer sa hache,
bien souvent. Mais quand la Providence dit *usage*, l'homme répond : *abus*. On se prend à regretter, maintes fois,
devant le *vandalisme* qui sévit, que l'arbre soit tellement
utile... Mais distinguons bien vite, ici, l'*utilité* directe et
naturelle, — de l'*utilisation*. Que les services rendus
par l'arbre mutilé, tué et couché par terre, ne nous fassent
pas oublier les bienfaits de l'arbre debout et vivant. Ces

bienfaits, vous les connaissez : ils tiennent en ces trois mots : *ligature* du sol, *réserve* d'eau pluviale, et *ombrage*.

J'ajoute ce bienfait suprême : la *beauté*. Cette beauté, la vieillesse ne la détruit pas ; au contraire. Fervent admirateur des chênes chenus, des ormes centenaires, des saules que l'âge a creusés, — leur mort violente m'a toujours causé du chagrin, — ou de l'indignation. Ce qui peut seulement consoler de leur perte, c'est qu'ils ne meurent pas, en somme, tout entiers ; même ils se transfigurent, en quelque manière, et mènent, au voisinage immédiat de l'homme, une existence neuve, parfois glorieuse. Je ne parle pas de la flamme, qui, pour nous réconforter, les détruit ; mais je fais allusion à l'œuvre de la scie, du rabot, du ciseau, qui, les amenuisant, ne les démembrent que pour les assembler de nouveau, dans un autre ordre, en faire des architectures, des meubles, des ustensiles ou des engins. Et quand nous retrouvons, comme certaine princesse française d'autrefois, la forêt jetée bas dans les membrures d'un beau navire, — ou, mieux encore, dans le *pan de bois* apparent d'une jolie maison du XVme siècle, — nous ne pensons plus guères au grand sacrifice, et jugeons qu'il est largement compensé. Tout autre est notre sentiment, lorsqu'on nous fait voir dans le tirage d'un grand journal quotidien, une châtaigneraie, ou une *pignada* réduite en pâte. *Ceci* vaut-il bien *cela* ?

* * *

Abattu, l'arbre offre le passage des fins personnelles aux étrangères. Vivant, il présente une évolution des fonctions positives aux idéales ; car, précieux d'abord comme il est par son rôle alimentaire ou protecteur, il se rend plus précieux encore par son charme, par sa beauté, par l'accomplissement de ses fonctions *expressives, décoratives*. Or, notez-le bien, cette évolution du positif à l'idéal, chez l'arbre, elle se retrouve dans les ouvrages que l'homme sait tirer de son bois. Ce *bois*, ne sert-il point à faire les douves d'un tonneau — et le buffet sculpté de grandes orgues, — les bordages grossiers d'un bateau de pêche, et les tables si délicates, les « tables d'harmonie » d'un violon ?...

Ainsi, la *destinée* des objets au service de l'homme s'étend, comme celle de l'homme lui-même, des degrés infimes aux sublimes...

De tout temps, les poètes ont été frappés de ces choses, — mais un peu vaguement, il est vrai ; le contraste, surtout, de cette vie sédentaire si simple et si unie de l'arbre — avec les fortunes diverses et les alea qu'il court dans le monde, les a émus.

« Nautica pinus », dit le poëte latin (le pin, dit « *maritime* », au service de la marine) ; et Marc Legrand, dans son « *Ame antique* », parle éloquemment des grands pins qui murmurent

> « Au vent qui passe en leurs ramures,
> Au vent qui leur vient de la mer...
> Pour être les mâts des navires...
> Et pour voir s'ouvrir à leurs pieds
> Les sillons de l'onde écumeuse,
> Et non cette glèbe que creuse
> Un servile éperon d'acier...
> *Ils veulent* sur leurs vergues frêles
> L'inquiet battement des ailes
> Des blancs goëlands égarés,
> Non le cri repu des corneilles... »

Veulent-ils donc tout cela, ces troncs taciturnes et résignés ? — Non pas, ils *le souffrent*. Et c'est plaisant de voir comment la poésie les fait parler. — Ecoutons toutefois *Victor Hugo*. Plus véridique, il ne dit pas, lui, que l'arbre *veut*, — mais « qu'il *veut bien* » ; on saisit la nuance... Je cite ce morceau, parce qu'il résume, d'une façon lumineuse, mon chapitre de *finalité* ; l'arbre accepte, condescendant, les offices les plus divers ; mais vous verrez qu'enfin il se rebiffe..

> « C'est l'hiver ; nous avons bien froid. Veux-tu, bon arbre,
> Etre dans mon foyer la bûche de Noël ? »
> — Et le tronc s'offre ; doux géant, il se donne.
> « Frappe, bon bûcheron ; père, aïeul, homme, femme,
> Chauffez au feu vos mains ; chauffez à Dieu votre âme ».

> « Veux-tu, bon arbre, être timon
> De charrue ? » « Oui, je veux creuser le noir limon,
> Et tirer l'épi d'or de la terre profonde... »

> « Veux-tu, bel arbre vert,
> Arbre du hallier sombre, où le chevreuil s'échappe,
> De la maison de l'homme être le pilier ? » — « Frappe.
> Je puis porter les toits, ayant porté les nids... ».
>   « Veux-tu, dis-moi, bon arbre, être mât de vaisseau ? »
>   — « Frappe, bon charpentier... »
>   « Enfin, arbre, veux-tu
> Etre gibet ?... » — « Silence, homme ! Va-t-en, cognée !
>   J'appartiens à la vie, à la vie indignée !
>   Va-t-en, bourreau !
> Je porte les fruits mûrs ; j'abrite les pervenches.
> Laissez-moi ma racine, et laissez-moi mes branches ! »

. . . .

Idée profonde, large, et gradation superbe, en vérité. — Mais, dans son emportement lyrique, — un peu *sectaire*, aussi, de justicier, qui lance l'anathème à la Justice, notre poète ne s'est pas souvenu de la *Croix...* ; oui, de cet engin de supplice, de ce *gibet* qui, d'abord symbole d'infamie, est devenu signe glorieux de salut. Car la Croix, comme la potence, fut taillée dans un arbre, aussi ; et si j'interrogeais, à mon tour, le « doux géant », il me répondrait, j'en suis sûr :

> « Frappe, ami bûcheron ; déjà bûche en ton âtre,
>   Timon de ta charrue, pilier de ta maison,
>   Mât de ta barque — eh bien ! à plus forte raison,
>   Dois-je être le soutien du Christ... »

La *Liturgie*, qui pense à tout, s'est souvenue de cette origine. Avec autant de vérité que de poésie, elle appelle la *Croix* « arbre unique et noble entre tous les arbres, « qui projette une frondaison, épanouit une floraison, « disperse une semence, dont aucune forêt n'est capable ; « arbre au bois si doux, percé de clous pleins de douceur, pour soutenir un si doux fardeau ».

Et puis, Victor Hugo n'a songé, dans son énumération, qu'aux destinations *positives*. Le bois n'en a-t-il donc pas d'*idéales ?* S'il dresse la charpente de nos maisons, et de nos navires, n'assemble-t-il pas, aussi, celle des cathédrales ? Et comme, vis-à-vis d'un chêne, nous pensons au *pilier*, au *timon*, au *mât*, — ne prévoyons-nous pas, dans ce sapin, ou cet érable plane, le *violon*, — et la *flûte* en cette touffe de buis verdoyante ?

Fins idéales de la flore :
la plante qui donne son image.

Vous avez vu la plante abandonner à l'homme, avec la vie, ses *sucs*, pour le nourrir, ses *fibres* pour le vêtir, enfin ses *os*, pour ainsi dire, afin de lui fournir les matériaux de ses meubles, de ses ustensiles et de ses instruments. Mais le présent suprême qu'elle lui fait, — et cette fois sans s'immoler, c'est son *image*. Don purement idéal, qui d'ailleurs prolonge l'existence de la plante, et lui ménage, comme nous avions dit, un *au-delà*. Don, même, de plus en plus idéal, puisque cette image d'elle-même, d'abord immédiate et *textuelle*, se spiritualise, ainsi que vous l'allez voir, en l'Art décoratif, en se « *stylisant* », pour se réduire, en l'Art littéraire, au pur symbole évocateur. Après l'image *mentale*, l'image *textuelle*, l'image *stylisée*, enfin l'image *abstraite*.

Ces trois étapes de vie artistique, nous allons les suivre sur la partie la plus brillante du végétal, c'est-à-dire la *fleur*. Et nous prendrons ici pour principal modèle, justement, la fleur qui nous avait servi, précédemment, d'exemple : la *rose* naturelle, l'*églantine*.

Pourquoi je ne prends pas la *rose cultivée* ? Mais parce que, si superbe qu'elle soit, elle reste, pour l'artiste créateur, à peu près inutilisable. Sa surabondance en pétales nuit à sa figure ; c'est, dans la magnificence du coloris, une forme confuse et sans direction ; on n'y retrouve plus le plan des Rosacées, leur nombre de parties harmonique, et leur orientation décidée. C'est, en définitive, un *bourgeon*, — splendide, je veux bien, mais bourgeon ; c'est un *chou*, sans doute idéal, mais un chou. Stérile, déjà, pour l'horticulteur, elle l'est encore pour le décorateur. Son image *textuelle* est bien fade, en dépit du talent des peintres, et sa reproduction *stylisée* semble impraticable. — Au lieu que la *rose naturelle* de l'églantier, avec les cinq fleurons de sa couronne, et son bouquet d'étamines au centre, est un de ces thèmes à la fois très simples et bien définis qui, par là féconds, se prêtent à toutes les adaptations, à tous les développements artistiques. Vous le verrez, ce *thème étoilé*, s'incarner tour-à-tour en la pierre, le bois, et l'étoffe, se pliant, chaque fois, aux exigences de la matière, s'adaptant au milieu spécial, et vivi-

fiant ainsi de ses rayons la nudité froide des murs, des
lambris, des tissus.

Flore monumentale

Introduite en *l'architecture*, la flore s'y épanouit sous
deux formes : elle est *peinte* ou *sculptée*, végète sur la
pierre ou le verre, à plat, — ou dans la pierre, en haut ou
bas-relief. La pierre sculptée elle-même peut la représenter en couleur ; alors, avec ses trois dimensions, la plante
reprend son teint de vie ; — mais combien transformé !
Dans les édifices religieux qui ont gardé leur revêtement
polychrôme, on revoit la Nature comme en rêve : les teintes des feuillages, des floraisons, comme celles des plumages, des pelages, ou des robes, sont tirées d'un arc-en-
ciel nouveau, surnaturel ou féérique. La naïveté même de
l'enluminure rachète cette espèce de plagiat exercé sur la
vie ; l'incapacité d'imitation rigoureuse (oh ! l'heureux
défaut !) a sauvé les polychromistes du « *pignochage* ».
Leur maladresse est un bienfait, car, ne pouvant pas,
matériellement, donner l'illusion du *réel*, ils nous transportent au domaine de l'idéal. A défaut du *probable*, ils
nous font entrevoir le *possible*. Et puis, du moment que
leur feuillage, déjà, reste immobile et silencieux, il ne
doit plus porter les couleurs de la vie, du feuillage séveux
qui s'agite et vibre à l'air libre. Il est devenu feuillage
d'église et liturgique ; on l'habille, ainsi que les clercs et
les célébrants, d'or et de pourpre. Ainsi se trouve justifié
l'insouci, soit instinctif, soit voulu, de la *perspective* et
de la *proportion*, par les mêmes lois de convenance que
celui du *coloris spécifique* ; et cela dans les miniatures
aussi bien qu'en les chapiteaux de calcaire, dans les
vitraux, les tapisseries, aussi logiquement qu'aux frises, aux linteaux, aux archivoltes, aux tympans. Est-ce
que l'Art, après tout, n'a pas le droit — que dis-je ? le
devoir — de créer un monde nouveau à côté de l'ancien ?
N'est-il pas « *créateur* », en définitive ?

Mais si, dans ce paradis de pierre qu'est une église,
nous revoyons la faune et la flore comme en songe, — ce
songe, sur la pierre *blanche*, *incolore*, est, semble-t-il,
plus idéal. Pour nos esprits modernes plus abstraits, la
Sculpture et l'Architecture, en perdant leur coloris, ga-

gnent en éloquence. Nous n'y voulons guères que cette grisaille dont le temps les peint, la *patine*. Alors il semble que nous jouissons plus librement du contour, de la *forme* en soi, toute pure. La couleur n'est-elle pas, en quelque manière, une *tache* ?... Au moins, une *ombre* ?

— Abstraire la couleur, c'est donc purifier la forme ; c'est l'éclairer, aussi ; c'est lui faire parler, avant tout, un langage moins contingent, plus universel.

L'abstraction, d'ailleurs, ne porte pas que sur le coloris ; elle s'étend à la *forme* elle-même. La flore monumentale ne nous montre pas précisément *des* lys, — mais *le* lys ; non *des* acanthes, mais *l'*acanthe. L'art plastique, ici, généralise, comme fait couramment la *Littérature*. Or, qui dit *généralisation*, dit un pas fait vers l'*idéalisation*. Et cependant, si l'on s'avisait de comparer entre elles la flore des chapiteaux classiques, et celle des chapiteaux romans et gothiques, il en ressortirait ce fait inattendu, que le style *païen*, plus abstrait, est toutefois moins idéal que le chrétien, bien que ce dernier s'approche davantage de la Nature.

Mais la flore du Moyen-Age n'arrête point son essor de sève au nœud des colonnes ; exubérante et généreuse, elle s'épand un peu partout : au dedans, sur les frises, les linteaux de portails, les cordons, les balustrades, les jubés, — au dehors, sur les tympans, les archivoltes et les gâbles ; au long des rampants, sous la figure de *crosses*, de *crochets* ; au sommet des pinacles, sous celle de *fleurons*, de *pommes de pin*. C'est à croire que ces « maîtres de l'œuvre » et ces « *imaggiers* » passaient au fond des bois, sous les arbres, parmi les jeunes pousses et les fleurs sylvestres, tout le temps qu'ils n'étaient pas juchés sur leurs échafaudages. Au reste, cette *école buissonnière* leur a réussi : l'on ne saurait trop la recommander à nos architectes, à nos sculpteurs...

Quand on y songe, l'édifice religieux du Moyen-Age n'at-il pas les plus grands rapports avec la *forêt* ? — L'arbre de nos climats, dit « *forestier* », est, par son tronc souvent très droit et nu de branches jusqu'à naissance de la cime, un vrai *pilier* ; la courbure naturelle de ses rameaux forme l'*arc*. Une allée d'ormes ou de tilleuls croisant leurs feuillages en *ogive*, évoque la *nef*. Au fond, les lois de stabilité, comme celles de beauté, sont les mêmes. Châteaubriand, à travers sa réthorique, nous a donc transmis une vérité.

Si, toutefois, la nef de cathédrale est forêt, c'est la *forêt de rêve...* L'impression extraordinaire qu'elle nous cause, ne vient-elle pas, justement, d'un contraste entre les formes de la vie et la blancheur des choses mortes, presque une blancheur d'*os* ?... entre le souvenir des tiges souples et vibrantes — et la silencieuse rigidité de la pierre ?... On pénètre là comme dans un bois enchanté dont les frondaisons mouvantes et verdoyantes auraient été pétrifiées d'un coup de baguette, se seraient décolorées, auraient *cristallisé* dans un système géométrique inédit.

Cette idée de *cristallisation* s'affermit encore à la vue des trèfles, des quatre ou quintefeuilles, et des roses. Là, la fleur éphémère aux pétales rayonnants s'épure, et s'éternise, dans un contour solide, un simple contour stéréotomique, abondamment ramifié, d'ailleurs, et qui circonscrit dans son cadre d'ogives le champ de verre polychrome. Ainsi le règne végétal, en la maison de Dieu, se minéralise ; la fleur, en se cloîtrant, renonce à sa mollesse ; c'est pour elle un tombeau, mais tombeau sans tristesse, au contraire tout resplendissant, *radieux.*

Évidemment, ce *quintefeuille* ajouré qui couronne l'extrêmité d'une baie, ne rappelle que bien vaguement l'*églantine* ; mais il présente à notre esprit ce qu'il y a d'essentiel et d'immuable en l'églantine. Notre imagination ne se restreint plus alors à l'espèce, ni même au genre ; elle est même entraînée bien au-delà du règne végétal, en cette région où la forme est libre et vit pour elle-même : au règne platonicien des *archétypes.*

Mais voici, dominant par sa taille et par son éclat toutes ces corolles géométriques, voici, — rayonnant au front du portail, la rose des roses, ce que les architectes d'autrefois appelaient la « *ronde-verrière* », et les théologiens : la « *couronne du Roi des rois* ». Elle nous apparaît comme une étoile cristalline extraordinaire, moitié joyau, moitié météore, où, par une mystérieuse attraction, rubis et saphirs, topazes, émeraudes, améthystes, se seraient spontanément groupés, comme amoureusement, en ordre hiérarchique et plein d'harmonie. Là, des cercles de toute grandeur, en s'entrecroisant, fusionnent leurs segments en contact, comme des lunes qui, chevauchant l'une sur l'autre en un début d'éclipse, ne feraient ni premier ni dernier quartier, mais une seule lune trois ou cinq fois plus vaste, et lobée sur son contour extérieur.

En cette curieuse constellation, où tous les astres se com-
pénètrent, où les *orbites,* si l'on veut, sont immobilisés,
l'astre central (c'est l'*oculus,* ou l'*œil* de la rose) dirige
— tel un soleil solide, ses rayons sur tous les orients ;
et, de ces rayons qui sont les *meneaux,* il a l'air de capter dans des lacs divergents les astres gravitant au pourtour. — Placez-vous au bas du portail, et contemplez-la
quelques instants, la grande *rose* ; vous verrez que mes
phrases ne sont que l'expression directe de la réalité. —
Mais vous aurez encore un autre spectacle ; une vision
nouvelle vous surprendra. Dans ces meneaux de pierre
rayonnants, vous entreverrez les *rais* d'une *roue* géante
et sublime ; et, pour peu que votre regard se prolonge,
elle sortira, la roue magique, de son repos : vos yeux la
verront tourner doucement sur elle-même, autour de
l'*oculus* comme moyeu, et glissant, de sa jante calcaire,
sur le chemin fleuri de la balustrade...

Sont-ce là des rêveries ? — Non pas, mais des associations de faits analogiques ; des suggestions multiples.
telles que doit en fournir un thème fondamental. Par la
multiplicité des chemins qu'il ouvre à l'esprit, l'*Art monumental* se rapproche ici, singulièrement, de l'*Art musical.* Cette rose de cathédrale est, pour le constructeur,
un *ajourement* ; c'est une sorte de fenêtre ; mais, pour
notre imagination, à nous qui la voyons achevée sans
l'avoir vu construire, c'est une corolle de fleur *stylisée* ;
c'est un bijou grandiose ; c'est un zodiaque somptueux :
et c'est, aussi bien, une roue merveilleuse.

Flore menuisière et ferronnière

Vous savez le plaisir donné par un *mot,* lorsque d'un
idiome connu, familier, il passe en quelque langue étrangère. L'idée prend une saveur nouvelle, un nouveau parfum. Ainsi d'une fleur, ou d'un rameau, qu'on a connue
sculptée dans la *pierre* à bâtir, et qu'on retrouve amenui-
sée dans le *bois,* forgée dans le *métal,* ou peinte dans la
pâte céramique.

Or, sans quitter la cathédrale, nous pouvons observer
de près ces dernières incarnations de la flore. En effet,
sous le firmament des verrières et le berceau calcaire des
ogives, s'étend, — tel un buisson sacré, le feuillage des
boiseries. Ici, le règne végétal revient à ses origines pre-

mières ; car ce *bois*, d'où le ciseau du « tailleur d'images »
a fait saillir de charmantes végétations, — il a lui-même
végété ; ces rameaux serpentant sur les stalles de chêne,
— le chêne, jadis, en le plein air de la forêt, en poussa
de semblables ; cette vigne mystique a porté des pampres ; cet *arbre de Jessé*, peuplé d'illustres personnages.
fourmilla d'un peuple d'insectes. Et voilà sans doute
pourquoi la flore ouvrée dans le *bois* étonne moins que
celle taillée dans la pierre. — Elle surprend, toutefois,
notre esprit, et le fait encore rêver par l'unité de ton, et
l'immobilité d'attitude. J'eus, naguères, cette impression,
en visitant l'intérieur de *Sainte-Gudule*. Au pied, et tout
à l'entour de la chaire, un Paradis terrestre se développe,
luxuriant — peut-être à l'excès. Puis, dans les bas-côtés,
des confessionnaux touffus vous attirent sous leurs om-
brages. Dépouiller un pareil édifice de ses meubles, équi-
vaudrait à un *déboisement*...

Sans rabaisser d'aussi splendides fantaisies, ne doit-on
pas leur préférer ces nervures toutes simples qui grimpent paisiblement sur le mur des panneaux, sorte de
lierre symétrique aux inflexions réglées, et dont les sommités, au lieu de s'écarter l'une de l'autre en divergeant,
s'anastomosent, fraternellement, en ogive.

Cette discipline un peu stricte, avantageuse au *bois*, est,
au contraire, déplacée dans le feuillage *métallique*. Des
ferronneries admirables, comme celle de la grille exposée
au premier étage de la grande salle du Musée de Cluny,
toute en pampres, en grappes de raisin, témoignent que
le travail à claire-voie supporterait mal une excessive
symétrie. Le *fer*, de nature inflexible, aimé à se laisser
fléchir par le marteau. Dans les clôtures de chœur, ou les
balustrades d'autel, aux rampes d'escalier comme aux
balcons, aux potences porteuses de lanternes, aux lampes d'église autant qu'aux girouettes, aux enseignes volan-
tes, — plus les lignes serpentent librement, se fuyant
pour se joindre ensuite, dans un chassé-croisé perpétuel.
et plus l'œil, en sa logique inconsciente, est satisfait. Une
intuition secrète l'avertit que si le bois est « amenuisa
ble », le fer est *ductile* ; le premier de ces matériaux
s'ouvre de préférence *à plein*, — le second, de préférence,
à vide. Le bois peut, c'est vrai, s'ajourer, mais *épisodi-
quement* ; le *fer*, lui, ne s'ajoure pas ; c'est en s'effilant.
et se contournant, qu'il produit des *jours*. Aussi, tentez

Feuillage naturel de lierre, disposé de façon à montrer
son pouvoir *décoratif*, étant adapté à la ferronnerie.

de transposer en fer le dessin d'un panneau de chêne, — ou réciproquement ; l'effet sera, dans le premier cas, raide et pesant ; il sera, dans le second, mou et superficiel. Il entre donc, ici, deux éléments en jeu : la différence du plein au vide, ou différence de *milieu*, et la différence de *matière*. Les artistes du temps l'ont si bien compris que, dans les œuvres ferronnières, grilles, clôtures, cages de puits, etc., ils n'ont presque jamais transporté, comme ils l'ont fait dans le *mobilier*, le système intégral du « *remplage* », c'est-à-dire des ogives géminées, trigéminées, des trèfles inscrits, circonscrits, même des nervures flamboyantes. Cette géométrie, qui seyait si bien au bois, ainsi qu'à la pierre, leur parut ne pas convenir au métal. Ils sentirent que ce dernier, étant *ductile*, ce qui signifie « facile à conduire, à mener en long », s'accommodait plutôt de *l'arabesque*, et qu'il suivait plus volontiers le mouvement des tiges serpentines, et des vrilles.

Flore céramique

Avec la *Céramique*, on passe du milieu solennel au milieu intime ; car si la terre cuite au four et vernissée peut servir au revêtement des murs, au décor des façades, son emploi le plus général est la confection des *vases*, des *ustensiles*. Or, quelle que soit l'espèce de ceux-ci, qu'ils prennent la forme de *plat* — ou de *burettes*, de *pot à pharmacie* ou d'*encrier*, cette pâte unie, d'un blanc mat, qui en fait des « *faïences* », leur communique un air de gaîté paisible, et de bonhomie, très séduisant pour l'œil d'un artiste ; à son goût, la *porcelaine* est d'aspect trop raffiné, trop « *précieux* » ; elle sent trop la cérémonie.

A l'inverse de la pierre, du bois et du fer, qui se taillant — ou se forgeant, se passaient fort bien de *couleur*, la faïence, en ceci semblable au verre des vitraux, exige à sa surface de la peinture : mais j'ajoute aussitôt : sur une partie seulement de sa surface. Ce qu'il faut ici, ce n'est pas un revêtement polychrome continu, — c'est un sujet enluminé jeté sur le fond, lequel est laissé largement « *en épargne* ». La pâte blanche et mate est en soi si belle, si décorative ! — Ainsi, tandis que le *vitrail* est, rationnellement, *mosaïque*, — le plat de faïence est *tableau* ; tableau naïf, en vérité, peu soucieux d'imitation exacte, et ne visant guères qu'au décor ; tableau sommaire se limitant, au centre, à la figure d'une *fleur*, ou d'un *rameau*, si ce n'est un *coq*, un *paon*, un *perroquet*, ou quelque personnage grotesque, — et, sur le pourtour, à des *semis*, ou des *rinceaux*. Faune, flore ou figure humaine, le sujet céramique est peint d'une façon sommaire, à touches larges et décidées. Et d'autre part, le coloris doit être aussi peu varié que possible ; même, le parti *monochrome* est toujours, en définitive, le meilleur ; *bleu* sur *blanc*, voilà, pour la faïence, l'accord idéal. Sur mon dressoir, dans la salle où j'écris ces lignes, s'étalent des assiettes, dont l'une représente un bouquet de *roses* avec son feuillage. Les roses, traitées en quelques coups de pinceau résolus, sont peintes en *cinabre* (vermillon).

Trois rappels du sujet central sur le *marli*, et beaucoup de blanc réservé ; l'harmonie du plat est parfaite. — Une autre assiette montre un *coq* ; sa queue rutilante s'écartèle en douze plumes bien cambrées, d'une courbure qui tend à suivre, j'en fais la remarque, le mouvement circulaire du pourtour. Trois *cerises* en marge, et c'est tout. — Je cite encore une troisième pièce, où le milieu s'entoure de deux *cercles concentriques* (retenez bien ce dernier détail), leur intervalle étant occupé par une sorte de guirlande rustique et robuste, où s'entremêlent des fruits alternativement rouges et bleus...

En résumé, le *règne végétal,* — comme, au reste, tous les autres, a, dans la *Céramique*, son mode de *stylisation* spécial. Mais je dois insister surtout sur deux points qui me semblent assez peu connus jusqu'ici...

Le premier touche à la *symétrie* du décor ; et le second, à son *orientation*. Je ferai d'abord le procès de ces assiettes hollandaises où, du fond, se détache un motif représentant des fleurs dans un vase. On peut trouver, déjà, que c'est un thème bien banal qu'un *pot-à-fleurs*, et que cela sent terriblement son parc à la mode. Mais la grande faute, à mes yeux, est dans l'*orientation*, trop résolûment affirmée, du sujet. Ces plats « *à jardinière* » ne peuvent se poser que dans un sens ; et cette espèce de contrainte est gênante, quelque peu, pour l'esprit. Ce n'est point là, d'ailleurs, un caprice de l'esprit : tout objet ayant forme de *disque* s'avère comme jouissant d'un *équilibre indifférent* ; ainsi d'une sphère : et de plus, limité comme il est par un contour tournant, il commande un tour au regard ; notre œil, pour le saisir, doit décrire un *cycle*. Il sera donc gêné, notre œil, en son parcours, par cet objet placé debout, posé sur une horizontale bien arrêtée. C'est, en résumé, la contradiction entre deux partis symétriques, le *rayonnant* ou plutôt le « *concentrique* » et le *bilatéral*.

Passons au second point. Si le plat rond ne doit pas affecter, dans son sujet, une orientation trop précise, et que je qualifierais de « *carrée* », — l'orientation *multiple*, en traits rayonnants à partir du centre, ne lui convient pas davantage. Il semble qu'il y ait, dans cette affirmation de ma part, un paradoxe ; car, puisqu'il s'agit d'une circonférence et d'un point central, rien de plus naturel, direz-vous, que d'ajouter un système de rayons joignant celui-ci à celle-là. Et l'on m'objectera, justement, la *roue*, la figure décorative étoilée, la *rose* de cathédrale.

Laissons la *figure étoilée*, tout d'abord ; elle n'est pas bornée par un cercle à sa périphérie ; ses rayons partent librement pour l'espace. Et quant à la *rose*, il faut songer que cette prodigieuse transfiguration de la *roue* n'en offre pas moins la structure et les lois statiques de cet engin très utilitaire. Viollet-le-Duc nous montre, en la « ronde-verrière », la jonction de deux arcs à courbure opposée, réalisant une voûte en cercle. Or, celle-ci ne saurait se soutenir, ni maintenir, à plus forte raison, ses vitraux, sans l'appui des meneaux qui contrebutent sa poussée. Ainsi ces *rais* harmonieux qui, dans la *roue mystique*, s'irradient de l'*oculus* comme d'un *moyeu*, pour s'épanouir, au niveau de la *jante*, en *trèfles*, en *quintefeuilles* d'un si noble effet, — ce sont, pour l'architecte, des « *étrésillons* ». En général, tout objet circulaire dont le contour circonscrit un *vide*, doit, logiquement, rayonner ; condition de *stabilité* qui devient, pour notre sentiment, condition de *beauté*.

Tel n'est pas, évidemment, le cas du *plat de faïence*. A l'exemple du *bouclier*, de la *médaille* et de la *pièce de monnaie*, il se soutient tout seul, puisqu'il est homogène et plein : c'est un *disque*. Et parce que c'est un *disque*, d'un seul tenant, et susceptible de rouler, l'œil — ou l'esprit, si vous aimez mieux, le voit plutôt formé de zones concentriques que de fibres rayonnantes. Et c'est sans doute pour cela que le style du *Rouen* « *rayonnant* » a toujours choqué ma logique. Je sais bien qu'il est fort prisé des connaisseurs ; et moi-même je ne laisse pas que d'admirer le dessin, harmonieux en soi, de ces *rosaces*. Elles sont, sans doute, un ressouvenir, une réminiscence enthousiaste de la *rose* de pierre et de verre... Mais c'est là, justement, je trouve, leur défaut ; et la transposition du motif *ajouré* d'un fenestrage monumental à l'assiette familière et *pleine*, — outre qu'elle apparaît ambitieuse, réalise un vrai contre-sens. A cette corolle idéale, le champ du disque de faïence ne convient plus , il faut autre chose. Aussi bien l'intuition des peintres céramistes leur a fait adopter, en la majorité des cas, le parti qui s'adapte le mieux à la rondeur pleine du plat : celui des motifs *concentriques*. Lorsqu'ils n'accusent pas franchement cet ordre concentrique par des tracés, la direction tournante de leurs *semis*, ou de leurs *ramages*, surtout sur les bords, atteste qu'ils voyaient dans la pièce à colorier, plutôt la *spire* que l'*étoile*.

Flore textile

Passer de la *pierre* ou du *bois*, du *fer* ou de la *terrecuite* à l'*étoffe*, c'est quitter, pour ainsi dire, le « règne rigide » pour le « règne flexible ». Aux arts robustes et presque violents qui taillent, qui martèlent, ou qui traitent la matière molle par le feu, succèdent alors des arts plus doux, plus féminins, ceux qui *tissent* : les *arts textiles*. L'étoffe — ou le *tissu* — s'offre donc, à son tour, très complaisamment, à la flore, au règne naturel *flexible* ; elle ouvre à ses semis un champ mobile, et tout en surface. Mais ce champ, que de variétés il comporte ! Et quelles relations subtiles et profondes rattachent ici le semis à la nature du terrain ! Autant d'espèces de tissus, autant de manières pour la plante d'être *stylisée* ; autant de styles « *tissulaires* ».

Je classerais ces tissus ainsi : un genre *compact*, comprenant tout ce qu'on appelle, en termes de filateur, les « *armures* », — puis un genre *aéré*, qui se composerait des étoffes pleines, mais légères ; enfin, un genre *ajouré*, qui se définit de lui-même.

Dans le genre *compact*, je rangerai les tissus « *unis* », *drap*, — *satin*, — *serge*, — *étamine* et *velours* ; — puis les

« *damassés* », le *damas*, le *lampas* ; — puis les « *brochés* », exemple : le *brocart* ; — ensuite, les tissus *brodés*, comme le *cachemire de l'Inde*, le *crêpe de Chine* ; — après eux, les tissus en « fils de couleur », *tapis, tapisseries* ; enfin les tissus peints, *indiennes, perses, foulards*.

Le genre *aéré* contiendra la *gaze*, la *mousseline*, le *tulle*, — et l'*ajouré*, les *guipures* et les *dentelles*.

Pour l'artiste, amoureux des beautés du costume, — pour la femme surtout, qui jouit encore du privilège — aboli pour nous autres hommes, — de se parer, cette simple énumération évoque, j'en suis sûr, tout un monde chatoyant, séducteur. Car, si la pierre est solennelle et méditative, — le verre des vitraux, mystérieux, — le bois, robuste et familier, — le métal, précis et nerveux, — la terre cuite émaillée, franche et joviale, — l'*étoffe*, elle, qui s'enfle, et qui retombe, et qui se plisse, est avant tout, souple et gracieuse.

Voile tendue sur les navires — ou *bannière* déployée dans les processions, — *écharpe* flottante à la brise — ou *robe* élégamment rythmée par la démarche, — *turban* à spire harmonieuse ou *collerette* étalée, tels une corolle, un *involucre*, — l'étoffe, en tous ces rôles différents, possède l'heureux don de charmer. Par sa figure, et par son teint, susceptibles de revêtir tant d'aspects, par son *mouvement* surtout auquel le vent — ou la pesanteur — imprime tantôt la grâce, et tantôt la majesté ; même, ajouterai-je, par ses discrètes, mais pénétrantes *sonorités*, — musique du drapeau qui clapote, ou de la jupe qui bruisse, au passage, comme la feuillée, — elle est toujours, et pour nos yeux et pour nos oreilles, un enchantement.

Aussi bien la *flore*, et surtout la *fleur*, s'y complaît : elle y retrouve une existence nouvelle, et tout idéale. Mais à ce milieu flottant de l'étoffe, il lui faut s'adapter d'une façon spéciale. Cette étoffe, comme je le disais, est un *champ* qui ne reçoit pas indifféremment tout semis, ne mène pas à bien toute greffe. Telles, comme le *drap*, la *serge*, le *velours*, demeurent volontiers en friche ; ce sont terres trop fortes, ou trop sèches, pour porter des fleurs. Au lieu que le *satin* s'émaille, tel un pré, de menues corolles ; que l'*étamine* des étendards s'empourpre ou s'azure de signes crucifères ou stellaires ; que les *damas* se *damasquinent* à la façon des lames d'acier ; que le

cachemire se parsème de ces ramées polychromes nommées « *ramages* » ; que le *crêpe de Chine* étale son feuillage d'ombre ou de clair de lune ; que l'*indienne* égaie le
regard de teintes végétales sans contour, ainsi le bario-
lage de cultures voyantes et lointaines.

La *dentelle* contraste avec ces tissus pleins, continus,
comme, avec les murs aveugles d'un édifice, contrastent
ses galeries à jour et ses fenestrages. Ne dit-on pas : la
« *dentelle de pierre* » des cathédrales ? Une archivolte de
portail, une balustrade, un jubé, ne se découpent-ils
point en *festons* ? Et d'ailleurs, ne sait-on pas, aujour-
d'hui, que les dessins sculptés sur le pourtour des arcs
romans, ou byzantins, furent empruntés à des étoffes vénitiennes ?... Singulière chose, qu'un même parti décoratif puisse convenir également à la pierre massive, rigide,
et à l'étoffe délicate et souple ! Mais le *linge*, après tout,
par sa blancheur et la faculté qu'il a de se tendre, n'est
pas si loin du *calcaire à bâtir*. Sous la dénomination de
« *serviettes* », on en retraçait, jadis, l'image ondoyante
en relief, sur le *nu* des murs.

Oui, le *linge*, comme la pierre neuve, est *blanc* ; il est
« *candide* » ; il recouvre les nudités, et ne souffre pas la
souillure. La *guimpe* tout unie, c'est un symbole de chas-
teté, la sauvegarde extérieure des vierges chrétiennes; elle
est claustrale — et sereine, cependant, — tel un mur
d'église nouvellement bâti. — Mais voici que les formes

souriantes de la flore, sans son teint de vie, mêlent à l'innocence de la *grâce* ; et le linge au rôle protecteur s'entr'ouvre, par places, en fenestrage discret : il s'*ajoure*. Un des charmes de ce linge ajouré, mat, et fleuri de blanc. c'est de juxtaposer à la vie vermeille d'un visage une vie végétale aux pâleurs de rêve.

Je vous montrais plus haut nos « maîtres de l'œuvre » du Moyen-Age *herborisant*, pour ainsi dire, dans les bois, afin d'y puiser des motifs de décor, crosses ou fleurons, trèfles et quintefeuilles. Tout-à-l'heure, vous avez vu les sculpteurs d'archivoltes s'inspirer de dessins, cette fois géométriques, ornant les tissus. Or quelque chose d'analogue s'est produit en nos temps modernes, et c'est un fait original, qui n'est pas connu comme il le mérite. Peu de Parisiens, en effet, savent que notre *Jardin des Plantes*, aujourd'hui *Museum*, et de destination purement scientifique, fut, à son origine, un « *musée d'Art* ». Certain horticulteur du temps de Henri IV, Jean-Robin, eut le premier l'idée de cultiver, en ses plates-bandes, toutes sortes de végétaux exotiques. Cela, dans quel but ? — Afin que *brodeurs* et *tapissiers* pûssent trouver là des modèles. — Plus tard seulement, devenu le « *Jardin du roi* », il fut consacré par Guy de la Brosse à l'éducation botanique des étudiants. Qui aurait pu croire, — écrit M. Lefèbure, — que « la broderie rendrait un pareil service à l'étude des sciences ? ».

Nous ferons, nous, cette réflexion, que, si loin du Moyen-Age, déjà, l'Art français se préoccupait encore de la Nature ; à notre âge contemporain de perpétuer l'heureuse tradition.

Flore littéraire

Curieuse destinée des êtres et des choses ! Lorsque leur forme disparaît, et meurt pour nos yeux, très longtemps encore elle revit au regard intérieur du souvenir : image estompée, sans doute, et décolorée, mais plus pure, peut-être ; blanc fantôme sur lequel nous reportons nos pensées, nos passions, et que nous revêtons des couleurs de notre âme.

Ainsi, bien après que la fleur humide de sève et vibrante au soleil, s'est effacée du champ de sa vision, le *statuaire* la fait renaître sous son ciseau ; elle rejaillit du bloc de pierre dure ; le *sculpteur sur bois* la fait épanouir du cœur des chênes ; le *forgeron*, de son marteau, l'étale en folioles de fer ; enfin l'*architecte* la déploie, dans une ampleur glorieuse, au front d'un portail ; et là, d'inflexibles nervures, rayonnantes et festonnées, sertissent ses limbes de cristal.

Survient le *poëte*, à son tour. Sans ciseau, pinceau, ni marteau, sans matière visible d'aucune sorte, il nous la redonne, fraîche de coloris, suave de parfum, enchanteresse de figure. Alors, il nous suffit, cette fois, de quelques signes très sommaires, et ne portant rien en soi qui peigne la *rose*, pour la *voir* clairement, cette rose..., que dis-je ? pour la *sentir*, pour en caresser le frais velouté.

Oh ! cette pauvreté de moyens... et ce triomphe, aussi, de l'*Art littéraire*... Est-il au-dessus des autres — ou bien au-dessous ? — Je ne sais ; personne ne sait. Mais, à coup sûr, il est haut, très haut, sur l'échelle ascendante de l'abstraction. Si n'avoir pas besoin de matière pour émouvoir, est un privilège, il est le premier.

Ne perdons pas de vue, toutefois, que ce privilège n'est qu'illusoire. Au fond, c'est un emprunt tacite au riche magasin d'images de nos cerveaux. Car la *lettre*, — si « belle », et si puissante qu'on la suppose, n'agit sur nous que grâce à nous. Otez-lui le concours de l'imagination, la voilà, du coup, *lettre morte*... En définitive, les *Arts plastiques* eux-mêmes en sont là ; sans notre sens interne d'interprétation, toute *figure* est « *lettre morte* », aussi bien. La *forme*, vivante ou façonnée de nos mains, n'est-elle pas, après tout, le *signe* d'une « *espèce* », et le *symbole* d'une idée ? La seule différence, peut-être, qui sépare l'*Art littéraire* des *Arts plastiques*, c'est que dans ceux-ci, le *signe* est direct, immédiat ; il est *naturel* ; tandis qu'il est *conventionnel* et détourné dans celui-là. En effet, cette fée, que d'aucuns appellent *folle* (la « *folle du logis* ») (1), est incessamment à l'affût, et chasse pour notre compte aux symboles. Qu'on lise un texte ou bien qu'on écoute un discours, — à mesure que les signes conventionnels et mornes se déroulent, elle abaisse sur eux sa baguette magique ; et, comme par enchantement, ils s'animent et se colorent ; ils recréent la *fleur* pour nos

(1) C'est ainsi que le langage mondain, instinctivement pittoresque, désigne l'*imagination*.

sens ; la fleur revit en nous d'une vie tout illusoire, mais captivante.

Presque tout l'art de l'écrivain — ou de l'orateur — se résume ainsi dans ce point : choisir le *signe évocateur* le plus efficace. Et n'est-ce point, pour l'ouvrier de lettres, une tâche assez méritoire ? Sans emprunter à l'atelier plastique aucun de ses instruments modeleurs, il parvient à dégager l'expression, la beauté, des matériaux ingrats de la grammaire. Et cela, grâce à cet outil tout idéal qu'est le *style*... Ici, notez la *métaphore* qui, pour le pur travail de pensée, prend le nom d'un instrument matériel ne servant qu'à fixer sa trace.

Mais, après tout, ce travail de *styliste*, n'est-il pas plus près qu'on ne pense de celui du sculpteur, de l'architecte ou du peintre ? « *Ut pictura poesis* », dit le vieil Horace... Nous pouvons élargir le cercle après lui : il n'y a point, en *Art littéraire*, qu'une peinture de paysages, ou de caractères ; il existe aussi bien une « *construction* », une « *structure* » de phrases, un « *modelé* ». On dit d'un écrivain qu'il *martèle* ses vers, qu'il *frappe* ses strophes comme des médailles. Celui-ci *burine* sa pensée ; celui-là, plutôt, la *cisèle*. Cet autre s'évertue à *forger* l'épithète... Même, on pourrait pousser l'analogie plus loin, parler d'un style plein, d'un style ajouré, d'un mode d'écriture symétrique, d'une locution qui n'est pas à l'échelle, etc.

Observez d'ailleurs que l'homme qui tient une plume a, tout comme celui qui tient le pinceau, ou l'ébauchoir, deux buts à poursuivre : reproduire, d'abord, la Nature, en la *stylisant*, plus ou moins, puis en dégager l'idée qu'elle contient.

Cette expression de « *styliser* » tombe ici tout naturellement ; et cependant nos critiques littéraires n'insistent guère sur l'heureuse rencontre du langage. S'avisent-ils donc de nous dire que le « sculpteur en mots » a sa manière, aussi, de *généraliser* l'arbre, ou la fleur, d'en exprimer seulement les traits essentiels, le *schema* ? La description la plus minutieuse ne tient guère plus compte des *détails*, elle ne vise pas plus à l'intégralité que le tableau peint, le chapiteau sculpté. Quand un romancier évoque une *rose*, il ne compte point ses pétales ; et pareil au dessinateur en cela, quelques traits concis lui suffisent pour donner l'illusion d'un feuillage fleuri.

Le mot de « *feuillage* », par lui-même, n'est-il pas,

sous le nom de *substantif collectif*, un schéma simplificateur ? C'est l'équivalent du trait arrondi de crayon par lequel, dans son esquisse, l'artiste fait l'économie d'un millier de limbes foliaires.

Mais ce n'est pas tout, pour l'artiste de lettres, d'assembler les mots, ainsi que des pierres de taille, ou des motifs d'architecture ; ce n'est pas tout que de *coudre* les phrases en tissu solide, homogène ; et nous n'avons pas à juger en lui, simplement, la rigidité métallique ou la molle flexibilité des syntaxes. Une autre tâche le réclame : c'est, comme je l'annonçais, de *dégager l'idée contenue*. Ici l'Art littéraire, étant surtout un art d'idées, un art *idéal*, reprend nécessairement l'avantage.

Déjà, des formes *architectoniques* ou *décoratives* émanait un *sens*, et se dégageait un *symbole*. Il suffisait aux hommes du Moyen-Age de contempler la grande *rose*, en leurs cathédrales, pour penser à la « *couronne du Roi des rois* ». Nous, modernes, saisissons de plus, en cette figure, l'*archétype* de tout ce qui rayonne, et s'irradie d'un centre.

On retrouve, au surplus, les deux interprétations dans l'Art littéraire. Ce qu'on connaît ici sous le nom d'*image*, est tantôt le signe immédiat et naturel d'une idée, — tantôt son signe indirect et conventionnel, plus ou moins.

Je vous arrête sur ce mot d'*image* ; il est lui-même métaphorique, ainsi que le mot de *style* ; et c'est, tout le premier, une *image*. — Où donc se forme-t-il, ce tableau que peint, sans traits et sans couleurs, le langage humain ? — Non, certes, dans l'espace et l'en-dehors tangible, mais en la sphère incommensurable de notre esprit ; c'est l'efflorescence admirable d'une faculté plastique secrète que je nommerais, dans le style de nos ancêtres, « *ymaigière* » ; c'est, pour employer la langue courante, l'*imagination*. Vous avez vu comment elle collabore à l'*Art littéraire*, qui, sans elle, serait réduit à néant. Son premier effort est de retracer les figures dont l'absence excite un regret, de les faire revivre, en quelque sorte, sous l'œil intérieur ; de nous faire contempler la verdure au cœur de l'hiver, de nous faire sentir le parfum d'une rose en pleine usine. C'est là son rôle *évocateur*.

Quant à son rôle *symbolique*, il se décompose en deux temps : le langage commence par *abstraire* ; ensuite, il *transpose*. Il retire, par exemple, à la *rose* son coloris, d'où le nom substantif étend son acception, et devient qualificatif d'emploi général. Puis ce coloris, dont il a dépouillé pour un instant la fleur, il le reporte sur un *teint* frais et vif, ou sur la *teinte* du ciel à l'aurore.

Mais l'instinct poétique vole encore au-delà : la langue ne transposait que d'un objet matériel à un autre ; lui transpose, hardîment, du monde *matériel* au *moral*. Ainsi la *rose*, par son coloris qui rappelle le sang vermeil, fut, au Moyen-Age, emblème de vie — ou, par une espèce d'antiphrase, présage de mort (c'est-à-dire de sang répandu, — ou, peut-être, de *vie éternelle*). Ce même coloris, pris dans un autre sens, en fait l'image de la *pudeur*, — ou de l'*amour mystique*. — La corolle, si vite fanée, devient le signe de notre existence fragile, éphémère ; les aiguillons expriment la douleur qui s'attache partout au plaisir. Saint Bernard salue, dans la Sainte-Vierge, une *rose*, blanche par sa virginité, rouge par sa charité. Les « *roses de Pentecôte* » dont on sème, en ce jour de fête, le pavé des églises, figurent liturgiquement les dons du Saint-Esprit semés sur les âmes. C'est une métaphore en action...

« Spargite flore solum, prætexite limina sertis,
Purpureum ver spiret hiems ; sit florens annus
Ante diem ».

(Paulin de Nole).

Plus tard, en sa « *Divine Comédie* », Dante nous montre le Paradis sous la forme d'une *rose*, rose immense dont les élus forment les pétales.

La métaphore peut être rétrospective ; elle est alors, en quelque sorte, une interprétation idéaliste des origines : c'est l'*allégorie*, c'est le *mythe*, c'est la *légende*. Celle de la *rose* est célèbre. Allah, — dit un poème arabe, arma sa fleur favorite d'abord blanche, *candide*, d'épines aiguës, à cette fin d'en protéger la beauté. Mais le rossignol amoureux, grisé de parfums, vint s'abattre sur ses corolles qu'il rougit de son sang. — La poésie chrétienne a surnaturalisé cette fable : la *rose* est encore teinte de sang ; mais c'est alors le sang du Christ (Voir la « *Vigne mystique* »).

Ici, redisons-le : l'*Art littéraire* n'innove pas ; il renouvelle un procédé déjà courant dans l'*Art plastique*.

L'*imaygier* qui modela la *statue de Beauté,* n'a pas manqué de faire saillir, sous ses pieds, une touffe de *roses.*
Bien avant lui, les chrétiens des catacombes avaient fleuri
de *roses* le bois de leur croix liturgique ; et cela, moins
sans doute en vue du décor qu'en considération du *symbole.*

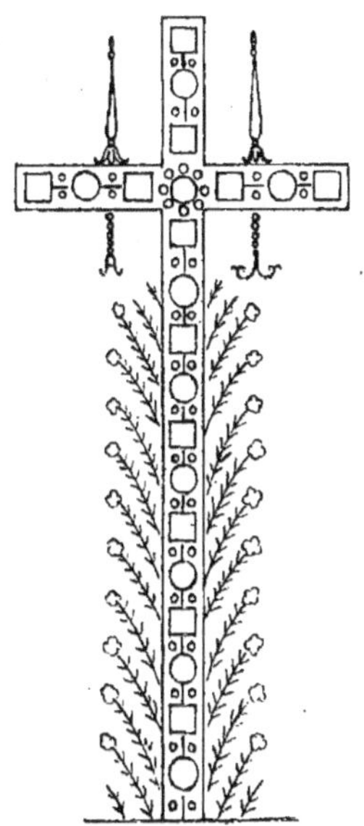

L'artiste, en général, qui tente de suggérer l'invisible,
cherche autour de lui, dans l'univers visible, un objet
adéquat dont il puisse extraire la quintessence. Et cet
objet, dès lors, — je veux dire son *image,* n'a plus pour
unique fonction de *représenter,* de raviver nos souvenirs,
— même, étant *stylisé,* de nous bercer d'un songe idéal ;
il prend, pour ainsi parler, *charge d'âmes* ; il se tient
là, sous notre regard, comme un rappel de pensées
supérieures et salutaires ; c'est le signe sensible d'une
idée, d'une qualité morale, parfois d'un défaut ; ainsi des
Vertus et des *Vices* personnifiés en pierre, dans nos cathédrales.

⁂

Un seul mot résume, en les justifiant, tous ces faits :
c'est *analogie.* Si l'Art *décoratif* ou *sculptural* use largement, — abuse même, du *symbole,* comme de *l'emblême,*

et — l'Art *littéraire*, à son tour, de la *comparaison*, de la *métaphore*, enfin l'un et l'autre de *l'allégorie*, — c'est, bien évidemment, que dans la déroutante diversité des êtres, des objets, se révèlent des traits de ressemblance, — ajoutons hardîment : des liens de parenté.

D'où peut provenir un *parallélisme* si remarquable ? C'est qu'entre le monde matériel et le monde moral, existe une concordance aussi sûre que mystérieuse.

Or, parvenus au stade suprême où la « *vie mortelle* » de la plante se perpétue dans cet *au-delà*, le « *règne artistique* », nous ne saurions mieux faire que d'en évoquer les images, et comme les ombres transfigurées. Chaque partie du végétal inaugure là son rôle d'immortalité. La *racine* ne rattache plus désormais l'arbre au sol nourricier ; elle lie — ou *devrait lier* — l'homme au pays natal. Ne dit-on pas, aujourd'hui, les « *déracinés* » ? — La *tige-mère*, s'élevant au rang d'*arbre généalogique*, ou d'*arbre de Jessé*, porte sur ses rameaux, non plus des feuilles, mais des noms ou des personnages. La *feuille* elle-même, pâlie, du ton de la pierre des édifices, porte les signes de la pensée, et par conséquent l'empreinte de nos passions, bonnes ou mauvaises. Dans la nomenclature rhétoricienne et pédantesque, on nomme cela « *catachrèse* ».

Vous connaissez le *bourgeon* dont parle si spirituellement Töpffer, dans ses « Nouvelles génevoises »... ; je n'insiste pas. — La *fleur*, enfin, cette cime à la fois gracieuse et glorieuse de l'édifice végétal, doit à cette prérogative autant esthétique qu'organique, de représenter tout ce qui, à l'entour de nous, s'*épanouit*, s'*affine*, se *distingue* : fleur de jeunesse, ou de chevalerie ; la fleur d'un sujet, la fleur du panier ; le plus beau fleuron d'une couronne, — même la « *fleurette* » qui se conte, et la « *fioriture* », que l'abus seul doit faire prendre en mauvaise part. — Faut-il citer encore le *fruit*, qui prête son nom à toute espèce de maturité, qui symbolise le résultat heureux, la réussite, et la *graine*, éternelle image de la race, — ou de l'effort de propagande ? (1)

La nomenclature des *couleurs* est même, en majeure partie, fondée sur ce pouvoir d'*abstraction* : comme la *rose* avait cédé son éclat vif et doux, devenu « *le rose* », à la palette universelle, et sans destination déterminée, la *violette* abandonne sa teinte mélancolique et discrète,

____

(1) « *Mauvaise graine, semer le bon grain* » etc.

parente de l'ombre, le fruit de l'*oranger* lègue son or à l'iris, etc. — L'expression figurée que Tôpffer immortalisa par le ridicule : « les pâles *violettes* de la mort » sur un visage de jeune fille, est un exemple, en outre, de « *transposition* » symbolique. Ici, la faute de goût vient sans doute de ce fait que la *transposition*, n'étant plus adoucie par une *abstraction* préalable, s'offre trop abrupte.

Enfin, fleur illustre entre toutes les fleurs, — sous combien d'aspects n'apparaît-elle pas, cette *rose*, qui depuis le début, nous a servi d'exemple ? Elle qui, transformée déjà par l'horticulteur, au détriment de sa fertilité, s'est vue *styliser* ensuite par l'architecte et le sculpteur, par le céramiste et le ferronnier, devenant le thème fécond, le thème favori des artistes, — et prêtant, par surcroît, son nom propre à l'aurore, au teint d'un visage frais et sain, puis à la nuance de tissu féminine par excellence, — et, pour tout couronner, à la femme...

Résumé et conclusion

Jetons maintenant un regard en arrière sur le long chemin parcouru. Si nous avons développé la *flore* à ce point, c'est qu'en l'*histoire esthétique de la Nature*, elle forme, en quelque sorte, le chapitre central. C'est, idéalement, le terme de passage entre la Nature inorganique et sans vie — et la Nature animée, mobile et sensible. Les *minéraux* ne font que s'accroître, suivant l'aphorisme célèbre de Linné ; les *végétaux* s'accroissent et *vivent* ; enfin, les *animaux* font plus que s'accroître et que vivre : ils *sentent* ; ils ont la sensibilité ; ils peuvent jouir, ils peuvent souffrir. Donc, entre la Nature « aveugle », éthérée, solide ou fluide, c'est-à-dire le ciel, la terre et les eaux, — et la Nature consciente et sensible, qui commence à la faune et se termine à l'humanité, s'étend un domaine très vaste, et pourtant homogène, un royaume curieux où l'exercice de la vie ne s'accompagne d'aucune sensation, où les êtres existent sans s'apercevoir qu'ils existent, s'épanouissent sans joie et se flétrissent sans angoisse. Et cependant, cette vie tout inconsciente est tellement expressive à nos yeux, que *l'arbre* nous apparaît comme un géant pensif et puissant, — la *fleur* comme une créature coquette, impressionnable... Et

d'ailleurs, la *vie* se confond avec la *beauté*... ; que dis-
je ? elle s'y noie. Dans un premier chapitre, j'ai mis bien
en lumière ce singulier privilège du règne végétal. J'ai
montré que cette pureté de formes, de coloris, même
d'exhalaisons odorantes, se rattachait au mode de vie
primitif et *vierge*, pour ainsi dire, à ce régime d'existence
organique qui puise son aliment dans le monde aérien,
et régénère son énergie dans le rayonnement du soleil.
Ainsi la plante tire son charme et son innocente beauté
de cette sorte d'inertie, — plutôt de cet abandon ingénu
aux forces du dehors. Elle est plus près de la Nature
« *éthérée* », de la Nature *cosmique* que l'animal ; elle s'y
enchaîne plus étroitement; et c'est cela qui fait l'unité
rassérénante du *paysage*. — Dans le volume qui suit celui-ci, on verra au prix de quels efforts l'animal, devenu
libre et conscient de sa vie, mais aussi devenu rapace et
repoussant, reconquerra la noblesse des lignes et la grâce
des attitudes.

En attendant, la *flore*, nonchalante et sereine comme
elle est, jamais déracinée, patiente, « se laissant vivre »,
offre aux âmes éprises d'idéal et d'harmonie, cette « *pro-
messe de bonheur* » dont parle Stendhal. Or, cette connexion étroite entre la vie végétative et la beauté calme,
m'avait frappé toujours davantage, à mesure que j'étu-
diais, d'une part, la *Botanique* de plus près, — et que je
prenais, de l'autre, par l'*Esthétique*, une vue plus admirative du monde des feuillages et des fleurs. Aussi bien,
cette croyance mondaine que la Science fait tort au sentiment du *beau*, me causait-elle une pénible stupéfaction.
J'espère que les développements où je suis entré dans ce
livre vous auront fait toucher du doigt l'inanité d'un tel
point de vue. Par des faits nombreux et précis, j'ai confirmé ce principe des philosophes, que le *beau* provient
de l'*unité dans la variété*. Ce très vieux théorème, accepté
par tous un peu de confiance, fut soumis par moi à
l'épreuve d'une minutieuse analyse ; et j'ose croire que
désormais, l'étendant de la *flore* à tout le reste de l'univers, on n'ira plus le ressassant comme une formule vague, et toujours en péril d'être contestée...

Cette *unité*, suprême apaisement de l'esprit, et comme
le rachat d'une diversité menaçante, elle s'est manifestée
sous vos yeux dans l'ensemble des végétaux tout aussi
bien qu'en un végétal pris à part. C'est elle, vous l'avez

vu, qui fonde les *thèmes* d'abord, puis les *styles*. Si j'ai
pu me servir, pour le règne vivant, végétal, de ces expressions *artistiques*, c'est qu'en définitive, la Nature et
l'Art sont gouvernés par des lois communes. Seulement
la Nature, la « *belle* Nature », ainsi qu'on la nomme, est
une sorte d'art ingénu, dont le premier but est l'utilité,
et qui nous offre la beauté par surcroît.

*
* *

Ceci nous mène à la *finalité*. Vous m'avez vu distinguer,
dans la flore, deux sortes de *fins* : fins *immédiates* et fins
éloignées. Les premières, exclusivement positives, n'inté-
ressaient que le végétal lui-même : par ce feuillage et par
ces fleurs que nous admirons, il respire, il se reproduit.
Si l'on me demandait à qui sert la plante, je répondrais :
tout d'abord *à la plante elle-même*. Mais ce cercle égoïste,
si je puis dire, s'élargit : comme je le disais au début, à
la *destinée* vient s'ajouter, pour elle, la *destination* ; vivant ou mort, le végétal est, pour l'animal, une ressource
indispensable ; peut-on supposer le *carnivore* sans l'*herbivore*, — et l'*herbivore*, surtout, sans l'herbage ?... Aux
fins *personnelles*, il faut donc ajouter des fins *altruistes*.
Celles-ci ne s'exercent point, d'ailleurs, que sur la *faune*,
et leur bienfait s'étend largement sur nous, sur l'humanité. Mais l'homme survenant avec des besoins supérieurs,
aux fins *positives* de la flore, il fallait encore ajouter des
fins *idéales*. Lorsque la plante, par ses sucs, nous a nour-
ris, abreuvés, a soulagé nos maux physiques, son rôle
n'est pas terminé ; c'est, même, une merveille trop peu
remarquée, que la *fleur*, par exemple, soit à la fois un
baume pour le corps souffrant, — et, pour l'âme altérée
de bonheur, un dictame.
Mais ce n'est pas tout, et la fonction esthétique du végétal ne se limite pas à sa vie mortelle ; lorsqu'il périt,
ou disparaît de notre horizon, son *image* demeure ; et
c'est pour lui une espèce d'immortalité. Cette image, en
effet, l'homme la conserve au-dedans de lui ; artiste, il la
reproduit, en la *stylisant*. Ainsi notre Art, sous toutes ses
formes, est comme l'*au-delà* de la Flore. Celle-ci ressus-
cite, littéralement, dans la Peinture, l'Architecture et la
Sculpture, dans la Céramique, la Ferronnerie, les Arts de
la Tenture et du Costume. Les nefs d'église sont des fûtaies ; les chapiteaux et les tympans, des jardins mysti-

ques ; les grilles se dressent en espaliers ; les guipures s'étalent en parterres de rêve. Enfin, avec la *Poésie*, l'arbre — ou la fleur — ne garde même plus une apparence matérielle ; ils se spiritualisent d'une manière absolue ; leur image est abstraite, tout idéale ; c'est l'*image*, ou « figure », au sens littéraire ; c'est la *métaphore*.

En résumé, si nous prenons la *rose* pour modèle, toute son existence peut se diviser en cinq cycles, évoluant régulièrement du réel au fictif, du positif à l'idéal. C'est tout d'abord la *rose vivante*, et cultivée, que nous donne l'Art des jardins ; — puis la *rose séchée,* laissant sa quintessence à l'Art du parfumeur ; la *rose peinte* ou *sculptée*, stylisée dans les Arts du décor ; la *rose tissée* dans l'étoffe, fleurissant le costume ; enfin la *rose immatérielle,* évoquée par l'Art littéraire, soit qu'il la peigne avec des mots, soit qu'il en fasse le signe d'une idée, qu'il en tire un emblème, un symbole, une allégorie : tel le *Roman de la Rose*.

Or, ces cinq cycles successifs peuvent être envisagés simultanément, si, par exemple, on imagine, sous un porche de cathédrale où rayonne la *rose* de pierre et de verre, un groupe de clercs en tuniques ajourées de roses et jetant, de leurs corbeilles, des feuilles de rose odorantes, tandis que le célébrant, récitant les litanies de la Sainte-Vierge, arrive à cette invocation : *Rosa mystica...* Groupant dans un *schéma* tous ces aspects divers, j'obtiens une figure rayonnante, comme un quintefeuille logique, une corolle figurative dont ces aspects forment les pétales, et que j'appellerai : la *rose des roses*.

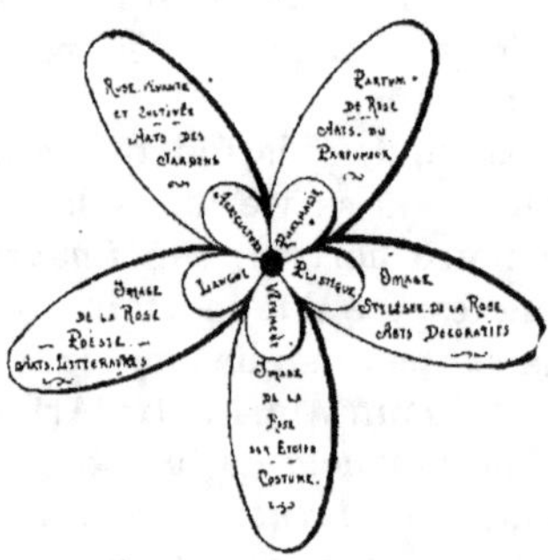

TABLE DES MATIÈRES